作者简介

　　罗军，男，陕西省扶风县人，西北农林科技大学教授，动物遗传育种学博士。1988年毕业于西北农业大学，长期从事奶山羊遗传育种教学、科研和推广服务等工作。2005年入选教育部"新世纪优秀人才支持计划"。担任中国奶业协会奶山羊专业委员会主任，第一届、第二届、第三届全国家畜品种资源委员会羊专业委员会委员，中国畜牧兽医学会动物遗传育种学分会常务理事、养羊学分会常务理事，中国畜牧业协会羊业分会专家委员会委员，国际山羊学会地区代表，亚澳奶山羊协作网主席。

内容简介

近年来，羊乳产品越来越受到消费者的青睐，市场需求逐年增长，大大促进了奶山羊产业的快速发展。奶山羊养殖模式转型升级，养殖理念不断创新，科学养殖技术推广与应用成为奶山羊产业可持续发展的重点任务，本书就是在此背景下编写完成。

全书共分九章，包括奶山羊的生物学特性、奶山羊的消化器官与生理功能、奶山羊营养与代谢、奶山羊常用饲料及营养特性、奶山羊饲料的加工调制、饲料卫生与安全、奶山羊的营养需要与日粮配合、奶山羊日粮供应及其影响、奶山羊营养代谢病，系统介绍了奶山羊营养原理、日粮配合、饲料加工及营养代谢病防治等科学原理与方法，与生产实践紧密结合，可操作性强，是奶山羊科技工作者及养殖户的重要参考书。

国家出版基金项目
NATIONAL PUBLICATION FOUNDATION

"十三五"国家重点图书出版规划项目

当代动物营养与饲料科学精品专著

奶山羊营养原理与饲料加工

罗　军◎主编

中国农业出版社

北　京

图书在版编目（CIP）数据

奶山羊营养原理与饲料加工 / 罗军主编 . —北京：
中国农业出版社，2019.12
当代动物营养与饲料科学精品专著
ISBN 978 - 7 - 109 - 26289 - 8

Ⅰ. ①奶… Ⅱ. ①罗… Ⅲ. ①奶山羊-家畜营养学②
奶山羊-饲料加工 Ⅳ. ①S826.95

中国版本图书馆 CIP 数据核字（2019）第 274780 号

中国农业出版社出版
地址：北京市朝阳区麦子店街 18 号楼
邮编：100125
策划编辑：周晓艳
责任编辑：王森鹤　周晓艳　　文字编辑：张庆琼
版式设计：王　晨　　责任校对：巴洪菊
印刷：北京通州皇家印刷厂
版次：2019 年 12 月第 1 版
印次：2019 年 12 月北京第 1 次印刷
发行：新华书店北京发行所
开本：787mm×1092mm　1/16
印张：16.5　　插页：1
字数：400 千字
定价：138.00 元

杨在宾（教　授，山东农业大学动物科技学院动物医学院）

李光玉（研究员，中国农业科学院特产研究所）

李军国（研究员，中国农业科学院饲料研究所）

李胜利（教　授，中国农业大学动物科学技术学院）

李爱科（研究员，国家粮食和物资储备局科学研究院粮食品质营养研究所）

吴　德（教　授，四川农业大学动物营养研究所）

呙于明（教　授，中国农业大学动物科学技术学院）

佟建明（研究员，中国农业科学院北京畜牧兽医研究所）

汪以真（教　授，浙江大学动物科学学院）

张日俊（教　授，中国农业大学动物科学技术学院）

张宏福（研究员，中国农业科学院北京畜牧兽医研究所）

陈代文（教　授，四川农业大学动物营养研究所）

林　海（教　授，山东农业大学动物科技学院动物医学院）

罗　军（教　授，西北农林科技大学动物科技学院）

罗绪刚（研究员，中国农业科学院北京畜牧兽医研究所）

周志刚（研究员，中国农业科学院饲料研究所）

单安山（教　授，东北农业大学动物科学技术学院）

孟庆翔（教　授，中国农业大学动物科学技术学院）

侯水生（研究员，中国农业科学院北京畜牧兽医研究所）

侯永清（教　授，武汉轻工大学动物科学与营养工程学院）

姚军虎（教　授，西北农林科技大学动物科技学院）

秦贵信（教　授，吉林农业大学动物科学技术学院）

高秀华（研究员，中国农业科学院饲料研究所）

曹兵海（教　授，中国农业大学动物科学技术学院）

彭　健（教　授，华中农业大学动物科学技术学院动物医学院）

蒋宗勇（研究员，广东省农业科学院动物科学研究所）

蔡辉益（研究员，中国农业科学院饲料研究所）

谭支良（研究员，中国科学院亚热带农业生态研究所）

谯仕彦（教　授，中国农业大学动物科学技术学院）

薛　敏（研究员，中国农业科学院饲料研究所）

瞿明仁（教　授，江西农业大学动物科学技术学院）

审稿专家

卢德勋（研究员，内蒙古自治区农牧业科学院动物营养研究所）

计　成（教　授，中国农业大学动物科学技术学院）

杨振海（局　长，农业农村部畜牧兽医局）

本书编写人员

主　　编　罗　军（西北农林科技大学）

副 主 编　王建民（山东农业大学）

　　　　　　史怀平（西北农林科技大学）

　　　　　　王　平（西北农林科技大学）

编写人员　（以姓氏笔画为序）

　　　　　　王　平（西北农林科技大学）

　　　　　　王建民（山东农业大学）

　　　　　　龙明秀（西北农林科技大学）

　　　　　　史怀平（西北农林科技大学）

　　　　　　孙小琴（西北农林科技大学）

　　　　　　李　聪（西北农林科技大学）

　　　　　　杨培志（西北农林科技大学）

　　　　　　陈　琳（西北农林科技大学）

　　　　　　罗　军（西北农林科技大学）

　　　　　　郑惠玲（西北农林科技大学）

　　　　　　曹阳春（西北农林科技大学）

丛书序

　　经过近 40 年的发展，我国畜牧业取得了举世瞩目的成就，不仅是我国农业领域中集约化程度较高的产业，更成为国民经济的基础性产业之一。我国畜牧业现代化进程的飞速发展得益于畜牧科技事业的巨大进步，畜牧科技的发展已成为我国畜牧业进一步发展的强大推动力。作为畜牧科学体系中的重要学科，动物营养和饲料科学也取得了突出的成绩，为推动我国畜牧业现代化进程做出了历史性的重要贡献。

　　畜牧业的传统养殖理念重点放在不断提高家畜生产性能上，现在情况发生了重大变化：对畜牧业的要求不仅是要能满足日益增长的畜产品消费数量的要求，而且对畜产品的品质和安全提出了越来越严格的要求；畜禽养殖从业者越来越认识到养殖效益和动物健康之间相互密切的关系。畜牧业中抗生素的大量使用、饲料原料重金属超标、饲料霉变等问题，使一些有毒有害物质蓄积于畜产品内，直接危害人类健康。这些情况集中到一点，即畜牧业的传统养殖理念必须彻底改变，这是实现我国畜牧业现代化首先要解决的一个最根本的问题。否则，就会出现一系列的问题，如畜牧业的可持续发展受到阻碍、饲料中的非法添加屡禁不止、"人畜争粮"矛盾凸显、食品安全问题受到质疑。

　　我国最大的国情就是在相当长的时期内处于社会主义初级阶段，我国养殖业生产方式由粗放型向集约化型的根本转变是一个相当长的历史过程。从这样的国情出发，发展我国动物营养学理论和技术，既具有中国特色，对制定我国养殖业长期发展战略有指导性意义；同时也对世界养殖业，特别是对发展中国家养殖业发展具有示范性意义。因此，我们必须清醒地意识到，作为畜牧业发展中的重要学科——动物营养学正处在一个关键的历史发展时期。这一发展趋势绝不是动物营养学理论和技术体系的局部性创新，而是一个涉及动物营养学整体学科思维方式、研究范围和内容，乃至研究方法和技术手段更新的全局性战略转变。在此期间，养殖业内部不同程度的集约化水平长期存在。这就要求动物营养学理论不仅能适应高度集约化的养殖业，而且也要能适应中等或初级集约化水平长期存在的需求。近年来，我国学者在动物营养和饲料科学方面作了大量研究，取得了丰硕成果，这些研究成果对我国畜牧业的产业化发展有重要实践价值。

"十三五"饲料工业的持续健康发展，事关动物性"菜篮子"食品的有效供给和质量安全，事关养殖业绿色发展和竞争力提升。从生产发展看，饲料工业是联结种植业和养殖业的中轴产业，而饲料产品又占养殖产品成本的70%。当前，我国粮食库存压力很大，大力发展饲料工业，既是国家粮食去库存的重要渠道，也是实现降低生产成本、提高养殖效益的现实选择。从质量安全看，随着人口的增加和消费的提升，城乡居民对保障"舌尖上的安全"提出了新的更高的要求。饲料作为动物产品质量安全的源头和基础，要保障其安全放心，必须从饲料产业链条的每一个环节抓起，特别是在提质增效和保障质量安全方面，把科技进步放在更加突出的位置，支撑安全发展。从绿色发展看，当前我国畜牧业已走过了追求数量和保障质量的阶段，开始迈入绿色可持续发展的新阶段。畜牧业发展决不能"穿新鞋走老路"，继续高投入、高消耗、高污染，而应在源头上控制投入、减量增效，在过程中实施清洁生产、循环利用，在产品上保障绿色安全、引领消费；推介饲料资源高效利用、精准配方、氮磷和矿物元素源头减排、抗菌药物减量使用、微生物发酵等先进技术，促进形成畜牧业绿色发展新局面。

动物营养与饲料科学的理论与技术在保障国家粮食安全、保障食品安全、保障动物健康、提高动物生产水平、改善畜产品质量、降低生产成本、保护生态环境及推动饲料工业发展等方面具有不可替代的重要作用。当代动物营养与饲料科学精品专著，是我国动物营养和饲料科技界首次推出的大型理论研究与实际应用相结合的科技类应用型专著丛书，对于传播现代动物营养与饲料科学的创新成果、推动畜牧业的绿色发展有重要理论和现实指导意义。

李德发

2018.9.26

前　言

　　奶山羊是经过人类驯化和精心选育而成的专门化乳用家畜，被称为"贫农的奶牛"。山羊奶味甘性温，易消化吸收，羊奶产品（包括奶酪和酸奶）越来越受到消费者的青睐，市场需求量逐年增加，大大促进了奶山羊产业的快速发展。奶山羊生产投入少、易饲养、繁殖快、效益高，传统的小群体分散养殖模式逐步转型升级为规模化全产业链生产模式，发展理念不断创新，科学养殖技术示范推广对奶山羊产业化的重要性日益凸显。

　　在奶山羊养殖过程中，影响生产性能、乳品质和健康的因素很多，包括奶山羊个体的消化生理特点、营养水平、饲料品质，以及饲养管理方式等。为适应新时代奶山羊产业发展的新需求，编者基于多年的奶山羊教学科研推广与生产实践经验，通过系统梳理奶山羊营养原理、饲料加工利用方法和饲养管理技术等专业知识，从奶山羊生物学特性、营养与代谢特点、营养需要与日粮配合、常用饲料特点与饲料加工，以及营养代谢病等方面，归纳总结奶山羊科学养殖理论知识与实用技术，编写了《奶山羊营养原理与饲料加工》。

　　编写组由十一位富有教学科研与生产实践经验的专家组成，分别是西北农林科技大学罗军教授、史怀平教授、王平副教授、孙小琴副教授、龙明秀副教授、李聪副教授、陈琳副教授、杨培志副教授、郑慧玲教授、曹阳春副教授，以及山东农业大学王建民教授。根据个人专业知识背景，精心组织本书的编写内容，做到专业知识写作精准、深入。编写过程中，编写组首先召开编写工作会议，确定内容框架，明确责任分工，同时还听取了基层畜牧技术人员和饲料企业技术人员的意见和建议，做到理论与实践相结合。初稿完成后，编写组根据专家和出版社审稿意见，经多次认真修

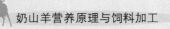

改补充后定稿。在此，对所有为本书编写和出版提供帮助的相关单位和人员深表谢意。

由于本书涉及内容较为广泛，所引用的数据资料及提出的观点难免存在不妥之处，恳请同行专家和广大读者批评指正。

编　者
2019 年 11 月

目 录

03　第三章　奶山羊营养原理

04 **第四章　奶山羊常用饲料及其营养特性**

05 **第五章　奶山羊饲料的加工调制**

第一章
奶山羊的生物学特性

奶山羊是指以生产羊乳为主要经济用途的山羊品种，是经过人类精心选育而成的专门化乳用家畜。作为山羊的经济类型之一，奶山羊具有普通山羊的共同特点，如属于羊亚科的山羊属的家山羊亚种、染色体数是 60（$2n=60$）条、短瘦尾、无泪窝腺和趾间腺等。但在长期的定向选育过程中，奶山羊形成了许多特有的种质特性，主要表现在乳用特征明显，如外形清秀、体躯呈楔形、乳房发育良好且质地柔软、体况偏瘦、腹围较大等；泌乳性能好，如泌乳期长达 7～10 个月，个体产奶量高达 600～1 000 kg 等；季节性繁殖明显，妊娠期与泌乳期重叠时间可达 3～4 个月。

奶山羊的饲养历史和品种形成是伴随着人类利用羊乳的历史而同步发展的。山羊乳是世界上利用历史最早、饮用人数最多的动物乳。据联合国粮食及农业组织（FAO）2018 年的数据，世界上有 113 个国家或地区生产山羊乳，山羊乳产量约占总乳源的 2%，主要来自亚洲（52.7%）、非洲（25.7%）和欧洲（16.6%）。目前，全世界公认的奶山羊品种有 60 多个，其中包括起源于欧洲的专门化品种如萨能奶山羊、吐根堡奶山羊、阿尔卑奶山羊等，我国培育的关中奶山羊、崂山奶山羊和文登奶山羊等，以及许多国家的一些改良群体和兼用型地方山羊品种。奶山羊生态适应性强，有着独特的消化与泌乳生理特点，被称为"小奶牛"或"贫农的奶牛"，既可在沟渠路边、山区丘陵或平原草场上放牧饲养，也可庭院养殖或规模化集约饲养，广泛分布于地球上多种多样的农业生产系统中，为农村地区的人们提供食物营养和经济收入。无论是发达国家，还是欠发达国家，山羊乳及其制品（包括奶酪和酸奶）味道鲜美、营养丰富、易消化、无牛乳过敏症等特有的生理生化性质，在满足家庭消费、特色美食和医疗需求等方面都发挥着重要作用。因此，奶山羊产业成为许多国家畜牧业和乳品行业的重要组成部分。

第一节　生理特点和生活习性

一、生理特点

（一）正常的生命体征

生命体征是标志奶山羊生命活动存在与质量的重要征象，主要包括体温、呼吸、心率、反刍等生理指标。正常情况下，动物的生命体征指标值是较为稳定的，可在一定的范围内变化。但在某些因素影响下，机体健康状态发生异常时，某些或所有生理指标值就会超出正常范围。因此，奶山羊的生命体征状况是判断其健康程度的依据，对指导生产实践具有重要意义。

1. 体温 奶山羊正常体温为 38.6～40.0 ℃。影响体温变化的因素有很多，主要包括品种、气温高低、运动量大小、饲养管理方式、生理阶段、疾病等。通常情况下，放牧羊的体温高于舍饲羊，这可能与奶山羊的运动量大小有关。

体温是衡量动物健康的重要指标。生产中，应注意结合实际情况判断造成羊体温变化的原因，以确定其是否处于疾病状态，并采取相应的处理措施。例如，高于正常体温时，可能与天气炎热、抓羊、追赶或者其他活动等因素有关，也可能表明山羊体内存在某种感染或炎症；低于正常体温时，可能与天气寒冷有关，也可能是山羊排泄了大量粪便。无论何种原因，都应先改进饲养管理包括补水或将羊转移到一个舒适的区域等，然后再进行兽医诊断治疗，切不可认为羊体温异常就是患病。

2. 呼吸速率 成年奶山羊的正常呼吸速率为 12～20 次/min，青年羊的呼吸速率较成年羊快。除了年龄以外，其他影响因素还包括肺部感染、代谢不平衡、受伤、脱水、寄生虫、应激、摄入有毒物质等。

3. 脉搏 又称心率或者心搏次数，成年奶山羊的正常值为 70～90 次/min，但羔羊和青年羊一般都高于此值，特别是羔羊或处于应激状态的羊，其心率可达到成年羊的 2 倍以上。除了年龄和应激以外，其他影响因素还包括代谢失调、脱水、疼痛、受伤等。

4. 血常规指标 血常规检验主要是检查血液中红细胞、白细胞和血小板等不同功能细胞的数量变化及形态分布情况，是判断奶山羊健康状况的重要手段之一。目前，利用全自动血细胞分析仪检测的方法已经替代了传统的显微镜人工镜检法。据对文登奶山羊的血液测定，正常情况下，白细胞总数为 $(21.16～26.51)×10^9$ 个/L，其中淋巴细胞、中间细胞、粒细胞的百分率分别为 38%～40%、17%～18% 和 42%～45%；红细胞总数为 $(2～3)×10^{12}$ 个/L，血红蛋白/红细胞比容为 68～74 g/L，红细胞比容为 7%～8%，红细胞平均体积为 35～36 fL，血红蛋白含量为 31～35 pg，血红蛋白浓度为 901～1 032 g/L，红细胞分布宽度为 13%～14%。这些指标与绵羊有极显著的差异，说明奶山羊血液中的生理指标具有种属特异性，并且不同山羊品种之间及同品种内不同年龄阶段也存在着差异。

5. 寿命及利用年限 山羊平均寿命为 12～15 年。生产性畜群中，由于考虑到繁殖性能、产奶效率等性状，人们提出了最佳经济利用年限的概念。在我国，奶山羊的经济利用年限一般为 5～6 岁，因为母羊在第 3 个泌乳期时产奶量达到高峰，许多高产个体可保持到第 5 个产羔胎次。而美国奶山羊协会采用 72 月龄生产寿命（productive life at 72 mo，PL72，单位为 d）表示奶山羊母羊生产利用潜力（Castañeda-Bustos et al.，2017），其与泌乳胎次（lactation number）的相关系数为 0.96，但美国奶山羊的 PL72 值平均为 625.78 d，且变异系数高达 72.21%，说明个体间差异较大，大多数母羊的泌乳潜力没有得到充分利用。

（二）消化生理

作为反刍动物，奶山羊的消化系统对其消化和吸收营养物质有重要的影响，特别是口腔中的咀嚼作用和反刍作用。山羊采食和咀嚼草料依靠其下门齿、唇面和上齿垫。通常，咀嚼食物不规律，幅度变化较大，但在反刍的过程中，咀嚼行为显得较慢而更有规律。前臼齿和磨牙有助于咀嚼。咀嚼可以减少草料颗粒的体积，从而增加发酵微生物的结合面积。反之，没有经过充分咀嚼的饲料会导致反刍、唾液分泌和前胃运动的减少。牙齿的运动可以刺激口腔中的机械感受器，为唾液腺分泌唾液提供刺激，也增加了网状瘤胃初级和次级循环收缩的速度和幅度。

山羊的唾液腺相对较大，分泌率高于绵羊。唾液中含有高浓度的碳酸氢盐和磷酸盐，可作为缓冲介质防止 pH 降低到瘤胃微生物不能生长的程度。山羊唾液腺的质量与其体重呈正相关，且比值高于其他反刍动物，这说明山羊具有更强的食草和消化能力。山羊的唾液分泌是相对连续的，但在采食和反刍时唾液分泌量更大，每天平均唾液分泌量为 6～16 L，甚至更多。唾液的主要功能是提供充足和连续的碱性缓冲液，以平衡发酵过程中产生的挥发性脂肪酸（VFA，主要是乙酸、丙酸和丁酸），并为瘤胃中的固形物提供水悬浮液。唾液的次要功能包括尿素循环，为瘤胃微生物蛋白质合成及核酸和膜磷脂合成提供所需的非蛋白氮（NPN）和磷酸盐。此外，唾液也是摄取物质的润湿剂，提供了一种防止泡沫膨胀的抗泡剂，并提供了结合单宁的富含脯氨酸的蛋白质，用于结合和抑制日粮中单宁的活性，也为山羊提供了一种短期适应日粮组成变化的媒介。

瘤胃是包括山羊在内的反刍动物特有的一种非分泌性消化器官，其功能是支持微生物发酵，消化富含纤维的食物。稳定的瘤胃内环境有助于维持瘤胃微生物与宿主动物之间的高度共生关系。山羊的瘤胃反刍周期或瘤胃蠕动次数为 1.0～1.5 次/min。健康羊的瘤胃活动非常活跃，其内容物的搅动和混合具有规律性和节奏感，但在代谢失衡、消化不良、难产等情况下，瘤胃功能将会出现紊乱。在瘤胃中，pH 为 5.5～7.0，此为微生物生长的理想值。唾液中磷酸盐的循环利用，有助于瘤胃微生物合成核蛋白、磷脂和核苷酸。尿素循环回收的尿素量占唾液总氮的 77%，也为微生物蛋白质的合成提供氮。唾液中循环的尿素，加上肾小管尿素的高效再吸收，对采食低质饲草或蛋白质含量极低饲料的反刍动物的生存至关重要。此外，尿素的循环利用减少了水的排泄，再加上大肠对水的重吸收，这有助于反刍动物在水源有限时能生存下来。

山羊乳中含水量为 87%，因此保证充足的饮水量对奶山羊非常重要。泌乳期成年奶山羊的每日需水量为 3.79～22.74 kg，较大的变化范围说明其受到多种因素的影响。种公羊摄取水量足够时，可以降低尿结石的发生率。

（三）繁殖生理

奶山羊保持正常的繁殖生理状态是至关重要的，因为与大多数哺乳动物一样，母羊的泌乳起始（开始产奶）是与分娩产羔同时出现的。

奶山羊性成熟较早，公羔在 2.5～3 月龄就有爬跨行为，母羔 3～4 月龄开始有发情表现。但考虑到个体性成熟时尚未达到体成熟，故初配年龄即初次配种的年龄要延后3～4 个月，多数奶山羊品种的平均初配年龄为 7～8 月龄。

正常情况下，我国北方饲养的奶山羊母羊属季节性多次发情动物，一般是秋季发情配种、冬末春初产羔。母羊发情配种时间集中在 9—11 月，分娩时间集中在翌年 2—

3 月。发情季节内，母羊可出现 2～3 个发情周期，每个发情周期平均为 21 d（范围为 18～22 d），发情持续期为 24～72 h，形成的成熟卵泡数为 2～5 枚。由于母羊的排卵时间发生在发情结束前，因此配种时间宜安排在发情后期。

奶山羊母羊的繁殖效率主要包括受胎率、多胎性和产羔率等指标。良好的饲养管理条件下，成年母羊的情期受胎率应在 85% 以上，受胎指数为 1.15 左右；妊娠期平均为 150 d，范围为 145～156 d；平均胎产羔率为 200% 左右，断奶成活率在 90% 以上。但母羊繁殖效率会受到品种、胎次、饲养管理等多种因素的影响。例如，崂山奶山羊母羊的妊娠期为（150.40±0.12）d，以第 2 胎最短；母羊平均产羔率 170.30%，其中第 1 胎母羊仅为 129.40%，第 3 胎以后则表现出较高的产羔率和多羔率；羔羊断奶成活率平均为 94.49%。

羔羊初生重对其断奶成活率及其后期发育有重要影响。对饲养在相同条件下的奶山羊而言，羔羊初生重受到性别、胎次、出生类型等因素的影响较为明显。例如，崂山奶山羊的羔羊初生重为（3.26±0.02）kg，公羔比母羔重 12.46%，第 1 胎羔羊明显低于其他胎次，性别与胎次对羔羊初生重的影响没有交互作用。羔羊出生类型极显著地影响着初生重，单羔个体初生重比双羔、三羔分别高 5.85% 和 14.67%，双羔个体初生重高于三羔 8.33%。

（四）泌乳生理

产奶量和乳成分是衡量奶山羊经济价值的重要指标。奶山羊母羊的泌乳活动主要发生在两个阶段：第一阶段是乳腺为乳汁分泌做准备，通常发生在妊娠后期；第二阶段是分娩时乳汁开始分泌，进入一个持续 9～10 个月的泌乳期。但在实际生产中，主要关注第二阶段。母羊从第一次产羔开始将进入周期性的产奶过程，每个产奶周期包括泌乳期和干奶期。其中，泌乳期是指母羊产羔后开始泌乳到停止产奶的时间，其长短受品种、饲养条件等因素的影响，变动范围在 200～300 d；干奶期是指母羊停止产奶到下一次分娩产羔的时间，一般为 50～60 d。

1. 泌乳期内的产奶量变化　在泌乳期内，母羊的产奶量呈现规律性的变化，即产羔后母羊产奶量逐渐升高，5～9 周达到泌乳高峰，再经过 2～5 个月的泌乳维持期，产奶量开始下降，泌乳后期产奶量迅速降低，直至干奶，这种变化形成了泌乳曲线。为了便于生产管理，据此可将奶山羊的泌乳期分为初期（产羔后第 1～20 天）、盛期（产羔后第 21～120 天）、中期（产羔后第 121～210 天）和末期（产羔后第 211～300 天）四个阶段。

由于奶山羊产奶量受到个体遗传、胎次、饲养管理等因素的影响，奶山羊的泌乳曲线表现出不同的特点。一般来讲，高产个体泌乳曲线起点高，达到泌乳高峰的时间相对较长；泌乳中期持续时间长；泌乳后期泌乳曲线降落缓慢，因而整个泌乳期产奶量高。而低产个体则相反，泌乳曲线起点低，很快达到泌乳高峰；泌乳中期持续时间短；泌乳后期泌乳曲线降落迅速。

图 1-1 显示了崂山奶山羊母羊的泌乳曲线。崂山奶山羊母羊平均产奶量为 614.56 kg，不同胎次之间差异较大；平均泌乳天数为 288.97 d，群体一致性好（$SE<1$），不同胎次之间没有明显差异。由图 1-1 可知，母羊的产奶量（y）与泌乳月（x）之间的关系

符合一元二次方程，即 $y=0.2756x^3-5.5721x^2+24.657x+60$，其拟合度为 $R^2=0.9962$；产奶量较高的月集中在产羔后的第 2、3 和 4 泌乳月，占总产奶量的 42.07%。最高月产奶量和最高日产奶量与 300 d 产奶量的胎次排列顺序一致，说明两者与 300 d 产奶量关系密切（r_p 分别为 0.836 和 0.623）。

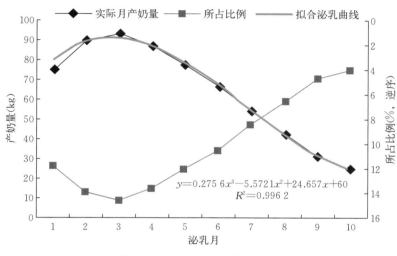

图 1-1　崂山奶山羊泌乳曲线

（资料来源：王建民等，1995）

2. 泌乳期内的乳成分变化规律　奶山羊所产的奶可分为初乳和常乳，分别为母羊产羔后第 5 天以内和第 6 天以后所生产的奶，两者在生理功能和乳成分上存在较大差别。初乳的干物质含量较高，其中主要是乳蛋白含量较高，而乳脂和乳糖含量相对较低。当产奶量到达泌乳高峰期时，乳中干物质含量下降，此后乳成分变化不大，直到泌乳后期乳中脂肪和蛋白质含量趋于上升为止。通常情况下，泌乳后期的羊乳带有"盐味"或"发咸"，这可能与乳中矿物质含量增加、乳糖含量相对下降有关。

奶山羊整个泌乳期内，乳中的干物质含量在初乳期呈明显下降趋势，从 27.81% 下降到 15.90%；在常乳期变化不大，为 14.54%～16.70%；泌乳末期下降为 11.17%～12.53%。乳蛋白含量随泌乳期的延长而降低，初乳期从 8.95% 下降到 4.49%；常乳期较为稳定，为 3.57%～4.27%；泌乳末期稳定在 3.03%～3.31%。脂肪含量随泌乳期的延长总体上呈下降趋势，即初期乳脂率为 4.33%～5.91%，随着泌乳量增加，乳脂率渐减为 3.12%～3.80%；泌乳高峰降到最低值（不足 3%）；到泌乳末期，随着泌乳量显著减少，乳脂率又稍有增高。乳糖含量随泌乳期的延长呈先上升后下降的趋势，即初乳中乳糖含量呈上升趋势；常乳中乳糖含量达到高峰后开始下降，整个泌乳期的变化范围为 3.57%～4.62%。灰分和钙含量随泌乳期的延长基本呈下降趋势，分别为 0.70%～1.04% 和 0.78～1.29 mg/g。在乳蛋白组分中，酪蛋白含量在初乳期内随着泌乳期的延长变化比较大，在泌乳的前 2 d 增长速度比较快，在泌乳的第 3～7 天时基本停止增长；初乳中具有生物活性的功能性蛋白质，例如乳铁蛋白和免疫球蛋白，其含量随着泌乳时间的延长呈明显下降趋势，分别从第 1 天的 15.62% 和 12.19% 逐日递减为第 7 天的 4.91% 和 4.98%，常乳中分别为 3.69% 和 3.52%。

3. 泌乳周期内的体重变化　母羊体重的变化规律是产羔前体重最大，分娩后明显下降，直到产奶量最高时体重最低，泌乳 6 个月后体重逐渐恢复，配种后增重加快。为了使泌乳母羊发挥出产奶潜力，必须让其采食到足够的营养丰富而又易于消化的干物质，日粮的适口性、精粗比、饲喂次数等也应予以考虑。

二、生活习性

（一）适应性强，可饲养在各种生产系统中

山羊是适应性很强的草食动物，在草原、农区、全舍饲等各种生产系统中均可饲养。

放牧饲养时，山羊既可在平坦的草场上采食，也可在灌木林中、沟渠路边、零星草地等地方采食，能够从当地的季节性植物中获得各种各样的营养物质。同时，山羊对有毒植物如山月桂等表现出较强的识别能力。山羊的移动速度较快，在采食、休息和反刍之间随时进行行为转换。在牧场上通常要设有树荫和水源，如果没有合适的水源，可以训练山羊使用乳头式饮水器。

山羊能容易地适应集约化的饲养方式。它们可以采食许多富含淀粉的谷物类，也可以消化大量的高纤维饲草，因为其咀嚼食物和选择饲料的效率很高。集约化饲养方式下，采用全混合日粮（TMR）的饲喂方式可以平衡日粮营养成分和减少奶山羊挑食。此外，在没有饲草的情况下，只要日粮的颗粒大小及其纤维素含量适宜，山羊也能够采食并有效地利用日粮中养分。

（二）食谱广泛，采食偏好性和选择性强

在对 600 多种植物的采食试验中，山羊能食用其中 88% 的植物，而绵羊、牛、马、猪则分别为 80%、73%、64% 和 46%，说明山羊的食性较广。

山羊的颜面细长，嘴尖、舌尖、下颌尖，唇薄齿利，移动灵活，为其采食各种植物饲料提供了基础。例如，上颌比下颌宽，故下颌的横向（圆形）运动以及臼齿的形状和间距可以使坚硬的植物纤维碎裂。下颌门齿向外有一定的倾斜度，利于啃食很短的牧草，故在马、牛放牧过的草场上或不能放牧马、牛的短草牧场上都可以放牧山羊。山羊后肢能站立，可采食高处的灌木或乔木的幼嫩枝叶；活动能力强，放牧时的行走距离较远，增加了其采食空间与范围。

山羊能够识别并偏爱甜的味道，尤其对盐特别偏爱。山羊能分辨苦、甜、咸、酸的味道，比绵羊和牛更能忍受苦的味道。与苜蓿相比，三叶草是放牧山羊更喜欢的食物。山羊也表现出对碳水化合物含量较高的饲料的偏好。通常情况下，饲料的气味和味道对山羊采食的选择性或适口性也有影响。

与选择性采食对应的是，山羊采食过程中存在挑食现象。因此，放牧饲养时应适当控制羊群游走的速度，以提高采食效率。在不同牧草状况、牧场条件下，不同山羊品种的游走能力有很大区别。接近配种季节、牧草质量差时，羊的游走距离加大，游走距离常常伴随放牧时间增加而增加。在圈养舍饲条件下，应固定采食位置、将日粮原料混匀（最好采用 TMR）等，以防止挑食、抢食等现象的发生。

（三）性情活泼好动，合群性较差

山羊反应灵活，行动敏捷，喜在较高处站立或休息；放牧时，在陡坡岩石、河沟林间等处能行动自如。山羊神经敏锐，胆大，易训练，好管理，常被训练成山羊群的头羊带领羊群前进、后退或向某一方向移动。但由于山羊喜食细枝嫩叶或树皮，故在放牧管理上应严加控制，以保护林木。在地形复杂的地方放牧时，羊群行走不可太急、太快，以免跌伤或摔伤。

山羊的合群性不如绵羊。在自由放牧条件下，它们往往倾向于穿过田野或牧场，而不是像绵羊那样安静地并排吃草。护理羔羊时，母羊常常将羔羊放在一边，即母仔分离开来，而不是像绵羊那样母仔相偎在一起。但是一旦发现入侵者，山羊通常会转身面对敌人，公山羊更可能直接冲撞敌人。

由于山羊易训练的特点，所以在日常管理中，正确的引导能够增强山羊的合群性。群体结构的形成过程，通常是熟悉的羊先形成小群体，小群体再构成大群体。放牧时，在羊出圈、入圈、过河、过桥、饮水、换草场、运羊等方面，只要有头羊先行，其他羊便尾随而来，管理非常方便。

（四）性喜干燥清洁，对疾病反应不敏感

在潮湿的牧地和圈舍环境下，羊容易患寄生虫病、腐蹄病等。不同的山羊品种对气候的适应性不同。山羊对生活环境的适应性很强，对恶劣条件表现出较高的耐受性，故一般情况下对疾病的反应不像其他家畜那样敏感，往往病很重时才会表现出来。这就要求管理人员平时应细心观察，如羊放牧时掉队、对多汁饲料或精饲料采食不积极、饮水减少、反刍停止等，都是初发病的征兆。

（五）嗅觉灵敏，视觉和听觉迟钝

山羊的嗅觉灵敏与其发达的腺体有关，主要作用表现为：①靠嗅觉识别羔羊。如羔羊吮乳时，母羊总要先嗅一嗅其臀尾部，以辨别是不是自己的孩子，利用这一点可在生产中为缺乳的羔羊找代乳母羊。②靠嗅觉辨别植物种类或植物枝叶。如羊在采食时通过嗅觉辨别各种植物，选择蛋白质含量多、粗纤维含量少、没有异味的牧草采食。③靠嗅觉辨别饮水的清洁度。如羊喜欢饮用清洁的流水、泉水或井水，而对污水、脏水等拒绝饮用。羊的听觉和视觉一般仅起到辅助作用。

第二节　生长发育的特点及其评价

像其他动物一样，奶山羊同样会经历幼年、青年、壮年、老年四个生长阶段。

奶山羊的生长发育性状通常是指其体重和体型。其中，体重性状包括不同年龄阶段的体重大小及单位时间内的增重。体型性状的主要指标包括体高、体长、胸围和管围等，以及以此为基础形成的各种体尺指数。根据奶山羊体型性状与产奶量存在遗传相关的原理，近几十年来发展起来一套适于奶山羊选育的线性性状评价体系，这些线性性状

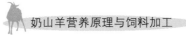

主要包括体高、胸宽与胸深、乳用特征、乳头直径、后肢倾斜度、尻倾斜度、尻宽度、前乳房附着、后乳房高度、后乳房附着、乳房宽度、中间悬韧带、乳头位置等，采用评分方法表示其适宜度。

山羊的生长发育不仅仅限于体重的增长，同时也伴随着其机体不同部位在比例上的变动，特别是某些器官和组织与整体在比例上的同步变动。这一生理学和解剖学变化过程中蕴藏着影响山羊生长发育的诸多因素，对于后备羊的培育和泌乳潜能的充分发挥具有重要的指导意义。

一、生长发育的特点

（一）体躯器官发育及体组织变化

1. 体躯发育　随着体重的增长，山羊羔羊的体躯结构发生变化。主要特征是体宽和体深比体长增加快，股部越来越紧凑，胸部变得更圆；在年龄相同时，公羔的体尺均大于母羔，这与公羔体重一般大于母羔有关，但在体重相同时，母羔的体尺最大，尤其是体长。

与其他反刍动物一样，羔羊的生长也是向心生长。刚出生的羔羊，其体躯的外端部分即四肢和头部已发育较好，故生长波是由外端向背腰部和胸部逐渐移动的，这一观点可由头部和四肢部的异速生长系数低（<1），而胸部、背部和腰部异速生长系数高（>1）得到证实。不同部位的增长基础不同，如背腰区生长快主要是活动量大导致的，但其蛋白质的沉积较迟；而胸部的迅速增长则是由脂肪沉积和蛋白质形成所引起的。

2. 内脏发育　在活重相同时，公山羊的头和皮肤重量较大，但其内脏（包括肾、心、肝、肺）所占的比例比母山羊小，这是由于母山羊脏器上脂肪层较厚。肝脏受生产方式和饲养水平的影响最为明显。肝脏的重量取决于哺乳期能量的缺乏程度，因为3周龄断奶羔羊的肝脏重量高于断奶较晚的羔羊。

胃肠器官的生长发育较晚。可能与皱胃和小肠的发育有关，但瘤胃、网胃、瓣胃和大肠发育在断奶后受日粮类型（尤其是粗饲料）的影响较大，采食固体饲料后呈现快速发育。

3. 体组织变化　在生长期间，羔羊出生时已经发育良好的骨骼，比胴体的其他部分生长慢；肌肉的生长与整个胴体的生长速度相近似；脂肪沉积则在生长后期逐渐增多。

（二）不同生长阶段的特点

1. 胚胎期　胎儿在母体内生活的时间是150 d左右，主要通过母体获得营养，故应根据胎儿的生长发育特点加强对妊娠母羊的饲养管理。

（1）胚胎早期即母羊妊娠前3个月　此时胎儿发育较慢，其重量仅为初生重的20%～30%，这一时期主要发育脑、心、肺、肝、胃等主要器官，要求营养物质全面。由于母羊处于产奶后期，母仔之间争夺营养物质的矛盾并不突出，母羊的日粮只要能够满足产奶的需要，胎儿的生长发育就能得到很好的保证。

（2）胚胎后期即母羊妊娠后2个月　胎儿70%～80%的重量是在这一阶段增长的，

此期胎儿的骨骼、肌肉、皮肤及血液的生长速度较快，因此应供给母羊充足数量的能量、蛋白质、矿物质与维生素。日粮应以优质豆科干草、青贮饲料和青草为主，适当补充精饲料。母羊每日应坚持运动，可防止难产和水肿，常晒太阳可增加维生素 D。高产母羊因泌乳期营养支出较多，产第 1 胎的母羊本身还要生长，故营养需要量更大。

羔羊初生重主要取决于双亲的体重，一般相当于成年山羊平均体重的 5%～7%；其次是性别和胎产羔数，两者之间可能存在交互作用，公羔初生重一般超过母羔的 10% 左右，胎产羔数增加时羔羊的个体初生重则下降。母羊体况一方面影响羔羊初生重；另一方面又受到胎儿发育的影响，尤其是当营养条件较差时，母体效应是母羊为保证胎儿发育所做出的应答性反应，此时母羊将动用大量体组织中的钙、蛋白质等，导致母羊消瘦和骨质松软。

2. 哺乳期　哺乳期是指从出生到断奶的一段时间，一般为 2～3 个月，羔羊断奶重较初生重可增长 7～8 倍。哺乳期是山羊一生中生长发育最快的时期。此期特点是：消化机能发育不完全（仅皱胃发达），瘤胃在复胃中占比小；其摄取营养方式变化很大，从胚胎期的血液营养到出生后的乳汁营养，再到断奶后以草料营养为主；哺乳羔羊适应性相对较差，抗病力较弱。日粮类型、营养水平、管理方法等对羔羊的生长发育和体质类型影响很大，因此必须高度重视羔羊的培育工作。

初乳是羔羊出生后唯一的全价天然食品，对羔羊的生长发育和增强抗病力具有极其重要的作用。因此，应让羔羊尽量早吃和多吃初乳，平均日增重一般应达到 150～220 g。

常乳期指羔羊生后第 6～90 日龄的时期。这一阶段，羔羊的体尺、体重增长最快，尤以 30～75 日龄生长最快，这与母羊的泌乳高峰中期（产后 40～70 d）是极其吻合的。实践证明，羔羊出生后 2 个月内的生长速度与其所吃的奶量有关，一般每增重 1 kg 体重需奶量 6～8 kg，整个哺乳期需奶量为 80 kg 左右，平均日增重母羔应不低于140 g，公羔应不低于 160 g。

断奶是造成羔羊生长受阻、增重减少或停止的重要因素。断奶越早，受阻越明显，这主要反映在羔羊体增重较低上。如阿尔卑山羊羔羊在 7.5 kg 或者 8.5 kg 时断奶，比 10 kg 时断奶的体增重分别减少 1 200 g 和 44 g，而 10 kg 断奶几乎没有受阻现象。舍内集中饲养并自由采食全价日粮（可消化干物质 60%、粗蛋白质 14%）的羔羊，在 38 日龄断奶前后均自由采食相同的全价日粮（可消化干物质 60%～65%、粗蛋白质 14%），断奶后 12 周的日增重由断奶前的 227 g 下降到 200 g。公羔对断奶的反应比母羔更为敏感。因此，为了适应母羊产奶量下降和羔羊快速生长的需要，以及尽量减少断奶应激反应，必须尽早教会羔羊吃草吃料。

假如羔羊断奶受阻很严重，那么断奶后有时会出现部分补偿性生长，而断奶良好时，断奶年龄并不影响羔羊断奶后的生长速度；哺乳期采食大量母乳的羔羊断奶后生长发育良好，这与断奶体重有关。

3. 青年期　从断奶到配种前的羊称青年羊。此阶段是骨骼和器官充分发育的时期，公羔和母羔的体重和增重差异均加大。优质青干草和充足的运动是培育青年羊的关键。青干草有利于消化器官的发育，培育成的羊，骨架大，肌肉薄，腹大而深，采食量大，消化力强，乳用体型明显。丰富的营养，充足的运动，可使青年羊胸部宽广，心肺发

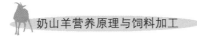

达，体质强壮。如果营养不能满足，青年羊便会形成腿高、腿细、胸窄、胸浅、后躯短的体型，并严重影响体质、采食量和终生的泌乳能力。

断奶后羔羊生长状况受到采食饲料营养水平的限制。阿尔卑山羊羔羊日供精饲料量在 20 周龄时减少到 300 g，同时自由采食苜蓿干草，到 7 月龄时体重平均下降 1.5～2.0 kg。体重 16～32 kg 的大马士革山羊羔羊日粮中粗蛋白质总量由 16.6% 减到 10.9% 时，体重约减少 5 kg。青年公羊的生长速度比青年母羊快，应给青年公羊多喂一些精饲料。充足的运动对青年公羊更为重要，不仅有利于生长发育，而且可以防止形成草腹和恶癖。青年羊可在 10 月龄、体重 32 kg 以上或体重达成年体重的 70% 时配种，育种场及饲料条件差的地区可在翌年早秋配种。

4. 繁殖期 一般指初配到成年的这一时期。当羔羊达到性成熟时，生殖器官发育成熟，体型基本定型，但到生理成熟期（占成年体重的 65%～70%）仍保持一定的生长速度；进入成年期（22～24 月龄）后，羊达到机能活动旺盛、生产性能最高的状态，能量代谢水平稳定，虽然绝对增重达到高峰，但在饲料丰富的条件下，仍能迅速沉积脂肪。这一时期，繁殖的节律和饲养因素等对生长影响最大。青年公羊在繁殖季节常因性活动造成采食量下降而体重减轻，但以后会逐渐恢复；青年母羊的早期妊娠活动会影响其生长，尤其是怀胎数较多（2～3 只/胎）时。在某些生理阶段如妊娠期、泌乳期等，奶山羊母羊的营养需要量会明显增加，这并非母羊生长的营养需要，而是胎儿发育和母羊泌乳的营养需要。

二、生长发育的评价

动物的生长型式具有规律性，在一定程度上是能够预测的，通常可分为时态生长型式和相对生长型式两类。

（一）时态生长型式及其测定

以时态观念去测定动物整体或局部的体积或体重的增长称为时态生长型式，主要包括累计生长、绝对生长和相对生长。

1. 累计生长 即任何一个时期所测得的体重或体尺数值，都代表该动物被测定以前生长发育的累计结果。在正常情况下，累计生长曲线呈 S 形，曲线拐点处表示动物进入成年期。但实际上累计生长常因畜种、品种和饲养管理不同而有差异，并常以此来了解不同动物品种生长发育特点和饲养管理上存在的问题。

2. 绝对生长 指在一定时间内的增长量，用以表示某个时期动物生长发育的绝对速度，用 G 表示。绝对生长曲线呈钟形，其最高点即为动物的性成熟期。在实际生产和育种中，常用绝对生长检查动物营养水平、评定畜禽优劣和制定各项生产指标等。其计算公式为：

$$G=(W_1-W_0)/(t_1-t_0)$$

式中，W_0 为前一次测定的体重或体尺；W_1 为后一次测定的体重或体尺；t_0 为前一次测定的月龄或日龄；t_1 为后一次测定的月龄或日龄。

3. 相对生长 指增重占始重的百分率，用 R 表示。它代表着动物某一时段的生长强度，并且是随着年龄的增长而下降，曲线呈反抛物线形。其公式为：

$$R=\left[(W_1-W_0)/W_0\right]\times100\%$$

4. 生长系数　即开始和结束时测定的累计生长的百分率，也即末重占始重的百分率。它也是表示生长强度的一种指标，常用 C 表示。其公式为：

$$C=(W_i/W_0)\times100\%$$

（二）相对生长型式及其测定

比较动物各组织或部位随着整体增长而发生的比例上的变化称为相对生长型式。这种局部与整体间在动态上的相互关系，通常用指数方程表达：

$$Y=bX^a$$

式中，Y 为器官或部位等局部的重量；X 为扣去器官或部位等局部的整体重量；a 为指数即生长系数；b 为常数，指器官或部位等局部的相对重量。

若系数 $a>1$，局部生长速度大于整体生长速度，该局部属于晚熟部位；若 $a<1$，则局部生长速度小于整体生长速度，该局部属于早熟部位。在大多数情况下，$a=1$，表示局部与整体生长速度相当，这时可用直线方程 $Y=aX+b$ 表达二者间关系。

（三）体态结构指数

也称体尺指数，是指生理上或解剖上彼此关联的两种体尺的百分率，用以反映动物生长部位间相对发育关系，以及不同时期在外形特征上的变化。常用的有体长指数、胸围指数、管围指数、体躯指数和额宽指数等。

1. 体长指数（体型指数）　用以说明体长与体高的相对发育情况。如生前发育受阻，则体高较小，因而体长指数加大；如生后生长发育受阻，则体长较小，体长指数减小。正常情况下，体长指数随年龄增长而增大。

体长指数＝（体长/体高）×100%

2. 胸围指数（体幅指数）　表示动物体躯的相对发育程度。胸围指数随年龄增长而增大。

胸围指数＝（胸围/体高）×100%

3. 管围指数（骨量指数）　表示骨骼发育情况。管围指数随年龄的增长而增大。

管围指数＝（管围/体高）×100%

4. 体躯指数　表示体量发育程度。体躯指数的大小与年龄变化的关系不大。

体躯指数＝（胸围/体长）×100%

5. 肢长指数　表示四肢相对发育情况。幼畜肢长指数大，若过小则说明发育受阻。肢长指数随年龄增长而减小。

肢长指数＝［（体高－胸深）/体高］×100%

6. 额宽指数　表示动物头部宽度的相对大小。额宽指数与动物的体质类型、成熟早晚、生产类型以及性别有关。如正常发育的羊头长与额宽的比例为 8∶3，粗糙型为 8∶4，细致型为 8∶2；早熟品种比晚熟品种的额宽指数大，公畜比母畜要大，并随年龄增长而变小。

额宽指数＝（最大额宽/头长）×100%

第三节　乳腺发育与泌乳

一、乳房构造

奶山羊母羊的乳房是一个具有重要经济价值的泌乳器官，其外部形态和内部构造的正常发育与泌乳生理功能密切相关。乳房内部的乳腺结构及其泌乳机能的分化程度决定其泌乳性能，而外部形态则在一定程度上反映腺体的内部结构情况。

（一）乳房的外部形态

1. 乳房形态　奶山羊乳房大多呈椭圆形、圆球形、梨形等，乳房纵沟将乳房分为左右两个独立的乳腺区，两个乳头分别位于两乳腺区外侧约 2/3 处。每个乳腺区分别由一个乳腺、一个乳池、一个乳头等组织结构构成。而公羊的乳房只有乳头存在，乳腺通常不发育或发育不完全。母羊的乳房位于腹股沟，附着于两后肢内侧，由各种韧带支撑和固定（图 1 - 2）。乳房的前部延伸到腹部，附着紧凑结实，中间部分充满于两股之间；后部高度适中，即外阴部到后乳房附着点之间距离为 5～15 cm；侧视乳房充实膨胀且略有外突，后视乳房呈一定程度的曲线状弯曲且较宽，乳镜呈圆形。乳镜是指奶山羊后乳房背面沿会阴向上夹于两后肢之间的稀毛区，被毛向上生长。

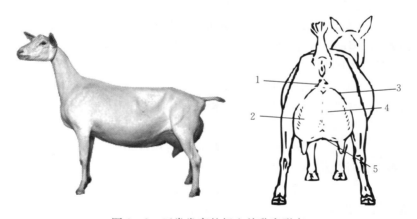

图 1 - 2　正常发育的奶山羊乳房形态

1. 后乳房附着点　2. 后乳房　3. 侧悬韧带　4. 中间悬韧带　5. 后乳房底部

包被乳房的皮肤主要作用是保护乳腺，使其免受损伤和病菌侵害。但皮肤内有许多细小的韧带，延伸并与后躯的肌肉混合在一起，对乳房也起到一定的悬托作用。

2. 乳房质地　乳房质地的软硬反映了乳房外部形态与内部构造的关系，可将乳房区分为腺体乳房和肉质乳房。前者通常是表面多皱褶，挤奶前后乳房形状和容积差别很大，表明其腺体组织非常发达，结缔组织较少，泌乳性能高（高产羊）；后者一般是皮肤较粗糙且厚，内有硬核，乳房容积在挤奶前后变化不大，表明其腺体内结缔组织发达，腺体组织较少，泌乳性能低（低产羊）。

3. 乳房特征　正常发育的奶山羊乳房具有以下特征：皮肤细薄、柔软而富有弹性，表面无毛或在基部有少量绒毛，内无硬核，皮下静脉发达，乳房纵沟明显，乳镜面积较大。乳头大小适中，长度为 5 cm 左右，两乳头间距较小，稍伸向前方，与乳房有明显界限，其基部直径稍粗。

异常发育的乳房主要有以下表现：乳房过深，即下垂到飞节以下，使奶山羊行走不便，易遭受外伤，从而引发乳腺炎；畸形乳房，如乳房中裂（在乳房中间有一道很深的沟）、单乳房（一半乳房萎缩干瘪）等（图 1-3）；两乳头大小不一，粗细不均匀，间距过大，不论是人工挤奶还是机器挤奶都无法达到满意的效果；乳头孔畸形，如过大（常引起漏奶而诱发乳腺炎）、无乳头孔（俗称"瞎乳头"）等。

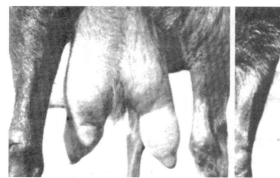
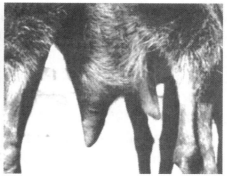

图 1-3　异常发育的奶山羊乳房形态

（二）乳房的内部构造

母羊的乳房内部主要由悬挂系统、乳腺系统、血管系统、淋巴系统和神经系统等部分构成。

1. 悬挂系统　悬挂系统主要作用是悬托和稳定乳房，它由中间悬韧带、侧悬韧带等一系列强健的韧带和联合腱组成，可将乳房直接或间接地附着悬挂到骨质骨盆（图 1-4）。其中，中间悬韧带是乳房主要悬挂结构，由两条大的强力弹性组织束组成，附着于骨盆弓上，同时伸展到乳房中间，将整个乳房分为左右两半。侧悬韧带位于阴部外动脉外侧，附着于尾部联合腱和腹膜，主要由纤维结缔组织或弹性组织组成，在乳房外部形成一纤维层，与中间悬韧带在乳房底部连接，同时横穿进乳腺组织内，与乳腺结缔组织相连，包绕整个乳腺。

奶山羊泌乳期内，乳房的平均重量可达 8 kg以上，因此它需要一个强有力的悬挂支持系统，

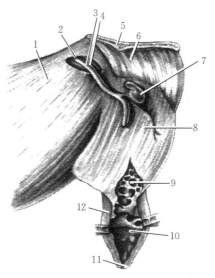

图 1-4　奶山羊左侧乳腺解剖示意

1. 腹外斜肌筋膜　2. 腹肌沟环　3. 阴部外动脉
4. 阴部外静脉　5. 骨盆联合　6. 联合腱
7. 腹肌沟浅淋巴结　8. 侧悬韧带　9. 乳腺乳池
10. 乳头乳池　11. 乳头管　12. 乳头

（资料来源：Constantinescu，2001）

以避免乳腺组织因乳汁和血液重量的压迫而崩解。

2. 乳腺系统 乳腺的功能是泌乳，由实质和间质两部分组成。其中，实质部分具有合成、分泌和排乳的功能，主要包括乳腺叶、乳腺小叶及其大量的腺泡和发达的导管系统等；间质部分主要包括脂肪垫、脂肪组织、纤维结缔组织、血管、淋巴管、神经等组织，起着保护和支持腺体组织的作用。

（1）腺泡　腺泡是乳腺泌乳的基本单位，可以将血液内的营养物质转变为乳成分，其数量决定乳腺的泌乳能力，即腺泡越多，泌乳能力越强。它由多个呈放射状排列的乳腺叶组成，每个乳腺叶周围都有一圈结缔组织鞘；结缔组织插入乳腺叶中，将其分隔成许多乳腺小叶；乳腺小叶由许多腺泡和大量终末导管及小叶内导管组成（图1-5）。

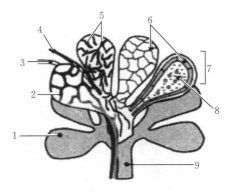

图1-5　乳腺腺泡表面和内部解剖示意
1. 腺泡　2. 毛细血管　3. 微静脉　4. 微动脉
5. 肌上皮细胞　6. 乳腺上皮细胞　7. 腺泡切面
8. 乳汁　9. 乳导管

乳腺中各小叶间的腺泡并不同时进行泌乳活动，而是彼此轮流交替进行分泌。小叶和腺泡的数目因乳腺发育程度、时期和营养状况不同而异，如营养状况良好或妊娠期乳腺，其腺泡和小叶丰富，导管分支多，乳房丰满，乳腺脂肪垫上分布着大量腺泡。每个腺泡就像一个小囊，由单层乳腺上皮细胞围成，中间的空腔为腺泡腔，并与终末乳导管相连接。腺泡表面还包绕一层肌上皮细胞，能在血液催产素的作用下产生收缩，压缩腺泡，将乳汁注入乳腺导管系统。腺泡间的乳腺间质中，散布着发达的毛细血管网和丰富的淋巴网，为腺泡输送营养和合成乳所需的各种营养物质，同时带走代谢产物。

（2）导管系统　导管系统的功能是将腺泡分泌的乳汁运输到乳池中储存或经乳头排出，由一系列分支复杂的管道组成（图1-6）。乳腺导管可看作双层管状结构，内层为腔上皮细胞，外层为肌上皮细胞，收缩后能使管道变粗，有利于乳汁的流动和排出。在导管延伸的过程中，不断地有新的细胞加入进来，形成新的分支导管即终末导管小叶单位，最后形成整个导管系统。其中，每个终末导管小叶单位都是一个相对独立的发育和功能单元，内侧上皮组织都被松散的小叶内结缔组织包围，外则覆盖着厚厚的小叶间结缔组织鞘，最终会在妊娠期发育成腺泡簇。

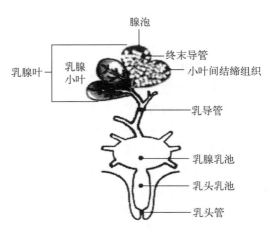

图1-6　乳腺分泌组织解剖示意

（3）乳池　乳池的功能是储存乳汁。奶山羊每个乳腺只有一个乳腺乳池和一个乳头乳池，二者通过导管系统相连通（图1-6）。乳头乳池靠近乳头管处，有一黏膜皱襞结构，包括数条黏膜组成的皱褶，每条皱褶还包括次级皱褶，这一结构称为弗斯登堡静脉环（Furstenberg's rosette），它能抵御外来病原菌的侵袭，还可防止乳汁溢出。

奶山羊的乳池容量或储存空间很大，与乳产量呈正相关，也受到挤奶间隔、产羔胎次等因素影响。例如，随着挤奶间隔时间的延长，奶山羊乳池面积呈线性增加；经产母羊的乳池储乳量要大于初产母羊。

（4）乳头 乳头是乳汁分泌的出口处。内部的乳头管一端开口于乳头顶端的乳头孔，另一端连接于乳头乳池（图1-6）。排乳时，乳汁先从乳腺乳池运输到乳头乳池，然后进入乳头管，最后通过乳头孔排出。乳头孔周围有大量弹性纤维和密集的平滑肌循环网，像括约肌一样控制其开放和关闭。

通常，奶山羊每个乳腺只有一个乳头，但在个别群体中也会出现有多个乳头的母羊，前者称为主乳头，后者称为副乳头。副乳头和主乳头是完全分开的，它们可能来自胚胎期乳腺延伸到会阴部的残余，而且也可能存在异位的乳腺分泌组织。

3. 血管系统 奶山羊乳腺有丰富的血管系统，每一个腺泡周围都分布着稠密的毛细血管网，其功能是通过血液带来营养物质、产生乳汁并带走代谢产物。充足的血液供应与乳腺的泌乳量密切相关，乳汁中所有物质的前体都来自血液。泌乳期乳房血容量可占机体总容量的8%，干奶期也可达到7.4%，高产奶山羊乳房每天的血液总流量可达2 000 kg。一般情况下，奶山羊的泌乳量与乳腺血流量的比例为1:（400~500），但乳腺血流量较高仅是对乳腺代谢活动变化的适应性反应，而不是乳腺泌乳的主要驱动机制。

奶山羊乳腺中的血管系统包括动脉系统和静脉系统。

（1）动脉系统 动脉系统主要来自乳房动脉，包括后主动脉、髂动脉、髂外动脉和阴部外动脉等。乳房动脉从乳房基部开始向上方和两侧延伸，大量分支穿插、包绕整个乳腺，最终转为更小的动脉分支为腺泡供血。值得注意的是，阴部外动脉的大小和容量会影响乳腺发育状况和乳房的大小。乳腺泌乳量的恢复是乳房前部分的腹皮下动脉容量增大的结果。

（2）静脉系统 静脉系统要比动脉系统更加发达和清晰，总横断面也远超动脉好多倍，有利于血液缓慢地流过乳腺。它包括阴部外静脉、腹皮下静脉和会阴静脉等。阴部外静脉是奶山羊乳腺静脉系统的主要组成部分之一，它由乳房前静脉和乳房后静脉汇合而成，与阴部外动脉并行通过腹股沟环进入腹腔，再进入髂外静脉，最后经由后主静脉返回心脏。腹皮下静脉又称乳静脉，它由乳房基底前静脉与乳房前静脉在乳房基底的前缘汇合而成，沿腹下体壁向前延伸至腹壁的乳井，向上进入腹腔；再向前进入胸腔下部，成为胸内静脉，然后汇入腔静脉。会阴静脉分布于后乳区的后上部，经坐骨弓进入盆腔，再通向阴部内静脉。会阴静脉运血量很少，只占总血流量的10%。

4. 淋巴系统 乳腺有丰富的淋巴系统，大量的毛细淋巴管密集分布在腺泡周围的结缔组织中，它们在乳腺小叶间逐级汇成较大的淋巴管，将组织液和淋巴液运送到淋巴结，汇集于腹部的腰淋巴干，最后经胸导管进入静脉系统。因此，淋巴系统通常被视作静脉的辅助结构。

奶山羊乳房淋巴引流最主要的途径是腹股沟浅淋巴结，也称乳房淋巴结。它位于乳房基部后上方皮下，通常有两个。它引流乳房内淋巴，最终汇入髂内侧淋巴结。值得注意的是，奶山羊在泌乳期的淋巴回流要比干奶期提高 10 倍，说明泌乳活动可大大提高淋巴回流的速度，这是因为泌乳期乳腺血液循环增加，毛细血管床的有效滤过压增大，造成淋巴生成增多。此外，适量的运动、羔羊的吮吸乃至简单的按摩都能增加乳腺淋巴回流的速度。

5. 神经系统　乳房的神经系统包括感觉神经和交感神经，没有副交感神经。其中，感觉神经主要分布于乳头和皮肤；交感神经主要分布于血管、大乳导管和乳池周围的平滑肌纤维，它仅支配乳腺动脉系统，但不调节腺泡等分泌组织。

奶山羊乳腺的神经支配主要为分布于乳房中部的外腹股沟神经，分为深、浅两支。浅支分布于腹肌。深支穿过腹股沟环，沿阴部外动脉和阴部外静脉延伸分布于整个乳房。深支又分为中分支和次分支，其中中分支在乳房基部又可分为三支，即最小的分支支配会阴静脉，乳头分支支配乳头，腺体分支支配大乳导管和乳腺乳池。

二、乳腺发育

哺乳动物的乳腺是从动物皮肤腺衍生出来的特殊的外分泌腺。乳腺发育始于胚胎期，此时乳腺的基本结构已经形成。乳腺是奶山羊生殖周期中可以重复经历生长、功能分化和退化过程的少数器官之一，其生长发育与其泌乳生理功能密切相关。乳腺的泌乳量主要取决于三个方面：①乳腺分泌细胞（乳腺上皮细胞）数量，其依赖于上皮细胞增殖和凋亡比例的动态变化；②乳腺上皮细胞的分泌能力和活力，其依赖于上皮细胞分化程度；③乳腺血管系统运送营养物质、带走代谢产物的能力，其依赖于血管发生程度。妊娠期的乳腺发育决定了泌乳期分泌细胞（乳腺上皮细胞）的数量，从而间接影响后续的产奶能力。

（一）青春期

从出生至性成熟，导管系统虽已经形成，但乳腺发育很平稳，与其他组织器官一样，表现为协调性生长。随着体内激素水平的提高，导管系统迅速生长扩张，侵入周围的脂肪垫，乳腺发育开始表现为异速生长，其生长速率大大超过身体其他组织器官。青春期后的乳腺在卵巢激素的刺激下，开始形成腺泡芽，导管系统逐渐延伸变厚、分支增多，乳腺间质中充满了大量的脂肪细胞和结缔组织。

终末导管小叶单位是奶山羊乳腺青春期发育的主要特征之一。青春初期，奶山羊乳腺的导管系统虽已形成，但乳腺组织基本不发育。青春中期，乳腺内大部分为脂肪垫，实质成分很少，有一些发育不完全的终末导管小叶单位，其内侧上皮组织都被松散的小叶内结缔组织包围，外侧覆盖着较厚的小叶间结缔组织鞘。青春晚期，在雌性激素作用下，导管系统迅速增长膨胀，多个终末导管集结在一起，形成中有空腔的一簇，同时外面包围一层结缔组织，终末导管小叶单位开始逐步增长发育；同时，乳腺的间质增长速度也很快，腺体内仍存在大量脂肪和结缔组织，但在雌性激素的协调作用下，乳导管逐渐延伸变厚、分支增多。

青春期奶山羊乳腺中乳腺上皮细胞很少，主要为导管上皮细胞和肌上皮细胞。腺泡上皮细胞多为锥体形，顶部有微绒毛，这是其特征性结构。胞质内可见少量细胞器。导管上皮细胞多呈立方体形，胞质内细胞器相对较少，核呈椭圆形，染色较淡。肌上皮细胞呈梭形，胞体较小，核呈椭圆形，核的长径与导管的长轴平行。需要注意的是，肌上皮细胞位于乳腺上皮细胞和基膜之间，与乳腺上皮细胞之间有桥粒连接，与基膜之间有半桥粒连接，其形状、厚度和连续性因乳腺发育阶段不同和上皮结构差异而变化。

乳腺内脂肪垫和结缔组织的增长不仅促进乳房增大，而且对于引导腺体的正常生长发育也起着决定性作用。几乎没有真正的小叶腺泡发育出现在妊娠之前，这个时期分泌细胞增殖所必需的结构骨架开始形成，包括导管系统扩展、脂肪生长以及结缔组织增加。

（二）妊娠期

奶山羊妊娠后，乳腺组织生长比较迅速，导管系统的长度不再明显增加，乳腺导管的数量继续增加。随妊娠时间的延长，孕酮和雌激素的分泌长时期同步增加，乳腺生长不断加快，主导管沿着结缔组织衬垫生长，分出许多侧支，开始出现小叶间导管。妊娠中期时，腺小叶明显扩大，终末乳导管也开始出现，坚实的腺泡渐渐出现分泌腔，腺泡和导管的体积不断增大，大部分脂肪垫被乳腺上皮组织取代。同时，乳房内的血管和神经纤维也不断增加。此外，合成乳糖和乳脂所需的酶开始出现，腺泡的分泌上皮开始具备分泌机能。在妊娠后期，乳腺实质、上皮细胞继续增加，乳腺上皮细胞逐步发生生化和超微结构分化，乳腺已基本发育成为一个完全分化的成体器官。

（1）妊娠初期　奶山羊乳腺内，腺泡芽大量形成，乳腺上皮细胞快速增殖和分化。乳腺上皮细胞变大，染色质较均匀，顶部有较多微绒毛，相邻细胞间可见连接复合体，表明细胞间相互作用逐步加强。胞质内细胞器逐渐丰富，细胞代谢活动旺盛，显微镜下可见丰富的游离核糖体、较多的粗面内质网和脂滴颗粒。同时，线粒体数量较多，基质密度大。

（2）妊娠中期　腺泡和导管的体积不断增大，分泌性变化增强。腺泡芽逐渐发育分化成独立的腺泡，可见较小的腺腔结构（腺泡腔逐渐出现），且逐步扩大，腺腔内可见到分泌颗粒和脂滴。腺泡上皮细胞多呈立方体形，核型较规则，核仁明显，细胞的游离面有很多微绒毛，胞质内有大量核糖体，高尔基复合体的扁平囊扩张，运输小泡少，粗面内质网亦逐渐发达，线粒体数量较多。细胞器进一步丰富且逐渐发达，表明细胞代谢功能正在逐步增强。肌上皮细胞呈不连续状包围着腺泡，其上分支突起插入基膜和上皮细胞之间，相邻肌上皮细胞突起相互交织，形成网篮状结构。

（3）妊娠晚期　大量的小叶腺泡发育完全，腺泡芽已分化成为独立的腺泡，腺泡腔内可见大量分泌物，腺泡也因此而扩张。乳腺上皮细胞内与分泌有关的细胞器如粗面内质网、高尔基体、线粒体等更加丰富发达，核型也变得不规则。腺腔内可见许多大小不一的分泌颗粒和脂滴，随着这些上皮细胞分泌物的累积，腺泡腔逐渐膨胀饱满，细胞开始具备分泌功能。约在分娩前2 d，腺泡分泌初乳。

（三）泌乳期

奶山羊分娩后开始泌乳，乳腺的细胞增殖并没有停止，而是一直持续到泌乳早期。泌乳期奶山羊乳腺内充满成熟的腺泡结构，小叶内导管也很明显，腺泡间结缔组织很少。腺泡多而大，腺泡腔内充满大量分泌物。在同一个乳腺小叶中，因腺泡分泌活动不

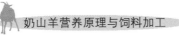

完全一致，因此可以看到腺泡结构的形状也不尽相同。

泌乳期奶山羊乳腺内布满大量腺泡，腺泡上皮细胞分泌特征非常明显，细胞器发达丰富，细胞代谢和分泌活动旺盛，胞质内粗面内质网丰富且发达，呈平行排列，大多都扩大成扁囊，表面有大量颗粒堆积。高尔基体也很丰富发达，由许多小泡组成。腺体的大部分都是充盈的腺泡腔，腺泡腔内蓄积大量乳蛋白颗粒、脂滴颗粒等分泌物。由于腺泡细胞分泌活性不同，其超微结构也不一样：有的处于分泌状态，其胞质内布满分泌结构，如脂滴和分泌小泡；有的由于细胞内合成产物释放到腺泡腔，胞质内分泌结构减少，胞质内可见大量的线粒体，呈棒状，嵴密，它们为细胞分泌活动提供能量。此外，腺泡上皮细胞细胞核的体积变小，顶部有大量微绒毛，相邻细胞之间有紧密的连接复合体，表明细胞间相互作用密切。在腺泡上皮细胞与基膜之间有菱形的肌上皮细胞，它的收缩有利于腺泡上皮细胞分泌及乳汁从腺泡腔内排出。

泌乳期奶山羊乳腺的发育达到顶峰，腺泡间结缔组织很少，分化完全的成熟腺泡结构一直保持到泌乳期结束。肌上皮细胞扁平膨胀，包围在腺泡外，其胞质中富集大量肌动蛋白和肌球蛋白。哺乳时，肌上皮细胞在催产素作用下产生收缩，带动腺泡和导管排出乳汁。另外，在哺乳时乳腺内的乳汁完全排空，有助于乳腺分泌活动的维持和增强，这是因为乳汁排空不但刺激相关催乳激素的分泌，还可机械性地促进腺泡上皮细胞的分泌活动。

（四）退化期

干奶后，乳腺便停止分泌活动，乳腺结构也发生变化。腺泡结构开始萎缩塌陷，结缔组织和脂肪组织明显增多，腺体经历一个凋亡和重塑的过程，逐渐恢复到妊娠前的状态。

（1）退化初期　奶山羊乳腺内，腺泡上皮细胞出现凋亡早期征兆，胞质内脂滴颗粒数量减少但体积明显增大，致使细胞核变小。细胞顶部可见少量微绒毛，相邻细胞间可见连接复合体，但电子密度较低，表明细胞间连接复合体的完整性逐步降低，细胞间连接逐渐打开，细胞间相互作用减弱。胞质内的细胞器，尤其是与乳合成和分泌相关的粗面内质网、高尔基体、线粒体和分泌小泡，都呈下降趋势。

（2）退化中期　腺泡腔逐渐缩小，腺泡周围的结缔组织和脂肪组织明显增多，可见脂滴颗粒相互融合形成更为明显的大空泡物质。腺泡上皮细胞凋亡明显，腺泡周围脂肪细胞则持续增殖。肌上皮细胞变厚，呈连续厚层，紧紧包围着退化的腺泡。

（3）退化晚期　乳腺退化基本完全，恢复到妊娠前状态。绝大部分腺泡结构都已经萎缩塌陷，线粒体呈絮状变化，结缔组织和脂肪组织大量增多。此时，细胞内仍保持少量完整的细胞器，包括内质网、线粒体、核糖体等，以维持细胞正常的代谢功能。此外，退化期间，肌上皮细胞始终包围着退化的腺泡，这一过程一直持续到乳腺重塑完成。重塑后的乳腺与妊娠前性发育成熟的乳腺非常相似，但比未经产的腺体分化更完全。

三、泌乳过程

（一）乳腺上皮细胞结构与功能

泌乳主要发生在乳腺上皮细胞内，包括营养物质的吸收和乳成分合成。在乳成分中，蛋白质、乳糖和乳脂等是新合成的主要物质，而激素、维生素、无机盐等是由血浆中选择性吸收而来。

腺泡上皮细胞数量和活力直接影响到奶山羊的泌乳量。从泌乳初期到泌乳中期，腺泡上皮细胞数量增加了 12%，泌乳量增加了 51.3%；从泌乳中期到泌乳晚期，腺泡上皮细胞数量减少了 35.9%，泌乳量减少了 71.4%；此外，泌乳中期的腺泡截面积最大，泌乳早期次之，泌乳晚期最小。

在泌乳过程中，腺泡细胞的结构和细胞器都会发生适应性的变化，也证明了结构与功能的密切关联。关中奶山羊乳腺从妊娠期到泌乳期，乳腺上皮细胞中的细胞器发育水平呈逐渐升高趋势，内质网和线粒体分别增加了 32.9% 和 17.4%。在泌乳中期，乳腺分泌活动达到顶峰，上皮细胞分泌特征异常明显，即胞质内内质网丰富且发达，同时可见大量的线粒体，内质网和线粒体紧紧包围甚至覆盖着细胞核；此后细胞器发育水平均逐步降低并维持在一个较高的水平上。从泌乳期到退化期，内质网和线粒体的数量呈明显下降趋势，分别减少了 39.7% 和 19.7%；在退化晚期，细胞中的细胞器发育水平已显著低于妊娠初期。

乳腺上皮细胞内与乳生成相关的细胞器主要为内质网、高尔基体、线粒体、核糖体等。当全面的乳合成和分泌开始时，腺泡细胞去极化，出现大量粗面内质网和线粒体及适宜的细胞间紧密连接。粗面内质网通常占据基底和核旁胞质，核上的高尔基体一般由光滑的膜片层构成，末端囊泡释放包裹着酪蛋白和乳糖的分泌囊泡。脂滴和分泌小泡几乎充满细胞顶端，线粒体和游离核糖体在基侧胞质十分丰富，基底膜常有复杂皱褶，表明了有活跃的胞饮活动进行。

特别值得注意的是，线粒体是乳腺上皮细胞的动力站，它的氧化呼吸作用可为分泌细胞的各种生理活动提供能量，线粒体的数量和生理状态随乳腺发育状况和泌乳功能的改变而变化。同时，线粒体还是柠檬酸盐的合成场所和一些非必需氨基酸前体的生成部位。

泌乳早期和中期的腺泡上皮细胞顶膜外侧有大量碱性磷酸酶位点，蛋白质分布密度和 DNA 分布密度都相对较大，而在泌乳晚期则相对较少，这与奶山羊的泌乳期内泌乳量变化规律是一致的。例如，因为碱性磷酸酶能够催化磷酸盐水解，可以降解乳源性负反馈调节系统，延缓诸如乳汁淤滞、应激、挤奶频率减少等因素所引起的乳汁分泌下调。也就是说，碱性磷酸酶位点在泌乳早、中期大量表达，以保证泌乳期正常的乳汁分泌；而在泌乳晚期的表达下调与泌乳量降低相一致，使腺泡上皮细胞对乳源性负反馈调节系统更加敏感，加速乳腺退化进程。

（二）乳的生成

1. 乳蛋白合成　乳中蛋白质来源很多，其中乳腺上皮细胞合成的乳特异性蛋白质包括酪蛋白（α-酪蛋白、β-酪蛋白、κ-酪蛋白和 γ-酪蛋白）、乳清蛋白（α-乳白蛋白和 β-乳球蛋白）等。

乳蛋白的合成场所是粗面内质网上的核糖体。氨基酸进入细胞后，在粗面内质网上的多聚核糖体上通过共价键结合形成蛋白质。新合成的蛋白质，首先穿过内质网膜，进入内质网腔中并逐渐累积，然后通过内质网运输小泡转移到高尔基体内进行加工修饰，

再包装成分泌小泡运输到细胞顶膜。最后，大多数乳蛋白以顶膜分泌的方式分泌到腺泡腔中，而酪蛋白以微团形式分泌。

乳蛋白的加工修饰主要在高尔基体完成，包括蛋白质水解、糖基化和磷酸化三种生物学过程。①细胞内的蛋白质水解修饰有很多，如主要是在内质网中完成的新合成蛋白质信号肽的切除、高尔基体内多肽前体的水解修饰等，以及胞质内一些蛋白质的崩解。细胞外的蛋白质水解修饰多出现在泌乳开始后的腺泡腔内，如γ-酪蛋白的生成。结缔组织中的蛋白质水解与重塑常发生在乳腺间质和基底膜中，尤其在妊娠期和退化期。②蛋白质糖基化主要发生在高尔基体和内质网中，大部分分泌性蛋白都在内质网腔中进行糖基化形成糖蛋白，如乳铁蛋白。③细胞内的蛋白质磷酸化是一个普遍存在的生物过程，其中催化蛋白质磷酸化的酶称为激酶，许多激酶都附着在滑面内质网和高尔基体膜上。

2. 乳糖合成　乳糖在高尔基体中合成。合成乳糖所需要的葡萄糖来自肝脏。葡萄糖通过一种特殊的运输机制经基底外侧膜进入细胞后，一部分被转化成半乳糖。这些半乳糖进入高尔基体后和游离葡萄糖分子经过复杂的多步反应形成乳糖。乳糖在高尔基体形成后，改变细胞内的渗透压，导致胞外水分进入细胞，最终以胞吐方式释放到腺泡腔。

3. 乳脂合成　乳脂合成的主要场所为内质网。粗面内质网和滑面内质网都能合成脂质，但合成的量有差异。乳脂三酰甘油主要在滑面内质网合成并形成脂滴。各种小脂滴游离于胞质中，逐渐融合扩大向顶膜移动，随后大的脂滴挤出细胞顶膜，由顶膜包围着进入腺泡腔。附着于内质网外膜上的甾醇调节促进剂结合蛋白也参与乳脂合成调节过程。

第四节　泌乳性能的评价及其影响因素

一、泌乳性能的评价

为了正常地开展奶山羊的育种工作，不断提高羊群的质量，必须准确地测定和计算奶山羊的产奶能力，作为选种、选配、制订产奶计划和饲料计划及计算成本、劳动报酬等的依据。奶山羊的泌乳性能，主要是通过产奶量、乳脂率和饲料转化效率来反映。产奶量又称产乳量，是奶山羊产奶性能的度量指标之一。根据生产统计的需要常用数种表示方式，主要有个体产奶量、群体产奶量等。

（一）个体产奶量的测定和计算

产奶量的准确测定方法应该是对每只泌乳母羊的每次产奶量进行称重和登记。但由于此种方法费时费力，故在实际生产中，许多国家都推行简化产奶量的测定方法。其原理是利用阶段产奶量与总产奶量之间的相关性，如母羊第1胎产奶量与第1～6胎产奶量呈显著正相关，第1胎的前90 d产奶量与第1胎产奶量呈极显著正相关，而第1胎每月测定3 d估算的90 d产奶量与连续测定90 d的产奶量之间也呈极显著正相关，加之第

1 胎 90 d 产奶量的遗传力较高（$h^2 = 0.345\,2$），因此用第 1 胎 1～3 个泌乳月的 9 d 产奶量来估算母羊的 90 d 产奶量，以代表该母羊的产奶能力，并作为早期选种的依据。

个体产奶量的测定方法有以下几种：

1. 实际产奶量　是指从产羔后第 1 天起到干奶为止的累计产奶量。若泌乳天数不足 210 d，则属非正常泌乳期。

2. 300 d 总产奶量　是指从产羔后第 1～300 天的总产奶量。若泌乳天数超过 300 d，则超出部分不计算在内；若泌乳天数为 210～300 d，则按实际产奶量计，但需注明泌乳天数。

3. 300 d 校正产奶量　是指采用校正系数来估算的泌乳天数在 210 d 以上的母羊产奶量。此种方法有助于比较不同泌乳期羊的产奶性能，并可作为选种依据。在实际工作中，可根据不同奶山羊品种的泌乳规律，制订出该品种的不同泌乳天数产奶量的校正系数。

4. 全群平均产奶量　是用全群全年总产奶量除以全年饲养的泌乳母羊数来计算出来的。该指标主要反映羊群的产奶水平和羊的质量，既可用作选种和制订产奶计划时的参考，也可用于计算母羊群的饲料转化效率和产品成本，表示一个羊场的经营管理水平。实际生产中，泌乳母羊一般有两种统计方法，一种是具有能泌乳母羊数，指羊群中所有的成年母羊，包括产奶的、干奶的及空怀的；另一种是实际的产奶母羊数，只包括产奶羊，不包括干奶羊和其他非产奶羊。因此，全年每天饲养的应产（实产）母羊数是指全年每天饲养能泌乳母羊数的总和除以 365 d。

（二）乳脂率的测定和计算

乳脂率是指乳中脂肪所占的百分率。常用的乳脂率用平均乳脂率表示，与其相关概念还有标准乳。

1. 平均乳脂率　全泌乳期内，每个泌乳月测定 1 次，先计算出各月的乳脂产量，再将各月乳脂量总和除以各月累计总产奶量，即得平均乳脂率。其计算公式为：

$$平均乳脂率 = \frac{\sum(F \times M)}{\sum M}$$

式中，$\sum$ 为各月的总和；F 为乳脂率；M 为产奶量。

由于乳脂率测定的工作量较大，生产实践中，难于达到每月测定 1 次。为此，参照奶牛平均乳脂率的简化计算方法，提出在奶山羊一个泌乳期中的第 2、第 5 和第 8 泌乳月各测 1 次，并用上式进行计算，代表奶山羊全泌乳期的平均乳脂率。

2. 标准乳　为了评定和便于比较不同羊的产奶性能，应将不同乳脂率的奶校正为 4% 乳脂率的标准乳。计算公式如下：

$$FCM = M(0.4 + 0.15F)$$

式中，FCM 为 4% 乳脂率的标准奶量；F 为乳脂率；M 为乳脂率 F 的奶量。

（三）饲料转化效率的计算

饲料转化效率是指每千克饲料干物质生产的羊乳产量，一般用全泌乳期总产奶量（kg）除以全期饲喂各种饲料的干物质总量（kg）计算而得。该指标可用于评定饲料的利用能力。饲料转化效率越高，用于维持的比例就越低，纯收益就越高。高产家畜的饲料利用效率较高，因而纯收入也高。在奶山羊中，比较精确的方法应以食入的和产出的蛋白质或能量之比来表示。

二、影响泌乳性能的因素

影响奶山羊产奶量的因素很多，主要包括两个方面：一是遗传因素，即羊自身的遗传基础；二是环境因素，即饲养管理条件、健康状况等。奶山羊个体泌乳量的遗传力为 0.3～0.35，也就是说遗传因素对产奶量的影响占 30％～35％，而另外 65％～70％的影响则来自环境因素。

（一）遗传因素

1. 品种 不同品种的产奶量和奶中营养成分存在较大差异。例如，萨能奶山羊是世界上产奶量最高的品种，其最高纪录是一个泌乳期产奶量达 3 432 kg（英国）；其次是吐根堡奶山羊、阿尔卑奶山羊和努比亚奶山羊，最高的 305 d 产奶量分别为 2 610.5 kg、2 218.0 kg 和 2 009 kg。而乳脂率最高的品种是努比亚奶山羊，为 4.6％，其他品种依次为萨能奶山羊 3.6％、吐根堡奶山羊 3.5％、阿尔卑奶山羊 3.4％。

2. 家系 在同一个品种内，来自不同种公羊和种母羊的后代，其个体产奶量也存在较大差异。据 1976 年西农萨能奶山羊羊群的产奶记录分析：①来自 57 号公羊的 9 个女儿的第 1 胎平均产奶量为 761.1 kg，而年龄相同和同群饲养的 56 号公羊的 12 个女儿第 1 胎平均产奶量则达到 904.3 kg，但这两只种公羊的父亲分别为 45 号公羊和 23 号公羊。②23 号公羊的后代还创造了同场的 3 个最高产奶纪录，即 383 号母羊的年产奶量达到 2 160.9 kg，387 号母羊的最高日产奶量为 10.05 kg，405 号母羊的终生 10 胎次的每胎平均产奶量为 1 075.1 kg。③西农萨能奶山羊中胎平均产奶量在 1 200 kg 以上的母羊，有 86％来自优秀公羊的后代，其相对育种值都较高。

在不同品种之间，不同的杂交组合，其后代的产奶量将受到亲本品种的影响。实际生产中，尤其应重视和应用顶交和远缘杂交在提高奶山羊产奶性能方面的作用。

3. 乳房结构 乳房结构包括乳房容积、乳房基部周径、乳房后连线、乳房深度、乳房宽度等性状，均与产奶量呈显著正相关。其中，乳房外形评分与产奶量的相关系数为 0.634，说明乳房外形越好，产奶量越高。形状为方圆形的乳房，其产奶量显著高于布袋形、梨形和球形的乳房，以球形乳房产奶量最低。乳房质地为松软、较软、较硬的母羊第 3 胎 90 d 产奶量分别为 375.0 kg、306.3 kg、264.5 kg，说明乳房质地明显影响产奶量。

4. 年龄和胎次 18 月龄配种的西农萨能奶山羊母羊，以 3～6 岁、第 2～5 胎时产奶量较高，第 2～3 胎产奶量最高，6 胎以后产奶量显著下降。高产母羊（即产奶量在 1 200 kg 以上）的平均利用胎次为 5.78 胎，而一般母羊仅为 3.86 胎。

（二）环境因素

1. 营养水平 母羊的产前体重一般比泌乳高峰期高 18％～27％。统计表明，体重增加与产奶量呈正相关（$r=0.416$），泌乳量与食入消化能（DE）呈极显著正相关（$r=0.978$），泌乳量与干物质采食量（DMI）呈显著正相关（$r=0.986$），说明妊娠后期（包括干奶期）的饲养管理非常重要，营养水平与产奶量的关系极为密切。

2. 产奶天数和每日挤奶次数

（1）产奶天数与母羊产奶量的高低有密切的关系　产奶天数的遗传力为 0.19～0.40，与产奶量的相关系数为 $r=0.898\ 4$。据 1971—1981 年 50 只西农萨能奶山羊母羊的产奶记录分析，发现第 1 胎母羊的平均产奶天数为（289.26 ± 26.30）d，第 3 胎最长平均为（299.02 ± 17.40）d，第 6 胎以后明显缩短，第 7 胎已不足 270 d；同时发现，高产母羊的产奶天数前 3 胎与一般母羊差异不显著，第 4 胎时差异极显著，以后各胎次差异均显著。

（2）挤奶次数对母羊产奶量有明显的影响　每天挤奶次数由 1 次改为 2 次时，泌乳母羊的产奶量可提高 25%～30%；2 次改为 3 次时，产奶量再次提高 15%～20%。但实际生产中，多数羊场都采用每天 2 次挤奶，甚至某些地区采用每天挤奶 1 次，这使得母羊的产奶潜力得不到充分发挥，甚至导致高产母羊乳房出现下垂的现象。

3. 初配体重、产羔月和同窝产羔数

（1）初配体重越大产奶量越高　母羊 10 月龄第一次配种时，体重 35 kg 以上的母羊第 1 胎平均产奶量为 786.19 kg，比全群平均产奶量提高了 16.37%；而体重 32 kg 以下的母羊配种后第 1 胎平均产奶量为 619.94 kg，比全群平均水平降低了 6.05%。

（2）产羔月对产奶量有一定影响　在陕西关中地区，1—3 月产羔的母羊，产奶量较高；4 月以后产羔的母羊，产奶量明显下降。引起这种差异的主要原因可能是由于产奶天数、气候和饲料条件发生变化。

（3）胎产羔数与产奶量有关　母羊胎产羔数与产奶量的表型相关系数为 0.236 9，遗传相关系数为 $-0.175\ 1$，说明同窝产羔数多的母羊通常产奶量较高，但多羔母羊妊娠期的营养消耗多，可能会影响产后的泌乳。

4. 第 1 胎的最高泌乳日、泌乳旬、泌乳月和 90 d 的产奶量　对第 1 胎泌乳母羊产奶量分析发现，最高日产奶量、最高月产奶量和 90 d 平均产奶量均与胎总产奶量呈极显著正相关。其中，最高日产奶量出现在第 1～3 个泌乳月的个体占 88.69%；月平均产奶量以第 3 个泌乳月最高，即最高月产奶量与 90 d 平均产奶量一致，第 6 个泌乳月以后显著下降，所以，要提高产奶量必须在泌乳高峰期下工夫。

此外，疾病、气候、应激、发情、产前挤奶等原因都会影响产奶量。其中，乳腺炎是高产奶山羊易患的疾病之一，对母羊产奶量影响较大。

本　章　小　结

奶山羊乳用特征明显，在生命体征、消化吸收、繁殖、泌乳等方面有独特的生理特点。奶山羊食谱广泛，可饲养在各种生产系统中。

奶山羊生长发育不仅是体重的增长，同时也伴随着其机体不同部位在比例上的变动，特别是某些器官和组织与整体的比例上的变动。

奶山羊的乳房是一个具有重要经济价值的泌乳器官，其外部形态和内部构造的正常发育与泌乳生理功能密切相关。乳房内部主要由悬挂系统、乳腺、血管系统、淋巴系统和神经系统等组织结构构成，其中乳腺结构及其泌乳机能的分化程度决定着其泌乳性能。乳腺发育始于胚胎期，是重复经历生长、功能分化和退化过程的少数器官之一。妊娠期的乳腺发育决定了泌乳期分泌细胞（乳腺上皮细胞）的数量，从而间接影响后续的产奶能力。

乳生成主要发生在乳腺上皮细胞内，包括营养物质的吸收和乳成分合成。在乳成分中，蛋白质、乳糖和乳脂等是新合成的主要物质。与乳生成相关的细胞器主要为内质网、高尔基体、线粒体、核糖体等。

奶山羊的产奶能力主要是通过产奶量、乳脂率和饲料转化效率来表示的。影响产奶量的因素主要来自两个方面，即遗传因素和环境因素。

➡ 参考文献

李庆章，高学军，曲波，等，2011. 奶山羊乳腺发育与泌乳生物学 [M]. 北京：科学出版社.

刘幸君，2012. 不同羊品种血液细胞计数、生化指标和脂肪酸含量的比较研究 [D]. 泰安：山东农业大学.

王建民，2002. 动物生产学 [M]. 北京：中国农业出版社.

王建民，李福昌，秦孜娟，等，1995. 崂山奶山羊种质特性及利用途径的研究 [C]//中国科学技术协会. 农业科学技术研究进展与展望：中国科协第二届青年学术年会论文集. 北京：中国科学技术协会学会学术部.

王建民，王桂芝，曲绪仙，等，2015. 奶山羊饲养管理技术规范 [M]. 北京：中国农业出版社.

王建民，于宗贤，李福昌，等，1992. 崂山奶山羊泌乳规律的研究 [J]. 中国养羊，12（3）：3-5.

C. 葛尔，1987. 山羊生产 [M]. 吕效吾，刘庆平，宋定凡，等，译. 北京：农业出版社.

Ann S, 2015. The dairy goat handbook for backyard, homestead and small farm [M]. Minneapolis: Voyageur Press.

Antonello C, Giuseppe P, 2008. Dairy goats feeding and nutrition [M]. Oxfordshire: CABI Wallingford.

Castañeda - Bustos V J, Montaldo H H, Valencia - Posadas M, et al, 2017. Linear and nonlinear genetic relationships between type traits and productive life in US dairy goats [J]. Journal of Dairy Science, 100 (2): 1232 - 1245.

Chen D, Zhao X, Li X Y, et al, 2018. Milk compositional changes of Laoshan goat milk from partum up to 261 days postpartum [J]. Animal Science Journal, 89: 1355 - 1363.

第二章
奶山羊的消化器官与生理功能

　　家畜有机体在生命活动过程中，要不断地从外界摄取营养物质，以供机体的需要。消化系统的主要功能是摄取食物、消化食物、吸收养分和排出粪便。

　　消化器官包括消化道和消化腺两类。消化道按照顺序分为口腔、咽、食管、胃、小肠、大肠和肛门；消化腺包括唾液腺、肝、胰、胃腺和肠腺，前三者称壁外腺，后两者称壁内腺。

　　饲料中的营养成分包括蛋白质、脂肪、碳水化合物、水、无机盐和维生素。其中水、无机盐和维生素一般可被消化道直接吸收。但蛋白质、脂肪和大多数碳水化合物是结构复杂的大分子物质，不能被消化道直接吸收，必须在消化道内被分解为氨基酸、脂肪酸和葡萄糖等结构简单的小分子物质，才能被消化道吸收。

第一节　消化器官

一、消化道

（一）口腔

　　口腔为消化道的第一段，具有采食、尝味、咀嚼、吞咽等功能。前端经口裂与外界相通，后端经咽峡部与咽相通。侧壁为颊，顶壁为腭，底壁为下颌骨和舌。

　　口腔分前庭和固有口腔两部。前庭为唇、颊与齿弓之间的空隙；固有口腔指齿弓以内的部分，舌位于其中。

　　1. 唇　唇为口裂上下的两个肌肉黏膜褶，两侧端连合，称口角。唇长而灵活，是采食的主要器官。上唇正中有一浅沟称人中，下唇的下部为颏。唇的表层为皮肤，内层为黏膜，中间层主要为肌组织。唇黏膜反折覆盖于齿槽突上形成齿龈。

　　2. 颊　颊为口腔侧壁，前与唇相连。主要由颊肌构成，外覆皮肤，内衬黏膜。颊黏膜反折也形成齿龈，颊黏膜表面有许多乳头。其中大部分长而尖，尖端向后；小部分短而钝。

　　3. 硬腭　硬腭以骨为基础，表面覆有厚黏膜，黏膜下组织有丰富的血管，构成静脉丛。硬腭正中有一条纵行的腭缝，腭缝两侧有 10 多条横行的隆起线，称腭褶。左右腭褶的大部分不对称，互相交错排列。在硬腭后 1/3 部分缺腭褶。硬腭前缘无切齿，在腭褶的前端覆有一厚层的结缔组织。上皮角质厚，称齿板，在齿板与第1腭褶之间，有一三角形的切齿乳头，两旁有一深裂缝，为切齿管（鼻腭管）的开口。

4. 软腭 软腭位于硬腭的后方，由黏膜、腭肌和腭腺构成。除在吞咽时外，隔开口腔与咽腔。软腭的前缘与硬腭的后缘相连，后缘游离。每侧各有一皱襞伸达舌根两侧，称舌腭弓。另有一皱褶自游离缘向后沿咽侧壁伸延，称咽弓。两弓之间有扁桃体窦，窦的外侧为豆形的扁桃体。

5. 口腔底壁 口腔底壁的前部由下颌骨体构成，上覆黏膜，其余部分为舌所占。在舌尖遮盖的口腔底壁，有一对乳头，称舌下肉阜，为颌下腺管开口之处。肉阜之后正中央处有一黏膜皱褶，连接舌与口腔底壁，即舌系带。

6. 舌 舌位于口腔底部。舌根在舌的后部，附着于舌骨；舌的中间部分是舌体，前边游离部分是舌尖。

舌主要由舌肌和舌黏膜构成。舌肌包括外来肌和舌内肌两种，后者的纤维分纵、横、垂直三个方向排列，使舌能做多向运动。舌黏膜覆盖于舌的表面，黏膜上有很多乳头，主要分三种：角质乳头，数目多，形状不一；菌状乳头，呈白色、圆形，突出于黏膜表面，数目较多，分散在舌背和舌游离部边缘上；轮廓乳头，呈结节状，不突出黏膜表面，周缘有环状沟为界，这种乳头有多个，位于舌背隆起两侧。后两种乳头有味蕾，能感觉味道。

7. 齿 齿是动物最坚硬的器官，着生于齿槽内，可作采食和咀嚼之用。齿分为三部分：露在外面的部分为齿冠，埋于齿槽内的部分为齿根，介于两者之间的部分为齿颈。齿的中央有齿髓腔，内含齿髓。齿髓是富有血管、神经的结缔组织，有生长齿质和营养齿组织的作用。齿髓腔壁由极硬的齿质、釉质和齿骨质构成。齿质构成齿的主体，外包釉质，最外层为齿骨质。但切齿的齿冠只由齿质和釉质构成，齿根则由齿质和齿骨质构成。

奶山羊共有32枚牙齿，上颌有12枚臼齿，每边各有6枚。而上颌无门齿，仅有角质层形成的齿垫；下颌有20枚牙齿，其中12枚是臼齿，每边各有6枚，8枚是门齿，亦称切齿。最中间的门齿称钳齿，其外面的一对称内中间齿，再外面的一对称外中间齿，最外面的一对称隅齿。羊的切齿为短冠齿，外形略呈锥形，唇面隆突，齿冠比牛的窄。臼齿属长冠半月形齿，其大小由前向后逐渐增大。最后2枚臼齿所占的面积和前4枚臼齿所占的面积相等，嚼面的黑窝由釉质内陷而成。

根据牙齿出现的先后顺序，奶山羊的齿分两种，即幼龄期的乳齿和到一定年龄新生出的恒齿或永久齿。乳齿呈乳白色，细小而相对长。永久齿延伸稍黄，宽大而相对短。齿的数目是两侧对称的，常用齿式计算齿的数目，齿式如下：

恒齿齿式：$2\left(\text{I}\ \dfrac{0}{4}\quad \text{C}\ \dfrac{0}{0}\quad \text{P}\ \dfrac{3}{3}\quad \text{M}\ \dfrac{3}{3}\right)=32$

乳齿齿式：$2\left(\text{DI}\ \dfrac{0}{4}\quad \text{DC}\ \dfrac{0}{0}\quad \text{DP}\ \dfrac{3}{3}\right)=20$

上述齿式中，I为切齿；C为犬齿；P为前臼齿；M为后臼齿；D为乳齿；横线上方的数字为上颌齿弓齿数的一半，横线下方的数字为下颌齿弓齿数的一半。

根据对西农萨能奶山羊门齿生长变化规律的观察，发现羔羊刚出生时就长有6枚乳门齿，在 20～25 日龄 8 枚乳门齿长全，到 6 月龄时不再生长；12～18 月龄，钳齿脱换，并长出第一对永久齿（图 2-1）；18～36 月龄期，内、外中间齿先后脱换，长出第 2、3 对永久齿；3～4 岁时，第 4 对乳齿更换成永久齿，称为齐口；4 岁时，8 枚门齿的咀嚼面磨得较为平齐；5 岁时个别门齿有明显的齿星，说明齿冠部已基本磨完，暴露了齿髓；6 岁时，门齿间出现明显的缝隙；7 岁时缝隙更大，出现孔；8 岁时牙齿开始松动，个别羊牙齿排列不正，有的牙齿已磨完；9 岁时发现隔齿脱落。

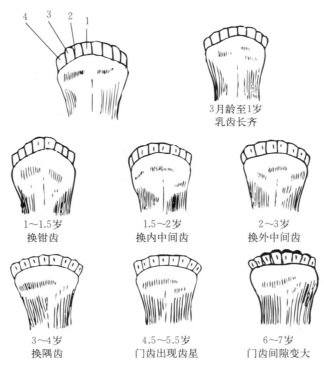

图 2-1 奶山羊门齿及其脱换示意

1. 钳齿 2. 内中间齿 3. 外中间齿 4. 隔齿

（二）咽

咽为消化道和呼吸道共同的通路，是前宽后窄的肌性腔。咽腔顶壁前 2/3 部有一由鼻中隔黏膜延续而来的正中黏膜褶。

咽腔有 7 个孔与其他器官相通，前方有 2 个鼻后孔通鼻腔；侧壁有 2 个半月形的耳咽管口通中耳；腹侧有一咽峡通口腔，后方有一食管门通食管，食管门的下方有一喉门通喉。

（三）食管

食管为肌性管，扩张性强，起自咽止于胃。起始部在喉和气管的背侧，到颈的中部，偏向气管的左侧，由胸前口进入胸腔，入胸腔后再转回到气管的背侧，然后穿过膈的食管裂孔而入腹腔到达胃的贲门。

食管壁由黏膜、黏膜下层、肌层和外膜四层构成。黏膜颜色淡白，有纵行的皱褶，包括上皮、固有膜和黏膜肌三层。上皮为复层扁平上皮，固有膜为致密结缔组织，黏膜肌层为平滑肌。黏膜下层为疏松结缔组织，内含食管腺，能分泌黏液润滑食管，以便食物通过。肌层为横纹肌，分内环外纵两层，肌层收缩，可使食管蠕动，便于输送食物。外膜在颈段为疏松结缔组织膜，在胸、腹段为浆膜。

(四) 胃

奶山羊属反刍动物，胃是复式胃，有四室，分别是瘤胃、网胃、瓣胃和皱胃（图2-2）。临床上把前三个胃合称前胃，前胃没有腺组织，不分泌消化液。各个胃的容积在成年和幼年相差较大。初生羔羊的前胃很小，皱胃很大。断奶后，前胃发育迅速，到成年时，瘤胃最大，皱胃次之，网胃第三，瓣胃最小。成年奶山羊瘤胃的容积可达22 L，占整个胃容量的79%，皱胃占11%，网胃占7%，瓣胃占3%。

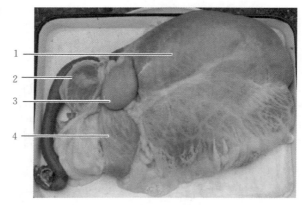

图2-2　羊　胃
1. 瘤胃　2. 网胃　3. 瓣胃　4. 皱胃

1. 瘤胃　瘤胃与网胃相通的孔很大，称瘤网孔。在孔的背侧部，瘤胃网胃之间无明显界线，此部称瘤胃前庭，是食管的开口，称贲门。

瘤胃是奶山羊消化利用粗饲料的主要场所，也是发挥奶山羊高产的关键部位。瘤胃又称草胃，占据整个腹腔的左半部和右半部的一部分，呈前后稍长、左右略扁的椭圆形。前端齐第7~8肋骨；后端达骨盆腔入口；左面与膈及左侧腹壁接触；右面与瓣胃、皱胃及肠、肝等接触；背面附着于腹腔顶壁；腹面与腹腔底壁接触。瘤胃的前、后两端各有一条横沟，称前沟和后沟；左、右两面各有一条纵沟，称左纵沟和右纵沟。这些纵沟的存在将瘤胃分为一个背囊和一个腹囊。背腹囊的前后端不在一个水平线上，背囊前端向前突出比腹囊长，腹囊后端向后突出比背囊长，囊的前端和后端分别称为前背盲囊、前腹盲囊、后背盲囊和后腹盲囊。盲囊与瘤胃的其他部分之间，以背腹冠状沟为界，但右背侧的冠状沟缺失。

瘤胃黏膜为棕黑色，表面有密集的乳头，尤其背囊部，黏膜乳头特别发达，有助于对食物进行反复揉磨。瘤胃壁具有强大的内环形、外纵行肌肉，能强有力地收缩和舒张，进行节律性的蠕动，可搅拌和揉磨食物。

瘤胃内充满液体，其中存在着大量和羊具有共生关系的微生物，主要是厌氧性细菌、纤毛虫和少量的真菌，每毫升瘤胃内容物中含有25亿~500亿个细菌和45万~200万个纤毛虫，对奶山羊消化饲料营养物质起重要作用，使瘤胃成为活体内一个庞大的"饲料发酵罐"。瘤胃内在环境具有许多特点：瘤胃内的温度、湿度和营养物质，适合其中的微生物共生和繁殖；瘤胃的运动，使其中的内容物和微生物混合、运转，有利于消化；瘤胃内容物的含水量相对稳定，使其渗透压维持接近于血液的水平；其中微生物发酵作用产生热量，使瘤胃内的温度常达 39～41 ℃；瘤胃内容物发酵产生的大量酸类，受到唾液中碳酸氢盐的调节和缓冲，pH 保持在 5.5～7.5；随同饲料进入瘤胃的氧能被微生物迅速地利用。这些特点使瘤胃非常适合微生物的生长和繁殖。

2. 网胃 又称蜂巢胃，呈球形，容积约为 2 L，内壁如蜂巢状。其生理功能与瘤胃基本相似，除机械作用外，内有大量微生物活动，可分解消化食物。

网胃位于体正中线，在瘤胃前背盲囊的前下方，与瘤胃紧连在一起，是瘤胃背囊向前下方的延续部分，与第 6～8 肋骨相对。前面与膈和肝接触，下缘与剑状软骨接触。

网胃黏膜形成许多蜂巢状的黏膜褶，褶高约 0.3 cm，褶缘呈锯齿状。在网胃的背侧部、瘤网孔附近的黏膜上，没有蜂巢状黏膜褶，而形成许多乳头。网胃与瓣胃相通的孔，称网瓣孔。

食管沟是反刍动物胃内特有的附属结构，是自瘤胃贲门至网瓣孔间的一条螺旋状扭转的浅沟，是食管的延续。食管沟位于瘤胃前庭和网胃右侧壁内，沟两缘的黏膜褶称唇。羔羊两唇闭合较完善，成年奶山羊两唇闭合不全。羔羊在食母乳阶段所饮入的乳汁和水，就是经食管沟卷缩的管道直接进入皱胃的。

3. 瓣胃 比网胃小，呈卵圆形。位于体中线的右侧，与第 9～10 肋骨相对。前端接网胃，右侧接肝，左侧接瘤胃，腹侧接皱胃。黏膜形成许多高低不等的皱褶，称瓣片，呈百叶状有规则地排列，故又称百叶胃。瓣片上有无数角质乳头，对食物有进一步揉磨的作用。瓣胃、网胃交接处有低而厚的脊状隆起，脊上有长而尖的角质乳头。瓣胃与皱胃相通的孔，称瓣皱孔。在网瓣孔与瓣皱孔之间，胃黏膜不形成瓣片，仅有小乳头和小褶，该部称瓣胃沟。瓣胃紧张性收缩时，不断挤出和吸收水分，液体可由该沟直接进入皱胃。

4. 皱胃 又称真胃，长而弯曲，位于腹腔右半部，瘤胃腹囊的右侧，瓣胃的下后方。由第 8 肋相对处沿右肋弓稍下方向后伸延，到第 11～12 肋间隙下部。大部分与腹壁接触。皱胃前部较大，与瓣胃相连，后端变小，经幽门与十二指肠相通。

皱胃壁黏膜上有腺体，同单胃动物的胃一样，能分泌盐酸、胃蛋白酶和凝乳酶。盐酸能激活胃蛋白酶，胃蛋白酶可将蛋白质分解为多肽，特别是能不断地分解来自前胃的菌体蛋白和未被微生物利用的饲料蛋白质，使之变为氨基酸，被机体所利用。皱胃中的凝乳酶对羔羊尤为重要，它可使乳在皱胃中凝结成块状，有助于小肠消化吸收。

5. 胃壁结构 胃壁共分四层，自内向外依次为黏膜层、黏膜下层、肌层和浆膜。

（1）黏膜层 分为上皮、固有层和黏膜肌三层。在瘤胃、网胃和瓣胃中，黏膜上皮为复层扁平上皮，固有层内无腺体；在皱胃中则为单层柱状上皮，黏膜平滑而柔软，固有层内含胃腺，分泌胃液，参与消化。胃腺分为贲门腺、胃底腺和幽门腺。贲门腺区窄，环绕瓣皱孔；胃底腺区宽，黏膜形成 10 多片螺旋形皱褶；幽门腺区较窄。黏膜肌层为平滑肌，由内环外纵两层构成。

（2）黏膜下层 该层是疏松结缔组织，可起缓冲作用，当胃扩张或蠕动时，黏膜可伴随这些活动而伸展。此层含有较大的血管和淋巴管网。

（3）肌层 一般为内环外纵两层；在真胃中肌层的排列不规则，一般可分为环行肌、斜行肌和纵行肌三种。

（4）浆膜 由疏松结缔组织和一层间皮构成。

（五）肠

肠分为小肠和大肠（图 2-3）。

1. 小肠 小肠细长曲折，又分为十二指肠、空肠和回肠，总长度 25 m 左右，是食物消化和吸收的主要场所，小肠液的分泌与大部分消化作用在小肠上部进行，而消化产物的吸收在小肠下部。蛋白质消化后的多肽和氨基酸，以及碳水化合物的消化产物（葡萄糖）通过肠壁吸收进入血液，输送至全身各组织。

小肠壁的结构分为黏膜层、黏膜下层、肌层和外膜四层。黏膜层由黏膜上皮、固有层和黏膜肌层构成，黏膜上皮为单层柱状上皮，上皮间有杆状细胞。固有层内有小肠腺，能分泌消化液，帮助消化。固有层和上皮向肠内突出，形成指状突起，称绒毛，能扩大肠腔的消化和吸收面积。黏膜下层为疏松结缔组织，在十二指肠中该层有十二指肠腺，能分泌黏液及消化液。肌层分内环层和外纵层两层。外膜为浆膜。

图 2-3 羊肠道走势
1. 胃 2. 十二指肠 3. 空肠
4. 回肠 5. 盲肠 6. 升结肠
7. 横结肠 8. 降结肠 9. 直肠

（1）十二指肠 分三段，第一段起于幽门，向背侧伸延到肝的脏面，此段形成乙状弯曲；第二段由此向后到髋结节前方，然后向上向前折转，形成髂曲；第三段由此向前伸至右肾腹侧与空肠相连。

（2）空肠 为小肠最长的一段，卷成无数肠圈，主要位于瘤胃腹囊与右腹壁之间、大肠的下方、瓣胃和皱胃的后方。

（3）回肠 不形成肠圈，在腹腔右后部的腹侧，向前向上伸延，与盲肠相连。回肠与盲肠相通的孔称回盲口。

2. 大肠 大肠的直径比小肠大，长度比小肠短，分为盲肠、结肠和直肠三部分，总长度约为 8.5 m。大肠不分泌消化液，但有吸收水分、盐类和低级脂肪酸的作用。在小肠未被消化的食糜由于本身混有消化酶，进入大肠后可在酶和大肠微生物的作用下继续被消化，其中的水分经大肠壁吸收后，变成稍硬的粪粒。

大肠壁的结构和小肠壁相似，也分黏膜层、黏膜下层、肌层和浆膜四层。与小肠的主要区别是没有绒毛。

（1）盲肠 略呈圆筒状，长约 25 cm，宽约 5 cm，位于中线右侧，腹腔的后上部。由回盲口开始，向后向上伸延，达骨盆腔入口。盲端游离，位置可有变动。

（2）结肠 长约 5 m。起端口径与盲肠相同，以后逐渐变小。结肠分三段：第一段在肠系膜根处盘曲成初袢，先向前伸，然后向后向下伸至盆腔入口，再折转向前至第 2～3 腰椎下方转为二段。袢第二段在肠系膜中形成双重螺旋形旋袢，旋袢呈圆盘状，位于瘤胃右侧和空肠的背侧。按内容物移动的方向，可将旋袢的肠管分为向心回和离心回。从右侧观察，可见向心回顺时针方向旋转约 3 圈，达到中心曲，然后转为离心回，离心回循相反方向旋转 3 圈，到旋袢外周而转为第三段，离心回的最后 1 圈离旋袢稍远，而与空肠肠圈接近。第三段盘曲成终袢，终袢先向后伸至骨盆腔口，再折转向前至肝脏附近，然后再向后伸达骨盆腔入口，为直肠所承接。

（3）直肠 位于骨盆腔内，为消化道的后段，末端开口于肛门。

（六）肛门

为消化道末端，位于尾根下方。肛门的皮肤薄而无毛。在黏膜层的外周有肛门括约肌。

二、消化腺

（一）唾液腺

唾液腺为分泌唾液的腺体。主要有 3 对：腮腺、颌下腺和舌下腺。

1. 腮腺 略呈圆形，位于耳根下方、咬肌的后面。腺管自腺的前下方离开腺体，沿下颌间隙向前走，至下颌骨血管切迹外绕至面部，随同面动脉、面静脉沿咬肌前缘向上伸延，至颊部穿过颊肌，开口于第 3 上臼齿相对的颊黏膜上。

2. 颌下腺 位于下颌间隙和下颌角的后下方，部分为腮腺覆盖，颌下腺管起自腺体背侧缘，向前延伸，横过二腹肌，开口于舌下肉阜。

3. 舌下腺 位于舌体与下颌骨间的黏膜下，分两部分：上部分薄而长，有许多短的腺管，开口于舌下两侧的黏膜；下部分厚而短，位于上部分前端的腹侧，有一条长的排泄管，与颌下腺管合并或伴行开口于舌下肉阜。

（二）肝

肝为体内最大的腺体，除分泌胆汁外，还有解毒和排泄某些物质等作用。

肝的平均重量为 500～700 g。全部位于体中线之右。壁面凸，朝向前上方，与膈的右侧部相接触，有后腔静脉窝，内含后腔静脉；脏面凹，朝向后下方，与网胃、瓣胃等接触，脏面有肝门，为门静脉、肝动脉、肝神经、肝管和淋巴管出入肝脏的地方。背缘厚，腹缘薄。腹缘的脐切迹较深，将肝分为左右两叶，两叶之间有一小的方叶。方叶的背侧有一尾状叶。胆囊细长，位于胆囊窝中，肝管与胆囊管合并成胆管，胆管与胰管合并成胆总管，开口于十二指肠距幽门约 30 cm 处。

肝的表面大部分覆盖一层浆膜。浆膜深部为富含弹性纤维的致密结缔组织，称纤维囊。纤维囊的结缔组织伸入肝内，称小叶间结缔组织，将肝的实质分隔成许多肝小叶。小叶呈多边棱柱状，小叶的中轴有一条中央静脉。肝细胞排列成肝细胞索，以中央静脉为中心，向四周呈放射状排列。肝细胞索有分支，彼此吻合成网，网眼内有窦状隙（血窦），为肝小叶内血液流动的通路。在肝细胞之间还有一种网状小管，称胆小管，是胆汁外流的通路。

（三）胰

胰为黄粉红色的分叶腺体，呈不规则四边形。几乎全部位于体中线之右，胰的背面与肝、右肾、后腔静脉等接触。腹侧面大部分由腹膜覆盖。胰管与胆管合并开口于十二指肠。

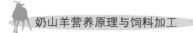

胰的表面包有少量结缔组织，结缔组织伸入腺实质，将实质分成许多小叶。实质部包括由腺泡和导管组成的外分泌部，该部能分泌消化液；以及由细胞团组成的内分泌部，称胰岛，能分泌胰岛素。

（四）胃腺

胃腺是散布于皱胃壁上的微小腺体，是经由胃黏膜上皮凹陷而形成的。胃腺之间有少量结缔组织，其纤维成分以网状纤维为主；细胞成分中除成纤维细胞外，还有较多淋巴细胞及一些浆细胞、肥大细胞与嗜酸性粒细胞等。此外，尚有丰富的毛细血管以及由黏膜肌伸入的分散的平滑肌纤维。

胃腺能分泌胃液。胃黏膜表面有胃腺的开口，胃液可由此进入胃腔。

（五）肠腺

肠腺是小肠黏膜中的微小腺体，属外分泌腺。在高等脊椎动物的小肠以及大肠的原层中存在大量的管状腺，可分泌肠液。

肠液呈碱性，含有消化淀粉、蛋白质、脂肪的酶，如肠淀粉酶、肠麦芽糖酶、肠肽酶、肠脂肪酶等。在小肠内，肠液与胰液、胆汁共同完成对食物的消化作用。

第二节　消化生理

所谓消化就是将食物由大块粉碎成细粒，将固体的食物溶解成液体，将大分子的化合物分解变小，使食物中的营养成分能被吸收利用的过程。

反刍动物对食物的消化作用有三种：

其一，机械性消化作用。如咀嚼、吞咽、胃肠运动等。

其二，化学性消化作用。指消化道各消化腺分泌消化液的消化作用，主要是酶的消化作用。

其三，微生物消化作用。消化道的微生物靠它们制造的酶消化食物，尤其对饲料中纤维素的消化具有很大的作用。

奶山羊饲草饲料的消化，需要以上三种消化作用共同进行才能完成。

一、口腔内的消化

口腔的消化由摄取饲料开始，由吞咽告终。奶山羊嘴唇灵活、门齿发达，用上唇和门齿采食饲料，采食速度极快。放牧时，奶山羊将草送到门齿间，依靠头部的牵引动作咬断饲草；舍饲时，用唇收集干草或谷粒，舌参与协助。饲料进入口腔后，经过粗略咀嚼，混入唾液，被羊匆匆咽下，休息时，羊再反刍将饲料逆呕至口腔，仔细咀嚼再混合唾液，再吞咽，如此反复，完成口腔的机械加工和混入唾液的消化作用。咀嚼的主要作用是磨细饲料，增大饲料的表面积，以利于瘤胃微生物的发酵和真胃及小肠的消化。特别是青粗饲料，不经咀嚼其营养难以被消化吸收。一般情况下，成年奶山羊每日的咀嚼次数不少于 32 680 次。在咀嚼过程中奶山羊分泌大量的偏碱性唾液（pH 8.0 左右），能润湿饲料，便于咀嚼和吞咽；进入后段消化道，还可以刺激消化道的运动和消化液的分泌，中和瘤胃中细菌发酵所产生的有机酸，维持瘤胃正常的酸碱平衡，有利于细菌和纤毛虫的生存和活动。

奶山羊和其他家畜一样，有腮腺、颌下腺和舌下腺三大对主要唾液腺，还有颊腺、唇腺、腭腺、咽腺等无数小腺体。根据组织学结构，唾液腺分三类：浆液腺，包括腮腺和颊下腺；黏液腺，包括腭腺和咽腺；混合腺，包括颌下腺、舌下腺及唇腺。

唾液是以上腺体分泌的混合物。反刍动物的唾液碱性较强，平均 pH 为 8.1。唾液组成的 98% 以上是水分；干物质中含有无机盐离子钠、钾、钙、镁、氯，以钠离子和无机磷含量较高，尤其是唾液中含有大量的碳酸氢盐，成为瘤胃内的良好缓冲物质。但唾液淀粉酶和麦芽糖酶在唾液中含量偏低。

1. 唾液的主要作用

（1）可湿润饲料，便于咀嚼和吞咽，溶解饲料中的某些物质（如盐类可溶性物质），刺激味觉感受器，引起食欲，促进消化道的运动和各种消化液的分泌。

（2）可清洗口腔，清除饲料残渣和进入口腔的刺激物（如酸、沙粒等）。

（3）进入胃腺部的唾液，使食团保持弱碱性环境，有利于唾液中的酶和饲料中的酶（淀粉酶）以及乳酸菌等继续发生作用。

（4）反刍动物的唾液，可中和瘤胃内细菌发酵所产生的有机酸，借以维持瘤胃内的一定酸碱反应，有利于细菌和纤毛虫的生存和活动。

反刍动物的唾液分泌，其腮腺是持续不断地进行分泌活动的，不仅仅在进食和反刍时大量分泌，而且在静止时也持续分泌，进食和反刍时分泌量与静止时分泌量几乎各占一半，按单位时间计算，以反刍时分泌量最多。反刍动物颌下腺与舌下腺仅在进食时分泌唾液，反刍和静止时都不分泌。从反刍动物唾液分泌的特点来看，不断地分泌碱性较大的唾液，这对其前胃的消化作用具有重大的意义。

2. 吞咽　饲料在口腔中经过咀嚼并混合唾液形成食团后，颊和舌的运动将食团送到舌根，刺激这里的感受器，反射性地引起软腭上举，阻断咽与鼻腔的通路，舌根后移致使会厌软骨翻转遮住喉门，停止呼吸，防止食团误入气管。咽肌收缩将食团送入食管。在给羊经口或经鼻投药时，必须掌握吞咽动作产生的规律。

口腔消化是整个消化过程的第一关，如口腔消化不好，咀嚼不细，就直接影响胃肠的消化。反之，胃肠消化不好时，也会在口腔引起保护性反应，如舌苔增厚，从而使食欲减退。

二、胃内的消化

胃内的消化是口腔消化的继续，主要是靠胃壁肌肉收缩的机械性消化和胃液的化学性消化作用来完成，反刍动物胃内微生物的消化作用尤其重要。

（一）机械性消化

1. 食管沟的作用　食管沟起自贲门，止于网瓣孔。幼畜食管沟的机能比较完

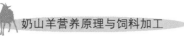

善，当吸吮时，食管沟闭合成管状，乳汁、水均可直接流入瓣胃，再经瓣胃沟进入皱胃。

食管沟闭合反射的感受器分布在唇、舌、口腔和咽头的黏膜中。传入神经是舌神经等，并与吸吮中枢紧密联系，传出神经是迷走神经。

羔羊自乳头吸吮乳汁时食管沟闭合完全，咽下的乳汁可直接进入瓣胃。但是当大剂量饮乳时，幼畜食管沟闭合不完全，一部分乳汁会直接进入瘤胃。这时瘤胃机能不完全，不能顺利地消化和排除其中的内容物，因而进入瘤胃的乳汁长时间停留在瘤胃造成发酵腐败，引起疾病。

2. 胃的作用 反刍动物摄取的饲料未经充分咀嚼就被匆匆吞咽，饲料在瘤胃内充分混合、浸软和发酵，在休息时又回到口腔被充分地咀嚼，并再分泌唾液，然后吞咽入胃，这一过程称反刍，俗称"倒沫"。通常反刍在采食后 0.5～1 h 开始，每个食团咀嚼 40～60 次，每次反刍持续时间 20～50 min，然后间歇一些时间再开始第 2 次反刍。成年奶山羊一昼夜用于反刍的平均时间为 8.5 h，反刍周期数为 20 次。

反刍是反刍动物特有的消化机能。反刍动作可分为四个阶段，即逆呕、再咀嚼、再混合唾液和再吞咽。反刍时，网胃和食管沟发生附加收缩，使胃内一部分稀的内容物上升到贲门口，然后关闭声门做吸气动作，引起胸膜内压的急剧下降和胸部食管的扩张，于是内容物经舒张的贲门进入食管。胃内容物进入食管后，食管壁的逆蠕动将内容物输送到口腔，这一过程称为逆呕。逆呕是一种复杂的反射动作，是由于食物的粗糙部分刺激了网胃、瘤胃前庭和食管沟黏膜的机械感受器而发生的。逆呕的食团到达口腔后，即开始再咀嚼。这时的咀嚼比采食时的咀嚼细致得多，再咀嚼伴随着与腮腺分泌的唾液再混合，然后又形成食团重新吞咽进入瘤胃，并与其中内容物混合。当网胃和瘤胃内容物经过反刍而变为细碎的状态时，一方面对瘤胃前庭的机械刺激减弱，另一方面由于细碎的内容物转入瓣胃和皱胃，使这两部分的压力加大，刺激了瓣胃的压力感受器，因而抑制了网胃和食管沟的收缩，使逆呕停止，进入反刍的间歇期。

在反刍的间歇期间，瓣胃和皱胃的内容物转入肠中，对瓣胃和皱胃压力感受器的刺激减少，同时由瘤胃进入网胃的粗糙饲料又刺激网胃、瘤胃前庭和食管沟等部的感受器，于是使逆呕重新开始。

引起逆呕动作的感受器受到刺激后所发出的兴奋冲动，沿内脏传入神经纤维传到延脑的逆呕中枢，兴奋再由中枢沿迷走神经传到参与逆呕动作的有关肌肉，引起逆呕。

反刍是反刍动物的重要生理机能，反刍次数和持续时间与草料种类、品质、调制方法及羊的体况有关，饲料中粗纤维含量越高反刍时间越长。家畜患病、过度疲劳、过度兴奋都可以使反刍和瘤胃运动减弱或停止。反刍停止常会引起不良后果，将使食糜停滞在瘤胃内过度发酵和腐败，并产生大量气体不被排出，致使瘤胃膨大。

除了以瘤胃为主的反刍之外，网胃能进行周期性和迅速地收缩，以揉磨食团并将食团送入瓣胃。瓣胃能磨碎粗饲料和纤维质，并能将食团中的水分挤出，使水分先流下去；然后将比较干的食团送入皱胃，胃液就不致被冲淡。

（二）皱胃的化学性消化作用

皱胃的胃底部分泌胃液。胃液是胃内各部腺体分泌的混合液。纯净的胃液是透明、呈酸性反应的液体，由水、有机物（其中包括酶）、无机盐和盐酸组成。胃液中的酶主要有胃蛋白酶、胃脂肪酶和凝乳酶等。

1. 胃蛋白酶　此酶刚分泌出来时是不具有活性的酶原（即胃蛋白酶原），在盐酸或已有活性的胃蛋白酶作用下，变为具有活性的胃蛋白酶。胃蛋白酶能水解蛋白质为䏡和胨，并能使乳汁凝固。此酶只有在酸性较强的环境中才有作用（最适 pH 为 2）。

2. 胃脂肪酶　此酶具有分解脂肪为甘油和脂肪酸的能力。成年奶山羊胃内的脂肪酶极少；羔羊胃内脂肪酶较成年奶山羊的多，对乳脂肪的消化可起到一定的作用。

3. 凝乳酶　具有使乳汁凝固的作用，这样可以延长乳汁在胃内停留的时间，增强胃液对乳汁的消化作用。

4. 盐酸　通常所说的胃酸主要是指盐酸。它不仅能使胃蛋白酶原转变为具有活性的胃蛋白酶，而且能使饲料中的蛋白质膨胀变性，并保持酸性环境，有利于胃蛋白酶分解蛋白质。此外盐酸还能抑制和杀灭细菌，盐酸进入小肠还能促进胰液和胆汁的分泌。患某些疾病时，可表现胃酸分泌过多或过少甚至完全缺乏，临床上如遇碱性胃炎、积食或羔羊胃功能减弱等消化道疾病时，添加稀盐酸可以增加胃蛋白酶活性，并且调整胃的 pH。

5. 黏液　胃的黏膜表面经常覆盖着一层黏液。其中含有大量的黏液蛋白。黏液呈弱碱性或中性，能保护胃黏膜不受酸的损害，即免于机械损伤，并有滑润作用，使食团易于通过。

（三）反刍动物胃内微生物的消化作用

奶山羊采食形成的食团在瘤胃内经过浸泡、揉搓和混合后，可溶解的物质就被溶解在瘤胃内的液体中，其余部分主要是依赖大量微生物的活动来分解。饲料本身所含有的酶也有一些作用，但不是主要的。瘤胃是一个良好的微生物发酵罐，经口源源不断摄入的饲料、水分供给瘤胃微生物以适宜的营养，并经微生物的转化变成可被机体利用的营养物质。因而瘤胃微生物对奶山羊的消化和营养成分的供应具有十分重要的意义。

在瘤胃微生物的作用下，饲料在瘤胃内发生一系列复杂的消化过程。瘤胃微生物通过其产生的粗纤维水解酶，将食入粗纤维的 50%～80%转化成碳水化合物和低级脂肪酸；能把生物学价值低的植物蛋白或非蛋白氮转化成全价的细菌蛋白和纤毛虫蛋白，随食糜进入皱胃和小肠，充当山羊的蛋白质饲料而被消化利用。这些食物蛋白质可满足羊体蛋白质需要量的 20%～30%。瘤胃微生物还能合成 B 族维生素和维生素 K，将牧草和饲料中的不饱和脂肪酸变成饱和脂肪酸，将淀粉和碳水化合物发酵转化成低级挥发性脂肪酸，能用无机硫和尿素氮等合成含硫氨基酸。

瘤胃中主要含有三种微生物——细菌、原虫和真菌，其中前两种的作用最重要，与羊属于共生关系。每毫升瘤胃内容物中含有（2.5～50）×10^9 个细菌和（0.45～2.0）×10^6 个原虫。这些微生物的类别和数量不是固定不变的，它们随着饲料改变而改变。因为不同饲料所含的成分不同，需要不同种类的微生物才能分解消化。更换日粮时，瘤胃微生物区系也发生变化，所以变换饲料要逐渐进行，使微生物能够适应新的饲料组合，保证消化功能正常。突然变换奶山羊饲料往往会导致消化道疾病的发生。

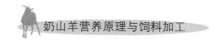

（四）嗳气

由于瘤胃的强烈发酵而产生大量气体，这些气体（主要是二氧化碳和甲烷）除有小部分被血液吸收由肺脏排出外，绝大部分是通过嗳气排出。

瘤胃内气体过多时，必须依赖瘤胃上端收缩，使瘤胃内压升高，同时贲门反射性地缩张，才能引起嗳气。如果瘤胃内的气体不能排出，瘤胃体积膨大，就形成膨胀。

给用干草和精饲料长期舍饲的奶山羊突然饲喂大量青绿饲料后导致瘤胃内容物急剧发酵，产生大量气体不能及时排出，就形成急性膨胀。瘤胃臌气严重时，可使胃壁瘫痪，并压迫胃壁毛细血管，使气体不能为血液所吸收。

三、肠道内的消化与吸收

（一）小肠内的消化与吸收

食物经胃消化后，变成流体或半流体的酸性食糜，食糜由胃进入十二指肠后，开始了小肠内的消化。这一段的消化过程是极为重要的。食糜在小肠内受到胰液、胆汁和小肠液的化学作用及小肠运动的机械消化作用。许多物质都在这一部分的消化道内被吸收。

1. 小肠内的消化　分泌到小肠内的消化液有三种：胰液、胆汁和小肠液。各种消化液中的成分相互配合，将饲料中的主要成分消化为可吸收的物质。

（1）胰液　为胰的分泌物，呈碱性反应，含有大量的碳酸氢盐，能中和食糜盐酸；胰液中含有消化蛋白质、脂肪和糖类的酶。

① 胰蛋白酶　主要分解蛋白质，这种酶刚分泌出来时是无活性的酶原，没有消化蛋白质的能力。胰蛋白酶原被小肠分泌的肠激酶活化成胰蛋白酶，此酶能分解蛋白质，并使蛋白胨和胨变成多肽和少量氨基酸。

② 胰脂肪酶　胃肠道消化脂肪的主要酶。它能分解脂肪为甘油和脂肪酸。此酶刚分泌出来是酶原，被胆汁中的胆酸盐活化成为胰脂肪酶。

③ 胰淀粉酶　胰淀粉酶由胰腺分泌出来就具有活性，它能将一切淀粉分解为双糖。

此外，胰液中还含有核酸酶、磷脂酶、麦芽糖酶和乳糖酶等。

（2）胆汁　胆汁由肝脏不断地生成，为绿褐色的液体，呈弱碱性。胆汁的生成不仅是分泌消化液的过程，也是排泄某些物质（血红蛋白分解产物）的过程。平时不断生成的胆汁储存在胆囊中，在消化期间从胆囊反射性地排入十二指肠。

胆汁的组成除水以外主要是胆色素和胆酸盐。胆汁中除胆酸盐与消化有关外，其他成分都可以看成是排泄物。

胆汁在消化过程中的作用有：①胆酸盐是胰脂肪酶的辅酶，它能增强脂肪酶的活性。②胆酸盐能降低脂肪滴的表面张力，可将脂肪乳化成微滴，增加了脂肪和脂肪酶相接触的表面积，因而容易受脂肪酶的消化作用。③脂肪分解后形成的高级脂肪酸并不溶解于水，也不能被吸收。胆酸盐可与脂肪酸结合成水溶性的复合物，促进脂肪酸的吸收。④胆汁对于促进脂溶性维生素的吸收（维生素A、维生素D、维生素E、维生素K）也有一定的作用。⑤胆汁中的碱性无机盐可中和一部分由胃进入肠中的酸性食糜，维持肠内的适宜的 pH 环境。⑥胆汁在小肠内，绝大部分还能吸收入血，刺激肝胆汁的分泌，是促进胆汁自身分泌的一个体液性因素，并作为制造胆汁的原料，这称为胆盐的肠肝循环。在每一次循环中，胆盐仅损失 10％左右。

在体液因素对胆汁分泌的作用中，胆酸盐是促进胆汁分泌的最主要的体液因素。胆汁排出到十二指肠后，其中的胆酸盐被迅速地吸收，沿着门静脉重新回到肝脏，刺激肝细胞，加强胆汁的分泌。如果将胆汁直接注入血液，也可以得到同样的结果。促胰液素也是促进胆汁分泌的体液因素。盐酸等物质进入小肠所产生的促胰液素，除促进胰液的分泌外，还引起胆汁的分泌增强。

此外，机械刺激胃的感受器也可引起胆汁生成的加强。

（3）小肠液　由肠腺分泌，为弱碱性液体。含有黏液和多种消化酶，对饲料中的蛋白质、脂肪、糖等都有消化作用。饲料经过唾液、胃液、胰液、胆汁等消化液的作用有些已经完全分解，有的则分解成中间产物，小肠液的作用主要是对这些消化过程的中间产物进一步消化。其中肠激酶能活化胰蛋白酶，肠肽酶能分解多肽、胨和胨为氨基酸；麦芽糖酶、蔗糖酶、乳糖酶能分解双糖为单糖；脂肪酶能分解脂肪为甘油和脂肪酶等，以便吸收。

2. 小肠的吸收　小肠是吸收营养物质的主要部位。小肠比较长，食糜在此停留的时间最长，小肠黏膜具有皱褶和绒毛，构成很广阔的吸收面积，绒毛内有平滑肌纤维，可进行伸缩运动，便于营养物质进入绒毛的毛细血管和淋巴管内，有利于营养物质吸收。

此外，小肠吸收还有弥散、渗透等几个方面的作用。食糜中被分解的物质很多，超过肠黏膜上皮细胞内的浓度时，食糜中的物质就由肠腔透入黏膜上皮细胞内，这种现象称弥散；肠内食糜的渗透压低于血液和淋巴时，水分就由渗透压低的肠腔内进入渗透压高的血液和淋巴，这种现象称渗透。相反，食糜的渗透压高于血液和淋巴时，水分就由肠黏膜上皮渗入肠腔内。临床上应用 4％～6％硫酸钠作为泻剂，就是因为它不易被吸收，使肠腔内保持大量的水分，软化粪块刺激肠壁，引起泻下作用。

吸收是复杂的生理过程。在吸收过程中，虽然弥散、渗透等理化机制起着一定的作用，但起主导作用的则是肠绒毛的运动、肠黏膜上皮选择性地吸收和它的代谢过程等生理生化机制。这些机制又受着神经性和体温性因素的调节。

各种营养成分的吸收如下：

（1）糖的吸收　糖类在机体内经过酶的作用形成单糖或经细菌的作用形成低级脂肪酸而被吸收。单糖吸收后进入毛细血管，沿门静脉进入肝脏。各种单糖的吸收速度是不同的（如将葡萄糖的吸收速度作为 100，则乳糖为 110，果糖为 43，木糖为 15）。这种吸收速度的差异一般认为与单糖吸收时在小肠黏膜内进行的磷酸化过程有关。己糖进入肠黏膜上皮细胞内，在己糖激酶的参加下，与磷酸结合形成磷酸己糖，然后再重新分解成自由己糖进入血液。各种己糖的磷酸化作用的难易程度不同，吸收速度也不一样。

（2）脂肪的吸收　脂肪在胆盐和脂肪酶的作用下水解成脂肪酸与甘油，脂肪酸还必须与胆酸形成一种复合物后，才能透过肠黏膜的上皮细胞。这种复合物进入上皮细胞后，离解为脂肪酸和胆酸。胆酸透出细胞经血液循环回肝脏，供再度分泌；甘油也透入细胞，并磷酸化合成磷酸甘油，于是脂肪酸与磷酸甘油合成磷脂化合物，最后磷脂化合物转变成中性脂肪。中性脂肪在黏膜上皮细胞合成后，透出细胞，其中大部分经中央乳糜管入淋巴管，小部分由毛细血管入门静脉。此种脂肪可被利用为能量的来源，或储存于脂肪组织中供将来之用。

（3）蛋白质的吸收 蛋白质一般在分解为氨基酸后通过血液被吸收，也能以多肽的形式被吸收。

（4）水分及盐类的吸收 胃黏膜对水分的吸收较少，大部分的水都在小肠及大肠内吸收，盐类主要也在小肠内被吸收。不同的盐类吸收的难易不同。盐类中最易吸收的是氯化物（氯化钠、氯化钾），最难吸收的是硫酸盐和磷酸盐。

综上所述，除纤维素外，食糜中的糖、脂肪和蛋白质，相继受到胰液、胆汁、小肠液的作用，绝大部分变为溶于水的小分子物质被小肠吸收。食糜中的水和溶于水中的无机盐，大部分也在小肠内被吸收，这就保证了奶山羊体内水、盐代谢的正常进行。若肠黏膜上皮吸收机能发生障碍如肠炎时，由于大量消化液不能重新吸收，而被排出体外，必然严重地影响水、盐代谢，甚至引起脱水和酸碱平衡失调等，所以临床上治疗严重肠胃疾病时，经常进行输液或补盐。

3. 小肠的运动 小肠的运动靠肠壁平滑肌舒缩来完成，其作用主要是使食糜在小肠内充分混合，增加与小肠黏膜和各种酶的接触，以便消化吸收。小肠的运动形式有两种：分节运动和蠕动。

（1）分节运动 主要是小肠壁环行肌的收缩和舒张，也就是在一段小肠壁上，许多点同时出现环行肌的收缩，将其里面的食糜分为若干节段。随后原来收缩处舒张，原来舒张处收缩，使食糜又形成许多新的节段。这一运动的作用：一是使食糜与消化液不断地搅拌混合，加强与酶的接触，促进食糜的分解作用；二是使消化产物与肠黏膜的接触机会增多，便于吸收。

（2）蠕动 是环行肌和纵行肌的协调收缩和舒张的运动。蠕动从十二指肠开始，依次向大肠方向运动，其作用主要是向后送食糜。蠕动速度一般很慢，但有时也发生快的蠕动，称蠕动冲，将食糜一直推送到小肠末端。有时在十二指肠还会出现方向相反的蠕动，称逆蠕动，可延缓食糜的后送，使食糜消化和吸收更为完全。小肠某部积食时，常引起十二指肠发生剧烈的逆蠕动，这样不仅会阻碍胃内容物的后送，而且还会将小肠内容物推入胃内，导致继发性胃扩张。

肠壁的蠕动和肠内容物的移动，产生一种类似含漱声的小肠蠕动音。

（二）大肠内的消化吸收及粪便形成

1. 大肠内的消化 反刍动物大肠内也进行纤维素消化，消化的纤维素占消化道全部消化的纤维素的 30% 左右。但大肠不分泌消化液。

2. 大肠的运动 大肠消化的同时，大肠壁的肌层在食糜的刺激下，也发生和小肠相似的运动，只是较慢、较弱。盲肠和结肠，除有蠕动外，还有逆蠕动。盲肠的蠕动是将食糜推入结肠，结肠的蠕动又将食糜推入盲肠，如此来回移动，使食糜得以充分混合，并使之在大肠内停留较长时间。这样，就能使细菌充分消化纤维素，保证了低级脂肪酸和水分的吸收。其中未被消化的和吸收的残渣，由于蠕动，逐渐被移送到结肠的后部。伴随大肠的运动和食糜的移动，产生类似雷鸣声的大肠音，这是判断大肠机能是否正常的客观标志之一。

3. 大肠的吸收和粪便形成　大肠主要是吸收水分、盐类及低级脂肪酸。半流动状态的食糜通过盲肠和结肠的消化和吸收就逐渐变成稍硬的粪球，这类粪球是由未被消化的饲料、杂质（角质、木质）、未被吸收的物质、消化道脱落的黏膜细胞、消化液的残存物（如胆汁、黏液）、大量的微生物及腐败发酵产物等组成。

第三节　消化的调节机制

一、调节方式

消化道的运动和消化腺的分泌，都受到神经因素和体液因素的调节。

（一）神经调节

支配消化道的神经来自两方面：一方面是机体植物性神经系统的交感神经和副交感神经，称为外来神经系统；另一方面是消化道管壁内分布的内在神经丛，称为内在神经系统。两者相互协调，共同调节消化道功能。

1. 交感神经和副交感神经　消化道平滑肌受交感神经和副交感神经的双重支配（图2-4）。交感神经从脊髓胸腰段侧角发出，经过腹腔神经节和肠系膜前、后神经节，交换神经元后，其节后纤维大都终止于内在神经丛，只有少数直接到达胃肠道平滑肌。交感神经兴奋时，抑制胃肠运动和消化腺分泌。副交感神经主要来自迷走神经，只有结肠后段、直肠和肛门内括约肌是由盆神经支配的。副交感神经的节前纤维到达胃肠壁后与内在神经丛的细胞形成突触联系，然后发出很短的节后纤维，支配胃肠平滑肌及其腺体，通常对胃肠运动和消化腺分泌起兴奋

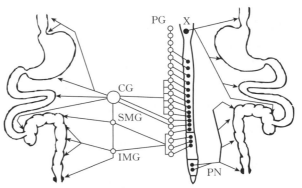

图2-4　交感神经与副交感神经在胃肠道的分布
CG. 腹腔神经节　X. 迷走神经　SMG. 肠系膜前神经
PN. 盆神经　IMG. 肠系膜后神经　PG. 椎前神经节
注：左侧为交感神经的分布；右侧为副交感神经的分布。
（资料来源：欧阳五庆，2012）

作用。胃肠交感神经中约有50%的纤维为传入纤维，迷走神经中约有75%的纤维为传入纤维，因此可及时将胃肠感受器信号传入高位中枢，引起反射调节，如"迷走—迷走"反射。

2. 内在神经丛　内在神经丛也称为壁内神经丛，分布在从食管中段到肛门的绝大部分消化管壁内，是由大量的神经元和神经纤维交织而成的复杂网络。神经元数量约为108个，相当于脊髓内的神经细胞数目。其中有感觉神经元，感受胃肠道内机械、化学

和温度等刺激；也有运动神经元，支配胃肠道平滑肌、腺体和血管；还有大量的中间神经元。内在神经丛的运动神经元分布在胃肠壁的平滑肌细胞和腺体上，其轴突末梢的曲张体含有多种神经调节物质，这些物质可影响周围肌肉和腺体的活动。

内在神经丛主要由两组神经纤维网交织而成，即肌间神经丛与黏膜下神经丛。肌间神经丛位于纵行肌和环行肌之间，又称为欧氏神经丛，主要支配平滑肌细胞的收缩。其中有以乙酰胆碱和P物质为递质的兴奋性神经元，也有以血管活性肠肽（VIP）和一氧化氮为递质的抑制性神经元。黏膜下神经丛分布在消化道黏膜下，又称为麦氏神经丛，其运动神经末梢释放乙酰胆碱和VIP，主要调节腺细胞和上皮细胞的功能以及黏膜下的血管运动。

内在神经丛中的神经元之间彼此发生突触联系，构成了一个完整的局部神经反射系统。正常情况下，外来神经对内在神经丛有调节作用。但在实验条件下，切断胃肠的外来神经后，食糜对消化道的理化刺激可以通过内在神经丛单独发挥作用，反射性地引起消化道运动和腺体分泌。

（二）体液调节

调节消化道功能的体液因素除了起全身性作用的激素外，主要是胃肠激素。胃至结肠的黏膜层中含有40多种不同类型的内分泌细胞，它们分散于黏膜上皮细胞之间。由于胃肠道黏膜面积巨大，胃肠道内分泌细胞的数量超过了体内所有内分泌腺中内分泌细胞的总和，因此消化道被认为是体内最大、最复杂的内分泌器官。

胃肠道内分泌细胞在形态上有两个明显特点，一个特点是细胞内的分泌颗粒均分布在核和基底核之间；另一个特点是大部分细胞呈锥形，其顶端有微绒毛突起，伸入胃肠腔内，直接感受胃肠内食物成分和 pH 的刺激而引起细胞的分泌活动（图 2-5）。胃肠激素由内分泌细胞释放后，有些通过血液循环到达靶细胞，以内分泌方式发挥作用，如胃泌素、缩胆囊素（CCK）、胰泌素等。有些胃肠激素则通过细胞外液弥散至邻近的靶细胞，在局部发挥作用，称为旁分泌作用。例如，由胰岛 D 细胞释放的生长抑素对邻近细胞产生抑制分泌的作用。此外，VIP 和铃蟾肽可能直接由神经细胞释放，以神经分泌方式发挥作用。

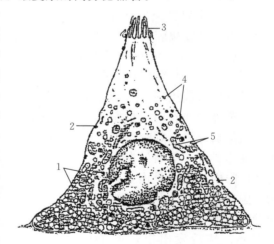

图 2-5　胃窦内的 G 细胞示细胞顶端的微绒毛
1. 分泌颗粒　2. 桥粒　3. 微绒毛
4. 颗粒内质网　5. 线粒体
（资料来源：欧阳五庆，2012）

胃肠激素在化学结构上属于肽类，是体内调节肽的重要组成部分。根据氨基酸组成相近似的特点，胃肠激素又分为不同的激素族，其中主要的有胃泌素族、胰泌素族和P物质族等。胃泌素族包括胃泌素（也称促胃液素）、CCK；胰泌素族包括胰泌素（也称促胰液素）、胰高血糖素、VIP 和糖依赖性胰岛素释放肽（GIP）等；P 物质族包括 P

物质、神经降压素等。同族激素的生理功能很相近。

　　胃肠激素的生理功能主要包括三个方面：①调节消化道的运动和消化腺的分泌。例如，胃泌素促进胃的运动和胃液分泌；抑胃肽则抑制胃的运动和胃液分泌。CCK 引起胆囊收缩、增加胰酶分泌等。②调节其他激素的释放。例如，小肠释放的抑胃肽具有很强的刺激胰岛素分泌的作用，其生理意义是防止在葡萄糖被吸收后血糖升高过快。此外，生长抑素与 VIP 对胃泌素的释放起抑制作用；胃黏膜细胞分泌的生长激素释放激素具有刺激生长激素释放的作用。③营养作用。一些胃肠激素具有促进消化道组织代谢和生长的作用。例如，胃泌素能促进胃和十二指肠黏膜的蛋白质合成，从而促进黏膜生长；CCK 能促进胰腺外分泌组织的生长等。已确认的胃肠激素有胃泌素、胰泌素、CCK、抑胃肽、生长抑素和胃动素等，其主要作用等见表 2-1。

表 2-1　几种胃肠激素的分泌部位、主要作用及释放因素

激素名称	分泌部位	主要生理作用	释放因素
胃泌素	胃幽门腺及十二指肠 G 细胞	促进胃酸分泌、促进胃运动和胃黏膜生长	胃中蛋白质消化产物；胃中高 pH；迷走神经兴奋
胰泌素	十二指肠 S 细胞	促进胰腺分泌碳酸氢盐	十二指肠中的酸性食糜
CCK	十二指肠到回肠，主要在十二指肠 I 细胞	促进胰腺分泌胰酶，促进胆囊收缩，抑制胃排空	小肠中的蛋白质和脂肪及其消化产物
抑胃肽	十二指肠和空肠上段 K 细胞	抑制胃的运动和胃液分泌，刺激胰岛素分泌	食糜进入十二指肠和空肠
生长抑素	胰岛 D 细胞	对胃肠激素的分泌产生广泛的抑制作用	—
胃动素	十二指肠和空肠	可能调节摄食后胃肠运动方式，调节胃贲门括约肌紧张性	乙酰胆碱

资料来源：欧阳五庆（2012）。

　　胃肠道功能的体液调节也存在"自动控制"的反馈环路。例如，动物采食后，胃幽门部的 G 细胞兴奋，分泌胃泌素，刺激胃酸分泌，导致胃内 pH 降低；当胃内 pH 下降到一定程度时，通过反馈调节，胃泌素分泌受到抑制，胃酸生成减少，从而保持胃内 pH 的相对稳定。

　　目前已知，一些胃肠激素如 CCK、P 物质等不仅存在于胃肠道内，还存在于脑内；而原先认为只存在于中枢神经系统的神经肽，如生长抑素等，也在消化道中被发现，这些双重分布的肽被称为"脑肠肽"。已知的脑肠肽有胃泌素、CCK、P 物质、生长抑素、神经降压肽等 20 余种。目前脑肠肽的生理意义尚不明确。近年来，随着生理学研究的不断深入，越来越多的试验证据表明，中枢神经系统内的神经细胞及其分泌的激素与胃肠道激素和胃肠道功能有着非常复杂的联系。例如，胃肠道分泌的 CCK 对下丘脑的采食中枢具有重要影响，下丘脑分泌的生长抑素可能调节胃肠道的激素分泌及胃肠运动，

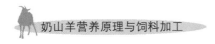

因而有人提出"脑-肠轴"的概念。与"脑肠肽"的概念相比，"脑-肠轴"更侧重于两者生理功能的联系。

二、消化器官生理功能的调节

1. 口腔内唾液分泌的调节　唾液的分泌可分为非条件反射性和条件反射性两种。

（1）非条件反射性唾液分泌　口腔黏膜中分布着感受化学、机械、温度等刺激的各种感受器，这些感受器受到刺激发生兴奋，冲动沿传入神经到达延脑的唾液分泌中枢，再由传入神经至唾液腺，引起唾液分泌。

唾液腺的交感神经由第1～3胸椎水平的脊髓开始，前行至颈前神经节，更换神经元后走向各唾液腺。支配唾液腺的副交感神经有两支，它们都由延脑开始，一支是面神经，经过它的分支鼓索神经支配颌下腺；另一支由舌咽神经经过它的分支耳神经到达腮腺。

（2）条件反射性唾液分泌　由于奶山羊看到食物的形状，或嗅食物的气味，或受到与饲喂同时发生的与其相联系的各种条件刺激（如声音或饲养人员的行动等）而引起的唾液分泌，其唾液的质量完全与形成这一条件反射的非条件刺激物相适应。在这种情况下唾液腺的活动是在大脑皮层的影响下发生的，所以属于条件反射性唾液分泌。正常情况下奶山羊经常能看到饲料或嗅到气味，因此唾液分泌是由两者共同调节的。

2. 胃运动的调节　胃液平时经常有少量分泌，在进食时和食团入胃后才大量分泌，这是神经作用和体液作用调节的结果。

奶山羊胃运动的神经中枢存在于脊髓、延脑和大脑皮层，胃运动的调节是通过迷走神经和交感神经来实现的。迷走神经兴奋，胃运动加强；交感神经兴奋，胃运动受到抑制。除神经调节外，体液因素也能影响胃的运动。进入血液的乙酰胆碱可以增强胃的运动，肾上腺素则抑制胃的运动。此外，奶山羊各个胃之间也互有影响。如皱胃充满时，瓣胃的运动变慢；瓣胃充满时，瘤胃和网胃的收缩减弱。十二指肠发炎，使皱胃扩张。咀嚼时，胃的运动加强。胃运动的神经反射过程，有非条件反射，也有条件反射。奶山羊在看到饲料和嗅到饲料的气味时，胃的运动就加强。

3. 肠运动的调节及排粪　肠的平滑肌具有自动的节律性运动。支配到肠平滑肌的外来神经有副交感神经及交感神经。刺激副交感神经，可以增加肠的紧张度和节律性运动；刺激交感神经则可产生抑制。

食糜对肠壁感受器的机械性和化学性刺激是促使肠运动的主要刺激物。一方面通过肠壁本身的神经丛引起局部反射，另一方面通过中枢神经系统反射的调节。

支配大肠的副交感神经前部是迷走神经，后部是盆神经。副交感神经兴奋，大肠活动加强。支配大肠的交感神经为内脏神经和腹下神经。它们兴奋时抑制大肠的运动。

食糜在大肠消化吸收后，剩余的残渣形成粪便。粪便的排出受到神经的控制。当大肠里的粪便不多时，肛门括约肌经常处于收缩状态，粪便就停留在肠管内；粪便在大肠的后部积聚到一定量时，就刺激这一部分肠壁的感受器，通过传入神经，传到腰荐部脊髓的排粪中枢而引起中枢的兴奋，与此同时盆神经引起结肠和直肠收缩，肛门内括约肌舒张，于是发生排粪。

排粪的低级中枢位于腰荐部脊髓，如腰部脊髓损伤后，因失去交感神经的作用，就发生排粪失禁（不时地排粪）；荐部脊髓损伤后，因失去盆神经的作用，就不能主动排粪。

大脑皮层对肠道的运动有明显的影响，如惊恐、疼痛时通常抑制肠蠕动；刺激过强也会出现强烈的肠蠕动，从而引起腹泻。

本 章 小 结

奶山羊的消化器官包括消化道（分为口腔、咽、食管、胃、小肠、大肠和肛门）和消化腺（包括唾液腺、肝、胰、胃腺和肠腺）两类。奶山羊作为反刍动物，对食物的消化作用包括机械性消化、化学性消化和微生物消化三个方面。反刍是主要的机械性消化作用，分逆呕、再咀嚼、再混合唾液和再吞咽四个阶段。皱胃通过分泌消化液（盐酸、胃蛋白酶等）对食物进行化学性消化。瘤胃共生着大量微生物，主要是厌氧性细菌和纤毛虫，这些微生物可对饲料中的养分进行降解。肠道是食物消化吸收的中心。小肠内有胰液、胆汁和小肠液三种消化液，通过分节运动和蠕动充分地对食物进行化学性消化，消化后形成的营养物质通过弥散、渗透等方式进入血液、淋巴。大肠不分泌消化液，但可以进行纤维素消化，吸收食糜中的水分、盐类和低级脂肪，最终形成粪球。

奶山羊消化道生理功能的调节方式包括两种：神经调节和体液调节。口腔内的唾液分泌调节有非条件性反射和条件性反射两种。胃运动的调节通过迷走神经和交感神经来实现。肠运动受到副交感神经和交感神经的调节。食糜消化吸收后，粪便刺激大肠的肠壁感受器，将刺激传到腰荐部脊髓排粪中枢，引起排粪现象。

⊙参考文献

陈杰，朱祖康，周杰，2007. 动物生理学［M］. 北京：化学工业出版社.

刘荫武，曹斌云，1990. 应用奶山羊生产学［M］. 北京：轻工业出版社.

柳巨雄，杨焕民，2011. 动物生理学［M］. 北京：高等教育出版社.

罗军，魏伍川，王惠生，1997. 奶山羊饲养实用技术［M］. 西安：西北大学出版社.

南京农业大学，1996. 家畜生理学［M］. 3 版. 北京：中国农业出版社.

欧阳五庆，2012. 动物生理学［M］. 2 版. 北京：科学出版社.

杨秀平，2005. 动物生理学［M］. 北京：高等教育出版社.

杨银凤，2011. 家畜解剖学及组织胚胎学［M］. 4 版. 北京：中国农业出版社.

Randall D，Burggren W，Kathleen F，2002. Animal physiology［M］. 5th ed. New York：Freeman Company.

第三章
奶山羊营养原理

　　奶山羊营养物质代谢是一个复杂的过程,包括营养物质的摄取、消化、吸收及细胞内营养物质和能量的代谢过程。奶山羊摄取饲料后,饲料中的营养物质经过瘤胃降解、肠道消化和吸收,以及肝脏代谢过程,最后被机体细胞利用,在此过程中同时伴随着能量的转化,以保障奶山羊维持、生长、繁殖和泌乳等生理过程。奶山羊对营养物质的需求与其他反刍动物一样,主要包括蛋白质、碳水化合物、脂肪、矿物质和维生素等。其中,瘤胃微生物对饲料中养分的降解作用最为剧烈,致使最终进入乳腺细胞的养分与摄入饲料养分间存在很大差异。本章将重点介绍饲料养分在奶山羊瘤胃降解和乳腺细胞的代谢过程。

第一节　饲料与山羊乳中的营养物质

一、奶山羊常用饲料中营养物质

　　奶山羊用以生长和生产的营养物质均来源于饲料,并以植物性饲料为主。表3-1列出了奶山羊常用饲草及其各部位的营养物质组成。在饲草的整个生长发育过程中,其水分含量随植物从幼龄至老熟而逐渐减少。碳水化合物是植物的主要组成成分,分为粗纤维和无氮浸出物。粗纤维是植物细胞壁的构成物质,在植物茎秆中含量较高。蛋白质、脂肪、矿物质的含量随植物种类不同差异很大。例如豆科植物蛋白质含量较高,牧草中的豆科牧草矿物质含量相对较高。此外,植物不同部位的成分差异也较大。植物成熟后,将大量营养物质输送到籽实中储存,因而籽实中蛋白质、脂肪和无氮浸出物含量皆高于茎叶,粗纤维含量则低于茎叶。例如玉米籽实和玉米秸的成分差异较大(表3-1),籽实中蛋白质和脂肪含量相对较高,而秸秆中灰分含量较高。植物叶片是制造养分的主要器官,叶片中蛋白质、脂肪、无氮浸出物含量比茎秆高,粗纤维则比茎秆低。如苜蓿叶与苜蓿茎相比,成分差异较大。动物生产上,叶片保存完整的植物性饲料营养价值也相对较高。

　　随着分析技术的进步和精准营养发展的需要,无论是在科研领域还是在生产领域,饲料中脂肪酸、氨基酸、糖类和微量元素等纯养分的组成和作用也受到越来越多的关注。例如,植物油可作为山羊脂类补充物被用于乳脂肪酸调控和泌乳山羊能量平衡的改善。常见植物油脂肪酸组成见表3-2。

表 3-1　奶山羊常用饲料的营养物质组成（％）

种　类	水　分	蛋白质	脂　肪	碳水化合物	灰　分	钙	磷
植株（新鲜）							
玉米	66.4	2.6	0.9	28.7	1.4	0.09	0.08
苜蓿	74.1	5.7	1.1	16.7	2.4	0.44	0.07
猫尾草	72.4	3.5	1.2	20.7	2.2	0.16	0.10
植物产品（风干）							
苜蓿叶	10.6	22.5	2.4	55.6	8.9	0.22	0.24
苜蓿茎	10.9	9.7	1.1	74.6	3.7	0.82	0.17
玉米籽实	14.6	8.9	3.9	71.3	1.3	0.02	0.27
玉米秸	15.6	5.7	1.1	71.4	6.2	0.50	0.08
大豆籽实	9.1	37.9	17.4	30.7	4.9	0.24	0.58
猫尾草干草	11.4	6.3	2.3	75.5	4.5	0.36	0.15

资料来源：周安国等（2011）。

表 3-2　常见植物油脂肪酸组成（每 100 g 植物油脂肪酸的含量，g）

脂肪酸	大豆油	玉米油	向日葵籽油	亚麻籽油	花生油	菜籽油
C12：0	—	—	—	—	0.01	—
C14：0	0.08	0.04	0.07	0.03	0.05	0.06
C15：0	0.01	0.01	0.01	0.01	0.01	0.02
C16：0	9.64	10.27	6.18	4.26	8.86	4.31
C16：1	0.07	0.08	0.08	0.03	0.06	0.2
C17：0	0.07	0.05	0.03	0.05	0.06	0.04
C18：0	4.79	2.14	5.1	4.54	3.63	2.47
cis-9 C18：1	27.27	32.34	26.59	22.39	45.59	54.22
trans-9 C18：1	0.05	0.08	0.03	0.02	0.07	0.13
cis-9，12 C18：2	49.8	51.81	60.06	17.86	35.43	19.93
cis-9，trans-12 C18：2	0.4	0.82	0.33	0.05	0.27	0.11
trans-12，cis-9 C18：2	0.35	0.75	0.27	—	0.25	0.09
cis-9，12，15 C18：3	5.28	0.49	0.09	50.28	0.16	7.64
cis-9，12，trans-15 C18：3	0.5	0.09	—	0.17		0.43
trans-9，12，cis-15 C18：3	0.58	0.12				0.49
C20：0	0.35	0.39	0.24	0.13	1.05	0.62
C20：1	0.19	0.23	0.13		1.03	3.83
C20：2	0.02	—	—			0.12
cis-11，14，17 C20：3	—	—	—	0.03		—
C22：0	0.35	0.1	0.56	0.07	1.95	0.28

（续）

脂肪酸	大豆油	玉米油	向日葵籽油	亚麻籽油	花生油	菜籽油
C22：1	—	—	—	—	0.06	4.61
C23：0	0.05	0.03	0.03	0.02	0.04	0.02
C24：0	0.13	0.14	0.18	0.06	1.4	0.13
C24：1	—	—	—	—		0.24
饱和脂肪酸	15.48	13.18	12.42	9.16	17.07	7.97
不饱和脂肪酸	84.52	86.82	87.58	90.84	82.93	92.03
单不饱和脂肪酸	27.59	32.73	26.83	22.45	46.82	63.23
多不饱和脂肪酸	56.93	54.08	60.76	68.39	36.11	28.8
反式脂肪酸	1.88	1.86	0.64	0.24	0.6	1.24
n-6脂肪酸/n-3脂肪酸	9.44	104.97	656	0.35	219.85	2.62
不饱和脂肪酸/饱和脂肪酸	5.46	6.59	7.05	9.91	4.86	11.55

资料来源：杨明等（2018）。

二、山羊乳中营养物质

近年来，山羊乳因其独特的理化特性和营养价值受到越来越多的关注。山羊乳和牛乳的基本组成近似（表3-3）。平均而言，山羊乳中含有12.7%的总固形物，其中，脂肪含量为3.8%、乳糖含量为4.1%、蛋白质含量为3.4%、灰分含量为0.8%。在山羊泌乳初期，乳脂肪、蛋白质和总固形物含量迅速下降，并在泌乳的第2～3个月达到最小值，之后在泌乳末期又逐渐增加，表现为产奶量与乳成分间的反比关系。由表3-3可以看出，山羊乳、牛乳和人乳成分的主要差别在于蛋白质和灰分含量，山羊乳和牛乳这两种组分含量是人乳的3～4倍；而绵羊乳与人乳的差异则更大。山羊乳、牛乳和人乳的总固形物含量和热量之间的差异不大。此外，山羊乳成分会随品种、胎次、泌乳阶段、饲料组成、饲养管理方式、季节和地区等而发生变化。不同奶山羊品种间乳成分组成差异很大，特别是乳脂肪和乳蛋白含量。如英国的努比亚奶山羊羊乳中的乳脂率和乳蛋白率均明显高于萨能奶山羊。

表3-3　不同物种来源乳成分的比较

组　成	山羊乳	绵羊乳	牛乳	人　乳
脂肪（%）	3.8	7.9	3.6	4.0
非脂固形物（%）	8.9	12.0	9.0	8.9
乳糖（%）	4.1	4.9	4.7	6.9
蛋白质（%）	3.4	6.2	3.2	1.2
酪蛋白（%）	2.4	4.2	2.6	0.4
乳清蛋白，乳球蛋白（%）	0.6	1.0	0.6	0.7
非蛋白氮（%）	0.4	0.8	0.2	0.5
灰分（%）	0.8	0.9	0.7	0.3
每100 mL乳的能值（kJ）	293	439	288	284

资料来源：Park等（2007）。

三、山羊乳中营养物质的生成

乳中所有成分均来自血液，含有几十种营养物质和上百种生物活性物质。其中，含量较多、能被人类很好利用的营养物质和生物活性物质有脂肪、蛋白质、乳糖、矿物质、维生素、酶和激素等。这些营养物质是由血液将消化吸收的养分送到乳房，经过乳腺组织的分解和合成等理化作用生成。一般来说，乳的主要成分是水，占87%以上，其固体成分溶解或悬浮于其中。固体物质有蛋白质、脂肪和乳糖，在上皮细胞内由前体物形成。乳的次要成分，如维生素、盐和免疫球蛋白，经所选择的通道，随水分由上皮细胞进入腔内，化学成分无变化。在分泌时乳腺利用一些能量，如葡萄糖和乙酸盐作为自身组织代谢的动力。

（一）乳脂肪的生成

乳脂肪在乳腺细胞的粗面内质网内合成。基本原料主要是血液中的中性脂肪酸和低级脂肪酸，如乙酸、丙酸、丁酸等。反刍家畜瘤胃内纤维发酵的挥发性脂肪酸（VFA）特别是乙酸，能被乳腺利用，合成乳脂肪酸。因此，给奶山羊饲喂大量的青干草、青贮饲料等易于发酵的饲料，有助于生成乳脂肪酸。此外，血液中部分氨基酸、可溶性糖类也可用于形成乳脂肪。

乳脂肪是三酰甘油的混合物，其中约一半由短中链脂肪酸（C4～C14）组成，另一半由长链脂肪酸（C16～C20）组成。乳脂肪中饱和脂肪酸的比例高。乳脂肪合成过程中的长链脂肪酸的前体物约有一半直接来源于日粮，如植物性饲料中的主要为长链不饱和脂肪酸。不饱和脂肪酸中的双键在瘤胃中被加氢氢化，可形成饱和脂肪酸。长链脂肪酸通过瘤胃后被小肠吸收而进入淋巴系统，与蛋白质结合进入血液，被乳腺细胞吸收。乳中的短链脂肪酸并非直接来源于日粮中的脂肪酸，而是由乳腺细胞利用乙酸盐和β-羟丁酸从头合成，这两个前体物都来源于瘤胃中的VFA。乙酸分子相互缩合，每次以2个碳原子的位移来增加脂肪酸的链长。β-羟丁酸在利用前，必须先将4碳分解成2碳，形成乙酸，再以上述方法合成短链脂肪酸。β-羟丁酸也可在乳腺细胞内转变成VFA——丁酸，然后每次增加2个碳原子，逐渐接成不同链长的脂肪酸。在乳脂合成过程中，乙酸的利用率比β-羟丁酸高，而且乙酸能参与糖有氧分解，为乳腺细胞活动提供能量。因此，保证奶山羊日粮组成中一定比例的易于发酵的饲料是重要的。

（二）乳蛋白质的生成

乳中的蛋白质主要包括酪蛋白和乳清蛋白，后者又包括乳白蛋白和乳球蛋白。其中酪蛋白的含量最多，是乳中的主要蛋白质，占乳中蛋白质总量的70%～75%（表3-3）。酪蛋白和乳白蛋白均在乳腺合成。用放射性同位素[32]P和[14]C标记测定，酪蛋白和乳白蛋白是在乳腺分泌细胞内由血液中的游离氨基酸，特别是赖氨酸和酪氨酸合成。乳球蛋白是由血液中的球蛋白经乳腺细胞直接渗透形成，在乳中未起变化。被上皮细胞吸收的氨基酸由游离核糖体和附着核糖体聚集成短链，并以可溶解形式转移到乳腺细胞的高尔基体浓缩，形成各种不溶性的酪蛋白颗粒和可溶性β-乳球蛋白，高尔基体囊含有酪蛋白颗粒，可转移到细胞膜表面。蛋白质合成需要的能量来自三磷酸腺苷（ATP）的分解。ATP 由碳水化合物（主要是葡萄糖）和脂肪氧化生成。因此，在奶山羊日粮中提供足够的能量，有利于乳蛋白质的合成。泌乳奶山羊乳腺合成 1 kg 乳，约需吸收血液中 21 g 蛋白质。

（三）乳糖的生成

乳糖是乳中的主要碳水化合物，由 1 分子的葡萄糖和 1 分子的半乳糖脱水缩合而成，为乳腺上皮细胞的特有功能，在高尔基体内进行，并由乳糖合成酶催化。血液中的葡萄糖被乳腺上皮细胞吸收，其中大部分半乳糖由葡萄糖形成，也有少部分是在乳腺上皮细胞内由乙酸盐转变而成。乳糖合成酶由β-1，4-半乳糖基转移酶和必需辅助因子α-乳白蛋白组成。β-1，4-半乳糖基转移酶存在于乳腺上皮细胞的高尔基体内，但α-乳白蛋白在粗面内质网内形成，然后迁移到高尔基体与半乳糖基转移酶结合，二者形成复合物后才能起乳糖合成酶的作用。乳汁的渗透压与乳糖含量有关，乳糖的浓度在很大程度上取决于上皮细胞的水分分泌和重吸收。

乳糖的生成过程如以下式所示，其中 1 分子的葡萄糖转化成 1 分子的半乳糖，另一个葡萄糖与半乳糖缩合，通过酶的催化合成乳糖。

$$葡萄糖 + ATP \xrightarrow{己糖激酶} 葡萄糖 - 6 - 磷酸 + ADP$$

$$葡萄糖 - 6 - 磷酸 \xrightarrow{葡萄糖磷酸变位酶} 葡萄糖 - 1 - 磷酸$$

$$葡萄糖 - 1 - 磷酸 + UTP \xrightarrow{UDP - 葡萄糖焦化酶磷酸化酶} UDP - 葡萄糖 + PPi$$

$$UDP - 葡萄糖 \xrightarrow{UDP - 半乳糖 - 4 差向酶} UDP - 半乳糖$$

$$UDP - 半乳糖 + 葡萄糖 \xrightarrow{乳糖合成酶} 乳糖 + UDP$$

式中，ATP 为三磷酸腺苷；ADP 为二磷酸腺苷；UTP 为三磷酸尿苷；UDP 为二磷酸尿苷；PPi 为焦磷酸。

合成乳糖所必需的葡萄糖是泌乳量的重要限制因素。例如，对奶山羊静脉灌注葡萄糖后，其泌乳量增加 62%，乳糖增加 87%，但乳脂没有变化。一只高产奶山羊在泌乳期时可利用机体 60%～85% 的葡萄糖，其乳腺葡萄糖摄取量与乳产量的相关系数可达 0.93。

四、矿物质和维生素的生成

乳腺细胞不能合成矿物质和维生素，所以乳中的矿物质和维生素必须由血液中提供。乳中的矿物质含量与饲料中矿物质含量有关，饲料中的矿物质被吸收入血，然后再由血液运送至乳房，经扩散作用进入乳腺中。乳中的维生素也来自血液，它们随着血液透过腺泡膜进入腺泡腔而成为乳的组成成分。乳中的维生素种类及含量亦与饲料中维生素含量密切相关。

第二节　蛋白质营养

蛋白质不仅是奶山羊体内主要的结构物质，而且山羊乳中的乳蛋白含量是评价山羊乳质量的重要指标之一。奶山羊必须每天从日粮中摄入足够的蛋白质，用于满足其维持、生长、繁殖和泌乳过程对蛋白质的需要。但是，在瘤胃微生物的作用下，日粮蛋白质组成发生很大变化，特别是一些优质蛋白质在瘤胃降解后造成浪费，不能保证高产奶山羊泌乳过程的需要。乳腺相当于一个合成优质蛋白质的生物工厂，限制其生产效率的主要因素之一就是有效氨基酸的供应。因此，对优质蛋白质或必需氨基酸进行过瘤胃保护，促进乳腺细胞中乳蛋白合成效率是提高奶山羊生产性能的重要内容。

一、瘤胃微生物蛋白质与氮代谢

奶山羊等反刍动物能同时利用饲料中的蛋白质和非蛋白氮（NPN）。瘤胃内的微生物一方面可将品质低劣的饲料蛋白质（如尿素等 NPN）转化成高质量的微生物蛋白质（MCP）；另一方面又可将优质饲料蛋白质降解，降低饲料蛋白质的营养价值，造成浪费。在瘤胃中被降解的饲料蛋白质称为瘤胃可降解蛋白（rumen degradable protein，RDP），约占饲料蛋白质的 70%（40%～80%）；而在瘤胃中未降解的饲料蛋白质称为瘤胃未降解蛋白或过瘤胃蛋白（rumen undegradable protein，UDP）。瘤胃所产生的 MCP 与 UDP 一起进入小肠被进一步消化和吸收。因此，瘤胃中蛋白质的降解程度将直接影响进入小肠的蛋白质数量和氨基酸的种类，进而影响到乳腺细胞对蛋白质的摄取和利用。

（一）瘤胃 MCP 的来源

奶山羊对饲料蛋白质的消化从瘤胃开始。饲料蛋白质被采食进入瘤胃后，在瘤胃微生物分泌的蛋白质水解酶作用下，分解为寡肽和氨基酸。寡肽和氨基酸可被微生物利用合成菌体蛋白，其中部分氨基酸又在细菌脱氨基酶作用下，降解为 VFA、氨和二氧化碳。饲料中氨化物也可在细菌脲酶作用下分解为氨和二氧化碳。瘤胃中氨基酸和氨化物的降解产物氨，也可被细菌利用合成菌体蛋白。瘤胃中的细菌蛋白氮有 50%～80% 来源于瘤胃中产生的氨，另外 20%～50% 则来源于食入蛋白质水解而成的肽类和氨基酸，纤毛虫不能利用氨态氮，只能利用细菌和饲料颗粒含有的氮作为氮源而生长。

瘤胃 MCP 与动物产品蛋白质的氨基酸组成相似。瘤胃细菌蛋白质生物学价值为 85%～88%，瘤胃纤毛虫蛋白质生物学价值为 80%。微生物蛋白质的品质次于优质的动物蛋白质，与豆饼和苜蓿叶蛋白质相当，而优于大多数的谷物蛋白质。瘤胃 MCP 可满足反刍动物蛋白质需要的 50%～100%。

瘤胃微生物降解饲料蛋白质的能力很强，食入蛋白质的降解率多在 60%～80%。部分饲料蛋白质在瘤胃中的降解率见表 3-4。饲料蛋白质在瘤胃内的降解率受其溶解度和瘤胃内滞留时间的影响，溶解度大的蛋白质及在瘤胃内滞留时间较长的蛋白质降解率较高。

表 3 - 4　部分饲料蛋白质在瘤胃中的降解率（%）

饲料名称	降解率	饲料名称	降解率	饲料名称	降解率
酪蛋白	90	大麦	72~90	禾草青贮	85
花生饼	63~78	白鱼粉	50	小麦干草	73~89
棉仁饼	60~80	秘鲁鱼粉	30	禾草干草	50
葵花籽饼	75	玉米蛋白	28~40	黑燕麦	59~70
豆饼	39~60	苜蓿干草	40~60	干红豆草	37
玉米	40	玉米青贮	40	红三叶（青刈）	66~73

（二）瘤胃氮素循环

饲料中的蛋白质和氨化物在瘤胃中被细菌降解生成的氨，除被合成菌体蛋白外，经瘤胃、真胃和小肠吸收后运送到肝脏合成尿素。尿素大部分经肾脏随尿排出，一部分被运送到唾液腺随唾液返回瘤胃，再次被细菌利用。氨如此循环反复被利用的过程称为瘤胃氮素循环。这对反刍动物的蛋白质营养具有重要意义，既可提高饲料中粗蛋白质的利用率，又可将食入的植物性粗蛋白质反复转化为菌体蛋白，供动物体利用，提高饲料蛋白质的品质。

（三）瘤胃中降解蛋白质的微生物

1. 蛋白质分解菌　瘤胃内的蛋白质分解菌种类很少，已知三类菌种有分解蛋白质的能力，如嗜淀粉拟杆菌、产芽孢梭菌和地衣芽孢杆菌。这类细菌的细胞壁能黏附可溶性蛋白质，并迅速将可溶性蛋白质、氨基酸和多肽等降解为氨。难溶的蛋白质和高蛋白质含量的颗粒被细菌附着和降解的速度不同，如白蛋白降解很慢，干血粉几乎不降解，因此干燥的全血覆盖在其他蛋白质上时能保护其他蛋白质不被降解。

2. 产氨菌　这类细菌主要分解蛋白质产生氨气，包括居瘤胃拟杆菌、反刍兽新月形单胞菌、埃氏消化链球菌以及丁酸弧菌等。

二、乳腺蛋白与氨基酸代谢

乳腺组织中用于蛋白质合成的氨基酸，一部分来自血液，一部分由乳腺分泌细胞合成。乳腺组织内氨基酸的用途包括：①聚合到内质网核糖体上，用于合成乳蛋白（最重要的途径）；②合成结构蛋白和酶；③通过脱氨基作用生成 α-酮酸进入柠檬酸循环，生产 ATP、烟酰胺腺嘌呤二核苷酸磷酸（NADPH）和 3-磷酸甘油。

关于乳蛋白产量的预测已经提出了多种模型，这些模型中影响乳蛋白产量的因素包括由氨基酸供给和其他因子调控的乳腺氨基酸代谢、能量代谢、吸收调控和血流量。氨基酸供给会影响乳蛋白含量和产量，但是由于乳腺氨基酸的结合吸收率低，日粮蛋白质转化为乳蛋白的效率较低，这可能也是日粮调控乳蛋白含量效果不明显的主要原因。因此，调节乳腺氨基酸利用率可提高乳蛋白的分泌，这与动脉氨基酸浓度、乳腺血流量和代谢活性的改变等因素有关。过瘤胃酪蛋白和必需氨基酸的灌注也可增加乳蛋白含量，而过瘤胃赖氨酸和甲硫氨酸的灌注效果不稳定，且随泌乳阶段的改变而发生变化。乳腺对不同氨基酸的摄入能力不同，乳腺过量摄入的氨基酸并非参与乳腺结构蛋白的构建，而是通过氧化过程参与合成其他功能物质和支链氨基酸，而由于摄入不足和氧化导致的氨基酸缺乏，则由肽来供应；同时，在过量供应氨基酸和葡萄糖的情况下，乳腺通过自身调整氨基酸的摄入和代谢，维持乳蛋白浓度的稳定。

关于乳腺中氨基酸代谢转运的研究主要在山羊中进行，用于合成乳腺中蛋白质的氨基酸的净吸收顺序依次是甲硫氨酸、苯丙氨酸、苏氨酸、组氨酸、赖氨酸。非必需氨基酸中谷氨酰胺和谷氨酸是两种主要的乳蛋白氨基酸，约占酪蛋白氨基酸组成的 20%。相对单胃动物而言，反刍动物合成谷氨酰胺的能力较差；血浆及组织中的谷氨酰胺代谢池对代谢应激状态下的反应（包括高产状态下）与大多数必需氨基酸很相似。

三、蛋白质营养代谢调控理论

（一）粗蛋白质水平的营养调控

粗蛋白质水平营养调控的理论基础是降解和未降解蛋白以及可吸收蛋白新体系。该体系与冯仰廉提出的瘤胃能氮平衡的概念是一致的，即：

瘤胃能氮平衡＝用可利用能估测的 MCP－用瘤胃降解蛋白估测的 MCP

如果瘤胃能氮平衡值为 0，则表明平衡良好；如为正值，则说明能量多余，这时应增加 RDP；如为负值，则说明应增加能量，使之达到日粮的能氮平衡。所以，在进行奶山羊日粮设计时，必须考虑 UDP 与 RDP 的比例，在保证满足瘤胃微生物对可降解氮源需要的前提下，采取一些过瘤胃保护技术（如甲醛处理、包被技术等），使日粮中的蛋白质尽量通过瘤胃进入真胃和后肠道，从而提高饲料蛋白质的利用效率。

（二）氨基酸水平的营养调控

氨基酸水平的营养调控的基础是小肠可消化氨基酸新体系，前提是必须对瘤胃微生物氨基酸和饲料 UDP 中氨基酸的组成、数量及其在小肠的消化率有一个准确的了解。所以，目前比较理想的调控途径是，首先确定奶山羊在不同氮源日粮条件下的 MCP 产量、过瘤胃饲料蛋白质数量、进入十二指肠的总氨基酸组成模式以及它们各自的消化率，然后根据其小肠理想氨基酸平衡模式和不同日粮条件下的氨基酸限制性顺序，设计实用日粮配方，使奶山羊的生产性能和饲料利用率达到最优。在这个过程中，同样必须考虑氨基酸的过瘤胃保护，使各种氨基酸能够逃脱瘤胃微生物的破坏，满足机体生长和泌乳对氨基酸的需要。卢德勋等（1997）提出了以限制性氨基酸指数为主要特征优化配合反刍动物蛋白质浓缩饲料的营养调控技术，该技术可在氨基酸水平上评定单一蛋白质饲料、蛋白质浓缩饲料以及整个反刍动物蛋白质营养状况和优化配合蛋白质浓缩饲料等。

（三）NPN 的营养调控

反刍动物的 NPN，包括来自日粮的 NPN 和内源尿氮。进入瘤胃内的尿素，为瘤胃微生物生长提供了氮源，特别是当日粮中含氮量较低时，其对动物的存活具有重要作用。对于饲喂低质干草的绵羊，内源尿氮可以提供瘤胃微生物所需可利用氮的25%，正是因为内源尿氮的持续供给，即使是在日粮氮不足的情况下，亦能保持瘤胃微生物对纤维饲料的消化。因此，内源尿氮对于奶山羊的营养具有同等重要意义。同样，尿素等一些NPN，也能给奶山羊提供合成MCP所需的氮源，因此这些NPN可以用来作为奶山羊饲粮蛋白质的补充，代替一部分优质蛋白质。奶山羊饲粮NPN的营养调控技术，主要是调控来自日粮的NPN，使之能够被有效利用。

另外，随着对瘤胃微生物所需能量和氮源研究的不断深入，对尿素用量的确定和计算依据有比按体重和替代日粮总氮量的计算更为合理的方法。冯仰廉等根据瘤胃能氮平衡原理提出了尿素有效用量的计算公式：

$$ESU＝瘤胃能氮平衡值（g）/（2.8×UE）$$

式中，ESU为尿素有效用量；2.8为尿素的蛋白质当量；UE为尿氮转化为瘤胃微生物氮的效率（对常规尿素用0.65，对糊化淀粉缓释尿素用0.85）。

四、乳蛋白含量与产量的调控

通过日粮营养调控措施提高乳蛋白生成的途径主要包括提高UDP/氨基酸效率，增加乳腺有效氨基酸的供应。下面将从四个方面具体叙述。

（一）采食量

干物质采食量在泌乳中起重要作用，特别是在泌乳中后期，采食量强烈影响乳的合成。能量采食量直接反映有效能数量，能量转化为葡萄糖后供应乳腺的需要，所以，采食量是高泌乳量的必要条件。

乳腺是合成乳蛋白的场所，它所需要的前体物均由日粮转化而来。因此采食量偏低，特别是能量和蛋白质的缺乏，使瘤胃发酵和进入小肠的蛋白质数量不能满足产奶需要，从而影响乳的生成和乳蛋白含量。在泌乳初期，母羊采食量与产奶的矛盾比较突出，泌乳高峰期的出现先于最大采食量，导致能量负平衡。国外主要采用在日粮中添加过瘤胃保护脂肪和蛋白质或过瘤胃保护氨基酸的方法来解决这一矛盾。反刍动物每天采食的干物质应占到自身体重的一定比例，如果达不到，产奶量及乳中成分将有下降的趋势。如果饲喂低质饲料，这种情况将更为明显。所以，提高奶山羊的采食量，特别是在泌乳初期，尽早加强营养水平对提高乳蛋白含量有重要意义。

（二）日粮能量与蛋白质比例

日粮蛋白质和能量之间存在着复杂的关系，二者间的比例不当对乳蛋白含量有不同的影响：如果没有足够的能量消耗，血液和乳中的尿素含量将会提高，而乳中蛋白质含量则会降低，这种情况往往发生于泌乳早期；如果消耗的能量适当而瘤胃降解蛋白质过量，则血液与乳中的尿素含量很高，乳中的蛋白质含量正常。MCP作为一种重要的代谢蛋白，它的形成与能量高低之间存在密切关系，如果能量不足将造成微生物合成菌体蛋白能力的下降，高能量日粮可以刺激MCP的合成；另外，能量不足时机体将利用大量氨基酸作为能量使用，结果导致血液中氨基酸浓度的下降，这也是影响乳蛋白合成的一个重要原因。但是，饲喂过量的能量和蛋白质是不经济的，而且过量的蛋白质会导致粪尿中氨增加，降低氮的利用率及造成环境的污染。所以，适宜的蛋白质与能量比例是奶山羊等反刍动物有效利用氮的必要条件，是有效合成乳蛋白的保证。

大多数情况下，日粮中蛋白质含量只影响产奶量而不影响乳蛋白含量，若非严格的蛋白质不足，一般提高日粮蛋白质水平对提高乳蛋白率效果甚微，而对乳蛋白产量则有一定的正效应。动物对日粮能量的利用与乳蛋白含量呈正相关，这种关系比日粮蛋白质与乳蛋白含量之间的相关性更强。

（三）瘤胃降解蛋白质与未降解蛋白质的比例

日粮中瘤胃降解蛋白质与未降解蛋白质的比例不同，会影响乳蛋白含量。如果瘤胃降解蛋白质的比例相对过高，会引起乳蛋白含量下降。瘤胃降解蛋白质在瘤胃中可降解为寡肽，继而进一步分解为二肽和氨基酸，其中一些氨基酸和肽用于重新合成 MCP，另一些氨基酸脱氨基转变为氨。氨代谢后进入乳中的主要代谢途径有两条：一条途径是大部分氨转变为 MCP，作为小肠可代谢蛋白的一部分，以乳中真蛋白的形式产出；另一条途径是未被利用的小部分氨进入血液，在肝脏转化为尿素，它是乳中尿素氮的主要来源。

在一定限度内，随日粮中瘤胃未降解蛋白质含量的增加，进入小肠的蛋白质数量相应增加，使到达乳腺的氨基酸数量增加，可提高乳蛋白合成量。

（四）氨基酸平衡

乳腺的氨基酸平衡情况对于乳蛋白合成非常重要，这种平衡受日粮的氨基酸组成、肠道的氨基酸吸收和内脏器官的氨基酸代谢等因素的影响。乳蛋白的生成不受血液中氨基酸的浓度的限制，乳腺可根据需要调节血液流动速度和氨基酸转运。在乳腺合成所需氨基酸和能量能够满足的情况下，乳腺可调整吸收能力，用于生成乳蛋白。氨基酸从消化道吸收到各个器官的转运和代谢，中间是一个不断更新和改变的过程，其中每一过程中氨基酸组成的改变都会影响到达乳腺的氨基酸组成。所以，如何使到达乳腺的氨基酸组成和数量恰恰是乳腺所需要的，将是实现乳蛋白最佳合成效率的关键。

提高乳蛋白的营养措施，主要是在满足乳腺总氮量需要的前提下，为乳腺提供合成乳蛋白所需要的最佳氨基酸模式，即"理想氨基酸"模式。因此，在考虑日粮氨基酸组成和乳腺需要基础上来提供平衡的氨基酸，能够提高乳蛋白含量和产量。以玉米为主的低蛋白质日粮中，甲硫氨酸和赖氨酸是乳蛋白合成中最主要的两种限制性氨基酸。苜蓿青贮基础日粮中的主要限制性氨基酸为甲硫氨酸和赖氨酸或者是两者的混合物。因此，在玉米青贮和青草青贮两种基础日粮饲喂的基础上，通过过瘤胃灌注甲硫氨酸，可提高乳蛋白产量。另外，在日粮中直接添加瘤胃未降解甲硫氨酸或赖氨酸或两者的混合物，可提高血液中相应氨基酸的浓度，且均明显提高了泌乳量和乳中真蛋白的含量和产量。静脉和皱胃灌注必需氨基酸，均可提高乳蛋白含量；利用过瘤胃保护技术，按酪蛋白的比例提供了 5 种氨基酸（Met、Lys、His、Phe、Thr）后，提高了乳蛋白产量。此外，乳蛋白的合成也受非必需氨基酸的调控。灌注酪蛋白或混合氨基酸对泌乳量和乳成分的影响均较单一灌注效果好。

第三节　碳水化合物营养

　　饲料中的碳水化合物包括粗纤维和无氮浸出物，是奶山羊的主要能量来源。VFA是碳水化合物在瘤胃降解后的主要代谢形式。饲粮精粗比不同，导致碳水化合物在瘤胃发酵后VFA组成不同，不仅影响乳产量，还影响乳品质。饲粮纤维对维持瘤胃健康和改善奶山羊乳品质非常重要。瘤胃中丙酸的生成是乳糖合成的重要来源，会影响奶山羊泌乳量。因此，饲粮中碳水化合物的数量与组成在奶山羊瘤胃发酵的代谢调控和山羊乳的生产中发挥重要作用。

一、瘤胃碳水化合物的降解与代谢

（一）瘤胃碳水化合物的降解与 VFA 的生成

　　瘤胃是奶山羊等反刍动物消化饲料，特别是粗饲料的主要场所。在微生物的作用下，前胃内微生物每天消化的碳水化合物占所采食的粗纤维和无氮浸出物总量的70％～80％。其中瘤胃中微生物数量和种类最多，它们每天消化的量占采食总碳水化合物的50％～55％，所以碳水化合物在瘤胃中的消化对于奶山羊具有重要的营养意义。

　　瘤胃中碳水化合物的降解可分为两个阶段（图3-1）：第一阶段是将复杂的碳水化合物消化生成各种单糖；第二阶段主要是糖的无氧酵解阶段，二糖和单糖被瘤胃微生物摄取，在细胞内酶的作用下迅速被降解为 VFA——乙酸、丙酸、丁酸（占比分别为50％～60％、18％～25％和12％～20％），还有二氧化碳和甲烷。

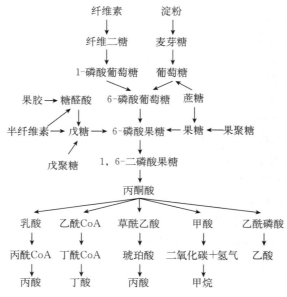

图 3-1　碳水化合物在瘤胃中的代谢

（资料来源：周安国等，2011）

饲料中的纤维素在瘤胃细菌和纤毛虫分泌的纤维素分解酶的作用下，通过逐级分解，最终产生 VFA，主要是乙酸、丙酸和丁酸，还有少量较高级的脂肪酸。这些短链脂肪酸在瘤胃中为离子状态，常以乙酸盐、丙酸盐和丁酸盐等形式存在，这些低级脂肪酸很快被前胃吸收，因而胃内酸度不至于很高，吸收进入血液后很快地被肝脏合成葡萄糖。羊每昼夜分解粗纤维生成的脂肪酸可达 500 g，能满足其对能量需要的 40%，其中主要是乙酸。山羊依赖微生物的消化作用，能将 50%～80% 的纤维分解消化，其消化率比牛和绵羊高 3.7%～29.1%。

饲料中的淀粉和可溶性糖，也被微生物分解利用。瘤胃微生物分解淀粉、葡萄糖和其他糖类产生低级脂肪酸、二氧化碳和甲烷等，同时能利用饲料分解所产生的单糖和双糖合成糖原，并储存于其细胞内，伴随食糜进入小肠后，微生物糖原再被奶山羊所消化和利用，成为反刍动物机体的葡萄糖来源之一。糖类分解后产生的 VFA，由瘤胃壁吸收进入肝脏，用于合成糖原，提供能量，部分脂肪酸被微生物用来合成氨基酸和蛋白质。

瘤胃内碳水化合物消化的第一阶段所生成的各种单糖在瘤胃液中很难检测出来，因为它们会立即被微生物利用并进行细胞内代谢。第二阶段的消化代谢途径在许多方面与动物体本身进行的碳水化合物相似。因此，通过瘤胃微生物进行的碳水化合物代谢的主要终产物为乙酸、丙酸和丁酸，以及二氧化碳和甲烷。瘤胃代谢过程中还会产生许多中间产物，其中丙酮酸、琥珀酸和乳酸是重要的中间代谢产物，有时可在瘤胃液中检测出乳酸。在瘤胃内，通常还会检测到少量的由氨基酸脱氨基作用生成的脂肪酸，这些脂肪酸分别是由缬氨酸生成的异丁酸、由脯氨酸生成的戊酸、由异亮氨酸生成的 2-甲基丁酸和由亮氨酸生成的 3-甲基丁酸。瘤胃液 VFA 的总浓度随着反刍动物日粮和两次饲喂时间间隔的不同而发生变化，一般为 2～15 g/L。而且，各种 VFA 间的相对比例也随之变化。

（二）瘤胃中降解碳水化合物的微生物

瘤胃内寄生有大量降解碳水化合物的微生物，可对摄入饲料中的纤维素、半纤维素、淀粉等碳水化合物进行降解。

1. 纤维分解菌　主要的菌种有产琥珀酸拟杆菌、黄化瘤胃球菌、白色瘤胃球菌、湖头梭菌、溶纤维乳杆菌等。这一类细菌能分泌纤维素分解酶，使纤维类物质分解产生 VFA，供羊体利用。在纤维分解菌的作用下，秸秆等低质粗饲料中的纤维降解生成挥发性脂肪酸和 ATP，可被羊利用合成乳成分，影响乳品质，因而十分重要。纤维分解菌对瘤胃 pH 变化很敏感，瘤胃 pH 低于 6.2 时，将严重抑制其生长。当补饲淀粉含量高的精饲料时会抑制纤维素的发酵。淀粉物质的溶解速度也很重要，如果用未处理的整粒谷物饲喂，即使谷物的比例很大，由于淀粉降解速度慢，纤维素的消化速度仍然很高。纤维分解菌严格厌氧，大多数是以氨为氮源，但是支链脂肪酸如异丁酸、异戊酸，对它们的生长也很重要。

2. 淀粉分解菌　淀粉分解菌主要有嗜淀粉拟杆菌、溶淀粉琥珀酸单胞菌、居瘤胃拟杆菌、反刍兽新月形单胞菌、双歧杆菌、牛链球菌等，一些纤维分解菌也具有消化淀粉的能力。饲喂淀粉含量高的日粮时瘤胃中淀粉分解菌比例较大。淀粉分解菌对 pH 变化的敏感性较低，例如在以大麦为单一饲料的绵羊的瘤胃内，pH 从 5.6 增加到 7.0 时对淀粉的消化速度没有影响。瘤胃 pH 接近中性时乙酸的比例稍微增加，但 pH 变化对 VFA 的比例影响不大。日粮中谷物含量增加会使瘤胃 pH 下降，这是因为采食和反刍谷物的时间比消化纤维类饲料要短，这在很大程度上影响了唾液的分泌，瘤胃液难以得到缓冲；另外，淀粉类谷物或其他精饲料的发酵率和消化率比粗饲料高。这样，单位重量精饲料的 VFA 产量比粗饲料的多，因此精饲料比粗饲料需要更多的唾液才较为理想。从纤维类饲料迅速改换为淀粉类饲料时，如果适应期不足，会导致乳酸积累，此时又没有适应于代谢乳酸的微生物，就会发生酸中毒，瘤胃 pH 最终会降低到只适于乳酸杆菌生存。淀粉在瘤胃内消化的速度取决于淀粉的类型及其加工的程度。

3. **原虫** 主要有纤毛虫纲和鞭毛虫纲的原虫，可撕裂摄入饲料的纤维素。原虫数量比细菌少，但体积大得多。原虫可利用纤维素，但其主要的发酵底物是淀粉和可溶性糖。内毛虫主要消化淀粉，全毛虫则大量利用可溶性糖。由于原虫细胞内的物质发酵很慢，所以它们可能有助于瘤胃保持稳定的发酵模式。原虫发酵糖类能产生乙酸、丙酸、丁酸、乳酸、二氧化碳和氢。原虫在营养方面也存在负效应，不能利用简单的含氮化合物，主要靠吞食细菌和真菌来获得氨基酸，合成自身蛋白质，使得纤维物质的利用率降低。当瘤胃内的原虫被除去或抑制时，细菌的数量往往增加。另外，由于原虫体积较大，且常常附着在大颗粒饲料上，使它们不能随液体离开瘤胃，在瘤胃滞留的时间长，到达真胃的原虫的数量远远低于它们在微生物群中的比例，大部分原虫在瘤胃中自溶死亡，很少进入真胃和十二指肠被羊体利用。反刍动物对瘤胃原虫虫体蛋白的消化利用率极高，可达 90%，而菌体蛋白仅为 74%。原虫一般可提供反刍动物宿主所需蛋白质的 1/5。瘤胃内纤毛虫的种类和数量极易受到饲料和饲喂方法的影响，如 pH。当 pH 低于 5.5 时，纤毛虫活力降低，甚至消失，特别是饲喂高水平淀粉时，影响更为严重，常常导致瘤胃炎或酸中毒。

4. **厌氧真菌** 厌氧真菌普遍存在于许多反刍动物的消化道中，可能是许多采食高纤维日粮草食动物的发酵性微生物区系的重要组成部分，它们有溶解纤维的特性，并且都具有降解植物细胞壁中结构性碳水化合物的能力。厌氧真菌发酵利用的底物范围很广，如纤维素、木聚糖、葡聚糖等植物细胞壁结构多糖，也有淀粉、糖原等储存性多糖，还有葡萄糖、果糖、纤维二糖、乳糖、麦芽糖、蔗糖等。但是，只有少数菌能利用果胶及其降解产物半乳糖醛酸。厌氧真菌能产生一系列的植物降解酶，不仅真菌营养体能产生酶，而且游动孢子也能产生酶。这些酶包括植物细胞壁降解酶、淀粉酶和蛋白酶，既有胞外酶，又有胞内酶或者细胞结合酶，但迄今大多数研究都是关于胞外酶的。目前，关于酶特性的研究多数采用来自发酵液的粗提酶，只有少数报道是关于纯化酶的。

二、瘤胃中甲烷的减排调控

反刍动物甲烷气体产生的主要场所为瘤胃，主要由产甲烷菌生成。反刍动物进食以后，在瘤胃内碳水化合物发酵产生气体中，二氧化碳占 40%，甲烷占 30%～40%，氢气占 5%，还有比例不恒定的少量氧和氮气（从空气中摄入）。瘤胃甲烷的产生是糖无氧酵解的必然副产物，甲烷生成是一个包括叶酸和维生素 B_{12} 参与的复杂反应过程。产甲烷菌生成甲烷的途径主要有三种：利用氢气还原二氧化碳来生成甲烷；以甲醇和甲胺作为底物生成甲烷；将乙酸作为原料来发酵产生甲烷。在反刍动物瘤胃内，以上三种生成途径同时存在。每 100 g 可消化的碳水化合物约形成 4.5 g 甲烷，而反刍动物以甲烷的形式损失的能量约占其饲料总能的 7%。

控制甲烷生成是瘤胃发酵调控的重要内容之一。瘤胃甲烷减排的调控策略可分为营养调控和产甲烷菌的调控。

1. 营养调控　营养调控包括调控日粮结构，脂肪和脂肪酸浓度及饲料添加剂的使用等。一般来说，饲粮中粗饲料比例越高，瘤胃液中乙酸比例越高，甲烷的产量也相应高，饲料能量利用效率则降低。而丙酸发酵时可利用氢气，所以丙酸比例高时，饲料能量利用效率也相应提高。不过当丙酸比例很高（33%以上）、乙酸比例很低时，乳脂率会降低，甚至导致泌乳量下降。产生甲烷的细菌对消化活动中各种条件的改变很敏感。例如增加流通速度和发酵速度，减少反刍的次数，或降低 pH 都会降低用于甲烷合成的氢数量。瘤胃环境同步发生的这些变化，常常会伴随动物生产性能的改善。

2. 产甲烷菌的调控　产甲烷菌的调控主要是抑制产甲烷菌的生物学活性，从而降低甲烷的生成。其中，利用化学抑制剂来减少瘤胃甲烷生成的方法可行性较低，主要原因在于所使用的化学抑制剂可能对反刍动物产生毒性，也可能会抑制瘤胃其他功能，减排效果的持续性也不强；红曲米具有 3-羟甲基戊二酰辅酶 A 还原酶抑制剂效果，具有抑制瘤胃甲烷短杆菌的作用，能显著提高山羊对日粮能量的利用效率，极显著降低山羊瘤胃甲烷排放量，且不对氮的利用效率和瘤胃发酵参数产生影响。此外，通过注射产甲烷菌疫苗来降低瘤胃甲烷排放也是一种新思路。目前还没有找到一种特别有效且能够实际推广的降低甲烷排放的方法。

三、乳腺葡萄糖代谢

山羊乳中乳糖含量在 4.3% 左右，是乳中主要的碳水化合物。乳糖是由 1 分子葡萄糖和 1 分子半乳糖构成的二糖。半乳糖本身实际上来自葡萄糖。乳糖合成所需的葡萄糖来自肝脏，肝脏中大部分葡萄糖的合成来自丙酸代谢，也有少部分来自氨基酸代谢。乳糖合成酶催化乳糖和葡萄糖之间的连接键形成。分泌到乳腺腺泡中的乳糖还促使水分进入乳腺腺泡，影响渗透压。因此，乳糖合成量是控制乳体积和整个泌乳期泌乳量的关键。乳糖合成量与泌乳曲线变化相一致。

葡萄糖进入乳腺分泌组织后大部分用于合成乳糖。同时，乳腺还可利用葡萄糖转变为甘油，而甘油再与由乙酸和 β-羟丁酸合成的脂肪酸形成乳脂。葡萄糖无论对于反刍动物还是非反刍动物的泌乳都是必需的营养物质。尤其是过瘤胃葡萄糖供应不但可以提高葡萄糖的吸收率，还可以通过门静脉排流组织平衡葡萄糖的利用率，节约内源性的葡萄糖和葡萄糖前体物，以增加机体其余部分包括泌乳乳腺的总葡萄糖供应。皱胃短期（<1周）灌注葡萄糖能提高乳量，而长期灌注不影响乳量。这可能是长时间增加小肠吸收葡萄糖提高了葡萄糖的储存和氧化，同时降低了内源葡萄糖生成量，而对乳腺

葡萄糖供应量影响较小。灌注蛋白质可以提高乳产量，且同时灌注葡萄糖和蛋白质提高乳产量幅度大于单独灌注蛋白质时的提高幅度。因此，当蛋白质不是限制因素时，提高瘤胃后消化道葡萄糖或淀粉浓度有可能提高乳产量。奶山羊乳腺上皮细胞葡萄糖摄取不受循环血液中葡萄糖含量变化的影响，而且乳腺上皮细胞中可用于合成乳糖的葡萄糖，取决于葡萄糖的转运以及葡萄糖在以下途径的分布：①乳糖合成（占葡萄糖吸收的大部分）；②糖酵解，生成 3 -磷酸-甘油（用于合成三酰甘油）和丙酮酸（用于生成 ATP）；③磷酸戊糖途径，为脂肪酸从头合成提供 NADPH；④三羧酸循环，为氨基酸合成提供 α -酮酸。

四、碳水化合物的营养代谢调控

根据功能可将反刍动物日粮中的碳水化合物分为纤维性和非纤维性碳水化合物。纤维性碳水化合物（FC）的主要营养生理功能是保证瘤胃健康和为机体提供能量；非纤维性碳水化合物（NFC）的营养生理功能是为瘤胃微生物提供能量，为机体提供能量和葡萄糖。理想供应碳水化合物的方式为：供应瘤胃充盈度低、瘤胃发酵率高的日粮，在保证动物健康的前提下，提供适量的能量和葡萄糖。

（一）瘤胃健康状况的营养调控

临床和亚临床症状的瘤胃酸中毒是高产反刍动物常见的代谢性疾病，其他疾病如蹄叶炎、跛行等与瘤胃酸中毒也有一定的关系。瘤胃酸中毒直接影响奶山羊健康、饲料利用效率和奶山羊的利用年限，严重时甚至导致奶山羊死亡。瘤胃 pH 是衡量瘤胃酸度最直接的指标。

瘤胃 pH 是饲料在瘤胃内发酵产生的酸和动物唾液中的缓冲物质中和的结果。在 1 d 内，瘤胃 pH 一般为 5.0～7.0，采食饲料使瘤胃 pH 急剧下降。饲料的酸产生量、缓冲物质产生量、一些饲料添加剂和动物饲养管理措施是影响瘤胃 pH 的主要因素。影响 NFC 瘤胃降解量的因素均可影响饲料的酸产生量，主要包括日粮 NFC 含量、谷物的种类和加工处理方法。影响动物咀嚼活动的因素是影响缓冲物质产生量的主要因素，包括日粮中性洗涤纤维（NDF）含量、饲料长度、韧性等。环境温度（尤其是热应激）、动物对饲料的适应时间、某些饲料添加剂（如碳酸氢钠、酵母培养物、饲喂微生物、瘤胃素、阴阳离子调节剂），以及饲养管理措施（如饲喂次数、TMR 或精粗分开的饲喂方式）均在一定程度上影响瘤胃 pH。总体而言，决定瘤胃 pH 的主要因素为日粮瘤胃降解 NFC 含量、物理有效纤维（peNDF）含量和采食量。

NFC 和 FC 的比例对瘤胃健康的影响非常重要。日粮 NFC 含量过低，可能因能量供应不足，影响瘤胃微生物的合成；NFC 含量过高，瘤胃 pH 降低，代谢疾病频发，影响动物健康和饲料利用效率。饲粮中的长纤维可刺激咀嚼和分泌唾液，维持瘤胃内环境的稳定。但是，饲粮中含有过多的纤维，日粮能量浓度低、瘤胃充盈度大，采食量和饲料利用效率低下，不能充分发挥动物的生产潜能。山羊瘤胃发酵模式和瘤胃微生物区系受日粮碳水化合物构成（NFC/NDF）的影响。随 NFC/NDF 比值上升，瘤胃发酵模式由乙酸发酵型转变为丙酸发酵型。同时，瘤胃微生物区系发生改变，瘤胃细菌总量下

降。因此，在奶山羊不同生理阶段饲粮配合中，充分考虑 NFC 和 FC 间的比例，是平衡奶山羊生产性能和瘤胃健康的关键。

（二）碳水化合物供能效率的营养调控

能量对反刍动物的生长、生产和繁殖至关重要。尤其是奶山羊的泌乳初期和盛期，严重的能量负平衡会直接影响其生产性能、健康程度、繁殖性能，甚至羔羊的健康。对碳水化合物供能效率的调控包括对 FC 和 NFC 化合物的调控两个方面。

FC 的能量利用效率主要取决于纤维的瘤胃降解率。粗饲料的木质化程度、加工处理方法，以及瘤胃健康状况影响日粮纤维的瘤胃降解率，进而影响其能量利用效率。粗饲料和副产品中 NDF 的含量与纤维和干物质的瘤胃降解率呈极显著的负相关关系；纤维的瘤胃降解率随粗饲料 NDF 含量的提高而线性下降，NDF 含量每提高 1%，能量利用效率下降 1%。常用的粗饲料加工方法包括氨化、碱化、钙化和微生物处理等，这些处理方法以及日粮中添加纤维素酶可提高纤维的瘤胃降解率，改善粗饲料的能量利用效率。此外，低瘤胃 pH 可抑制纤维的降解，因而高精饲料日粮能降低纤维的消化率和纤维的能量浓度。

对 NFC 能量转化效率的调控主要集中在对日粮中淀粉利用效率的调控。目前反刍动物的能量体系主要基于饲料的全消化道消化率（总可消化养分），没有充分考虑淀粉的降解部位对能量利用效率的影响。淀粉的能量利用效率主要取决于淀粉的降解部位和程度。淀粉在瘤胃中降解后释放的能量需要用于合成 MCP 以及生成氨气等，其能量利用效率为小肠降解淀粉的 70%～75%；淀粉在大肠降解虽然也可用于合成 MCP，但是基本不能为机体所利用，所以能量利用效率更低，约为小肠降解淀粉的 35%。碳水化合物平衡指数（CBIR）影响淀粉的瘤胃降解率，但小肠有补偿消化的功能，因此淀粉的能量利用效率可能不受 CBIR 的影响。调控淀粉降解部位的原则为，当小肠淀粉消化率小于 70%，可通过提高淀粉的降解特性，增加其瘤胃降解率和小肠消化率，以提高淀粉的能量利用效率；但过度处理会使过量的淀粉在瘤胃中降解，降低淀粉的能量利用效率。提高淀粉的小肠消化率是改善淀粉能量利用效率直接、有效的途径。

（三）代谢葡萄糖的营养调控

代谢葡萄糖是饲料碳水化合物经消化、吸收后为机体代谢过程提供的可利用葡萄糖的总量，包括机体内源合成的葡萄糖和外源淀粉消化后在小肠吸收的葡萄糖。调节过瘤胃淀粉的数量及降解特性是调控外源葡萄糖供应量的主要途径。碳水化合物在瘤胃和大肠发酵产生的 VFA 既是能量载体，又是机体葡萄糖合成的主要前体；小肠吸收葡萄糖既可直接作为葡萄糖，也可作为能量载体氧化供能，参与机体代谢。能量和葡萄糖的营养调控途径基本一致。

维持、生长和育肥以及低泌乳水平的反刍动物，内源合成的葡萄糖可满足机体的需要，配制日粮时只需考虑能量，无须考虑代谢葡萄糖的需要量，谷物的加工处理方法以达到最大的能量利用效率为目标。但是，高产泌乳动物以及双羔妊娠羊需要大量的葡萄糖用于乳糖合成和胎儿生长；此外，处于能量负平衡的泌乳动物，补充一定量的葡萄糖可缓解能量负平衡状态，改善健康状况。由于受到瘤胃健康问题、肝脏负荷过重和瘤胃能量利用效率偏低的制约，提高小肠葡萄糖供应量是解决高产反刍动物能量和葡萄糖需求的关键。日粮中谷物含量、种类及其加工处理方法取决于瘤胃健康状况、能量利用效率和代谢葡萄糖的需要量。

调节小肠能量和葡萄糖供应量可通过改变过瘤胃淀粉数量和小肠淀粉消化率来实现。反刍动物小肠淀粉消化率显著低于单胃动物，一般仅 50%～70%，且大量的过瘤胃淀粉和小肠可消化淀粉抑制了胰腺 α-淀粉酶的表达和分泌。所以，提高小肠淀粉消化率比增加过瘤胃淀粉数量更重要。这样做可有效缓解能量负平衡，提高泌乳量，节约饲料资源；如果能提高小肠淀粉的利用效率，使用瘤胃淀粉酶抑制剂、谷物包被技术或大颗粒谷物可适当降低淀粉对瘤胃健康和发酵的负面影响，达到最大化的能量利用效率和机体葡萄糖供应量，解决高产反刍动物的代谢疾病和能量负平衡问题。

第四节　脂类营养

奶山羊日粮中脂类含量低、组成复杂。精饲料中脂类含量 2%～4%，粗饲料中脂类含量 5%～7%。常规日粮中脂类大部分以三酰甘油形式存在，另外还有小部分糖脂和角质脂（主要是蜡和复合脂）。饲草中的脂类主要是复合脂，包括糖脂和磷脂（70%～80%）。油脂能量转化效率高，是奶山羊生产中能量补充的有效形式。但是，饲料中的脂类在经过瘤胃时会发生降解、氢化和异构化，导致通过瘤胃后的脂类与饲料脂类间差异很大。乳腺细胞可直接利用血液中吸收的脂肪酸或从头合成脂肪酸，脂肪酸在乳腺细胞中组装成脂滴后分泌到细胞外。

近年来，消费者对山羊乳及乳制品中的乳脂率和乳脂肪酸组成较为关注，一方面由于其对乳制品风味、品质和能量的影响，另一方面是乳脂中的脂类和不同类型脂肪酸对人类健康具有潜在的有益或有害的作用。乳中脂肪酸的调控受到多种因素的影响，包括奶山羊品种、生理状况、环境和管理因素等。乳中脂肪酸组成很大程度上受日粮组成（特别是脂肪酸组成）的调控，所以可以通过营养途径调控山羊乳脂肪酸组成。

一、瘤胃脂类代谢与生物氢化作用

奶山羊饲草所含脂肪大部分由不饱和脂肪酸构成，而羊体内脂肪则大多由饱和脂肪酸构成。这主要是瘤胃微生物氢化作用可以将饲草中的不饱和脂肪酸转变为饱和脂肪酸。当微生物进入皱胃中分解后，这些脂肪酸就在小肠中被吸收利用。虽然奶山羊日粮中需要提供脂肪酸，但不可过量。高水平的脂肪，尤其是不饱和脂肪酸比例高的植物油类，可使乳脂含量减少，并导致食欲下降，一般情况下，日粮中的粗脂肪水平控制在 2%～6% 为宜。

奶山羊所采食的饲草、谷物和油料籽实中的脂肪酸主要为 C18 不饱和脂肪酸（UFA）（主要为 C18：2n-6、cis-9 C18：1 和 C18：3n-3）。在瘤胃微生物的作用下，日粮中的脂肪酸可被氢化，不仅生成硬脂酸，也会产生多种多不饱和脂肪酸（PUFA）和单不饱和脂肪酸（MUFA）的异构体中间产物。

　　瘤胃中 C18：3n－3 和 C18：2n－6 的平均消失率分别为 93% 和 85%。日粮脂类性质和数量在一定程度上会影响瘤胃生物氢化程度，但经包被或瘤胃保护后处理可避免瘤胃微生物的作用。造成瘤胃生物氢化产物不同的主要因素除了植物细胞中所含的脂肪酸外，还包括日粮精粗比。当精饲料比例大于 70% 时，瘤胃生物氢化会明显减弱。这可能是由于低 pH 抑制了脂解速率，对亚油酸而言，异构化和二次还原作用会导致反式异油酸积累。海产品（海藻、鱼油等）中富含长链 PUFA［主要为二十碳五烯酸（EPA，C 20：5n－3），和二十二碳六烯酸（DHA，C 22：6n－3）］。日粮中以 EPA 和 DHA 形式提供的 PUFA 可在瘤胃发生生物氢化，并生成大量不饱和脂肪酸（UFA）和少量饱和脂肪酸（SFA）。此外，这些脂肪酸也会抑制瘤胃生物氢化作用。由于生物氢化速度快，消化道中共轭亚油酸（CLA）含量很低，小于总脂肪酸的 0.5%，其中瘤胃酸（cis－9，trans－11 C18：2）的比例不到总 CLA 的 50%，trans－10，cis－12 C18：2 通常检测不到，含量很低。

二、机体脂类代谢

　　血液中脂类主要以脂蛋白的形式转运。脂蛋白中的蛋白质基团赋予脂类水溶性，使其能在血液中转运。中、短链脂肪酸可直接进入门静脉与清蛋白结合转运。乳糜微粒和其他脂类经血液循环很快到达肝脏和其他组织。血中脂类转运到脂肪组织、肌肉、乳腺等毛细血管后，游离脂肪酸通过被动扩散进入细胞内，三酰甘油经毛细血管壁的酶分解成游离脂肪酸后再吸收，未被吸收的物质经血液循环到达肝脏进行代谢。

　　脂肪细胞中脂肪代谢主要为了储存过多的能量和通过脂肪代谢循环向血浆提供游离脂肪酸。肌肉细胞中脂肪代谢主要为了供能，是体内最主要的脂肪代谢库。肝细胞中脂肪代谢主要是摄取血中游离脂肪酸合成三酰甘油或脂蛋白，然后转运到其他组织器官进行代谢。肝细胞也能氧化摄取游离脂肪酸，但正常情况下，比例不大且氧化的游离脂肪酸中约 70% 转变成酮体。尽管肝对酮体和乙酸氧化不够彻底，但这些物质比脂肪酸和脂肪更易溶于水，在血浆或细胞内转运不需载体，容易转运。

三、乳腺中脂肪酸的代谢与调控

　　乳脂肪由 98% 左右的三酰甘油（其中脂肪酸约占 95%）、不足 1% 的磷脂和少量的胆固醇、1，2-二酰甘油、单酰甘油、游离脂肪酸组成。乳脂肪酸在乳腺中的合成与分泌过程参见图 3-2。乳中脂肪酸部分是在乳腺中在乙酰辅酶 A 羧化酶（ACC）和脂肪酸合成酶（FAS）的催化下从头合成（几乎所有的 C4~C14 脂肪酸和约 50% 的 C16 脂肪酸），部分是从动脉血直接摄取经脂蛋白脂酶（LPL）水解而来。此外，C10~C19 可被硬脂酰辅 A 去饱和酶（SCD）进行 Δ－9 去饱和，生成棕榈油酰辅酶 A 和乳中大部分（70%~95%）的瘤胃酸（cis－9，trans－11 CLA）、trans－7，cis－9 CLA，以及油酰辅酶 A。最后，这些脂肪酸酯化为甘油和三酰甘油，以乳脂肪球形式分泌。

　　来自日粮和脂肪动员的长链脂肪酸（包括 MUFA 和 PUFA）会通过不同脂肪酸代谢通路调控乳腺脂肪酸的生成，同时抑制脂肪酸的从头合成。此外，反式脂肪酸在乳脂

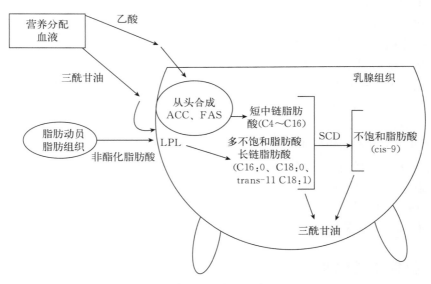

图 3-2 乳脂在乳腺中的合成与分泌

抑制中的关键作用也逐渐引起注意。这些反式脂肪酸的生成与 PUFA 的生物氢化通路改变有关，特别是当瘤胃 pH 降低时，C18：2n-6 生物氢化的另一条通路可增加 trans-10 C18：1 和 trans-10，cis-12 CLA 的产生。乳中 trans-10，cis-12 CLA 含量升高后，反过来会抑制乳腺合成脂肪酸。

与奶牛不同，在山羊基础日粮中添加脂类补充物，可提高乳脂率。究其原因，可能是由于 trans-10 C18：1 和相关异构体在瘤胃中的产量较低，以及过瘤胃灌注 trans-10，cis-12 CLA 对乳腺脂肪生成的抑制作用较弱。此外，日粮脂类对乳腺 SCD 基因表达的影响在牛和山羊之间也存在显著差异。所以，日粮脂类对山羊和奶牛乳脂率和乳脂肪酸组成产生不同影响的可能原因有三方面：①日粮和所补充脂类的特性；②山羊和奶牛乳中 C18 Δ-9 去饱和指数存在差异；③山羊乳中的 C18：3n-3 和 C18：2n-6 有相对更高的转化效率（乳中脂肪酸/血浆脂肪酸）。

四、脂类的营养调控

一般认为日粮中添加 3%～6% 的油脂效果较好，过多会影响食欲和瘤胃发酵功能，降低纤维素和其他养分的消化率。油脂对瘤胃功能的影响主要是其所含的不饱和脂肪酸对微生物具有毒性，这可以通过添加保护性脂肪或瘤胃惰性脂肪来克服或缓解。日粮中添加不同组成的脂类后对山羊乳脂肪酸组成的影响不同，下面将分别叙述。

（一）饱和脂肪酸和油酸

山羊乳中的中链脂肪酸比例的下降潜力大。例如，当在干草基础日粮中加入亚麻籽油后，C10、C12、C14、C16 脂肪酸从 59% 下降到 38%；当在饲喂亚麻籽油时加入维生素 E，这一比例下降到 33%。饱和脂肪酸（C12：0、C14：0、C16：0）被认为有最强的致动脉粥样硬化潜力，常规日粮饲喂的山羊的羊乳中 C12、C14、C16 的浓度为每 100 g 脂肪酸 43～50 g，而补加油脂日粮饲喂奶山羊后山羊乳中这三种脂肪酸降至每 100 g 脂肪酸 26～35 g。日粮中添加了油脂或体脂动员不会改变山羊乳中短链脂肪酸浓度（C4：0、C6：0、C8：0），或仅有小幅下降。

日粮中补充油脂对奶牛与山羊乳中 cis - 9 C18：1 的调控效果不同。补充向日葵籽油、大豆油或亚麻籽油的确不会明显降低或增加牛乳中 cis - 9 C18：1/C18：0 比例。但是，在山羊日粮中补充未保护的高油向日葵籽油或未经处理的油籽，提高了乳中 C18：0 和 cis - 9 C18：1 的浓度（分别为总脂肪酸的 13％～17％ 和 23％～29％），提高的顺序为：羽扇豆＞大豆＞亚麻籽＞向日葵籽＞油菜籽。而且，相比之下，山羊乳中 cis - 9 C18：1/C18：0 比例明显下降：高油酸向日葵籽油＜高亚油酸向日葵籽油＜亚麻籽油＜压榨籽实。所以说，提高山羊乳腺对饲粮中 PUFA 或反式脂肪酸的利用率，可能会使山羊乳中 C18：0 的去饱和程度下降，这是因为这些脂肪酸可能有抑制 SCD 的作用。

（二）乳脂中的亚油酸

在未补充油脂的情况下，山羊乳脂肪酸中 C18：2n - 6 的百分比为 2％～3％。当补充富含 C18：2n - 6 的籽实或油（如大豆或向日葵）后，乳脂肪酸中 C18：2n - 6 的提高幅度不超过 1.5％。而且，向日葵籽比向日葵油中的 C18：2n - 6 更易被氢化为 C18：0，而向日葵油中的 C18：2n - 6 则对提高乳中的 C18：2n - 6、trans - 11 C18：1 和 cis - 9，trans - 11 CLA 有更好的效果。可能的解释是，籽实中的脂质释放速度缓慢，能更有效地提高氢化效果。补充富含 C18：2n - 6 的羽扇豆也有类似效果，可提高乳中 C18：0 和 cis - 9 C18：1，而降低 C18：2n - 6 和 cis - 9，trans - 11 CLA。这或许可用于解释油籽比油能够更有效地提高乳中 C18：0 和 cis - 9 C18：1 这一现象。

不同 PUFA 的分泌不是彼此独立的。在山羊日粮中补充亚麻籽油（富含 C18：2n - 6）降低了乳中的 C18：2n - 6，而增加了 C18：3n - 3。当饲喂富含 C18：2n - 6 的向日葵籽油时，也发现这两种 PUFA 间呈现出相反的变化，即提高了乳中 C18：2n - 6 含量，而降低了 C18：3n - 3 含量。这与奶牛上的反应不同。

（三）亚麻酸和 n - 3 长链脂肪酸

亚麻籽油或籽实可用于提高乳中亚麻酸和 n - 3 长链脂肪酸。全亚麻籽中的 C18：3n - 3 氢化为 C18：0 的程度比游离油中的 C18：3n - 3 氢化为 C18：0 的程度更明显。这与利用富含 C18：2n - 6 向日葵饲喂山羊的效果近似。山羊饲喂压榨亚麻籽提高乳中 C18：3n - 3 的效果较饲喂亚麻籽油更明显。此外，经甲醛处理的全亚麻籽也有提高山羊乳中 C18：3n - 3 含量的作用，且效果比未经处理的籽实更好，但效果不及亚麻籽油。所以，山羊乳中 C18：3n - 3/C18：2n - 6 比值可通过饲粮中提供亚麻籽油（130 g/d）迅速提高，但饲喂压榨亚麻籽的效果更优。

（四）反式脂肪酸和 CLA

影响山羊乳中 trans - 11 C18：1 和 CLA 浓度的日粮因素与奶牛的基本相同。山羊（斜率＝0.40）和奶牛（斜率＝0.38～0.43）乳中 cis - 9，trans - 11 CLA 与 trans - 11

C18：1 浓度间均存在很强的线性相关关系。但是，补饲脂类会降低山羊乳中 cis－9，trans－11 CLA/trans－11 C18：1 之比（0.6～0.7 降低为 0.3～0.5）。此外，不同饲草基础日粮中不添加油脂或添加富含 cis－9 C18：1、C18：2n－6 或 C18：3n－3 的油调控乳中 cis－9，trans－11 CLA 浓度变化范围较大（占总脂肪酸的 0.3％～5.1％）。造成差异的主要因素是油脂性质，作用顺序为：向日葵油（富含 C18：2n－6）≫亚麻籽油（富含 C18：3n－3）≫高油酸向日葵籽油（富含 cis－9 C18：1）＞不添加油脂。

　　饲喂植物油也影响山羊乳中 C18：1 和 C18：2 的各种异构体含量。cis－9，trans－11 CLA 是最重要的 CLA 异构体，在乳腺中 SCD 的调控作用下，乳中 cis－9，trans－11 CLA 的浓度变异范围较大。SCD 可能还调控 trans－7，cis－9 CLA 的合成。饲喂高油酸向日葵籽油可提高山羊乳中 trans－7，cis－9 CLA 的含量。亚麻籽油能够提高山羊乳中 cis－9，trans－11 CLA 和/或 trans－11，cis－13 CLA，以及 cis－9，trans－13 C18：2 和 trans－11，cis－15 C18：2 含量，而 trans－10，cis－12 CLA 的含量很低。

第五节　能量营养

　　奶山羊在维持生命活动、生长、繁殖和泌乳过程中均需要消耗能量。伴随着营养物质在体内的消化与代谢过程，能量发生一系列的转化并逐渐释放，其中可被利用的能量称为有效能。饲料有效能的含量反映了饲料能量的营养价值，即能值。饲料能值影响奶山羊采食量，是奶山羊饲养标准和饲料配合的重要指标和依据。

一、能量来源

　　奶山羊摄取饲料中营养物质的同时也获得了能量。动植物饲料中的水分与矿物质在动物体内不释放能量；有机物中，维生素的份额极少，它们含有的能量极微。所以，饲料中含量最多的碳水化合物、蛋白质和脂肪是奶山羊获取能量的来源。三种有机营养物质中，单位重量脂肪所含能值最高，每克脂肪完全氧化可释放能量 39.54 kJ，碳水化合物与蛋白质相应为 17.57 kJ 和 23.64 kJ；扣除它们在动物体消化代谢过程中的损失，脂肪释放的能量为碳水化合物和蛋白质的 2.25 倍。

　　奶山羊以摄食植物性饲料为主，其中碳水化合物含量高，故从获取总能量中的比例考虑，碳水化合物便成为奶山羊的主要能量来源。虽然一些油料籽实和植物油中脂肪含量高，但考虑到成本和瘤胃健康两方面因素，通常在奶山羊饲料中的配比一般低于6％，而且主要应用于妊娠末期和泌乳前期奶山羊饲料。蛋白质和氨基酸在体内具有特殊的营养生理作用，它们不能在体内释放出全部能量，属昂贵的能量来源。故在奶山羊饲养中，主要从氮营养需要的角度确定蛋白质和氨基酸的给量。只有当动物体可利用氨基酸的数量超过其实际需要量时，才靠分解氨基酸供能。此外，当动物处于绝食、饥饿、产奶等状态，饲料来源的能量难以满足其需要时，也可依次动用体内储存的糖原、脂肪和蛋白质来供能，以应一时之需。但是，这种由体组织先合成后降解的供能方式，其效率低于直接由饲料供能的效率。

二、饲料能量的转化

饲料能量在奶山羊体内的转化过程可概括如下（图 3-3）。

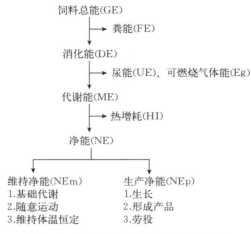

图 3-3 饲料能量在奶山羊体内的转化

（一）总能

总能（gross energy，GE）又称燃烧热，是指饲料中有机物质完全燃烧生成二氧化碳、水和其他氧化物时释放的全部能量，可用氧弹式量热仪测定。营养物质燃烧产生的热量根据其分子组成而定，例如，每克碳氧化成二氧化碳时，产生 33.6 kJ 热；每克氢氧化成水时，产生 114.3 kJ 热量。碳水化合物、脂肪和蛋白质是动物的主要能源物质。碳水化合物平均含碳 44%、氢 6%、氧 50%。因此氧化时产热平均约 17.15 kJ/g。脂肪含碳量很高，平均为 77%，氢的含量亦较高，平均为 12%，因此氧化时产热平均为 39.54 kJ/g。蛋白质平均含碳 53%、氢 7%、氧 23%、氮 16%，氧化时产热约为 23.64 kJ。所以，饲料的总能是根据所含各种营养物质的平均燃烧热量进行计算。计算公式如下：

GE（kJ/g）＝23.93×粗蛋白质含量＋39.75×粗脂肪含量＋20.04×粗纤维含量＋17.44×无氮浸出物含量

法国国家农业研究院（INRA，1989）对饲料的总能含量进行了大量的研究工作，得出如下计算公式：

1. 牧草类饲料 其公式如下：

GE（kJ/kg，以有机物计）＝18 958＋Δ＋7.259x±159（r＝0.945；n＝166）

式中，x 为每千克有机物中所含粗蛋白质的克数；低地永久草场、鲜苜蓿、永久草场干草 Δ＝343；二叶草等鲜草、高地永久草场、整株谷物、临时草场干草（如意大利黑麦草、苜蓿）Δ＝－46；禾本科鲜草 Δ＝－297。

2. 高粱植株 其公式如下：

GE（kJ/kg，以有机物计）＝18 736＋5.292x±155（r＝0.90；n＝8）

3. 青贮 其公式如下：

$$GE（kJ/kg，以有机物计）=16\,359+10.25x+710\,pH\pm351$$

式中，x 为每千克有机物质中的粗蛋白质（CP）含量（g）。

由于总能在机体内不能完全被利用，因此它的大小不能确切反映饲料的营养价值，只能作为区别其他能量指标的一个起点。

（二）消化能

消化能（digestible energy，DE）是饲料可消化养分所含的能量，即动物摄入饲料的总能与粪能（fecal energy，FE）之差。即：

$$DE=GE-FE$$

式中，FE 为粪中物质所含的总能，称为粪能。

正常情况下，动物粪便中能够产生能量的物质并非全部来源于未被消化吸收的饲料养分，还包括消化道微生物及其代谢产物、消化道分泌物和消化道黏膜脱落细胞，这三者称为粪代谢物，所含能量为代谢粪能（fecal energy from metabolic origin products，FmE，m 代表代谢来源）。

粪能中未扣除代谢粪能，按上式计算的消化能称为表观消化能（apparent digestible energy，ADE）。粪能中扣除代谢粪能后计算的消化能称为真消化能（true digestible energy，TDE）。计算式如下：

$$TDE=GE-(FE-FmE)$$

在无特别说明的情况下，消化能值一般指表观消化能。用真消化能反映饲料的能值比表观消化能准确，但测定较难，故现行动物营养需要和饲料营养价值表一般都用表观消化能。

影响饲料消化率的因素均影响消化能值。正常情况下，粪能是饲料能量中损失最大的部分，哺乳羔羊粪能损失不到 10%，成年羊采食精饲料时的粪能损失为 20%～30%，采食粗饲料时为 40%～50%，采食低质粗饲料时可达 60%。

（三）代谢能

代谢能（metabolizable energy，ME）指饲料中能被机体利用的能量，为食入的饲料总能减去粪能、尿能（energy in urine，UE）及消化道可燃气体能（energy in gaseous products of digestion，Eg）后剩余的能量，公式表达如下：

$$ME=GE-FE-UE-Eg$$
$$=DE-UE-Eg$$

尿能指尿中有机物所含的总能，主要来自蛋白质的代谢产物（主要来源于尿素）。反刍动物每克尿氮的能值为 31 kJ。

消化道可燃气体能来自动物消化道微生物发酵产生的气体，主要是甲烷，这些气体经肛门、口腔和鼻孔排出而导致能量损失。反刍动物消化道（主要是瘤胃）微生物发酵产生的气体量大，含能量可达饲料总能的 3%～10%。因此，测定代谢能值时，必须考虑气体能损失。

尿能除来自饲料养分吸收后在体内代谢分解的产物外，还有部分来自体内蛋白质动

员分解的产物，后者称为内源氮，所含能量称为内源尿能（urinary energy from endogenous origin products，UeE）。饲料代谢能可分为表观代谢能（apparent metabolizable energy，AME）和真代谢能（true metabolizable energy，TME）。计算公式如下：

$$AME = ADE - (UE + Eg)$$
$$= (GE - FE) - (UE + Eg)$$
$$= GE - (FE + UE + Eg)$$
$$TME = TDE - [(UE - UeE) + Eg]$$
$$= [GE - (FE - FmE)] - UE - Eg + UeE$$
$$= GE - (FE + UE + Eg) + (FmE + UeE)$$
$$= AME + (FmE + UeE)$$

真代谢能反映饲料的营养价值比表观代谢能准确，但测定更麻烦，故实践中常用表观代谢能。

影响消化能、尿能和气体能的因素均影响代谢能。影响消化能的因素前已述及。

尿能的损失量比较稳定，占总能的 4%~5%。影响尿能损失的因素主要是饲料结构，特别是饲料蛋白质水平、氨基酸平衡状况及饲料中有害成分的含量。饲料蛋白质水平增高，氨基酸不平衡，氨基酸过量和能量不足导致氨基酸脱氨供能等，均可提高尿氮排出量、增加尿能损失、降低代谢能值；若饲料含有芳香油，动物吸收后经代谢脱毒产生马尿酸，并从尿中排出，则可增加尿能损失。奶山羊气体能的损失量与饲料性质及饲养水平有关。低质饲料所产甲烷量较大，并且气体能占总能比例随采食量增加而下降，处在维持饲养水平时，气体能约占总能的 8%；而在维持水平以上时，占 6%~7%。

（四）净能

净能（net energy，NE）指饲料中用于动物维持生命和生产产品的能量，即饲料的代谢能扣去饲料在体内的热增耗（heat increment，HI）后剩余的能量。计算公式为：

$$NE = ME - HI$$
$$= GE - DE - UE - Eg - HI$$

热增耗是指绝食动物在采食饲料后短时间内，体内产热高于绝食代谢产热的热能。热增耗以热的形式散失。

热增耗的来源有：①消化过程产热，例如咀嚼饲料、营养物质的主动吸收和将饲料残余部分排出体外时的产热。②营养物质代谢做功产热，体组织中氧化反应释放的能量不能全部转移到 ATP 上被动物利用，一部分以热的形式散失掉。例如，葡萄糖(1 mol)在体内充分氧化时 31% 的能量以热的形式散失掉。③与营养物质代谢相关的器官肌肉活动所产生的热量。④肾脏排泄做功产热。⑤饲料在胃肠道发酵产热（heat of fermentation，HF）。事实上，在冷应激环境中，热增耗是有益的，可用于维持体温。但在炎热条件下，热增耗将成为动物的额外负担，必须将其散失掉，以防止体温升高；而散失热增耗，又需消耗能量。

按照净能在奶山羊体内的作用，净能可以分为维持净能（net energy for maintenance，NE$_m$）和生产净能（net energy for production，NE$_p$）。NE$_m$ 指饲料能量用于维持生命活动、适度随意运动和维持体温恒定部分，这部分能量最终以热的形式散失掉。

NE_p 指饲料能量用于沉积到产品中的部分。因动物种类和饲养目的不同，NE_p 的表现形式也不同，包括增重净能、产奶净能等。

影响净能值的因素包括影响代谢能、热增耗的因素以及环境温度。其中，影响热增耗的因素主要有动物种类、饲料组成和饲养水平。反刍动物采食后的热增耗比非反刍动物的更大和更持久。原因是反刍动物在咀嚼、反刍和消化发酵过程中消耗较多的能量。同时，瘤胃中产生的 VFA 在体内产生的热增耗比葡萄糖多。如反刍动物利用禾本科籽实和饲草时，热增耗分别占代谢能的 50% 和 60%。不同营养素的热增耗不同。蛋白质的热增耗最大，脂肪的热增耗最低，碳水化合物居中。饲料中蛋白质含量过高或者氨基酸不平衡，会导致大量氨基酸在动物体内脱氨分解，将氨转化成尿素及尿素的排泄都需要能量，并以热的形式散失；同时，氨基酸碳架氧化时也释放大量的热量。饲料中粗纤维水平及饲料形状会影响消化过程产热及 VFA 中乙酸的比例，因此也影响热增耗的产生。此外，饲料缺乏某些矿物质（如磷、钠）或维生素（如核黄素）时，热增耗也会增加。当动物饲养水平提高时，动物用于消化吸收的能量增加。同时，体内营养物质的代谢也增强，因而热增耗会增加。

三、乳腺能量代谢及其调节

乳腺需要消耗大量高能磷酸化合物用于维持乳腺发育、健康以及乳糖、乳脂和乳蛋白等生物合成过程。因各种原因引起的乳腺细胞中能量不足时，会影响山羊乳的产量和乳品质，甚至引发乳腺炎症。因此，为保障奶山羊泌乳性能和乳腺健康，必须为奶山羊提供充足的可利用的能量。

（一）乳腺能量来源

乳腺主要由葡萄糖氧化分解提供能量。糖代谢过程伴随能量的产生，此过程涉及众多酶的作用，其中不同代谢途径由不同的关键酶所催化。泌乳期的小鼠和大鼠乳腺中糖酵解相关酶活性较高，而反刍动物乳腺中活性相对较低。动物乳腺中存在果糖二磷酸酶，该酶在反刍动物乳腺中活性很高，在乳腺中可能参与三碳糖重构为 6-磷酸果糖，从而增加每摩尔 6-磷酸葡萄糖生成 NADPH 的量。对于反刍动物，这是一种重要的节约葡萄糖的方式。

乳腺组织也可利用脂肪酸和乙酸氧化供能。反刍动物和大鼠、小鼠及猪乳腺中肉碱脂酰转移酶活性变化不大，说明乳腺脂肪酸氧化能力在物种间差别较小。乳腺组织中丙酮酸脱氢酶活性在不同物种间差别也很小，该酶催化的反应是丙酮酸转化为乙酰辅酶 A。β 羟酰辅酶 A 脱氢酶主要分布于乳腺细胞线粒体内，这与其在脂肪酸 β-氧化中的作用相一致。然而，乳腺细胞内的脂肪酸合成可能由丁酰辅酶 A 而不是乙酰辅酶 A 启动，合成丁酰辅酶 A 可能需要细胞质中的 β 羟酰辅酶 A 脱氢酶。乙酰辅酶 A 合成酶在反刍动物乳腺中活性很高，这是由于乙酸是反刍动物乳中脂肪酸合成的重要前体。乙酰辅酶 A 合成酶在线粒体中的活性反映乙酸氧化能力（山羊乳腺吸收 70% 的乙酸），细胞质中的乙酰辅酶 A 合成酶活性反映了利用乙酸合成脂肪酸的情况。尽管反刍动物循环血液中酮体的含量一直很高，乳腺中酮体氧化的相关酶活性却很低，这说明反刍动物乳腺可能较少利用酮体氧化供能。

（二）乳腺组织葡萄糖的吸收

葡萄糖作为泌乳乳腺组织的主要营养物质之一，与乳产量和乳品质密切相关。首先，在泌乳奶山羊乳腺中，葡萄糖不但是乳腺重要的能源物质，同时是乳糖合成的底物，而乳糖在调节乳腺渗透压中起重要作用，其合成量与合成效率是影响乳产量的主要因素；其次，葡萄糖代谢的中间产物还能参与乳蛋白、乳脂的合成，代谢产生的 ATP 和 NADPH 为机体各种生化反应提供必需的能量和辅酶。

葡萄糖是极性分子，无法自由通过细胞膜脂质双层结构的疏水区。葡萄糖要进入细胞，首先需要与葡萄糖转运蛋白（glucose transporter，GLUT）结合，在转运蛋白的协助下可通过脂质双分子层结构进入细胞内。葡萄糖转运蛋白的最主要功能是介导葡萄糖在血液和细胞质之间的转运。它们各自的功能取决于细胞的类型和代谢状态。泌乳期乳腺葡萄糖的吸收不依赖于动脉血中葡萄糖、胰岛素和胰岛素样生长因子 - 1（IGF - 1）的含量，而主要由 GLUTs 介导，其中 GLUT1 是乳腺主要的葡萄糖转运蛋白。

（三）乳腺能量代谢的调节

在妊娠期和泌乳期奶山羊乳腺中，己糖激酶、异柠檬酸脱氢酶、肉碱脂酰转移酶、ATP 酶等能量代谢相关途径关键酶活性显著升高。在乳腺发育和泌乳过程中，能量代谢各途径关键酶活性增强，一方面确保乳腺发育和泌乳过程中能量代谢平衡；另一方面为乳腺合成代谢提供所需底物。妊娠期乳腺发育过程中伴随着乳糖和酪蛋白的合成。在妊娠 90 d 的奶山羊乳腺中可以检测到乳糖分泌，在妊娠 150 d 的奶山羊乳腺中可以检测到酪蛋白的分泌。泌乳启动后，乳汁合成过程需要消耗大量能量，并且在泌乳高峰期奶山羊多处于能量负平衡状态，因此氧化分解代谢作用增强，酶活性升高，为乳汁合成提供能量。进入退化期后，奶山羊乳腺中能量代谢相关途径关键酶活性则迅速降低。

参与奶山羊乳腺能量代谢调控的主要信号通路为蛋白激酶 B（AKT）信号通路和一磷酸腺苷依赖的蛋白激酶（AMPK）信号通路。AKT 激活后提高了 ATP 水平，主要是通过促进糖酵解和氧化磷酸化，确保乳汁合成过程中的能量供应，并维持泌乳。而 AMPK 信号通路激活后，乳腺细胞中分解代谢作用增强，合成代谢作用下降。

四、能量的利用效率

饲料能量在动物体内经过一系列转化后，最终用于维持动物生命和生产。饲料能量利用效率受动物种类和性别、生产目的、饲养水平以及环境温度等的影响。

（一）衡量能量利用效率的指标

动物利用饲料能量转化为产品净能，投入能量与产出能量的百分率关系称为饲料能量效率。由于能量用于维持和生产时的效率不一样，所以能量利用效率用总效率和净效率进行衡量。

能量总效率是产品中所含的能量与食入饲料的有效能（指消化能或代谢能）之比。计算公式为：

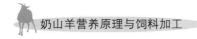

$$能量总效率 = \frac{产品能}{食入有效能} \times 100\%$$

能量净效率指产品能量与食入饲料中扣除用于维持需要后的有效能（指消化能或代谢能）的比值。计算公式为：

$$能量净效率 = \frac{产品能}{食入有效能 - 维持有效能} \times 100\%$$

（二）影响饲料能量利用的因素

1. 品种、性别、年龄及生理阶段 奶山羊的品种、性别、年龄及生理阶段影响同种饲料或饲粮的能量效率。产生这些差异的原因在于不同奶山羊个体间的消化生理特点、生化代谢机制及内分泌特点之间存在差异。

2. 生产目的 能量用于不同生产目的的效率不同。能量利用率的高低顺序为：维持＞产奶＞生长育肥＞妊娠。例如，代谢能用于生长育肥效率为 $40\% \sim 60\%$，用于妊娠的效率为 $10\% \sim 30\%$。能量用于动物维持时效率较高，主要是由于动物有效地利用了体增热来维持体温。当动物将饲料能量用于生产时，除随着采食量增加饲料消化率下降外，能量用于产品形成时还需消耗一大部分能量。因此，能量用于生产时效率较低。

3. 饲养水平 在适宜饲养水平范围内随着饲喂水平的提高，饲料有效能量用于维持部分相对减少，用于生产的净效率增加。但在适宜饲养水平以上时，随采食水平的增加，由于消化率下降，饲料中消化能和代谢能都要减少。

4. 其他因素 饲料组成和饲料中的营养促进剂，如抗生素、激素等也影响动物对饲料有效能的利用。环境温度也是影响饲料能量利用效率的重要因素，热应激和冷应激都会降低饲料能量利用效率。

本 章 小 结

奶山羊用于生长和生产的营养物质均来源于饲料，并以植物性饲料为主。泌乳奶山羊采食的饲料中的粗蛋白质、碳水化合物和脂类等养分经瘤胃发酵、肠道消化和吸收、肝脏代谢后被乳腺细胞利用合成乳成分。饲料养分经过上述过程后，其组成与乳成分的差异很大。

借助过瘤胃保护技术提高 UDP 和氨基酸水平能够改善奶山羊生产性能和乳品质。饲料中的碳水化合物包括粗纤维和无氮浸出物，是奶山羊的主要能量来源。饲料纤维是保障瘤胃健康的必需养分，其在瘤胃发酵后产生的 VFA 不仅为奶山羊提供能量，而且通过提高粗饲料比例能够提高乳脂率。瘤胃中丙酸的生成是乳糖合成的重要来源，会影响奶山羊泌乳量。乳成分中的乳脂率和乳脂肪酸组成是最易受饲料组成影响的养分。由于消费者对健康的关注，通过为奶山羊补充不同来源的脂类可改善山羊乳中脂肪酸组成，提高乳品质。

伴随着营养物质的消化代谢过程，能量在体内也进行转化和流动，其中可被利用的能量称为有效能。饲料有效能的含量反映了饲料能量的营养价值，即能值。饲料能值影响奶山羊采食量，是奶山羊饲养标准和饲料配合的重要指标和依据。

◉ 参考文献

崔中林，罗军，2005. 规模化安全养奶山羊综合新技术［M］. 北京：中国农业出版社．

冯仰廉，2004. 反刍动物营养学［M］. 北京：科学出版社．

冯仰廉，2011. 反刍动物蛋白质营养饲养（小肠蛋白质）新体系［C］//中国畜牧兽医学会动物营养学分会反刍动物营养需要及饲料营养价值评定与应用. 北京：中国农业大学出版社．

李庆章，2011. 奶山羊乳腺发育与泌乳生物学［M］. 北京：科学出版社．

卢德勋，熊本海，羿静，1997. 利用当地饲料资源优化配合反刍动物蛋白质浓缩料的新技术［J］. 内蒙古畜牧科学（1997 年增刊）：278 - 284.

孟庆翔，2002. 奶牛营养需要［M］. 北京：中国农业大学出版社．

王继文，2015. 红曲米对山羊甲烷排放、瘤胃古菌多样性及饲料利用率的影响研究［D］. 雅安：四川农业大学．

魏德泳，朱伟云，毛胜勇，2012. 日粮不同 NFC/NDF 比对山羊瘤胃发酵与瘤胃微生物区系结构的影响［J］. 中国农业科学，5（7）：1392 - 1398.

徐明，2007. 反刍动物瘤胃健康和碳水化合物能量利用效率的营养调控［D］. 杨凌：西北农林科技大学．

杨明，邵鹏，赵建业，等，2018. GC - MS 双内标法测定植物油中脂肪酸组成［J］. 分析试验室，37（7）：801 - 808.

周安国，陈代文，2011. 动物营养学［M］. 北京：中国农业出版社．

Chilliard Y，Glasser F，Ferlay A，et al，2010. Diet，rumen biohydrogenation and nutritional quality of cow and goat milk fat［J］. European Journal of Lipid Science & Technology，109（8）：828 - 855.

Park Y W，Juárez M，Ramos M，et al，2007. Physico - chemical characteristics of goat and sheep milk［J］. Small Ruminant Research，68（1）：88 - 113.

第四章
奶山羊常用饲料及其营养特性

　　生产实践中饲料的种类很多，各种饲料间的特性差别大，营养价值相差悬殊。为适应饲料工业和养殖业的需要及计算机管理方便，美国学者 L. E. Harris 根据饲料的营养特性，将饲料原料分成 8 大类，这种分类方法得到世界大多数国家的认可。分类依据见表 4-1。中国以 Harris 饲料分类法为基础，结合饲料来源，建立了中国饲料分类体系，进一步将饲料分为 17 种，给每种饲料建立了三节七位数的编号。详见表 4-2。

表 4-1　国际饲料分类依据

饲料类别	饲料编码	饲料分类依据（%）		
		水分 （新鲜基础）	粗纤维 （干物质基础）	粗蛋白质 （干物质基础）
粗饲料	1-00-000	<45	≥18	—
青绿饲料	2-00-000	≥45	—	—
青贮饲料	3-00-000	≥45	—	—
能量饲料	4-00-000	<45	<18	<20
蛋白质饲料	5-00-000	<45	<18	≥20
矿物质饲料	6-00-000	—	—	—
维生素饲料	7-00-000	—	—	—
饲料添加剂	8-00-000	—	—	—

表 4-2　中国现行饲料分类依据

饲料分类	饲料编码	饲料分类依据（%）		
		水分 （新鲜基础）	粗纤维 （干物质基础）	粗蛋白质 （干物质基础）
青绿饲料	2-01-0000	>45	—	—
树叶				
鲜树叶	2-02-0000	>45	—	—
风干树叶	1-02-0000	—	≥18	—
青贮饲料				
常规青贮饲料	3-03-0000	65~75	—	—

（续）

饲料分类	饲料编码	饲料分类依据（%）		
		水分（新鲜基础）	粗纤维（干物质基础）	粗蛋白质（干物质基础）
半干青贮饲料	3-03-0000	45～55	—	—
谷实青贮料	4-03-0000	28～35	<18	<20
块根、块茎、瓜果				
含天然水分的块根、块茎、瓜果	2-04-0000	≥45	—	—
脱水块根、块茎、瓜果	4-04-0000	—	<18	<20
干草				
第一类干草	1-05-0000	<15	≥18	—
第二类干草	4-05-0000	<15	<18	<20
第三类干草	5-05-0000	<15	<18	≥20
农副产品				
第一类农副产品	1-06-0000	—	≥18	—
第二类农副产品	4-06-0000	—	<18	<20
第三类农副产品	5-06-0000	—	<18	≥20
谷实	4-07-0000	—	<18	<20
糠麸				
第一类糠麸	4-08-0000	—	<18	<20
第二类糠麸	1-08-0000	—	≥18	
豆类				
第一类豆类	5-09-0000	—	<18	≥20
第二类豆类	4-09-0000	—	<18	<20
饼粕				
第一类饼粕	5-10-0000	—	<18	≥20
第二类饼粕	1-10-0000	—	≥18	≥20
第三类饼粕	4-08-0000	—	<18	<20
糟渣				
第一类糟渣	1-11-0000	—	≥18	
第二类糟渣	4-11-0000	—	<18	<20
第三类糟渣	5-11-0000	—	<18	≥20
草籽、树实				
第一类草籽、树实	1-12-0000	—	≥18	
第二类草籽、树实	4-12-0000	—	<18	<20
第三类草籽、树实	5-12-0000	—	<18	≥20
动物性饲料				
第一类动物性饲料	5-13-0000			≥20

（续）

饲料分类	饲料编码	饲料分类依据（%）		
		水分 （新鲜基础）	粗纤维 （干物质基础）	粗蛋白质 （干物质基础）
第二类动物性饲料	4-13-0000	—	—	<20
第三类动物性饲料	6-13-0000	—	—	<20
矿物质饲料	6-14-0000	—	—	—
维生素饲料	7-15-0000	—	—	—
饲料添加剂	8-16-0000	—	—	—
油脂类饲料及其他	4-17-0000	—	—	—

第一节　青绿饲料

　　青绿饲料是供给畜禽饲用的幼嫩青绿的植株、茎秆或叶片等，自然状态下水分含量大于60%，种类繁多、分布广，因富含叶绿素而得名。主要包括天然牧草、栽培牧草、青饲作物、叶菜类、树叶及水生饲料等。目前，世界各地都很重视发展青绿饲料。青绿饲料之所以被重视和广泛利用，是由于它分布广、数量大、成本低，而且营养丰富，适口性好、消化率高，是奶山羊的重要饲料来源。

一、青绿饲料的营养特性

　　1. 含水量高且易消化　陆生植物的水分含量为75%～90%，而水生植物为95%左右。因此，鲜草的能值较低。陆生植物饲料每千克鲜重的消化能为1.20～2.50 MJ。如以干物质基础计算，青绿饲料的能量营养价值较能量饲料低，能量含量为10 MJ/kg左右，约接近麦麸所含的能值。青绿饲料含有酶、激素、有机酸等，有助于消化。青草1 kg干物质比精饲料1 kg干物质所消耗的消化液约少1/3，比干草1 kg干物质约少2/3。反刍动物对青绿饲料中有机物质的消化率为75%～85%。

　　2. 蛋白质含量较高，品质较优　青绿饲料中蛋白质含量丰富，一般禾本科牧草和蔬菜类饲料的粗蛋白质含量为1.5%～3.0%，豆科青绿饲料中粗蛋白质含量为3.2%～4.4%；按干物质计，前者为13%～15%，后者可达18%～24%。一般情况下，可以满足动物对蛋白质的需要。多数青绿饲料中含有各种必需氨基酸，以赖氨酸、色氨酸的含量最多。所以，青绿饲料的蛋白质生物学价值较高，一般可达80%（精饲料为50%～60%）。尤其值得注意的是青绿饲料叶片中的叶绿蛋白，其氨基酸组成近似于酪蛋白，泌乳动物食入后转变成乳蛋白的途径最为简单，这对泌乳奶山羊来说特别有利。要培育高产的畜群，必须重视青绿饲料的生产和利用。

　　3. 粗纤维含量较低　幼嫩青绿饲料含粗纤维较少，木质素低，无氮浸出物较高。青绿饲料干物质中粗纤维不超过30%，叶菜类不超过15%，无氮浸出物为40%～

50%。粗纤维的含量随着植物生长期的延长而增长，木质素的含量也显著增加。一般来说，植物开花或抽穗之前，粗纤维含量较低。木质素增加 1%，有机物质消化率下降 4.7%。

4. 钙、磷比例适宜　青绿饲料中矿物质占鲜重的 1.5%～2.5%，占干物质重的 12%～20%，是矿物质的良好来源。大多数牧草矿物质中钙的含量比较适宜，特别是豆科牧草钙含量一般较高。因此，以青绿饲料为主要饲料的动物不易缺钙。相对而言，青绿饲料的钙磷比例比较适宜。

5. 维生素含量丰富　青绿饲料中胡萝卜素含量较高，每千克饲料中含 50～80 mg。在正常采食情况下，放牧家畜采食的胡萝卜素可超过家畜需要量的 100 倍，在动物体内可转换为维生素 A，发挥维生素的作用。B 族维生素、维生素 E、维生素 C、维生素 K 含量较高，但维生素 B_6（吡哆醇）很低，维生素 D 则缺乏。豆科牧草中胡萝卜素含量高于禾本科植物。如青苜蓿中核黄素含量为 4.6 mg/kg，比玉米籽实高 3 倍；烟酸为 18 mg/kg、硫胺素 1.5 mg/kg，均高于玉米籽实。

因此，与动物营养需求相比较，青绿饲料是一种营养相对平衡的饲料。由于青绿饲料容积大，消化能含量较低，其潜在的其他方面的优势从而受到了限制。但是，优良的青绿饲料仍可与一些中等能量饲料相比拟。因此，在动物饲料方面，青绿饲料与由它调制的干草可以长期单独组成奶山羊日粮（高产奶山羊除外），并能维持一定的生产水平。

二、影响青绿饲料营养价值的因素

以上概述了青绿饲料的一般营养特性，并指出了某些重要成分的含量范围，这些含量范围本身就说明了同一种类饲料间营养价值的差异，这种差异有时甚至会超过种间的差异，其主要原因如下：

（一）土壤与肥料的影响

青绿饲料中一些矿物质的含量在很大程度上受土壤中元素含量与活性的影响。例如，泥炭土和沼泽土中钙、磷缺乏，干旱的盐碱地植物又很难利用土壤中的钙，在这种土地上生长的植物其含钙量就低。东北克山地区的土壤中缺乏硒，因而植物中也缺硒。地区性地缺乏某种元素或某种元素过多，都会影响其在植物中的含量，也往往形成地区性的营养缺乏症或中毒症。施肥可以显著地影响植物中各种营养物质的含量，增施氮肥，可提高青绿饲料中蛋白质含量，使其生长旺盛，茎叶颜色变得浓绿，因而胡萝卜素也显著地增加。

（二）植物的生长阶段

幼嫩的植物含水量高，干物质含量低，干物质中蛋白质含量较高，而粗纤维含量较低，所以生长在早期阶段的各种牧草有较高的消化率，其营养价值也高。随着植物生长阶段的延长，水分含量逐渐减少，干物质中粗蛋白质含量也随着下降，而粗纤维含量上升（表 4-3）。

表4-3 不同生长阶段苜蓿营养成分的变化（干物质基础，%）

生长阶段	粗蛋白质	粗脂肪	粗纤维	无氮浸出物	灰 分
营养生长期	26.1	4.5	17.2	42.2	10.0
花前期	22.1	3.5	23.6	41.2	9.6
初花期	20.5	3.1	25.8	41.3	9.3
1/2 盛花期	18.2	3.6	28.5	41.5	8.2
花后期	12.3	2.4	40.6	37.2	7.5

（三）植物体不同部位的影响

植物体不同部位的营养成分差别很大。如苜蓿上部茎叶中蛋白质含量高于下部茎叶，而粗纤维含量则低于下部。但无论什么部位，茎中蛋白质含量低，粗纤维含量高；叶中的蛋白质和粗纤维含量则相反。因此，叶占全株比例愈大，则营养价值就愈高，反之则低。

三、主要青绿饲料的特性及利用

（一）豆科牧草

1. 紫花苜蓿　紫花苜蓿为我国最古老、最重要的栽培牧草之一。紫花苜蓿产量高，营养丰富，适口性佳。在初花期刈割的干物质中粗蛋白质为 20%～22%，产奶净能 5.4～6.3 MJ/kg，钙 3.0%，而且必需氨基酸组成较为合理，赖氨酸可高达 1.34%，此外还含有丰富的维生素与微量元素，如胡萝卜素含量可达 161.7 mg/kg。

紫花苜蓿的营养价值与刈割时期关系很大，不同阶段苜蓿所含营养成分见表 4-3。根据单位面积内营养物质产量计算，紫花苜蓿最适刈割期为初花期。此时收获的干物质、蛋白质产量均较高，植株再生能力强。在营养生长期和花前期刈割，蛋白质含量高，饲用价值高，但产量较低，且对植株再生也不利。收获过迟，草质粗老，饲用价值低，且基部长出新枝，一次收获，老嫩不齐，影响干草调制。刈割时期还要视饲喂要求来定，青饲宜早，调制干草可在初花期刈割。

苜蓿的利用方式多种多样，既可供放牧、青刈，也可调制干草和青贮饲料，对各类家畜均适宜。用青苜蓿喂奶山羊，有助于提高泌乳量和乳品质。对舍饲的奶山羊，每只日喂 2～3 kg。但是，幼嫩苜蓿中含有皂苷，大量喂用时有毒害作用，故要控制喂量。否则，在反刍家畜瘤胃中易形成大量泡沫物质，使碳水化合物发酵的气体不能排出而易患急性膨胀病。家畜患此病后会引起泌乳量下降或死亡。

2. 苕子　苕子是一年生或二年生豆科植物，有毛苕子和普通苕子两种，其营养特点见表 4-4。毛苕子比普通苕子耐寒、耐旱，它既是良好的绿肥作物，又是优良的家畜饲料，营养成分与苜蓿相似。毛苕子用作青绿饲料时，适口性不如苜蓿，但毛苕子叶片多，茎细软，宜调制干草。

表 4-4 苕子的营养成分含量（%）

名　称	干物质	鲜样基础					干物质基础				
		粗蛋白质	粗脂肪	粗纤维	无氮浸出物	灰分	粗蛋白质	粗脂肪	粗纤维	无氮浸出物	灰分
毛苕子	18.2	4.2	0.5	5.0	6.3	2.2	23.1	2.8	27.5	34.6	12.0
普通苕子	20.4	3.8	0.5	5.5	8.5	2.1	18.6	2.5	26.9	41.7	10.3

毛苕子的利用时间具有长、早、晚的特点。一年之中，既早于苜蓿，又晚于苜蓿，这样延长了青饲季节。种植苕子做饲料，占地时间短，便于与其他作物轮作。目前我国广大农村中栽培的苕子主要作为绿肥。为使其合理利用，可将上半部作为饲料，下半部作为绿肥，这样既利农也利牧，是很好的农牧结合方式。

3. 草木樨 草木樨是越年生豆科牧草，分为黄花草木樨和白花草木樨两种。耐盐碱、抗寒耐旱、适应性强。种植草木樨有利于水土保持和土壤改良，人们称它为"三料"植物——饲料、肥料、燃料。

草木樨株高、茎粗、枝多、叶疏。开花之后，基部迅速木质化，花前期之前营养价值较高，与苜蓿相似。以干物质计，草木樨含粗蛋白质 19.0%，粗脂肪 1.8%，粗纤维 31.6%，无氮浸出物 31.9%，钙 2.74%，磷 0.02%，产奶净能为 4.84 MJ/kg。

草木樨中含有香豆素，它是一种芳香物质，具有特殊气味，各种家畜不喜食，以马类动物最敏感，牛、羊次之。家畜需经多次训练才能习惯。草木樨的气味幼嫩时较淡，愈老则气味愈浓。在一天之中，清晨、傍晚气味较淡，中午最浓。需要特别注意的是，霉烂的草木樨或青贮草木樨中含有一种名为出血素的物质，该物质可影响血凝作用。对于采食草木樨的家畜若发生创伤，则出血不止，故在手术前后要停喂。出血素是由香豆素受霉菌作用产生的。所以，对于草木樨的利用，应在开花前趁早晨或傍晚刈割，这样营养价值高，气味也淡些。草木樨通常调制成干草后使用。

4. 三叶草 目前栽培较多的为红三叶和白三叶。新鲜的红三叶含干物质 13.9%，粗蛋白质 2.2%，产奶净能为 0.88 MJ/kg。以干物质计，其所含的可消化粗蛋白质低于苜蓿，但其所含的净能则较苜蓿略高。红三叶草质柔软，适口性好，既可以放牧，也可以制成干草、青贮利用。放牧时发生膨胀病的机会较苜蓿少，但仍应注意预防。白三叶草丛低矮、耐践踏、再生性好，最适于放牧利用。白三叶适口性好，营养价值高，鲜草中粗蛋白质含量较红三叶高（表 4-5），而粗纤维含量较红三叶低。

表 4-5 红三叶、白三叶和杂三叶营养成分比较（鲜样基础，%）

类　别	干物质	可消化粗蛋白质	粗蛋白质	粗脂肪	粗纤维	无氮浸出物	粗灰分	钙	磷
红三叶	27.5	3.0	4.1	1.1	8.2	12.1	2.0	0.46	0.07
白三叶	17.8	3.8	5.1	0.6	2.8	7.2	2.1	0.25	0.09
杂三叶	22.2	2.7	3.8	0.6	5.8	9.7	2.3	0.29	0.06

5. 沙打旺 沙打旺在我国北方各省份均有分布。适应性强，产量高，是饲料、绿肥、固沙保土的优良牧草。沙打旺的茎叶鲜嫩，营养丰富，以干物质计，沙打旺含粗蛋白质 23.5%，粗脂肪 3.4%，粗纤维 15.4%，无氮浸出物 44.3%，钙 1.34%，磷

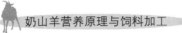

0.34%，产奶净能为 6.24 MJ/kg。沙打旺为黄芪属牧草，含有硝基化合物，有苦味，饲喂时应与其他牧草搭配使用。

（二）禾本科牧草

1. 黑麦草 黑麦草生长快，分蘖多，一年可多次收割，产量高，茎叶柔嫩光滑，适口性好，其中饲用价值较高的主要是多年生黑麦草和一年生黑麦草。新鲜黑麦草干物质含量约 17%，粗蛋白质 2.0%，产奶净能为 1.26 MJ/kg。以开花前期的营养价值最高，可青饲、放牧或调制干草，各类家畜都喜食。将黑麦草制成干草或干草粉再与精饲料配合，用于育肥阶段，饲料转化效率高。

2. 无芒雀麦 无芒雀麦适应性广，生命力强，适口性好，茎少叶多，营养价值高，幼嫩的无芒雀麦干物质中所含粗蛋白质含量不低于豆科牧草，到种子成熟时，其营养价值明显下降。无芒雀麦有地下根茎，能形成絮结草皮，耐践踏，再生力强，青饲或放牧均宜。在无芒雀麦草地放牧早期断奶的育肥羔羊，每公顷牧地可获增重 32.5 kg，平均日增重 0.11 kg。

3. 羊草 羊草为多年生禾本科牧草，叶量丰富，适口性好。羊草鲜草干物质含量 28.64%，粗蛋白质 3.49%，粗脂肪 0.82%，粗纤维 8.23%，无氮浸出物 14.66%，灰分 1.44%。

羊草营养生长期长，有较高的营养价值，种子成熟后茎叶仍可保持绿色，可放牧或刈割利用。羊草干草产量高，营养丰富，但刈割时间要适当，过早过迟都会影响其质量（表 4-6），抽穗期刈割调制成干草，颜色浓绿，气味芳香，是奶山羊的上等青干草。

表 4-6 不同刈割期羊草的营养成分（干物质基础，%）

生长期	粗蛋白质	粗脂肪	粗纤维	无氮浸出物	灰 分	磷	钙
分蘖期	20.35	4.04	35.62	32.95	7.03	0.43	1.12
拔节期	17.99	3.07	47.9	25.19	6.74	0.45	0.42
抽穗期	14.82	2.86	34.92	41.63	5.76	0.48	0.38
结实期	4.97	2.96	33.56	52.05	6.46	0.62	0.16

4. 高丹草 高丹草是由饲用高粱和苏丹草自然杂交形成的一年生禾本科牧草，综合了高粱茎粗、叶宽和苏丹草分蘖力强、再生力强的优点，能耐受频繁地刈割，并能多次再生。其特点是产量高，抗倒伏和再生能力强，抗病抗旱性好，茎秆更为柔软纤细，可消化的纤维素和半纤维素含量高而木质素含量低，适口性好，营养价值高。高丹草在拔节期的营养成分为水分 83%、粗蛋白质 3%、粗脂肪 0.8%、无氮浸出物 7.6%、粗纤维 3.2%、粗灰分 1.7%，是饲喂奶山羊的优良青绿饲料之一。

高丹草的主要利用方式是调制干草和青贮，也可直接用于放牧。干草生产适宜刈割期是抽穗至初花期，此时的干物质中蛋白质含量较高，粗纤维含量较低。高丹草青贮前应将含水量由 80%～85% 降到 70% 左右。适宜放牧的时间是播种 6～8 周、株高达到 45～80 cm 时开始利用，此时的消化率可达到 60% 以上，粗蛋白质含量高于 15%，过早放牧会影响牧草的再生，放牧可一直持续到初霜前。

（三）青饲作物

青饲作物是指农田栽培的农作物或饲料作物，在结实前或结实期收割作为青绿饲料用。常见的青饲作物有青刈玉米、青刈大麦、青刈燕麦、大豆苗、豌豆苗、蚕豆苗等。一般青饲作物用于直接饲喂，也可以调制成青干草或青贮，这是解决青绿饲料供应的一个重要途径。

1. 青刈玉米 通常将玉米籽实作为能量饲料，将玉米秸作为粗饲料来喂家畜或做燃料，这种利用方式不理想，若将玉米做青刈饲料利用则更为经济。青刈玉米生长快、产量高，单位面积上可消化营养物质收获量比收籽实和秸秆的总和都高。而且青刈玉米味甜多汁，适口性好，消化率高，营养价值远远高于收获籽实后剩余的秸秆（表4-7），是奶山羊的良好青绿饲料。目前已培育出适于青刈的玉米品种。

表4-7 青刈玉米的营养成分比较（干物质基础）

种　类	粗蛋白质（%）	可消化粗蛋白质（%）	粗脂肪（%）	粗纤维（%）	无氮浸出物（%）	粗灰分（%）	产奶净能（MJ/kg）
青刈玉米	8.5	5.1	2.3	33.0	50.0	6.3	5.51
玉米秸秆	6.5	2.0	0.9	68.9	17.0	6.8	4.22

2. 青刈大麦 大麦有冬大麦和春大麦之分。青刈大麦可根据动物需求，在拔节至开花时，分期刈割，随割随喂。延迟收获虽然品质迅速下降，但可以作为反刍动物的饲料，或者供调制成干草或青贮利用。

3. 青刈黑豆草 作为青刈用的黑豆，播种期长，生长期短，若雨水适宜，3个月内可收割利用。初花期收割，产草量高，品质良好，各种家畜喜食，营养价值与苜蓿相似，每千克含可消化粗蛋白质达32 g，胡萝卜素50～70 mg。若及时收割并与青刈玉米混合调制成青贮饲料，则是奶山羊等反刍动物的优质粗饲料。黑豆草木质化较快，不宜收割过迟。

4. 青刈豆苗 包括青刈大豆、青刈秣食豆、青刈豌豆、青刈蚕豆等，是一类很好的青饲作物。适时刈割的豆苗茎叶鲜嫩柔软，适口性好，富含蛋白质（表4-8），胡萝卜素、维生素 B_1、维生素 B_2、维生素 C 和各种矿物质含量也高，是一类优质青绿饲料。与青饲禾本科作物相比，蛋白质含量高且品质好，营养丰富，家畜喜食，但大量饲喂反刍家畜时易发生膨胀病，应与其他饲料搭配饲喂。除供青饲外，在开花结实时期刈割的豆苗，还可供调制干草用。秋季调制的干草，颜色深，品质佳，是奶山羊的优良越冬饲料。

表4-8 几种青刈豆苗的营养成分（干物质基础，%）

种　类	粗蛋白质	粗脂肪	粗纤维	无氮浸出物	粗灰分	钙	磷
青刈大豆	21.6	2.9	22.0	42.0	11.6	0.44	0.12
青刈秣食豆	17.37	4.24	26.69	41.53	10.17	—	—
青刈豌豆	6.73	2.40	27.9	55.77	7.21	0.20	0.04
青刈蚕豆	23.94	3.23	21.26	40.31	11.26	—	—

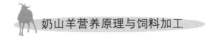

（四）叶菜类饲料

叶菜类饲料大多是蔬菜和经济作物的副产品，也有作为饲料栽培的苦荬菜、聚合草、甘蓝和牛皮菜等。其来源广、数量大、品种多，是重要的饲料资源。由于采集与利用时间不一，营养价值差别很大。叶菜类饲料质地柔嫩，水分含量高，一般为80%～90%；干物质含量较低，但干物质中粗蛋白质较多（一般20%左右），其中大部分为非蛋白质态的含氮化合物；粗纤维含量低；含有丰富的矿物质，特别是钾盐含量较高。

叶菜类饲料饲喂时能量较低，约为1.25 MJ/kg。家畜食后易"水饱"，不耐饥，需增加饲喂次数。又因含有较多的草酸和镁，有轻泻性，易引起腹泻和影响钙的吸收，所以在饲喂时，日粮中应增加钙的喂量。饲喂此类饲料时，还要严防亚硝酸盐中毒，因为其中的硝酸盐在调制或储存过程中易转变为亚硝酸盐。有些甘蓝品种中含有致甲状腺肿病的物质，故在饲喂奶山羊时要多加注意。

（五）非淀粉质根茎瓜类饲料

非淀粉质根茎瓜类饲料包括胡萝卜、芜菁甘蓝、甜菜及南瓜等。这类饲料天然水分含量很高，可达70%～90%，粗纤维含量较低，而无氮浸出物含量较高，且多为易消化的淀粉或糖分，是家畜冬季的主要多汁饲料。马铃薯、甘薯、木薯等块根块茎类因富含淀粉，生产上多被干制成粉后用作饲料原料，因此放在能量饲料部分介绍。

1. 胡萝卜　胡萝卜产量高、易栽培、耐储藏、营养丰富，是家畜冬、春季重要的多汁饲料。胡萝卜的营养价值很高，大部分营养物质是无氮浸出物，含有蔗糖和果糖，有甜味。其中胡萝卜素含量尤其丰富，比一般牧草高很多。胡萝卜还含有大量的钾盐、磷盐和铁盐等。一般来说，颜色愈深，胡萝卜素或铁盐含量愈高。胡萝卜按干物质计，产奶净能为7.65～8.02 MJ/kg，可列入能量饲料，但在生产实践中并不依赖它来供给能量，而是作为冬春季节的多汁饲料和供给胡萝卜素等维生素。

在青绿饲料缺乏季节，向干草或秸秆所占比重较大的饲料中添加一些胡萝卜，可改善饲料口味，调节消化机能。奶山羊饲料中若有胡萝卜作为多汁饲料，可提高产奶量，但可能造成所制得的黄油呈红黄色。对于种畜，饲喂胡萝卜供给丰富的胡萝卜素，对于公畜精子的正常生成及母畜的正常发情、排卵、受孕与妊娠，都有良好作用。

2. 芜菁甘蓝　芜菁在我国较少用作饲料，但芜菁甘蓝（也称灰萝卜）在我国已有近百年栽培历史。这两种块根饲料性质基本相似，水分含量都很高（约为90%）。干物质中无氮浸出物含量相当高，大约为70%，因而能量较高，每千克消化能可达14.02 MJ，鲜样中只有1.34 MJ/kg。

芜菁与芜菁甘蓝含有某种挥发性物质，在饲喂奶山羊时，可能使羊乳沾染特殊气味。所以，为了避免羊乳异味的产生，尽量不在挤奶前饲喂，并减少羊乳在空气中的暴露机会。

3. 甜菜　甜菜的品种较多，按其块根中干物质与糖分含量多少，可大致分为糖甜菜、半糖甜菜和饲用甜菜三种。各类甜菜的无氮浸出物主要是糖分（蔗糖），但也含有少量淀粉与果胶物质。由于糖甜菜与半糖甜菜中含有大量蔗糖，一般不用作饲料而是先用以制糖，然后以其副产品甜菜渣作为饲料。

根据甜菜对不同畜种消化率的差异，饲用甜菜可用来饲喂奶山羊。需要注意，刚收获的甜菜不可立即饲喂，易引起腹泻。这可能与块根中硝酸盐含量有关，当经过一个时期储藏以后，大部分硝酸盐即可能转化为天门冬酰胺而变为无害。

　　4. 南瓜　南瓜又名倭瓜，既是蔬菜，又是优质高产的饲料作物。南瓜中无氮浸出物含量高，且多为淀粉和糖类。蔬菜南瓜含多量淀粉，而饲料南瓜含果糖和葡萄糖较多。南瓜中还含有很多的胡萝卜素和核黄素，特别适宜饲喂繁殖和泌乳家畜。南瓜含水量在90％左右，不宜单喂。

（六）树叶类饲料

　　多数树叶均可作为家畜的饲料，其中优质树叶如紫穗槐叶、槐树叶、松针等含有较丰富的蛋白质和维生素，是很好的饲料来源。刺槐、榆树、构树、苕条、白杨、桑树、柠条等叶片也是家畜很好的饲料，特别是奶山羊很好的饲料来源。树叶含有丰富的蛋白质、胡萝卜素和粗脂肪，有刺激家畜食欲的作用，但营养价值随季节变化而变化。

　　大多数树叶都含有单宁，其含量与季节有关。这种物质含量低时（2％以下）对动物无害，反而有健胃收敛作用；但含量超过限量时，就会引起家畜消化不正常，或降低蛋白质的消化率。此外，需要注意的是，有些树木的枝叶含有毒素，不宜用作饲料。

第二节　青贮饲料

　　青贮饲料是利用新鲜的植物性饲料进行厌氧发酵，使乳酸菌大量繁殖产生乳酸，抑制其他腐败菌的生长，从而使青绿饲料中的养分得以保存下来。青贮饲料已在世界各国畜牧生产中普遍推广应用，是饲喂草食家畜的重要的饲料。目前，青贮调制技术较以往已有较大改进，在青贮方法上除了一般青贮以外，还有低水分青贮和添加糖蜜、谷物、添加剂等特种青贮法，以及湿谷物青贮，不仅提高了青贮效果，还提高了青贮饲料的品质。

一、一般青贮

　　一般青贮过程是将新鲜植物紧实地堆积在不透气的窖或塔内，通过微生物——主要是乳酸菌的厌氧发酵，使原料中所含的糖分变为有机酸——主要是乳酸，借此提高酸度（pH 4.0左右），当乳酸在青贮原料中积累到一定浓度时，就能抑制微生物的活动，防止原料中养分继续被微生物分解或消耗，从而能很好地将原料中养分保存下来。所以，有人认为青贮原料中的乳酸是防腐剂。

（一）青贮时各种微生物的作用

　　刚刈割的青绿饲料中带有各种细菌、霉菌、酵母等微生物，其中腐败菌最多，乳酸菌很少（表4-9）。

表4-9 每克新鲜青绿饲料中微生物的数量（个）

饲料种类	腐败菌 ($\times 10^6$)	乳酸菌 ($\times 10^3$)	酵母菌 ($\times 10^3$)	丁酸菌 ($\times 10^3$)
草地青草	12.0	8.0	5.0	1.0
野豌豆燕麦混播	11.9	1 173.0	189.0	6.0
三叶草	8.0	10.0	5.0	1.0
甜菜茎叶	30.0	10.0	10.0	1.0
玉米	42.0	170.0	500.0	1.0

由表4-9可以看出，新鲜青绿饲料中腐败菌的数量，远远超过乳酸菌的数量。青绿饲料如不及时青贮，在田间堆放2~3 d后，腐败菌大量繁殖，每克青绿饲料中数量往往可达数亿以上。因此，为促使青贮过程中有益乳酸菌的正常繁殖活动，必须了解各种微生物的活动规律和对环境的要求（表4-10），以便采取措施，抑制各种不利于青贮的微生物活动，消除一切妨碍乳酸形成的条件，创造有益于青贮的乳酸菌活动的最适宜环境。

表4-10 几种微生物要求的条件

微生物种类	氧气	温度（℃）	pH
乳酸链球菌	±	25~35	4.2~8.6
乳酸杆菌	—	15~25	3.0~8.6
枯草菌	+	—	—
马铃薯菌	+	—	7.5~8.5
变形菌	+	—	6.2~6.8
酵母菌	+	—	4.4~7.8
丁酸菌	—	35~40	4.7~8.3
乙酸菌	+	15~35	3.5~6.5
霉菌	+	—	—

注："+"表示好氧呼吸；"—"表示厌氧呼吸；"±"表示兼性呼吸。

1. 乳酸菌 乳酸菌种类很多，其中对青贮有益的，主要是乳酸链球菌和德氏乳酸杆菌。它们均为同质发酵的乳酸菌，发酵后只产生乳酸。此外，还有许多异质发酵的乳酸菌，除产生乳酸外，还产生大量的乙醇、乙酸、甘油和二氧化碳等。乳酸链球菌属兼性厌氧菌，在有氧或无氧条件下均能生长繁殖，耐酸能力较低，青贮饲料中酸量达0.5%~0.8%、pH 4.2时即停止活动。乳酸菌为厌氧菌，只在厌氧条件下生长和繁殖，耐酸力强，青贮饲料中酸量达1.5%~2.4%、pH 3时才停止活动。各类乳酸菌在含有适量的水分和碳水化合物及厌氧环境条件下，生长繁殖快，可使单糖和双糖分解生成大量乳酸。

$$C_6H_{12}O_6 \longrightarrow 2CH_3CHOHCOOH$$

$$C_{12}H_{22}O_{11} + H_2O \longrightarrow 4CH_3CHOHCOOH$$

上述反应中，每摩尔六碳糖含能量2 832.6 kJ，生成乳酸仍含能量2 748 kJ，仅减少 84.6 kJ，损失不到 3%。

五碳糖经乳酸发酵，在形成乳酸的同时，还产生其他酸类，如丙酸、琥珀酸等。

$$C_5H_{10}O_5 \longrightarrow CH_3CHOHCOOH + CH_3COOH$$

根据乳酸菌对温度要求不同，可分为好冷性乳酸菌和好热性乳酸菌两类。好冷性乳酸菌在 25~35 ℃ 条件下繁殖最快。正常青贮时，主要是好冷性乳酸菌在活动。好热性乳酸菌发酵的结果可使温度达到 52~54 ℃。如超过这个温度，则意味着还有其他好氧性腐败菌等微生物参与发酵。高温青贮养分损失大，青贮饲料品质差，应当避免。

乳酸的大量形成，一方面为乳酸菌本身的生长繁殖创造了条件，另一方面产生的乳酸使其他微生物如腐败菌、丁酸菌等死亡。乳酸积累的结果使酸度增强，乳酸菌自身也受抑制而停止活动。在良好的青贮饲料中，乳酸含量一般占青贮饲料重的 1%~2%，pH 下降到 4.2 以下时，只有少量的乳酸菌存在。

2. 丁酸菌　它是一类厌氧、不耐酸、耐高温的不利于青贮的细菌。这类细菌在 pH 4.7 以下时不能繁殖，原料中含量不多，只在温度较高时才能繁殖。丁酸菌活动的结果是使葡萄糖和乳酸分解产生具有挥发性臭味的丁酸，也能将蛋白质分解为挥发性脂肪酸，使原料发臭变黏。

$$C_6H_{12}O_6 \longrightarrow CH_3CH_2CH_2COOH + 2H_2\uparrow + 2CO_2\uparrow$$

$$2CH_3CHOHCOOH \longrightarrow CH_3CH_2COOH + 2H_2\uparrow + 2CO_2\uparrow$$

当青贮饲料中丁酸含量达到万分之几时，即影响青贮饲料的品质。如果青贮原料收获过早，此时原料中含水量高、碳水化合物含量相对较低，加之装压过紧，则很容易出现丁酸菌的快速繁殖，造成青贮失败。

3. 腐败菌　凡能强烈分解蛋白质的细菌统称为腐败菌。此类细菌很多，有嗜高温的，也有嗜中温或低温的。它们能使蛋白质、脂肪、碳水化合物等分解产生氨、硫化氢、二氧化碳、甲烷和氢气等，使青贮原料变臭变苦，养分损失大，不能饲喂家畜，导致青贮失败。不过腐败菌只在青贮原料装压不紧、残存空气较多或密封不好时才大量繁殖；在正常青贮条件下，当乳酸逐渐形成，pH 下降，氧气耗尽后，腐败菌活动即迅速被抑制，以致死亡。

4. 酵母菌　酵母菌是好氧性菌，喜潮湿，不耐酸。在青绿饲料切碎尚未装贮完毕之前，酵母菌只在青贮原料表层繁殖，分解可溶性糖，产生乙醇及其他芳香类物质。待封窖后，空气越来越少，其作用随即减弱。在正常青贮条件下，青贮原料装压较紧，原料间残存氧气少，酵母菌活动时间短，所产生的少量乙醇等芳香物质使青贮具有特殊气味。

5. 乙酸菌　它属好氧性菌。在青贮初期有空气存在的条件下，可大量繁殖。酵母或乳酸菌发酵产生的乙醇，再经乙酸菌发酵产生乙酸。乙酸产生的结果可抑制各种有害不耐酸的微生物如腐败菌、霉菌、丁酸菌的活动与繁殖。但在不正常情况下，青贮窖内氧气残存过多，乙酸产生过多，因乙酸有刺鼻气味，影响家畜的适口性并使饲料品质降低。

6. 霉菌　导致青贮饲料变质的主要好氧性微生物，通常仅存在于青贮饲料的表层或边缘等易接触空气的部分。正常青贮情况下，霉菌仅生存于青贮初期，酸性环境和厌

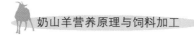

氧条件足以抑制霉菌的生长。霉菌破坏有机物质，分解蛋白质产生氨，使青贮饲料发霉变质并产生酸败味，品质降低，甚至使其失去饲用价值。

（二）青贮发酵过程

青贮发酵过程包括青贮原料的一系列数量和质量变化。发酵的类型和程度随植物原料的化学成分、水分含量和缺氧情况而变化。

1. 呼吸期　在植物饲料刈割后的一段时间内，它仍然有生命活动，直到水分低于60%才停止。只要有氧气存在，存在于植物表面的需氧细菌就会增加。这个阶段的开始，植物酶和需氧细菌利用易利用的碳水化合物产生热、水和二氧化碳，于是降低了厌氧发酵可利用的碳水化合物的供应。青贮原料装填速度慢，会延长这个产热期。此期内蛋白质被蛋白酶水解，当 pH 下降到小于 5.5，蛋白水解酶的活动才停止。

2. 发酵期　厌氧条件及青贮原料中的其他条件形成后，乳酸菌迅速繁殖，形成大量乳酸。酸度增大，pH 下降，促使腐败菌、丁酸菌等活动受抑停止，甚至消失。当 pH 下降到 4.2 以下时，各种有害微生物都不能生存，就连乳酸链球菌的活动也受到抑制，只有乳酸杆菌存在。当 pH 为 3 时，乳酸杆菌也停止活动，乳酸发酵即基本结束。

3. 稳定期　pH 等于或小于 4.2 的青贮，被认为是稳定的，此时细菌（包括乳酸菌）的活动受到抑制，基本上不再有什么变化。在一般情况下，糖分含量较高的玉米、高粱等青贮后 20~30 d 就可以进入稳定阶段（表 4-11），豆科牧草需 3 个月以上，若密封条件良好，青贮饲料可以保存数年。在暴露于空气之前，较干燥的青贮料即使 pH 高也是稳定的。

表 4-11　玉米青贮过程中微生物及 pH 的变化（1 000 个/g）

微生物及 pH	青贮时间（d）					
	0	0.5	4	8	20	45
乳酸菌	少	1 600 000	800 000	1 700 000	3 800	2 900
大肠菌	0.3	0.25	0	0	0	0
丁酸菌	0.1	0.1	0	0	0	0
pH	5.9	—	4.5	4.0	4.0	4.0

4. 腐败期　制作优质青贮饲料的成败由青贮过程决定。青贮前将切短的饲料长时间暴露于空气中，大量空气掺入青贮原料中会导致大量可利用碳水化合物的消失。在上述条件下，可能没有足够的碳水化合物以产生稳定青贮所必需的乳酸，这样会导致产芽孢厌氧菌和乳酸发酵梭状芽孢杆菌形成的二次发酵。于是，丁酸和其他不需要的酸形成，并进而导致蛋白质降解和青贮饲料败坏。这一阶段不属于正常的青贮发酵阶段，而是青贮饲料在储存的过程中发生的好氧性败坏现象。

根据一般青贮原理，在青贮过程中，应想尽一切办法为乳酸菌的生长繁殖创造条件，使它很好地繁殖起来，并快速产生足够数量的乳酸。有利于乳酸菌生长繁殖的条件主要有厌氧环境、原料中足够的糖分和适宜的含水量，这三个条件缺一不可。

二、特种青贮

根据一般青贮调制条件，对难于青贮的饲料原料必须进行适当处理或添加某些添加剂，才能保证青贮成功，这种青贮方法称特种青贮，调制出的饲料称为特种青贮饲料。

青贮水分超过70％的禾本科或豆科牧草需要使用添加剂，含水量低时一般不需要使用添加剂。使用添加剂不能代替好的青贮塔，或者有效地切碎、压紧和密封措施。对玉米和高粱青贮来说，不需要添加剂，因为它们含有数量充足的可利用的碳水化合物。对于一些品质差的饲料，如粗纤维含量高、可溶性糖含量低的藤、蔓、秸、秧等，为改善其营养价值则需要加入尿素或矿物质等。

（一）低水分青贮

低水分青贮也称半干青贮。青贮原料中的微生物不仅受空气和酸的影响，也受植物细胞质的渗透压的影响。低水分青贮料制作的基本原理是：青绿饲料刈割后，经风干水分含量达45％～55％，植物细胞的渗透压可达 55×10^5～60×10^5 Pa。这种情况下，腐败菌、丁酸菌以至乳酸菌的生命活动接近于生理干燥状态，生长繁殖受到限制，青绿饲料中的养分被保存下来。因此，在青贮过程中，青贮原料中糖分的多少，最终的 pH 的高低已不起主要作用，微生物发酵微弱，有机酸形成数量少，碳水化合物保存良好，蛋白质不被分解。虽然霉菌在风干植物体上仍可大量繁殖，但在切短压实和青贮厌氧条件下，其活动也很快停止。

低水分青贮法具有干草和青贮饲料两者的优点。调制干草常因脱叶、氧化、日晒等使养分损失15％～30％，胡萝卜素损失90％；而低水分青贮饲料只损失养分10％～15％。低水分青贮饲料含水量低，干物质含量比一般青贮饲料多1倍，具有较多的营养物质；低水分青贮饲料味微酸，有果香味，不含丁酸，适口性好，pH 达 4.8～5.2，有机酸含量约5.5％；优良低水分青贮饲料呈湿润状态，深绿色，结构完好。任何一种牧草或饲料作物，不论其含糖量多少，均可低水分青贮，难以青贮的豆科牧草如苜蓿、豌豆等尤其适合调制低水分青贮饲料，从而可扩大豆科牧草或作物的加工调制范围。

根据低水分青贮的基本原理和特点，制作时青贮原料应迅速风干，要求在刈割后24～30 h，豆科牧草含水量应达50％，禾本科达45％。原料长度必须短于一般青贮，装填必须更紧实，才能造成厌氧环境以提高青贮品质。

（二）添加剂青贮

青贮添加剂有三种类型：第一类是营养性添加剂，如尿素、糖蜜、破碎的谷粒等；第二类是化学添加剂，包括可以迅速降低饲料 pH 的酸类（包括有机酸和无机酸）、具有抑制发酵和防腐作用的化合物（如硝酸钠、甲醛等）；第三类是专门的微生物培养物。

1. 营养性添加剂　这类添加剂主要用来补充青贮饲料某些营养成分的不足，有些还能改善发酵过程。

（1）尿素及其他非蛋白氮 一般在蛋白质含量低的青贮原料中添加尿素，如禾本科和薯类等，以提高蛋白质含量，改善青贮饲料的品质。尿素的加入量为青贮饲料的 5% 左右，使饲料中粗蛋白质含量增加约 4%（按干物质中含量计算）。非蛋白氮添加剂的种类与用量见表 4-12。

表 4-12　非蛋白氮添加剂的种类与用量

种　类	形式	N（%）	每吨湿重用量（kg）
尿素	固体	45	5.0
碳酸铵	固体	11	9.0
预混氨水	液体	20～30	11.3
商品氨水	液体	13.6	27.2
商品尿素-糖蜜	液体	6	36.3

（2）碳水化合物 常用糖蜜及谷类。它们既能提供养分，又能改善发酵过程。糖蜜是制糖工业的副产品。增加可溶性糖的含量有利于乳酸发酵，减少干物质损失，并且适口性好，可提高家畜的采食量和消化率。其加入量：禾本科青贮为 4%，豆科青贮为 6%。谷类含有 50%～55% 的淀粉以及 2%～3% 可发酵糖。加入量根据谷类青贮过程中所产生的乳酸量而定，如大麦粉在青贮过程中能产生相当于自身重量 30% 的乳酸，每吨青贮饲料可加入 50 kg 大麦粉。

（3）无机盐类 可用作青贮饲料添加剂的无机盐类主要有碳酸钙、硫酸铜、硫酸锰、硫酸锌、氯化钴、碘化钾等。青贮饲料中加碳酸钙不但可以补充钙，而且还可缓解饲料的酸度，每吨青贮饲料的加入量为 4.5～5.0 kg。

2. 化学添加剂 用于青贮饲料的许多化学添加剂由于价格贵、效果不明显、使用不便，并且对人和动物健康有害或有损设备，已被淘汰或限制应用。无机酸类添加剂（如硫酸、盐酸、磷酸等）可以迅速地降低 pH，而有机酸（如甲酸、丙酸、乙酸等）在降低 pH 方面的效果有限。两者都可降低蛋白质分解速度和限制微生物生长。另外，为防止饲料变质，有时也加入一些防腐剂，但大多数属于防腐剂的初期产品，有一定毒性，要慎用。甲醛又称福尔马林，是研究最多的青贮抑制剂之一，不仅有较好的抑菌防腐作用，还可以保护饲料蛋白质在反刍动物瘤胃内免受降解，增加家畜对蛋白质的吸收率，但是，由于甲醛具有潜在的致癌作用，从动物和人类的安全考虑，一般不提倡使用。

3. 微生物添加剂 微生物添加剂也称微生物青贮剂、青贮接种菌，是专门用于青贮的添加剂，由一种或一种以上乳酸菌、酶和一些活化剂组成。主要作用是有目的地调节青贮饲料内微生物区系，调控青贮发酵过程，促进乳酸菌大量繁殖、更快地产生乳酸，促进多糖与粗纤维转化，从而有效地提高青贮饲料的质量。

目前研究和应用的青贮接种剂按使用目的可以分为两类：一类是促进发酵的微生物，主要包括同型发酵乳酸菌；另一类是提高青贮饲料有氧稳定性的微生物，主要包括布氏乳杆菌和丙酸菌，但这些种类又往往会复合在一起，且很多商品制剂中还加入了纤维素酶、半纤维素酶等酶制剂，以增加接种菌的发酵底物，因此，对于商品制剂来说，往往很难分类。

（三）湿谷物青贮

湿谷物青贮保存谷物的原理是用作饲料的谷物如玉米、高粱、大麦、燕麦等，收获后水分含量为 22%～40% 的谷物无需干燥而直接储存在密封的青贮塔或水泥窖内后，经过轻度发酵产生的一定量（0.2%～0.9%）有机酸（主要是乳酸和乙酸），可以抑制霉菌和细菌的繁殖，使谷物得以保存。此法储存谷物，青贮塔或窖一定要密封不透气，谷物最好压扁或轧碎，可以更好地排出空气，降低养分损失，并利于饲喂。整个青贮过程要求从收获至储存在 1 d 内完成，迅速造成窖内的厌氧条件，限制呼吸作用和好氧性微生物繁殖。青贮谷物的养分损失，在良好条件下为 2%～4%，一般条件下可达 5%～10%。用湿贮谷物饲喂奶山羊可获得与饲喂干贮玉米相近的增重和饲料转化率（干物质基础）。

三、青贮饲料的营养价值与利用

调制良好的青贮饲料，一般经 1 个月左右的乳酸发酵，即可开窖取用。由于青贮过程中发生了许多复杂的化学反应，所以青贮饲料与原料相比，其营养价值也有许多变化。青贮饲料营养价值的高低与青贮原料种类、刈割时期以及青贮技术等密切相关。

（一）青贮过程中营养物质组成的变化

1. 碳水化合物 在青贮发酵过程中，各种微生物和植物本身酶体系的作用，使青贮原料发生一系列生物化学变化，引起营养物质的变化和损失。在青贮的饲料中，只要有氧存在，且 pH 不发生急剧变化，植物呼吸酶就有活性，青贮饲料中的水溶性碳水化合物就会被氧化为二氧化碳和水。在正常青贮时，原料中水溶性碳水化合物如葡萄糖和果糖，发酵成为乳酸和其他产物。另外，部分多糖也能被微生物发酵转化为有机酸，但纤维素仍然保持不变，半纤维素有少部分水解，生成的戊糖可发酵生成乳酸。

2. 蛋白质 正在生长的饲料作物，总氮中有 75%～90% 的氮以蛋白氮的形式存在。收获后，植物蛋白酶会迅速将蛋白质水解为氨基酸，在 12～24 h，总氮中有 20%～25% 被转化为非蛋白氮。青贮饲料中蛋白质的变化与 pH 的高低有密切关系，当 pH 小于 4.2 时，因植物细胞酶的作用，部分蛋白质分解为较稳定的氨基酸，并不造成损失；但当 pH 大于 4.2 时，由于腐败菌的活动，氨基酸便分解成氨、胺等非蛋白氮，造成蛋白质的损失。

3. 色素和维生素 青贮期间最明显的变化是饲料的颜色。有机酸对叶绿素的作用，使其成为脱镁叶绿素，从而导致青贮饲料变为黄绿色。青贮饲料颜色的变化，通常在装贮后 3～7 d 发生。窖壁和表面青贮饲料常呈黑褐色。青贮温度过高时，青贮饲料也呈黑色，不能利用。

维生素 A 前体物 β-胡萝卜素的破坏与温度和氧化的程度有关。二者值均高时，β-胡萝卜素损失较多。但储存较好的青贮饲料，胡萝卜素的损失率一般低于 30%。

（二）青贮饲料的营养价值

1. 化学成分 青贮饲料干物质中各种化学成分与原料有很大差别。从表4-13中可以看出，从常规分析成分看，黑麦草青草与其青贮饲料没有明显差别；但从其组成的化学成分看，青贮饲料与其原料间则差别很大。青贮饲料中粗蛋白质主要由非蛋白氮组成。而无氮浸出物组成中，青贮饲料中糖分极少，乳酸与乙酸则相当多。虽然这些非蛋白氮（主要是游离氨基酸）与脂肪酸使青贮饲料与青绿饲料间的营养价值发生了改变，但青贮饲料对反刍动物的饲喂价值还是较高的。

表4-13 黑麦草青贮前后的营养价值比较（干物质基础，%）

项 目	黑麦草青草		黑麦草青贮	
	化学成分	消化率	化学成分	消化率
有机物质	89.8	77	88.3	75
粗蛋白质	18.7	78	18.7	76
粗脂肪	3.5	64	4.8	72
粗纤维	23.6	78	25.7	78
无氮浸出物	44.1	78	39.1	72
蛋白氮	2.66	—	0.91	—
非蛋白氮	0.34	—	2.08	—
挥发氮	0	—	0.21	—
糖类	9.5	—	2.0	—
聚果糖类	5.6	—	0.1	—
半纤维素	15.9	—	13.7	—
纤维素	24.9	—	26.8	—
木质素	8.3	—	6.2	—
乳酸	0	—	8.7	—
乙酸	0	—	1.8	—
pH	6.3	—	3.9	—

2. 营养物质的消化利用 从常规分析成分的消化率看，各种有机物质的消化率在原料和青贮饲料之间非常相近，两者无明显差别，因此它们的能量价值也较接近。青草与其青贮饲料的代谢能非常相近，分别为10.46 MJ/kg和10.42 MJ/kg。由此可见，可以根据青贮原料的营养价值来利用青贮饲料。多年生黑麦草青贮前后的营养价值见表4-14。

表4-14 多年生黑麦草青贮前后的营养价值比较（干物质基础）

项 目	黑麦草	乳酸青贮	半干青贮
pH	6.1	3.9	4.2
干物质（g/kg）	175	186	316
乳酸（g/kg）	—	102	59
水溶性糖（g/kg）	140	10	47
干物质消化率（%）	78.4	79.4	75.2
总能（MJ/kg）	18.5	—	18.7
代谢能（MJ/kg）	11.6	—	11.4

青贮饲料同其原料相比，蛋白质的消化率相近，但是它们被用于增加动物体内氮素的沉积效率则往往低于原料。其主要原因是由大量青贮饲料组成的饲料，在反刍动物瘤胃中往往产生大量的氨，这些氨被吸收后，相当一部分以尿素形式从尿中排出。因此，为了提高青贮饲料对氮素的作用，可以按照反刍动物应用尿素等非蛋白氮的办法，在饲料中增加富含碳水化合物的玉米等谷实类比例，可获得较好的效果。如果由半干青贮或甲醛保存的青贮饲料来组成饲料，则可见氮素沉积的水平提高。

3. 动物对青贮饲料的随意采食量　一般情况下，动物对青贮饲料干物质的随意采食量比其原料和同源干草都要低些。其原因可能受如下一些因素影响：

（1）青贮酸度　青贮饲料中的游离酸的浓度过高会抑制家畜对青贮饲料的随意采食量。用碳酸氢钠部分中和后，可能提高青贮饲料的采食量。游离酸对采食量的影响可能有两个原因：一是瘤胃中酸度增加；二是体液酸碱平衡的紧张所致。

（2）丁酸菌发酵　有试验证明，动物对青贮饲料的采食量与其中含有的乙酸、总挥发性脂肪酸含量和氨的浓度呈显著的负相关，而这些往往与丁酸发酵相联系。对不良的青贮，家畜往往较少采食。

（3）青贮饲料中干物质含量　一般青贮饲料品质良好，而且含干物质较多者家畜的随意采食量较多，可以接近采食干草的干物质量。因此，青贮良好的半干青贮饲料效果良好。半干青贮饲料中发酵程度低，丁酸菌发酵也少，故适口性增加。

（三）青贮饲料的饲用

1. 开窖　青贮饲料一般经过 6～7 周完成发酵过程，此时便可开窖喂饲。开窖时间以气温较低而又值缺草季节较为适宜，如饲料储备充足，可留待其他年份缺料时开窖利用，做到以丰补歉。

开窖前，应清除封窖时的盖土、铺草等，以防与青贮饲料混杂引起变质，而使剩余的青贮饲料不能利用。

一经开窖后就得天天取用，防止结冻、雨淋等。并应注意排水，以免雨水浸入窖内使青贮饲料变质。

开窖后，应立即取样鉴定青贮饲料的品质。对于有经验的饲喂人员，一般通过感官即可判定青贮饲料品质的优劣，并决定是否取用该青贮饲料。

2. 取料方法　圆形窖自上而下逐层取样，长形大窖自一端逐日分段取料，取用青贮饲料时，应以暴露面最少以及尽量少搅动为原则，防止霉菌作用，用多少取多少，切勿全面打开，严禁掏洞取草，一般每天取草厚度不应小于 15 cm。取毕后及时将暴露面盖好。尽量减少空气侵入，防止二次发酵，避免饲料变质。发霉变质的烂草不能饲喂家畜，取出后不要抛撒在窖的附近，应及时送到肥料堆做肥料。

如果中途停喂、间隔时间较长，必须按原来封窖方法将青贮窖封严，以免透气、漏水。

3. 饲喂方法　青贮饲料在空气中容易变质，一经取出就应尽快饲喂。食槽中牲畜没有吃完的青贮饲料要及时清除，以免腐败。

第一次喂饲青贮饲料，有些牲畜可能不习惯，可将少量青贮饲料放在食槽底部，上面覆盖一些精饲料，待牲畜慢慢习惯后，再逐渐增加饲喂量。

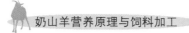

由于青贮饲料含有大量有机酸，具有轻泻作用，因此母畜妊娠后期不宜多喂，产前15 d停喂。劣质的青贮饲料有害畜体健康，易造成流产，不能饲喂。冰冻的青贮饲料也易引起母畜流产，应待冰融化后再喂。

青贮饲料的喂料量取决于牲畜的种类、年龄、青贮饲料的种类及质量等。奶山羊每100 kg体重日喂量：泌乳母羊1.5~3.0 kg，青年母羊1.0~1.5 kg，公羊1.0~1.5 kg。

应当指出的是，青贮饲料是一种好饲料，但只能作为粗饲料的一部分来使用，不能做全价饲料。青贮饲料的营养价值取决于青贮作物的种类、收割时间以及储存方式等多方面因素，差异很大。所以，饲喂青贮饲料时，应依照牲畜的营养需要，缺什么就补充什么，恰当地进行日粮配合。

第三节 粗 饲 料

粗饲料是指干物质中粗纤维含量大于或等于18%，并以风干物形式饲喂的饲料。该类饲料的营养价值通常较其他类别的饲料低，其消化能含量一般不超过10.5 MJ/kg，有机物质消化率通常在65%以下，其主要的化学成分是木质化和非木质化的纤维素、半纤维素。这类饲料主要包括栽培牧草干草、野杂干草和农作物秸秆，此外，也包括秕壳、荚壳、藤蔓和一些非常规饲料资源如树叶类、竹笋壳、糟渣等。

一、干草

干草是指将青绿饲料在未结籽实前刈割，然后经自然晒干或人工干燥调制而成能长期保存的饲料产品，主要包括豆科干草、禾本科干草和野杂干草等。从理论上讲，几乎所有人工栽培牧草、野生牧草均可用于调制干草。但在实际操作中，一般选择茎秆较细、叶面适中的饲草品种，即通常所说的豆科和禾本科两大类饲草，因为茎秆和叶相差太悬殊，都会影响干草质量。目前在规模化山羊养殖场大量使用的干草除野杂干草外，主要是苜蓿干草和黑麦草。

（一）干草的营养价值

干草中粗蛋白质含量变化较大，平均在7%~17%，个别豆科牧草可以高达20%以上。粗纤维含量高，在20%~35%，但其中纤维的消化率较高。此外，干草中矿物质元素含量丰富，一些豆科牧草中的钙含量超过1%，足以满足一般家畜需要，禾本科牧草中的钙也比谷类籽实高。维生素D含量可达到每千克16~150 mg，胡萝卜素含量每千克5~40 mg。

干草中养分利用率高。优质干草呈青绿色，柔软，气味芳香，适口性好。青干草中的有机物消化率可达46%~70%，纤维素消化率为70%~80%，蛋白质具有较高的生物学价值。因此青干草是草食动物营养较平衡的粗饲料，是日粮中能量、蛋白质、维生素的主要来源。除了供给草食动物营养物质之外，青干草还在动物生理上起着平衡和促进胃肠蠕动作用，是草食动物日粮中的重要组成部分。

干草是生产乳脂肪的重要原料。奶山羊在利用瘤胃微生物分解青干草纤维素的过程中能产生挥发性脂肪酸，主要有乙酸、丙酸、丁酸。这些物质是奶山羊合成乳脂肪的重要原料。减少干草喂量，可导致乳脂率降低。

（二）影响干草营养价值的因素

在调制干草的过程中，多数营养物质都有所损失。即使合理调制的干草，其干物质的损失也在 18%～30%。这些损失主要来自以下几方面：

1. 生理呼吸作用的损失　牧草刚收割结束时，牧草的细胞尚未死亡，仍能通过呼吸作用分解其中的养分以维持生命，这部分养分损失一般在 5%～10%。当鲜草内的游离水分被迅速蒸发后，牧草细胞因渗透压的变化而失去生活环境，逐渐衰败死亡，可防止养分的过多损失。如果牧草干燥速度慢，因呼吸而导致的干物质损失可高达 15% 左右，这种情况发生在收割后不久就下雨或土壤水分和空气湿度较高时。夜晚收割的牧草过夜呼吸损失高达 11%。呼吸损失主要是糖降解，由于糖几乎 100% 可消化吸收，因而这种损失可降低干草质量。

2. 枝叶脱落引起的养分损失　豆科牧草叶片中含有比茎更多的粗蛋白质。一般其茎和叶在相同的蒸发和干燥条件下，失水速度差异很大，使得叶片、叶柄和细枝等在干草调制和运输等过程中极易脱落、丢失，造成养分的大量损失。由此引起的损失可使青干草的饲用价值平均降低 30% 左右。禾本科牧草的叶片着生较牢固，由于茎秆中空，在相同条件下，叶与茎秆的干燥速度差异不大，一般有 2%～5% 的叶片脱落，比豆科牧草养分损失相对较少。

3. 日晒作用引起的胡萝卜素损失　新鲜牧草的叶片中含有较多的胡萝卜素，如果采用日晒法调制青干草，可以加快干燥速度，但日光会使叶片中的胡萝卜素损失，叶片变黄变白。日晒超过 1 d，胡萝卜素损失 75%，超过 7 d，损失达 96%。

4. 雨淋引起的营养物质损失　在收割牧草、采用日晒调制干草、运输及储存时，应尽量避免受到雨水的直接浇淋，否则不仅费时、费工、费能，而且干草的营养损失巨大，大部分是易消化的可溶性物质，如糖、B 族维生素和可溶性矿物质等。粗蛋白质可损失 40%，能量可损失 50%，胡萝卜素损失约为 65%，还有其他一些维生素也有很大的损失。表 4-15 显示了雨淋对青干草蛋白质损失的影响。

表 4-15　雨淋对青干草蛋白质损失的影响（%）

受雨淋程度	田间、调制或储藏	饲　喂	合　计
全部淋湿	32.6	8	40.6
50%淋湿	28.8	7	35.8
未受雨淋	17.4	5	22.4

5. 储存的营养物质损失　干草一半以上的损失是在储藏过程中发生的，主要是微生物的活动使草捆发热、发霉造成的。在储存条件较好的仓库中，由储藏引起的干草干物质损失量约为 5%，其中胡萝卜素的含量下降得最快。干草储藏于室外所造成的损失主要由风化引起，风化可使干草的饲喂价值减少 15%～25%。以草捆形式堆放一年，

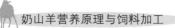

干物质损失为 5%～30%，而比较松散的草堆干物质损失超过 15%。

6. 干草的储存方式与养分损失的关系　美国研究人员研究了苜蓿干草在露天堆垛和打成大捆压实保存对干草的保存期限和质量的影响，结果表明堆成垛的干草前 7 个月化学变化不明显，而营养物质损失超过 10%，7 个月后，干草的营养物质含量，特别是粗蛋白质和胡萝卜素含量均急剧下降；而打成大捆压实保存的干草这种变化不明显。

7. 干草种类与养分损失的关系　豆科牧草可消化养分和维生素损失量往往大于禾本科牧草，其原因是豆科牧草叶柄细、茎中实，茎叶不能同步干燥，而禾本科牧草茎为中空，且叶片附着牢固，不易脱落。

（三）干草的饲用

干草是草食动物的重要能量来源，其有效能含量虽低于能量饲料，但高于青贮饲料。从干草中获得的能量可占草食动物总能食入量的 1/4～1/3。干草类粗饲料还具有促进消化道蠕动、增加瘤胃微生物活性等作用。另外，奶山羊饲料的过于精细化、干草类粗饲料饲喂量减少等因素都可能导致奶山羊泌乳后期产奶量降低。因此，为保证和提高奶山羊的产奶量，应当适当减少谷物等精饲料量，而适当增加一部分干草类等高质量的粗饲料。

干草粉特别是人工快速干燥加工成的干草粉，其营养成分损失少，是良好的蛋白质、维生素和纤维素饲料来源，可用于取代奶山羊饲粮中的部分粗饲料和精饲料。优质的干草粉富含蛋白质和氨基酸，如三叶草草粉所含的赖氨酸、色氨酸、胱氨酸等比玉米高 3 倍，比大麦高 1.7 倍；粗纤维含量不超过 35%；此外还含有胡萝卜素、维生素 C、维生素 K、维生素 E 和 B 族维生素；含有丰富的叶黄素，是很好的着色原料；矿物质中钙多磷少，而且磷不属植酸磷，其他铁、铜、锰、锌等微量元素均高，并含有畜禽未知生长因子。

二、农作物秸秆

农作物秸秆是指各种农作物收获籽实后的残余副产品，即茎秆和枯叶。秸秆饲料包括禾本科、豆科等，其中禾本科秸秆包括稻草、玉米秸、麦秸、豆秸和谷草等，豆科秸秆主要有大豆秸、蚕豆秸、豌豆秸、花生秸等，其他秸秆有油菜秸、枯老苋菜秆等。稻草、玉米秸和麦秸是我国主要的三大秸秆饲料。

（一）秸秆饲料的营养价值

1. 粗纤维含量高，有效能值低　植物在整个生活过程中，蛋白质、脂肪、可溶性碳水化合物等均由茎与叶片向籽实集结。与此同时，茎叶逐渐变老，粗纤维含量逐渐增加，达 30%～45%。秸秆饲料中还含有相当数量的木质素，为 6.5%～12%，这不仅不能被动物利用，反而会影响其他营养物质的消化，降低饲料的营养价值。秸秆饲料的有机物质消化率低，羊一般很少超过 50%，所含消化能低于 8.36 MJ/kg。

2. 蛋白质含量很低　各种秸秆饲料蛋白质的含量均低，为 2%～9%，而且蛋白质品质差，缺乏必需氨基酸。其中豆科较禾本科的情况好些。但总的看来，可消化蛋白质含量都很低。因此，只饲喂秸秆加谷物类籽实，满足不了动物对蛋白质的要求。

3. 粗灰分含量较高，但大部分为硅酸盐　如稻草的粗灰分含量可达 17%，但其中大部分为对动物没有营养价值的硅酸盐，特别是钙、磷含量很低，远低于动物的需要量，而且钙、磷比例也不适宜。所以，在饲喂稻草之类饲料时应注意补充矿物质饲料。

4. 维生素缺乏　秸秆饲料中除了维生素 D 以外，其他维生素都很缺乏，尤其缺少胡萝卜素。

（二）常见秸秆饲料的营养特性与饲用

1. 稻草　稻草是我国南方农区的主要粗饲料来源，其营养价值低于谷草，胜于麦秸。奶山羊对稻草的消化率为 50% 左右。稻草中含粗蛋白质 3%～5%，粗脂肪 1% 左右，粗纤维 35%。稻草粗灰分含量较高，约为 17%，但硅酸盐所占比例大，钙磷含量低，远低于动物的生长和繁殖需要。稻草的产奶净能为 3.39～4.43 MJ/kg，增重净能 0.21～7.32 MJ/kg，消化能（羊）为 7.32 MJ/kg。因此，为了提高稻草的饲用价值，除了添加矿物质和能量饲料外，常对稻草做氨化、碱化处理。经氨化处理后，稻草的含氮量可增加 1 倍，且其中氮的消化率可提高 20%～40%。在使用稻草过程中还应注意霉烂及泥沙等夹杂物。

2. 玉米秸　玉米秸具有光滑外皮，质地粗硬，一般作为反刍动物的饲料。反刍动物对玉米秸粗纤维的消化率在 65% 左右，对无氮浸出物的消化率在 60% 左右。玉米秸青绿时，胡萝卜素含量较高，为 3～7 mg/kg。玉米秸的饲用价值低于稻草。为了提高玉米秸的饲用价值，在安排饲料和烧柴时，应把晚玉米当作饲料，春玉米当作燃料；收获时秸秆上部当作饲料，下部当作燃料。青玉米梢的营养价值优于玉米秸，其产量也不低。玉米秸最好的利用方式是调制青贮饲料。

3. 麦秸　麦秸的营养价值因品种、生长期的不同而有所不同。常用作饲料的有小麦秸、大麦秸和燕麦秸。小麦是我国产量仅次于水稻的粮食作物，其秸秆的数量在麦类秸秆中也最多。小麦秸粗纤维含量高，并含有硅酸盐和蜡质，适口性差，营养价值低。用于饲喂奶山羊时，经氨化或碱化处理后效果较好。大麦秸的产量比小麦秸要低得多，但适口性和粗蛋白质含量均较好些。在麦类秸秆中，燕麦秸是饲用价值最好的一种，对羊的消化能可达 11.38 MJ/kg。

4. 豆秸　豆秸有大豆秸、豌豆秸和蚕豆秸等。由于豆科作物成熟后叶子大部分凋落，因此豆秸主要以茎秆为主，茎已木质化，质地坚硬，维生素与蛋白质含量也减少，但与禾本科秸秆相比，其粗蛋白质含量和消化率都较高。风干大豆秸的消化能为 6.99 MJ/kg（绵羊）。在各类豆秸中以豌豆秸的营养价值最高，但是新豌豆秸水分较多，容易腐败变黑，要及时晒干后储存。在利用豆秸类饲料时，要很好地加工调制，搭配其他精粗饲料混合饲喂。

5. 谷草　谷草即粟的秸秆，其质地柔软厚实，适口性好，营养价值高。在各类禾本科秸秆中，以谷草的饲用价值最高。可压扁切短后喂羊，或铡碎与野干草混喂效果更好。

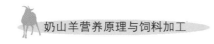

第四节　能量饲料

在国际饲料分类中，能量饲料属于第四类，是指干物质中粗纤维含量低于18%，粗蛋白质含量低于20%的饲料。这类饲料包括禾谷籽实、糠麸类、块根块茎瓜果类、糖蜜类、动植物油脂类和乳糖等。该类饲料在畜禽饲料中所占比例较大，一般在50%以上，是畜禽重要的能量来源。

该类饲料能量含量高，干物质中消化能含量一般大于10.46 MJ/kg，消化能在12.55 MJ/kg以上（称为高能饲料）；蛋白质含量低（8.6%～15.7%），且品质差，必需氨基酸含量不足，尤其是赖氨酸和蛋氨酸缺乏，难以满足畜禽的蛋白质要求；矿物质含量不平衡，钙少（一般低于0.1%），磷多（0.3%～0.5%），且主要为植酸磷，利用率低，并可影响其他矿物质元素的利用；维生素含量不平衡，缺乏维生素A和维生素D，只含有少量β-胡萝卜素，B族维生素含量较丰富，但维生素B_2含量较低（只有1～2.2 mg/kg）。不同种类的能量饲料因养分组成不同，饲用价值亦不同。

一、谷实类饲料

谷实类饲料是指禾本科植物的成熟种子，常用的有玉米、小麦、大麦、稻谷、高粱和燕麦等，在奶山羊精饲料组成中所占比例最大。

谷实类饲料的一般营养特点如下：

1. 无氮浸出物含量丰富、有效能值高　谷实类饲料无氮浸出物含量高，一般占干物质的63%～80%，主要为淀粉，且粗纤维含量较低，一般不超过5%，只有带颖壳的大麦、燕麦、稻谷和粟等粗纤维含量在6.8%～8.2%，因此谷实类饲料的干物质消化率很高，有效能值高，含代谢能11.0～14.0 MJ/kg，该类饲料是泌乳奶山羊饲粮的重要组成部分和能量来源。

2. 蛋白质含量低、品质差　谷物籽实蛋白质含量7.0%～13.9%，主要为醇溶蛋白和谷蛋白，占蛋白质组成的80%以上，而清蛋白和球蛋白含量低，占蛋白质组成的20%左右，导致赖氨酸、蛋氨酸、苏氨酸和色氨酸含量低，氨基酸平衡性差。

3. 构成脂肪的脂肪酸主要为不饱和脂肪酸　谷物籽实脂肪平均含量为3.5%（1.6%～5.2%），其中亚油酸和亚麻酸含量较高，如玉米中约含45%的亚油酸，可满足动物对必需脂肪酸的需要。

4. 矿物质含量低且不平衡　钙少磷多，钙含量低（0.02%～0.09%），磷含量较高（0.25%～0.45%），且主要为利用率较低的植酸磷。饲喂羔羊时需要注意平衡钙磷比例。

5. 维生素含量低且不平衡　一般维生素B_1、烟酸和维生素E较为丰富，但维生素A和维生素D缺乏。

谷物籽实由于其养分组成不同，其消化性能存在差异。不同籽实饲喂羊的饲用价值如以玉米的饲用价值为100计，则小麦、大麦、高粱和燕麦的相对饲用价值分别为90～95、85～100、100和75～100。

（一）玉米

美国为世界上玉米生产第一大国，产量占世界总产量的一半以上。我国也是玉米主产国家之一，玉米产量仅次于水稻和小麦。目前，全球70%～75%玉米作为饲料使用。此外，玉米在食品和酿造工业中的副产品，如酒糟、玉米蛋白质、玉米胚芽饼等也用来作为饲料。因此玉米是主要的能量饲料来源之一，被称为"能量饲料之王"。

1. 营养价值　玉米有效能值高，含消化能14.18 MJ/kg、代谢能13.56 MJ/kg，是谷物籽实中有效能值最高的；粗纤维含量低，仅为2%左右；蛋白质含量较低（7.2%～8.9%），且品质较差，缺乏赖氨酸；钙含量极低，仅为0.02%，总磷含量为0.27%，但有效磷仅为0.12%，钙、磷比例极不平衡（钙∶磷＝1∶6，以有效磷计）；黄玉米中β-胡萝卜素和叶黄素含量较高，但缺乏维生素D和维生素K，水溶性维生素中维生素B_1含量较丰富，而维生素B_2和烟酸缺乏。

2. 饲用价值　玉米适口性好，能值高，饲用价值高于其他谷类籽实，在应用玉米时，除注意补充缺乏的营养素外，还应注意防止黄曲霉污染。

目前通过玉米育种，已培育出了高赖氨酸玉米和高油脂玉米，这两个品种玉米在饲料中的应用，将改善动物的生产性能。

（二）小麦

小麦是全世界主要粮食作物之一，分布广、产量大，我国产量居全世界第一位。北欧国家的能量饲料主要为麦类，其中小麦的用量较大，亚洲国家中日本饲料用小麦的比例约占总进口量的1/4。

1. 营养价值　小麦有效能值较高，仅低于玉米，含消化能14.2 MJ/kg、代谢能12.7 MJ/kg；粗纤维含量和玉米相当，为2%左右；粗脂肪含量较玉米低，为1.7%，其中亚油酸仅0.8%；蛋白质含量较高，为13.9%，高于玉米，是谷实类饲料中蛋白质含量最高的，但蛋白质品质仍然欠佳，缺乏赖氨酸和苏氨酸。与豆粕相比，可消化赖氨酸仅占豆粕的11%；小麦仍然是钙少（0.17%）磷多（0.31%），且磷以植酸磷（0.18%）为主，约占总磷的58.1%，微量元素铁、铜、锰、锌和硒含量较少；小麦B族维生素和维生素E含量较高，而维生素A、维生素D、维生素K和维生素C含量极低。

2. 饲用价值　小麦除能量含量比玉米稍低外，总体上对各种动物都有较高的饲用价值。此外，需要注意的是，小麦中所含有的阿拉伯木聚糖、β-葡聚糖等抗营养因子可增加畜禽消化道食糜的黏度，降低饲料利用率，使非特异性结肠炎的发病率增高，导致动物生产性能降低。可采用在饲料中加酶、添加抗生素和增加一定燕麦壳等粗纤维含量高的原料等方法，来降低或消除其抗营养作用。在奶山羊饲料中用量以不超过50%为宜，否则易引起酸中毒。羔羊开食料中使用小麦则需要添加小麦专用酶制剂。

（三）大麦

大麦有两种，即普通（皮）大麦和裸大麦。在我国大麦栽种地区分布很广，年产量约为260万t，其中皮大麦约占总产量的2/3。裸大麦是我国藏族群众的主要粮食，也是酿制青稞酒、啤酒的重要原料。全球大麦总产量的 80%～90% 用作饲料，美国约占总产量的 60%。

1. 营养价值　大麦的蛋白质含量为 9%～13%，氨基酸组成中赖氨酸、蛋氨酸、色氨酸、异亮氨酸等含量高于玉米，尤其是赖氨酸含量为 0.43%，比玉米几乎高出 1 倍。裸大麦的粗纤维含量为 2.0%，皮大麦的粗纤维含量为 6.0%；粗脂肪含量约为 2%，为玉米的一半，亚油酸含量只有 0.78%。无氮浸出物含量为 67% 以上，主要成分为淀粉，其他糖类约占 10%，主要是非淀粉多糖，即阿拉伯木聚糖和 β-葡聚糖，含量分别占干物质的 6.25%～6.93% 和 3.85%～4.51%，故大麦的生理有效能值低于玉米和小麦，含代谢能 11.2～11.3 MJ/kg。矿物质含量仍为钙少（0.04%～0.09%）磷多（0.39%～0.33%），钙磷比例不恰当，相对于小麦和玉米，植酸磷占总磷的比例较少，约占总磷的 47%。大麦微量元素铁含量较高，但铜含量较低。大麦富含 B 族维生素，维生素 A、维生素 D、维生素 K 含量低。

2. 饲用价值　大麦是反刍动物优良的精饲料原料，在奶山羊精饲料补充料中用量控制在 40% 以内为宜。

（四）高粱

高粱，又称蜀黍、荚子，原产于热带，是世界四大粮食作物之一。我国高粱主产区为辽宁、吉林、山东和黑龙江等省，种植面积和产量占全国粮食总产量第五位。

1. 营养价值　高粱籽粒的结构和养分含量与玉米相似。粗纤维含量为 1.7%；粗脂肪含量为 3.4%；能量含量略低于玉米，含代谢能 12.30 MJ/kg；而蛋白质含量略高于玉米，一般为 9.0%～11.0%，但蛋白质品质仍然较差，缺乏赖氨酸和色氨酸。维生素中烟酸和生物素的含量较玉米高，但利用率较低，如烟酸每千克含量为 41 mg（玉米为 24 mg/kg），但能被利用的仅为 14 mg/kg，利用率不到 35%；钙（0.13%）、磷（0.36%）含量高于玉米，但仍然为钙少磷多，钙磷比例失衡。

2. 饲用价值　高粱中单宁含量较高，会影响饲料的适口性。黄谷高粱和白谷高粱单宁含量一般为 0.2%～0.4%，而褐高粱单宁含量高，为 0.6%～3.6%，导致适口性明显变差，并影响养分利用率，从而使动物的生产性能降低。因此应控制高粱尤其是单宁含量高的高粱在奶山羊饲料中的用量。

（五）燕麦

燕麦是世界上最重要的谷物之一，我国主产区为河北、内蒙古和山西等地区。燕麦的颖壳占整个籽实的 23%～35%，粗纤维含量高，约为 12%，有效能值低，含代谢能为 10.7 MJ/kg，营养价值与大麦相似；粗蛋白质含量约为 11%，氨基酸组成不平衡，赖氨酸含量低；脂肪含量大于 4.5%，且不饱和脂肪酸含量高，其中亚油酸占 45% 左右。燕麦的饲用价值为玉米的 70%～80%，但脱壳后的饲喂价值与玉米相当。

二、糠麸类饲料

谷物籽实加工成人的食品，如大米、面粉和玉米粉后，剩余的种皮、糊粉层、胚及少量胚乳等部分则构成了糠麸类饲料。制米的副产物称为糠，制面粉的副产物为麸。糠麸类饲料主要有米糠、麦麸、高粱糠和玉米皮等，主要用作饲料和酿造业的原料。

糠麸类饲料的营养价值与其所含的种皮、糊粉层和胚的比例有关。一般是种皮比例越大营养越差，而糊粉层和胚的比例越高，其营养价值也越高。糠麸类饲料的一般营养特点如下：

1. 粗蛋白质　糠麸类饲料的粗蛋白质含量比其原料籽实高，粗蛋白质含量为9.3%～15.7%，蛋白质的品质有所改善，尤其是赖氨酸的含量（0.29%～0.74%）比相应原料籽实（0.18%～0.44%）有较大幅度提高。

2. 粗纤维　糠麸类饲料由籽实的种皮、糊粉层、胚和少量胚乳组成，因此粗纤维含量比原料籽实高，一般为3.9%～9.1%，因此有效能值较低。

3. 粗脂肪　糠麸类饲料中粗脂肪含量高，一般为3.4%～16.5%，尤其是米糠粗脂肪含量为16.5%，最高的可达22.4%，并且脂肪酸主要为不饱和脂肪酸，因此在利用时应注意防止氧化酸败。

4. 矿物质　糠麸类饲料粗灰分含量较高，通常为2.6%～8.7%，但仍然是钙少（0.02%～0.30%）磷多（0.26%～1.69%），且磷以植酸磷为主，平均约占总磷的85%，钙磷比例极不平衡（钙与总磷比为1∶13），严重影响钙、磷的吸收利用。微量元素锰和铁含量高。

5. 维生素　糠麸类饲料中B族维生素含量丰富，尤其是维生素B_1含量高，另外未脱脂的糠麸类饲料中维生素E的含量也高。

（一）小麦麸和次粉

小麦麸和次粉是小麦加工成面粉后的副产品。小麦麸是由小麦的种皮、糊粉层和少量的胚和胚乳组成的，即为通常所称的麸皮；而次粉则由糊粉层、胚乳和少量细麸组成。小麦精制过程可得到25%左右的小麦麸，3%～5%的次粉，而生产普粉可获得15%左右的小麦麸。

1. 营养价值　小麦麸和次粉的营养价值与加工工艺和出粉率有关，以干物质计，粗纤维含量较小麦高，约为8.9%，因而在能量饲料中其有效能含量低，仅含消化能9.37 MJ/kg和代谢能6.82 MJ/kg；粗蛋白质含量比小麦高，在能量饲料中含量最高（15.7%），且赖氨酸含量也较丰富（0.58%）；富含B族维生素，尤其是维生素B_1和维生素E，但烟酸利用率低，仅为34%；粗灰分含量为4.9%，尤其是铁、锰、锌等微量元素含量高，钙少（0.11%～0.20%）磷多（0.92%～1.30%），钙磷比例不平衡（1∶8），磷仍然以植酸磷为主，占总磷的74%左右。

2. 饲用价值　小麦麸容重小，有效能值较低，常用来调节饲料的能量浓度。小麦麸物理结构疏松，粗纤维含量高，能够刺激胃肠道的蠕动，具有轻泻作用，可防止便秘。但用量过大会引起腹泻，精饲料中以不超过30%为宜。

（二）米糠和米糠饼

米糠是稻谷加工成白米后的副产品。稻谷脱去的外壳粉碎后为砻糠，其营养价值低，一般不单独作为饲料用。由糙米生产精米的副产品即为米糠，包括种皮、糊粉层、少量胚和胚乳，即通常所称的细米糠，占糙米质量的 8%～11%。一般 100 kg 稻谷可得到糙米 75～80 kg，砻糠 20～25 kg，而生产白米则得到 65～70 kg 精米和统糠 30～35 kg。

生产上通常将砻糠和细米糠按一定比例混合后得到统糠，如二八糠和三七糠等，其营养价值比砻糠要高很多。米糠经压榨或有机溶剂浸提脱去脂肪后，被称为米糠饼或米糠粕。目前我国米糠脱脂有 80% 采用压榨法、20% 采用有机溶剂浸提法。

1. 营养价值 米糠的蛋白质（13%）、粗纤维（5.7%）、脂肪含量均高于玉米，尤其是脂肪含量可达 16.5%，最高达 22.4%，脂肪的脂肪酸组成中以不饱和脂肪酸为主，油酸和亚油酸占 79.2%，故米糠的生理有效能值较高，含消化能 12.64 MJ/kg 和代谢能 11.21 MJ/kg；钙少（0.07%）磷多（1.43%），钙磷比例严重失调，为 1∶20 左右，而且磷以植酸磷为主，占总磷的 93% 左右，因而利用率较低；富含微量元素铁和锰；B 族维生素和维生素 E 含量高，但缺乏维生素 A、维生素 C 和维生素 D。与米糠相比，脱脂米糠饼或米糠粕的粗脂肪含量较低，尤其米糠粕的粗脂肪含量仅为 2.0%。而粗纤维含量增加到 7.4% 左右，因此有效能值降低，含代谢能为 8.28～10.17 MJ/kg，而粗蛋白质、氨基酸和微量元素含量有所提高。

2. 饲用价值 应用米糠时应注意消除胰蛋白酶抑制剂、植酸磷、非淀粉多糖等抗营养因子的不利影响，应防止脂肪酸氧化酸败而影响适口性和营养价值。米糠是糠麸类饲料中能值最高的，新鲜米糠适口性较好。

（三）白酒糟

白酒糟是酿制白酒的副产品。湿酒糟含水 70%～80%，经干燥后水分含量为 10% 以内，蛋白质含量为 10%～25%，赖氨酸和蛋氨酸分别为酒糟的第一限制性氨基酸和第二限制性氨基酸，利用时应注意补充，粗纤维含量高达 17%～27%，有效能值低；酒糟中 B 族维生素含量丰富，且含有未知因子，可促进动物采食。白酒糟的营养成分因原料种类和加工工艺不同而异。

三、块根、块茎和瓜果类饲料

块根、块茎和瓜果类饲料主要包括甘薯、马铃薯、木薯、萝卜、胡萝卜、饲用甜菜、菊芋和南瓜等，这些作物在我国均有广泛种植。该类饲料如以鲜样计，容积大、水分含量高，一般为 75%～90%，干物质含量低，为 10%～25%，有效能值低，仅含消化能 1.8～4.69 MJ/kg，故被称为稀释的能量饲料；如以干物质计，粗纤维和蛋白质含量低，但含无氮浸出物含量为 76% 左右，因此有效能值与谷类籽实相当，属能量饲料。

块根、块茎和瓜果类饲料的一般营养特点如下：

1. 粗蛋白质 以干物质计该类饲料粗蛋白质含量为 2.5%～10%，蛋白质品质差，赖氨酸（平均为 0.15%）和蛋氨酸（平均为 0.06%）含量低，满足不了动物的需要，并且非蛋白氮含量较高。

2. 无氮浸出物 无氮浸出物含量高，为 60%～88%，其中主要为淀粉，粗纤维含量低，为3%～10%，因而消化率较高，有效能值高，含消化能12.55～14.46 MJ/kg，含代谢能12.13～12.55 MJ/kg，与谷类籽实的能值相当，故属于高能量饲料之一。

3. 矿物质 以干物质计粗灰分含量为1.9%～3.0%，钙含量比谷类籽实高，且钙多（0.19%～0.27%）磷少（0.02%～0.09%），钙磷比例与动物需要相比也不适当，为（3～9.5）：1。

4. 维生素 该类饲料中的胡萝卜、黄南瓜和红心甘薯含有较丰富的β-胡萝卜素，其他的则缺乏β-胡萝卜素。该类饲料普遍缺乏B族维生素。

块根、块茎和瓜果类饲料以干物质计，是重要的能量饲料。鲜用时为反刍动物冬季不可缺少的多汁饲料。

（一）甘薯

甘薯，也称番薯、红薯、地瓜、山芋等，是我国四大粮食作物之一，以其易种植、产量高而广为栽种，年产量约1亿t。

1. 营养价值 鲜甘薯水分含量高达60%～80%，干物质为20%～40%，干物质中淀粉约为40%，故鲜甘薯有效能值低，红心甘薯中β-胡萝卜素含量高。

甘薯干的干物质含量为87%、粗蛋白质含量为4%，其中蛋白氮占40%～60%，氨基酸氮占20%～30%，另外含有10%～30%的酰胺、氨和生物碱等，必需氨基酸如赖氨酸（0.16%）和蛋氨酸（0.06%）等含量均低；粗脂肪含量低，为0.8%，粗纤维含量为2.8%，无氮浸出物含量高，为76.4%，因而有效能值较高，与玉米相当；粗灰分含量低，为3.0%，钙含量为0.19%，高于磷（0.02%）；红心甘薯中含有较高的β-胡萝卜素，但B族维生素含量低。

2. 饲用价值 新鲜甘薯多汁、味甜、适口性好，具有促进消化、储积脂肪和增加产奶的作用。生喂或熟喂，动物都喜食。但熟喂可改善能量和干物质的消化率，尤其能显著改善蛋白质的消化率。保存不当，甘薯会发芽、腐烂或出现黑斑。黑斑中含有甘薯酮等毒素，动物误食将导致中毒。生甘薯或甘薯粉由于含有一定量的胰蛋白酶抑制剂，易腐烂。

（二）马铃薯

马铃薯又称土豆、洋芋、地蛋和山药蛋等。我国种植马铃薯的地域广阔，主要作为人的食物和生产淀粉用，用于饲料较少。

1. 营养价值 鲜马铃薯的水分含量高，为70%～80%，干物质为20%～30%，其中淀粉含量占80%左右，粗蛋白质为8.6%，粗脂肪为0.2%，粗纤维含量为2.2%。马铃薯的营养成分因品种不同而异。

以干物质计，粗蛋白质含量较甘薯高，与玉米接近，蛋白质的品质比小麦好。脂肪含量少，干物质中主要为淀粉，含量高达80%，另外含有一定量的蔗糖、葡萄糖和果糖，以及一定量的柠檬酸和苹果酸等，而粗纤维含量低，因此有效能值含量高，与玉米相当，含消化能12.97 MJ/kg和代谢能12.30 MJ/kg。

2. 饲用价值 对草食动物，马铃薯生喂和熟喂的效果基本一致。在利用马铃薯时应防止龙葵素中毒，尤其当发芽或皮变为青绿色时应特别注意。

（三）木薯

木薯又称树薯和树番薯，为热带多年生灌木，其茎干基部形成块茎的部分可用来生产淀粉和饲喂动物。木薯分为苦味种和甜味种两大类，都含有氢氰酸，尤其皮中含量多。鲜样中，苦木薯氢氰酸含量为 250 mg/kg 以上，甜木薯含量较低，仅为苦木薯的 1/5，因而不需脱毒即可饲喂。

1. 营养价值　鲜木薯水分含量为 70% 左右，干物质为 25%～30%。以干物质计，木薯干粗蛋白质约为 3.2%，且蛋白质品质差，赖氨酸含量为 0.13%，蛋氨酸仅为 0.05%；粗脂肪含量低，为 0.7%；粗纤维含量低，与玉米相近，为 2.5%，而无氮浸出物含量高，为 79.4%，有效能值高于甘薯，含消化能 13.10 MJ/kg 和代谢能 12.38 MJ/kg；灰分含量低，为 1.9%，而钙的含量为 0.27%，比玉米高，但木薯缺乏磷，磷含量是该类饲料中最低的，仅含 0.09%。

2. 饲用价值　木薯皮中含有较高的氢氰酸，尤其是苦木薯，因此一般不宜鲜喂，通常需经脱毒后，如晒干或脱皮干燥后以木薯干的形式利用。

四、其他能量饲料

这类能量饲料包括动物脂肪、植物油、制糖工业的副产品糖蜜、乳制品加工的副产物乳清粉以及食品工业的副产物——富含糖类的液态副产品如液态小麦淀粉、马铃薯蒸煮脱皮后的副产品和干酪乳清等。

（一）油脂

油脂总能和有效能远比一般的能量饲料高。例如，猪脂肪总能为玉米的 2.14 倍；大豆油代谢能为玉米的 2.87 倍；棕榈酸钙泌乳净能为玉米的 3.33 倍。在饲料中使用，能提高饲料的能量浓度，并且对提高平均增重和改善饲料转化率均有积极作用。作为饲料脂肪来源很广，主要包括动物脂肪（牛脂、猪油等）、植物油（如大豆油、菜籽油、棉籽油、玉米油和椰子油等）和工业生产的粉末油脂（又称为固体脂）三大类。但需注意的是，我国奶山羊饲料中禁止使用动物脂肪。

1. 营养价值　植物油脂在常温下通常呈液态。常见的植物油脂有大豆油、菜籽油、棉籽油、玉米油、花生油和椰子油等。植物油中不饱和脂肪酸含量高，占油脂的 30%～70%，因而植物油中必需脂肪酸亚油酸的含量一般高于动物脂肪，但该类油脂易发生氧化酸败。其有效能值含量略高于动物脂肪，含代谢能 36.8 MJ/kg。

工业生产的粉末油脂又称固体脂肪，它是将动物或植物油脂经特殊处理，即将油脂与酪蛋白、乳糖和淀粉等赋形剂混合加工而成的小颗粒状油脂。其脂肪含量在 90% 以上，不易被氧化，因而使用方便。

2. 饲用价值　在奶山羊精饲料补充料中添加油脂可以改进饲料的适口性，提高日粮的能量浓度，增加脂溶性维生素的吸收率，改变乳脂肪酸组成。此外，添加油脂还具有降低饲料粉尘，对制粒过程中起润滑作用，以及改善饲料外观等作用。

使用油脂的注意事项：

（1）饲料添加油脂后，能量浓度增加，应相应增加饲料其他养分的水平。

（2）添加油脂应针对不同动物注意选择脂肪的类型，尤其是饱和与不饱和脂肪酸的比例和中短链脂肪酸的含量。

（3）脂肪容易氧化酸败，应避免使用已发生氧化酸败的脂肪，在高温高湿季节使用脂肪时应添加抗氧化剂。

（4）避免使用劣质油脂，如高熔点油脂（棕榈油和棉籽油）和含毒素油脂（棉籽油、蓖麻油和桐籽油等）以及被二噁英污染的油。

（二）糖蜜

糖蜜主要是以甜菜或甘蔗为原料制成的副产品，柑橘类的植物、玉米淀粉、高粱属的植物等制糖时也可产生糖蜜。根据生产糖蜜的具体条件不同，糖蜜可分为原糖蜜、A型糖蜜和B型糖蜜。原糖蜜产品是指未经精制的甜菜或甘蔗液汁。A、B型糖蜜是废糖蜜的中间体，而在畜禽饲料中运用的糖蜜通常为废糖蜜。

1. 营养价值　糖蜜中的干物质含量为74%～79%，粗蛋白质含量为2.9%～7.6%，蔗糖以及游离葡萄糖和果糖含量约为50%，灰分含量为8.1%～10.5%，其中钙含量为0.1%～0.81%、总磷含量为0.02%～0.8%，钾含量很高，为2.4%～4.8%。

2. 饲用价值　饲料中添加适量的糖蜜可减少饲料粉尘和改善动物的生产性能。但糖蜜与脂肪或其他液态物质一样，在饲料中的添加量受到限制（在商品饲料中用量为1%～9%）。主要由于将糖蜜添加到立式混合机中较困难，添加量不易控制，且用量受到限制，一般以不超过5%为宜；另外，在饲料配制和储存过程中会引起提升机、运送机、谷物料斗和料箱的阻塞，以及装袋困难、产品堆放后变硬等问题。因此，在利用时可适当控制用量，或通过添加脂肪以利于糖蜜混合。

（三）乳清粉

乳清粉是全乳除去乳脂和酪蛋白后干燥而成的乳制品之一。其含有牛乳的大部分水溶性成分，包括部分乳蛋白、乳糖、水溶性维生素和矿物元素，是动物高档饲料的重要原料，常用于代乳粉和开食料中。

乳清粉能提供幼龄动物非常容易利用的乳糖、优质乳蛋白和生物学效价很高的矿物质和维生素。乳清粉中粗蛋白质平均含量为12%，蛋白质品质好，赖氨酸含量为1.1%，灰分含量较高，为9.7%，其中钙含量为0.87%，磷含量为0.79%，钙、磷比例适当，但钠含量较高，为2.5%。也有一种乳清粉，部分乳糖被结晶，粗蛋白质含量为17%左右。

（四）液态副产品

液态副产品是来源于人类食品工业的液体副产物。从营养学的角度将其分为3大类，即富含糖类、富含脂肪类和富含蛋白质类，其中以富含糖类在动物生产中应用最多。富含糖类的液态副产品，储存时易发酵，产生乳酸和乙酸使pH降低，而抑制饲料和消化道中的有害微生物；同时水分含量高达74.9%～94.8%，干物质含量相应较低，为25.1%～5.2%，因此如以鲜样计，很难将其归为能量饲料类，但如以干物质计则为

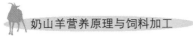

能量饲料。

富含糖类的液态副产品有 3 种，即液态小麦淀粉、马铃薯蒸煮脱皮后的副产品和干酪乳清。如以干物质计，富含糖类的液态副产品，粗蛋白质含量为 11.67%～15.51%，粗脂肪含量为 2.86%～1.30%，粗纤维含量为 6.39%，无氮浸出物含量为 50.22%～65.17%。

第五节　蛋白质饲料

蛋白质饲料是指干物质中粗蛋白质含量大于或等于 20%、粗纤维含量小于 18% 的饲料。蛋白质饲料可分为植物性蛋白质饲料、动物性蛋白质饲料、单细胞蛋白质饲料和非蛋白氮饲料。这类饲料营养丰富，特别是蛋白质含量丰富，粗纤维含量低，可消化养分多，能值较高，是配合饲料的重要原料之一。

一、植物性蛋白质饲料

植物性蛋白质饲料包括豆类籽实、饼粕类和其他植物性蛋白质饲料。这类蛋白质饲料是动物生产中使用量最多、最常用的蛋白质饲料。该类饲料具有以下共同特点：

(1) 蛋白质含量高　一般植物性蛋白质饲料粗蛋白质含量在 20%～50%，因种类和加工工艺不同差异较大。它的蛋白质品质高于谷物类蛋白。但植物性蛋白质的消化率一般仅 80% 左右，主要是由于大量蛋白质与细胞壁多糖结合，有明显抗蛋白酶水解的作用。

(2) 粗脂肪含量变化大　油料籽实含量在 15%～30%，非油料籽实只有 1% 左右。饼粕类脂肪含量受加工工艺的影响较大，高的可达 10%，低的仅 1% 左右。

(3) 粗纤维含量一般不高　与谷物籽实相似，饼粕类稍高些。

(4) 矿物质中钙少磷多　且主要是植酸磷。

(5) 维生素含量与谷物籽实相似　B 族维生素较丰富，而维生素 A、维生素 D 较缺乏。

(6) 含有抗营养因子　大多数植物性蛋白质饲料含有一些抗营养因子，影响其饲喂价值。

(一) 大豆

1. 营养特点　大豆为双子叶植物纲、豆科、大豆属一年生草本植物，按种皮颜色分为黄色大豆、黑色大豆、青色大豆、其他大豆和饲用豆（秣食豆）5 类，其中黄豆最多，其次为黑豆。大豆蛋白质含量为 32%～40%。生大豆中蛋白质多属于水溶性蛋白质（约 90%），加热后即溶于水。氨基酸组成良好，植物蛋白中普遍缺乏的赖氨酸含量较高，如黄豆和黑豆分别为 2.30% 和 2.18%，但含硫氨基酸较缺乏。大豆脂肪含量高，达 17%～20%，其中不饱和脂肪酸较多，亚油酸和亚麻酸可占其脂肪总量的 55%，油脂中存在磷脂，占 1.8%～3.2%。大豆糖类含量不高，无氮浸出物仅 26% 左右，纤维素占 18%。矿物质中钾、磷、钠较多，但 60% 的磷为不能利用的植酸磷。铁含量较高。

维生素与谷实类相似，含量略高于谷实类；B 族维生素含量较高，而维生素 A、维生素 D 含量低。

生大豆中存在多种抗营养因子，直接饲喂会造成动物腹泻和生长抑制，饲喂价值较低，因此生产中一般不直接使用生大豆。加热可破坏胰蛋白酶抑制因子、血细胞凝集素、抗维生素因子、植酸、脲酶等，从而提高蛋白质的利用率，提高大豆的饲喂价值。但加热无法破坏包括皂苷、雌激素、胃肠胀气因子等。

2. 饲用价值　生大豆不宜直接饲喂奶山羊，特别是羔羊，可导致腹泻和影响生长，加热处理得到的全脂大豆有良好的饲喂效果。奶山羊饲料中生大豆不宜与尿素同用。经热处理的全脂大豆适口性高于生大豆，并具有较高的瘤胃未降解蛋白。

（二）豌豆

1. 营养特点　豌豆又名毕豆、小寒豆、麦豆。豌豆除食用外，也做饲料。豌豆风干物中粗蛋白质含量约 24%，蛋白质中含有丰富的赖氨酸，而其他必需氨基酸含量都较低，特别是含硫氨基酸与色氨酸。豌豆中粗纤维含量约 7%，粗脂肪约 2%，各种矿物质和维生素含量都偏低。豌豆中也含有胰蛋白酶抑制因子、外源植物凝集素、胃肠胀气因子，不宜生喂。

2. 饲用价值　豌豆在奶山羊精饲料中的用量应控制在 20% 以下，宜经热处理后饲喂。

（三）蚕豆

1. 营养特点　蚕豆是以蛋白质和淀粉为主要成分的豆科籽实，又名胡豆，主要在我国南方用作配合饲料的原料。蚕豆的脂肪含量远低于大豆，但无氮浸出物含量则高于大豆，含 47.3%～57.5%，是大豆的 2 倍多，粗蛋白质含量低于大豆，干物质中粗蛋白质含量为 23.0%～31.2%，总的营养价值与大豆基本相似。

2. 饲用价值　蚕豆在饲料中所占比例不宜超过 15%，因含有较多淀粉，饲喂过多易影响瘤胃发酵，生产中多使用蚕豆壳或蚕豆秸秆饲喂大家畜。

（四）大豆饼粕

1. 营养特点　大豆饼粕是以大豆为原料取油后的产物，是使用最广泛、用量最多的植物性蛋白质原料。由于制油工艺不同，通常将压榨法取油后的产品称为大豆饼，而将浸提法取油后的产品称为大豆粕。浸提法比压榨法可多取油 4%～5%，且粕中残脂少易保存，为目前生产上主要采用的工艺。

大豆饼粕粗蛋白质含量高，一般在 40%～50%，必需氨基酸含量高，组成合理。赖氨酸含量在饼粕类中最高，为 2.4%～2.8%。赖氨酸与精氨酸比约为 100∶130，比例较为适当。异亮氨酸含量是饼粕饲料中最高者，约 1.8%，是异亮氨酸与缬氨酸比例最好的一种。大豆饼粕中色氨酸、苏氨酸含量也很高，与谷实类饲料配合可起到互补作用。蛋氨酸含量相对不足。大豆饼粕粗纤维含量较低，主要来自大豆皮。无氮浸出物中淀粉含量低。大豆饼粕中胡萝卜素、核黄素和硫胺素含量低，烟酸和泛酸含量较高，胆碱含量丰富，维生素 E 在脂肪残量高和储存不久的饼粕中含量较高。矿物质中钙少磷

多，磷多为植酸磷（约占 61%），硒含量低。

大豆粕和大豆饼相比，脂肪含量较低，而蛋白质含量较高，且质量较稳定。大豆在加工过程中先经去皮而加工获得的粕称去皮大豆粕，其与未去皮大豆粕相比，粗纤维含量低，一般在 3.3% 以下，粗蛋白质含量为 48%～50%，营养价值较高。

2. 饲用价值 大豆饼粕是奶山羊的优质蛋白质原料，各阶段羊饲料中均可使用，适口性好，长期饲喂也不会厌食，效果优于生大豆。

（五）菜籽饼粕

1. 营养特点 油菜是我国的主要油料作物之一，除作种用外，95% 用作生产食用油。菜籽饼和菜籽粕是油菜籽榨油后的副产品。菜籽饼粕是一种良好的蛋白质饲料，但因含有毒物质，其应用受到限制。油菜品种可分为四大类，即甘蓝型、白菜型、芥菜型和其他型油菜，不同品种含油量和有毒物质含量不同。"双低"（低芥酸和低硫葡萄糖苷）油菜品种的培育，为解决菜籽的毒性问题和改善菜籽饼粕的饲用价值开辟了重要途径。油菜籽的榨油工艺主要为螺旋压榨法和预压浸提法，目前生产上以后者占主导地位。

菜籽饼粕均含有较高的粗蛋白质，为 34%～38%。氨基酸组成平衡，含硫氨基酸较高，精氨酸含量低，赖氨酸与精氨酸的比例适宜，是一种氨基酸平衡良好的饲料。菜籽饼粕中粗纤维含量较高，为 12%～13%，有效能值较低，其中菜籽外皮是影响菜籽饼粕有效能的根本原因。菜籽饼粕中的糖类主要为不易消化的淀粉。矿物质中钙、磷含量均高，但磷多为植酸磷，富含铁、锰、锌、硒，尤其是硒含量远高于豆饼。维生素中胆碱、叶酸、烟酸、核黄素、硫胺素均比豆饼高，但胆碱与芥子碱呈结合状态，不易被肠道吸收。菜籽饼粕含有硫葡萄糖苷、芥子碱、植酸、单宁等抗营养因子，这些抗营养因子影响其适口性。

"双低"菜籽饼粕与普通菜籽饼粕相比，粗蛋白质、粗纤维、粗灰分、钙、磷等常规成分含量差异不大，有效能略高，赖氨酸含量和消化率显著高于普通菜籽饼粕，蛋氨酸、精氨酸含量略高。

2. 饲用价值 菜籽饼粕因含有多种抗营养因子，饲喂价值明显低于大豆饼粕，并可引起甲状腺肿大、采食量下降、生产性能降低。"双低"品种的饲养效果明显优于普通品种。

（六）棉籽饼粕

1. 营养特点 棉籽饼粕是棉籽经脱壳取油后的副产品，完全去壳的称为棉仁饼粕。棉籽经螺旋压榨法和预压浸提法，得到棉籽饼和棉籽粕。粗纤维含量主要取决于制油过程中棉籽脱壳程度。国产棉籽饼粕粗纤维含量较高，达 13% 以上，有效能值低于大豆饼粕。脱壳较完全的棉仁饼粕粗纤维含量约 12%，代谢能水平较高。棉籽饼粕粗蛋白质含量较高，达 34% 以上，棉仁饼粕粗蛋白质可达 41%～44%。氨基酸中赖氨酸含量较低，仅相当于大豆饼粕的 50%～60%，蛋氨酸含量亦低，精氨酸含量较高，赖氨酸与精氨酸之比在 100：270 以上。矿物质中钙少磷多，磷中 71% 左右为植酸磷，硒含量低。B 族维生素含量较高，维生素 A、维生素 D 含量低。棉籽饼粕中的有毒有害和抗营养因子主要为棉酚、环丙烯脂肪酸、单宁和植酸。

2. 饲用价值 棉籽饼粕是反刍动物良好的蛋白质来源。奶山羊饲料中可适当添加棉籽饼粕，但用量不宜过高，精饲料中的比例应低于 40%，同样需配合优质粗饲料。游离棉酚可使种用动物尤其是雄性动物生殖细胞发生障碍，因此雄性种畜应禁止用棉籽饼粕，雌性种畜也应尽量少用。

（七）花生饼粕

1. 营养特点 花生饼粕是花生脱壳后，经机械压榨或溶剂浸提油后的副产品。花生脱壳取油的工艺可分浸提法、机械压榨法、预压浸提法和土法夯榨法。用机械压榨法和土法夯榨法榨油后的副产品为花生饼，用浸提法和预压浸提法榨油后的副产品为花生粕。

花生饼的粗蛋白质含量约 44%，花生粕的粗蛋白质含量约 47%，粗蛋白质含量高，但氨基酸组成不平衡，赖氨酸、蛋氨酸含量偏低，精氨酸含量在所有植物性饲料中最高，赖氨酸与精氨酸之比在 100∶380 以上，饲喂时可与精氨酸含量低的菜籽饼粕等配合使用。花生饼粕的有效能值在饼粕类饲料中最高。无氮浸出物中大多为淀粉、可溶性糖和戊聚糖。残余脂肪熔点低，脂肪酸以油酸为主，不饱和脂肪酸占 53%～78%。钙、磷含量低，磷多为植酸磷，铁含量略高，其他矿物元素含量较低。胡萝卜素、维生素 D、维生素 C 含量低，B 族维生素较丰富，尤其烟酸含量高，约 174 mg/kg。核黄素含量低，含胆碱 1 500～2 000 mg/kg。花生饼粕中含有少量胰蛋白酶抑制因子。花生饼粕极易感染黄曲霉，产生黄曲霉毒素，引起动物中毒。我国《饲料卫生标准》（GB 13078—2017）中规定，花生饼粕黄曲霉素 B_1 含量不得大于 0.05 mg/kg。

2. 饲用价值 花生饼粕对奶山羊的饲用价值与大豆饼粕相当。花生饼粕有通便作用，采食过多易导致软便。经高温处理的花生饼粕，蛋白质溶解度下降，可提高过瘤胃蛋白量，提高氮沉积量。

（八）向日葵饼粕

1. 营养特点 向日葵饼粕的营养价值取决于脱壳程度，完全脱壳饼粕的营养价值很高，粗蛋白质含量可分别达到 41%（饼）、46%（粕），与大豆饼粕相当。但脱壳程度差的产品，营养价值较低。氨基酸组成中，赖氨酸含量低，含硫氨基酸含量丰富。粗纤维含量较高，有效能值低，脂肪含量为 6%～7%，其中 50%～75% 为亚油酸。矿物质中钙、磷含量高，但磷以植酸磷为主，微量元素中锌、铁、铜含量丰富。B 族维生素（烟酸、泛酸）含量均较高。向日葵饼粕中的难消化物质有外壳中的木质素和高温加工条件下形成的难消化糖类。此外还有少量的酚类化合物，主要是绿原酸，含量为 0.7%～0.82%，氧化后变黑，是饼粕色泽变暗的内因。绿原酸对胰蛋白酶、淀粉酶和脂肪酶有抑制作用，加蛋氨酸和氯化胆碱可抵消这种不利影响。

2. 饲用价值 未脱壳的向日葵饼粕粗纤维含量高，有效能值低，育肥效果差，脱壳的向日葵饼粕对反刍动物的饲用价值与豆粕相当，羊采食向日葵饼后，瘤胃内容物pH 下降，可提高瘤胃内容物溶解度。但奶山羊采食过多脂肪含量高的压榨饼易造成乳脂和体脂变软。

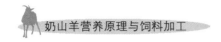

（九）亚麻仁饼粕

1. 营养特点 亚麻仁饼粕是亚麻籽经脱油后的副产品。因亚麻籽中常混有芸芥籽及菜籽等，部分地区又将亚麻称为胡麻。亚麻仁饼粕粗蛋白质含量一般为 32%～36%，氨基酸组成不平衡，赖氨酸、蛋氨酸含量低，富含色氨酸和精氨酸，赖氨酸与精氨酸之比为 100：250，饲料中使用亚麻仁饼粕时，应添加赖氨酸或搭配赖氨酸含量较高的饲料。粗纤维含量高，为 8%～10%，热能值较低，代谢能仅约 9.0 MJ/kg。脂肪中亚麻酸含量可达 30%～58%。钙、磷含量较高，硒含量丰富，是优良的天然硒源之一。维生素中胡萝卜素、维生素 D 含量低，但 B 族维生素含量丰富。

亚麻仁饼粕中的抗营养因子包括生氰糖苷、亚麻籽胶、抗维生素 B_6 因子。生氰糖苷在亚麻籽自身所含亚麻酶作用下，生成氢氰酸而有毒。亚麻籽胶含量为 3%～10%，以中性多糖为主，主要成分为糖醛酸，饲料中用量过多可影响食欲。

2. 饲用价值 亚麻仁饼粕是反刍动物良好的蛋白质来源，羔羊、成年羊及种羊均可使用，并可作为唯一蛋白质来源，配合其他蛋白质饲料可预防乳脂变软。

（十）玉米蛋白粉

1. 营养特点 玉米蛋白粉是玉米加工的主要副产品之一，为玉米除去淀粉、胚芽、外皮后剩下的产品。玉米蛋白粉经酶水解、干燥后获得玉米酶解蛋白。粗蛋白质含量 40%～60%，氨基酸组成不佳，蛋氨酸、精氨酸含量高，赖氨酸和色氨酸严重不足，赖氨酸与精氨酸之比达 100：（200～250），与理想比值相差甚远。粗纤维含量低，易消化，代谢能与玉米近似或高于玉米。矿物质含量低，铁含量较高，钙、磷含量较低。维生素中胡萝卜素含量较高，B 族维生素含量低。富含色素，主要是叶黄素和玉米黄质，前者是后者含量的 15～20 倍，是较好的着色剂。

2. 饲用价值 玉米蛋白粉可用作奶山羊的部分蛋白质饲料原料，精饲料添加量以 30% 以下为宜，过高则影响生产性能。在使用玉米蛋白粉的过程中，应注意霉菌含量，尤其是黄曲霉毒素含量。

二、动物性蛋白质饲料

动物性蛋白质饲料主要指水产、畜禽加工、蚕丝及乳品业等加工副产品，包括鱼粉、血粉、肉骨粉、羽毛粉、蚕蛹粉和乳蛋白制品等。动物性蛋白质饲料的主要营养特点：①粗蛋白质含量高（40%～85%），氨基酸组成比例较平衡。②糖类含量低，不含粗纤维。③脂肪含量较高，虽然能值含量高，但脂肪易氧化酸败，不宜长时间储藏。④粗灰分含量高，钙、磷含量丰富，比例适宜。⑤维生素含量丰富（特别是维生素 B_2 和维生素 B_{12}）。⑥含有促进动物生长的动物性蛋白因子。

因为由动物的组织或器官作为原料进行加工饲料过程中细菌繁殖较快，而且存在动物源携带病毒传染的问题，所以对于动物源性饲料的生产条件要求较高。根据《动物源性饲料产品安全卫生管理办法》，企业需要达到多项指标方可领取到生产许可证。对于反刍动物饲料中使用动物源性饲料，《动物源性饲料产品安全卫生管理办法》（2004）第十八条已做明确规定：禁止在反刍动物饲料中使用动物源性饲料产品，但乳及乳制品除外。所以，这里主要介绍适用于代乳粉和开食料中的乳制品原料。

1. 脱脂奶粉　脱脂奶粉由牛乳经脱脂加工干燥而成。脱脂奶粉一般水分含量低于8％，粗蛋白质含量为33％～35％。无氮浸出物含量约为50％，大部分为乳糖。还含有丰富的 B 族维生素和矿物质。可用于羔羊的人工代乳料，用量一般为10％～20％。

2. 乳清蛋白粉　乳清蛋白粉是以乳清为原料，经分离、浓缩、干燥等工艺制成的蛋白质含量不低于25％的粉末状产品。其中，浓缩乳清蛋白粉是乳清蛋白粉的一种，蛋白质含量不低于34％，而分离乳清蛋白粉的蛋白质含量不低于90％。

3. 酪蛋白粉　酪蛋白粉是指在脱脂乳中加入酸或凝乳酶，使酪蛋白凝固，然后再经分离、干燥、粉碎所得的一种乳制品加工的副产品。酪蛋白多供人食用，价格低廉时也可用作高蛋白质饲料。酪蛋白粉的粗蛋白质含量一般不低于74％，各种氨基酸组成平衡。在养殖生产中酪蛋白粉广泛用于鱼类饲料，在羔羊代乳料中使用不多。

三、单细胞蛋白质饲料

单细胞蛋白质是单细胞或具有简单构造的多细胞生物的菌体蛋白的统称，有的又称为微生物蛋白质饲料。在生产上具有生产周期短、原料来源广、发展前景好等特点。目前可供用作饲料的单细胞蛋白质微生物主要有酵母、真菌、藻类及非病原性细菌四大类。

（一）饲料酵母

在单细胞蛋白质饲料中，饲料酵母利用最多。饲料酵母按培养基不同常分为石油酵母、工业废液（渣）酵母（包括啤酒酵母、酒精废液酵母、味精废液酵母、纸浆废液酵母）。

1. 石油酵母　生产石油酵母的原料一般分两种，一种是以重质油为原料，另一种是以石油蜡烃为原料。生产石油酵母要求加入一定量氨调整发酵液的 pH，还需加入一定量的磷、钾、铁盐，并提供充足的空气和水进行冷却。在弱酸性和30～36 ℃温度条件下，经发酵后继续加工即得石油酵母。

石油酵母粗蛋白质含量为60％左右，水分含量为5％～8％，粗脂肪含量为8％～10％，干物质中消化能为14.98 MJ/kg，代谢能为9.29 MJ/kg。赖氨酸含量接近优质鱼粉，但蛋氨酸含量很低。粗脂肪多以结合型存在于细胞质中，不易氧化，利用率较高。矿物质中铁含量高、碘含量低。维生素不足。

从能值、蛋白质含量和适口性等方面综合考虑，应当限制用量。以轻油或重质油直接做发酵原料生产的石油酵母含有致癌物质苯并芘，应慎用。

2. 工业废液酵母　工业废液酵母是指以发酵、造纸、食品等工业废液（如酒精、啤酒、纸浆废液和糖蜜等）为碳源和一定比例的氮（硫酸铵、尿素）作为营养源，接种酵母菌液，经发酵、离心提取、干燥和粉碎而获得的一种菌体蛋白饲料。

饲用酵母因原料及工艺不同，营养组成有很大的变化。一般风干制品中含粗蛋白质45％～60％，如酒精废液酵母为45％，味精废液酵母可达62％，纸浆废液酵母为

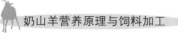

46％，啤酒酵母为 52％。这类单细胞蛋白质的必需氨基酸和鱼粉含量相近，赖氨酸含量为 5％～7％，蛋氨酸＋胱氨酸含量为 2％～3％。蛋白质生物学效价不如鱼粉，与优质豆饼相当，但适口性差。有效能值一般与玉米近似。富含锌和硒，含铁量很高。近年来在酵母的综合利用中，可先提取出酵母的核酸再制成"脱核酵母粉"。

（二）单细胞藻类

单细胞藻类是指以阳光为能源，以天然有机物和无机物为培养基，生活于水中的小型单细胞浮游生物体。目前主要饲用的藻类有绿藻和蓝藻两种。

1. 绿藻　绿藻呈单细胞球状，直径 5～10 μm。蓝藻因呈相连螺旋状又名螺旋藻，长 300～500 μm，易培养捕捞，色素和蛋白质的利用率高。从发展前景看，蓝藻有取代绿藻的趋势。绿藻稍具苦味，营养成分较全面，含有动物未知生长因子和丰富的类胡萝卜素，但细胞壁厚，叶绿体不易消化，所以消化率低，用量受到限制。一般可少量用于奶山羊饲料，用量控制在 20％以下。

2. 蓝藻　蓝藻的粗蛋白质含量为 65％～70％，粗脂肪、粗纤维含量比绿藻低，无氮浸出物含量比绿藻高。赖氨酸、蛋氨酸含量低，精氨酸、色氨酸含量高，氨基酸组成略欠平衡。脂肪酸以软脂酸、亚油酸、亚麻油酸居多，维生素 C 含量丰富。其他与绿藻相近。蓝藻适口性好，可适量用于奶山羊饲料。

（三）其他单细胞蛋白质

其他单细胞蛋白质包括真菌类和非病原性细菌类。常用真菌有地霉属、曲霉属、根霉属、木霉属和镰孢属等，营养价值和酵母单细胞蛋白质相似。非病原性细菌常见的有芽孢杆菌属、氢单胞菌属以及放线菌属中的分枝杆菌、诺卡氏菌等。这类细菌的特点是菌体蛋白含量高。但由于生产工艺的限制，目前仍处于开发阶段。

四、非蛋白氮饲料

凡含氮的非蛋白可饲物质均可称为非蛋白氮（NPN）饲料。NPN 包括饲料用的尿素、双缩脲、氨、铵盐及其他合成的简单含氮化合物。这类化合物不含能量，可为瘤胃微生物提供氮源用于合成微生物菌体蛋白。

（一）尿素

尿素为白色、无臭、结晶状物质。味微咸苦，易溶于水，吸湿性强。纯尿素含氮量为 46％，一般商品尿素的含氮量为 45％。每千克尿素相当于 2.8 kg 粗蛋白质，或相当于 7 kg 豆饼的粗蛋白质含量。生产中用适量的尿素取代奶山羊饲料中部分优质蛋白质饲料，不仅可降低生产成本，而且还能提高生产力。瘤胃细菌能产生活性很强的脲酶，尿素进入瘤胃后，很快被脲酶水解为氨和二氧化碳。尿素水解后的氨与饲料蛋白质降解产生的氨，均可用于合成微生物菌体蛋白。瘤胃微生物蛋白质在真胃和小肠内，经酶的作用，转化为游离氨基酸，在小肠被吸收和利用。

当饲料中尿素水平过高时，反刍动物吸收的氨量就会超过肝脏降解氨的量，造成氨中毒，会导致神经症状的发生。因此，尿素的用量不能过多。6 月龄以上的奶山羊饲料中尿素用量不能超过饲料总氮量的 1/3，或不超过饲料总量的 1%。高产奶山羊饲料不宜添加尿素。

尿素不宜单一饲喂，应与其他精饲料合理搭配。生豆粕、生大豆、南瓜等饲料含有大量脲酶，切不可与尿素一起饲喂，以免引起中毒。可以利用乙酰氧肟酸等脲酶抑制剂抑制脲酶活性，提高尿素氮利用效率与饲料氮的利用效率。

（二）其他非蛋白氮饲料

为降低尿素在瘤胃中的水解速度和延缓氨的生成速度，目前比较有效的方法和产品有以下几种。

1. 缩二脲　当尿素被加热到很高的温度时，2 分子尿素可缩合成 1 分子的缩二脲。缩二脲在瘤胃中水解成氨的速度要比尿素慢，氨随时释放随时被微生物利用，所以提高了氮的利用率。因为尿素具有苦味而缩二脲无味，所以缩二脲的适口性比尿素好。缩二脲在瘤胃里被微生物产生的缩脲酶水解成氨，只有当瘤胃中含有一定量的缩二脲和保持一段时间后，瘤胃微生物才能产生这种缩脲酶，因此若有效地利用缩二脲需要约 6 周的适应期，如果连续几天不在饲料中添加缩二脲，就需要一个新的适应期。在瘤胃中不能被代谢的缩二脲以尿的形式排出体外。

2. 脂肪酸尿素　脂肪酸尿素又称脂肪脲，是以脂肪膜包被尿素，目的是提高能量、改善适口性和降低尿素分解速率。含氮量一般大于 30%，呈浅黄色颗粒。

3. 腐脲（硝基腐脲）　是尿素和腐殖酸按 4∶1 的比例在 100～150 ℃温度下生产的一种黑褐色粉末，含氮量为 24%～27%。

4. 羧甲基纤维素尿素　按 1∶9 的比例用羧甲基纤维素钠盐包被尿素，再以 20% 水拌成糊状，制粒（直径 12.5 mm），经 24 ℃温度干燥 2 h 即成。用量可占日粮 2%～5%。另外也可将尿素添加到苜蓿粉中制粒。

5. 氨基浓缩物　用 20% 尿素、75% 谷实和 5% 膨润土混匀，在高温、高湿和高压下制成。

6. 磷酸脲（尿素磷酸盐）　为 20 世纪 70 年代国外开发的一种含磷非蛋白氮饲料添加物。含氮 10%～30%，含磷 8%～19%。毒性低于尿素，对羊增重效果明显。

7. 铵盐　铵盐包括无机铵盐（如硫酸铵、碳酸氢铵、多磷酸铵、氯化铵）和有机铵盐（如乙酸铵、丙酸铵、乳酸铵、丁酸铵）两类。

（1）硫酸铵　呈无色结晶，易溶于水。工业级一般呈白色或微黄色结晶，少数呈微青或暗褐色。含氮量为 20%～21%，蛋白质当量为 1.25。硫酸铵既可用作氮源也可用作硫源。生产中多将其与尿素以（2～3）∶1 的比例混后饲用。

（2）碳酸氢铵　白色结晶，易溶于水。当温度升高或温度变化时可分解成氨、二氧化碳和水。味极咸，有气味，含氨量为 20%～21%，含氮量为 17%，蛋白质当量 1.06。

（3）多磷酸铵　属一种高浓度氮磷复合肥料，由氨和磷酸制得。一般含氮 22%、含五氧化二磷 34.4%，易溶于水。蛋白质当量为 1.37，可用作反刍动物的氮源、磷源。

8. 液氨和氨水 液氨又称无水氨,一般由气态氨液化而成,含氮82%。氨水是氨的水溶液,含氮15%~17%,具刺鼻气味,可以用来处理蒿秆、青贮饲料及糟渣等饲料。

第六节 常量矿物质饲料

矿物质饲料包括动物需要的各种常量和微量矿物质元素补充物以及某些应用于特殊目的的矿物质。但是一般情况下,奶山羊需要的常量矿物质元素有7种,即钾、镁、硫、钙、磷、钠和氯,以常量矿物质饲料进行补充,而微量矿物质元素则以添加剂预混合饲料的形式添加。另外,一些动物源性的矿物质饲料,如蛋壳粉、贝壳粉和骨粉等,由于来源和质量不稳定,容易受到微生物污染等原因,已禁止在反刍动物饲料中使用,这里不做介绍。

一、钙、磷补充料

(一)钙补充料

1. 石粉 即石灰石粉、天然碳酸钙、重质碳酸钙,为白色或灰白色粉末。它是直接将天然石灰石经过粉碎、研细、淘选而得。质优者含碳酸钙95%以上,含钙38%以上,一般认为饲料级石粉中镁的含量不宜超过0.5%。关于石灰石粉的国家质量标准,可以参考有关书籍。石灰石粉是饲料工业中应用最普遍、用量最大的补钙原料。其生物利用率较高,但仍低于轻质碳酸钙。相对于轻质碳酸钙的优点是成本低廉、货源充足,石粉作为微量元素载体,流散性好,不吸水,成本低;缺点是承载性能略次于沸石、麦饭石。

石粉中的碳酸钙在消化道首先是在胃的弱酸性环境下,可解离出钙离子和碳酸根离子,钙离子被吸收,碳酸根离子与氢离子结合生成碳酸,可以一定程度上降低pH,维持酸度。

奶山羊饲料中石粉的用量一般在1%~2%。需要注意的是,在将石粉用作钙补充料时应测定镁的含量,镁含量过高(大于2%)会影响钙的吸收。

石粉可直接由石灰石粉碎而成,也可以由生石灰加水成熟石灰,再加二氧化碳制成碳酸钙,通常的饲用碳酸钙就是这种,其纯度可达95%以上。

2. 轻质碳酸钙 又名沉淀碳酸钙,它是将石灰石经过高温锻烧成氧化钙(生石灰),用水将其调成石灰乳,再与二氧化碳作用,制成的沉淀碳酸钙产品。化学式为$CaCO_3$。相对分子质量为100.09。白色粉末,无味,无臭,有无定形和结晶型两种形态,结晶型又可以分为斜方晶系和六方晶系,呈柱状或菱形,难溶于水和乙醇。溶于酸中,放出二氧化碳的同时,呈放热反应。在空气中稳定,具有轻微的吸潮能力。也溶于氯化铵溶液中。饲料级轻质碳酸钙产品要求:纯度98%,含钙39.2%。本品为纯化工产品,纯度高,杂质少,生物利用率为100%,是优质补钙剂。多用于动物饲料或饲养实验补钙。因其价格偏高,在大宗饲料中应用较少。

3. 方解石 也是一种石灰石，含钙最高达 38.5% 左右，是一种良好的钙源。

（二）磷补充料

1. 磷酸钙类 在饲料级磷酸盐中，钙盐占 95% 以上，主要有磷酸氢钙（磷酸二钙）、磷酸二氢钙（磷酸一钙）、脱氟磷酸钙（磷酸三钙）和磷酸一二钙。

（1）磷酸氢钙 别名磷酸二钙，化学式为 $CaHPO_4 \cdot 2H_2O$。溶于稀盐酸、稀硝酸、稀硫酸、乙酸，不溶于乙醇。加热至 115～120 ℃失去 2 个结晶水，加热至 400 ℃以上时形成焦磷酸。吸湿性较小。是用磷酸与方解石在混合器中直接混合反应生成。饲料级磷酸氢钙要求含钙量大于 21%、含磷量大于 16%、含氟量小于 0.18%。本品生物利用率高，是优质磷、钙补充料，应用较多。羊饲料用量为 1.0%～2.0%。

（2）磷酸二氢钙 别名磷酸一钙，化学式为 $Ca(H_2PO_4)_2 \cdot H_2O$。稍有吸湿性，易溶于盐酸、硝酸、硫酸、乙酸等，微溶于冷水，不溶于乙醇。饲料标准要求磷含量大于 22.6%、钙含量小于 16%、氟含量小于等于 0.15%。本品的水溶性、生物利用率均优于磷酸氢钙，是优质补磷剂。可用作羊液体饲料等相对价值较高的饲料，价格偏高。

（3）磷酸钙 别名磷酸三钙，化学式为 $Ca_3(PO_4)_2$。饲料用磷酸三钙常由磷酸废液制造，呈灰色或褐色，并有臭味。磷酸三钙经脱氟处理后，成为脱氟磷酸钙，为灰白色或茶褐色粉末，含钙量 29% 以上，含磷量 15%～18% 或更高，含氟量 0.12% 以下。可替代其他磷源以降低成本。

（4）磷酸一二钙 化学式为 $CaHPO_4 \cdot 2H_2O \cdot Ca(H_2PO_4) \cdot H_2O$，是磷酸二氢钙与磷酸氢钙的共晶混合物，是一种水溶性磷酸盐和枸溶性磷酸盐相结合的矿物质饲料，其中磷酸二氢钙约占 58%，饲料级产品为颗粒状。该产品具有以下特点：①产品总磷含量较高，与传统磷酸氢钙相比，可减少添加量，增加饲料配方空间，便于提高饲料品质，降低饲料生产成本。②产品水溶性磷含量高，且颗粒在动物胃肠道中停留时间较长，有利于吸收利用。③生物学效价较高，动物粪便中残留的磷较少，提高了磷资源的利用率，并有利于环保。④粒状产品在使用中不易起尘，能减少物料在运输和加工过程中的损失，有利于改善加工环境。⑤产品密度为 0.8～0.99 g/cm^3，为多棱形晶体，在预混合饲料时有较好的亲和力，不会产生沉淀或浮顶等不均匀现象。⑥产品呈微酸性，可改善适口性，提高动物的采食量。

2. 磷酸钠类

（1）磷酸二氢钠 别名磷酸一钠，化学式为 $NaH_2PO_4 \cdot 2H_2O$。易溶于水，其水溶液呈酸性，不溶于乙醇，有吸湿性，空气中湿度过大容易结块。纯品含磷 19.85%、钠 14.74%、水 23.10%，饲料质量标准要求磷酸二氢钠含量大于 98.0%。本品水溶性好，生物利用率高，特别适用于液体饲料比如代乳料。

（2）磷酸氢二钠 别名磷酸二钠，化学式为 $Na_2HPO_4 \cdot 12H_2O$。溶于水，溶液呈弱碱性，不溶于乙醇。在空气中易风化，常温放置于空气中失去 5 个结晶水而形成七水结晶物，加热至 100 ℃时失去全部结晶水而成无水物。本品纯品含磷 8.65%、钠 12.84%、水 60.38%，工业品纯度 98%。本品水溶性好，生物利用率高，可同时补充钠、磷，是一种优质添加剂。既可以用作一般饲料，也可以用作液体饲料。在饲料氯元素含量足够时可以替代氯化钠，以免氯过高，以维持电解质平衡。

二、钠、氯补充料

1. 氯化钠　一般称为食盐，氯化钠含量应在 99％ 以上，若属于精制食盐应在 99.5％ 以上。有粉状，也有适用于动物舔食的块状。氯和钠是动物饲料中较缺乏或者不足的两种元素，特别是对于草食动物，这两种元素在体内主要与离子平衡或渗透压有关。氯化钠可以使体液保持中性，同时也有促进食欲、参与胃酸形成的作用。氯化钠含水量不应超过 0.5％，可 100％ 通过直径 0.6 mm 筛孔。其中加入的结块剂二氧化硅含量不超过 1.5％。

过量摄入的氯化钠在动物体内容易随尿液排出。过量可导致中毒，但反刍动物氯化钠中毒的现象很少发生。氯化钠摄入较少时，体内排出减少。摄入太少，则影响食欲和生产成绩。各种动物的用量为 0.2％～0.5％。可以直接添加于精饲料中，或者制成块状食盐砖让羊舔食。添加于配合饲料中，颗粒混合均匀极为重要，否则容易因为采食不均而引起食盐中毒。细度以通过直径 0.6 mm 筛孔为宜。钠、氯元素也可以用其他化合物补充，比如亚硒酸钠、碳酸氢钠、氯化镁、氯化锰、氯化钾等，但成本普遍比氯化钠要高。氯化钠的不足是氯、钠不平衡。

2. 碳酸氢钠　别名小苏打、重碳酸钠，化学式为 $NaHCO_3$。无臭，味咸。可溶于水，微溶于乙醇。纯品含钠 27.38％，工业品纯度为 99％，含钠 27.10％。本品生物利用率好，是优质补钠剂，同时也是很好的缓冲剂，维持电解质平衡。通常作为缓冲剂。

3. 无水硫酸钠　别名无水芒硝、元明粉，化学式为 Na_2SO_4。溶于水，溶液接近中性。溶于甘油，不溶于乙醇。暴露于空气中易吸湿成含水硫酸钠。纯品含钠 32.37％，硫 22.58％，工业品纯度为 99％。生物利用率高，是优良的钠、硫补充剂。作为硫源可节约部分含硫氨基酸。

三、钾、镁、硫补充料

(一) 钾补充料

1. 磷酸二氢钾　别名磷酸一钾，化学式为 KH_2PO_4。溶于水，溶液呈酸性，1％ 水溶液 pH 为 4.6。不溶于乙醇，有潮解性。纯品含磷 22.76％、钾 28.74％，工业品纯度为 98％，可以作为饲料。本品水溶性好，补充磷的同时也是一种优质的电解质。

2. 磷酸氢二钾　别名磷酸二钾，化学式为 $K_2HPO_4 \cdot 3H_2O$。白色或无定形粉末。易溶于水，溶液呈微碱性，微溶于醇，有吸湿性。纯品含磷 13.57％、钾 34.26％、水 23.69％，工业品纯度为 95％。

3. 氯化钾　化学式为 KCl。无色或白色结晶。易溶于水，微溶于乙醇，稍溶于甘油，不溶于浓盐酸、乙醇和丙酮。有吸湿性，易结块。纯品含钾 52.45％，氯 47.55％。工业品按 99.5％ 计，含钾 52.19％、氯 47.31％。本品水溶性好，生物利用率高，是优质的补钾补氯剂。

4. 硫酸钾　分子式为 K_2SO_4。纯品含钾 44.88％、硫 18.41％。为白色或无色颗粒或粉末，无臭。在水中易溶，甘油中微溶，不溶于乙醇。纯品水溶液呈中性。美国将其作为饲料添加剂使用。

（二）镁补充料

一般来说，饲料中镁含量丰富，在 0.1% 以上，因此不必另外添加。但早春季节牧草中镁的利用率很低，易导致放牧家畜因缺镁而出现"草痉挛"，故对放牧羊以及以玉米为主要饲料并补加非蛋白氮饲喂的奶山羊常需要补加镁。生产中补充镁多用氧化镁。饲料工业中使用的氧化镁一般为菱镁矿在 800～1 000 ℃ 煅烧的产物，其化学组成为氧化镁 85.0%、氧化钙 7.0%、二氧化硅 3.6%、氧化铁 2.5%、氧化铝 0.4%，烧失量 1.5%。此外还可选用硫酸镁、碳酸镁和磷酸镁等。

（三）硫补充料

硫是动物所必需的矿物元素之一，必须由饲料来供给。一般认为，动物所需的硫是有机硫，如蛋白质中的含硫氨基酸等。因此，蛋白质饲料是动物的主要硫源，但其成本较高。无机硫（如硫酸钠、硫酸钾、硫酸钙、硫酸镁等）对反刍动物也具有一定的营养意义。

硫的来源有蛋氨酸、胱氨酸、硫酸钠、硫酸钾、硫酸钙、硫酸镁等。就反刍动物而言，蛋氨酸的硫利用率为 100%，硫酸钠中硫的利用率为 54%，元素硫的利用率为 31%，且硫的补充量不宜超过饲料干物质的 0.05%。

第七节　饲料添加剂

按照我国《饲料和饲料添加剂管理条例》定义，饲料添加剂是指在饲料加工、制作、使用过程中添加的少量或者微量物质，包括营养性添加剂和一般添加剂。

饲料成本约占养殖业成本的 2/3，饲料核心技术是饲料添加剂技术。因此，研制能够提高动物生产性能、安全无害的新添加剂一直是畜牧业和饲料业的重要课题。近年来，我国饲料添加剂产业发生质的变化，主流产品基本实现了国产化，由进口国变为出口国。主流添加剂产品由一系列生物技术新产品组成，包括抗生素替代品、饲用酶制剂、微生态制剂、植物提取物等。

传统的添加剂分为营养性添加剂和一般添加剂两大类，即营养性添加剂和一般添加剂，营养性添加剂包括氨基酸、维生素、矿物质、酶制剂、微生物添加剂、非蛋白氮等；一般添加剂包括抗氧化剂、防腐剂、防霉剂和酸度调节剂、着色剂、调味剂、香料、黏结剂、抗结块剂和稳定剂、多糖和寡糖等 10 余种。

随着消费者对畜产品品质需求的提升，饲料业的部分功能也随之改变，添加剂的种类也因此有了新的变化：

一般添加剂（营养、非营养）：氨基酸、维生素、矿物质、非蛋白氮。

动物肠道健康添加剂：多糖和寡糖、微生物添加剂、酸制剂。

环保类添加剂：酶制剂。

畜产品风味改良添加剂：中草药、天然提取物。

畜产品品质改良添加剂：营养分配剂、中草药、天然提取物、货架期延长保护剂。

抗生素替代类添加剂：抗菌肽、酸制剂、微生物添加剂。

饲料产品质量改进剂：黏结剂、抗结块剂和稳定剂、着色剂、抗氧化剂。

饲养环境改进剂：消毒剂、粪臭消除剂。

实际上，许多种类的添加剂具有多方面的功能，因此本文将按常用的分类方法对饲料添加剂的来源与应用进行介绍。鉴于 2020 年 7 月 1 日起我国将全面禁止在饲料中添加抗生素，因此本部分不涉及药物添加剂的内容。

一、营养性添加剂

（一）微量元素添加剂

为动物提供微量元素的矿物质饲料称微量元素添加剂。在饲料添加剂中应用最多的微量元素是铁、铜、锌、钴、锰、碘与硒，这些微量元素除为动物提供必需的养分外，还能激活或抑制某些维生素、激素和酶，对保证动物的正常生理机能和物质代谢有着极其重要的作用。

我国当前生产和使用的微量元素添加剂品种大部分为硫酸盐，碳酸盐、氯化物及氧化物较少。硫酸盐的生物利用率较高，但因其含有结晶水，易使添加剂加工设备腐蚀。由于化学形式、产品类型、规格以及原料细度不同，饲料中补充微量元素的生物利用率差异很大。

微量元素添加剂的产品形态，从最初的第一代无机微量元素产品发展为第二代有机酸——微量元素配位化合物，常用的有机酸有乙酸、乳酸、柠檬酸、丙酸、富马酸、琥珀酸、葡萄糖酸等。作为微量元素有机酸配位化合物的有乙酸钴、乙酸锰、乙酸锌、葡萄糖锰、葡萄糖酸铁、柠檬酸铁、柠檬酸锰等。目前，第三代氨基酸——金属元素配位化合物或以金属元素与部分水解蛋白质（包括二肽、三肽和多肽）螯合的复合物发展十分迅速。目前作为饲料添加剂的氨基酸盐主要有蛋氨酸锌、蛋氨酸锰、蛋氨酸铁、蛋氨酸铜、蛋氨酸硒、赖氨酸铜、赖氨酸锌、甘氨酸铜、甘氨酸铁、胱氨酸硒等。蛋白质-金属螯合物包括二肽、三肽和多肽与金属的螯合物有钴-蛋白化合物、铜-蛋白化合物、碘-蛋白化合物、锌-蛋白化合物和铬-蛋白化合物等。

有机微量元素与无机微量元素相比虽然价格较为昂贵，但由于其具有更高的生物学价值而备受关注，成为微量元素添加剂的发展方向。随着研究的深入，微量元素添加剂功用已不再以补充营养素为唯一目的，更多地着重于提高动物生产性能、保障健康和促进繁殖性能等。这些微量元素用作促生长剂具有较为明显的效果，但相应的作用机制，尤其是使用后，其在畜产品和土壤中的残留等许多问题尚待深入研究，超量使用某些微量元素作为促生长剂对环境的污染已日益为人们所关注。

（二）维生素添加剂

维生素是最常用也是最重要的饲料添加剂种类之一。在以玉米和豆粕为主的饲料中，通常需要添加维生素 A、维生素 D_3、维生素 E、维生素 K、维生素 B_2、烟酸、泛酸、氯化胆碱及维生素 B_{12}。

维生素添加剂种类很多，按其溶解性可分为脂溶性维生素和水溶性维生素制剂两类。维生素添加剂主要用于对天然饲料中某种维生素的营养补充，提高动物抗病或抗应激能力，促进生长以及改善畜产品的产量和质量等。各国饲养标准所确定的需要量为奶山羊对维生素的最低需要量，是设计生产添加剂的基本依据。考虑到实际生产应用中许多因素的影响，饲粮中维生素的添加量都要在饲养标准所列需要量的基础上加"安全系数"。在某些维生素单体的供给量上常常以 2～10 倍设计添加超量，以保证满足动物生长发育的真正需要。

（三）氨基酸添加剂

氨基酸是构成蛋白质的基本单位。各种氨基酸对畜禽机体来说都是不可缺少的，但并非全部需由饲料来直接供给，只有那些不能在体内合成或合成速度不能满足机体需要的必需氨基酸，才需由饲料给予补充。一般情况下，反刍动物（幼年反刍畜除外）因为有瘤胃微生物的作用，不需专门补给这类氨基酸。

由于天然饲料的氨基酸含量差异大且平衡性差，使用氨基酸添加剂，可平衡或补足特定生长和生产阶段所要求的氨基酸需要量，保证配方饲料中各种氨基酸含量和氨基酸之间的比例平衡。目前广泛用作饲料添加剂的主要是赖氨酸和蛋氨酸。

1. 赖氨酸　赖氨酸是各种动物所必需的氨基酸，作为饲料添加剂使用的一般为 L-赖氨酸的盐酸盐。我国制定的饲料级 L-赖氨酸盐酸盐国家标准，规定 L-赖氨酸盐酸盐（以干物质基础计）≥98.5％。在饲料中的具体添加量，应根据营养需要量确定。一般添加量为 0.05％～0.3％，即 500～3 000 g/t。但在计算添加量时应注意：按产品规格，其含有 98.5％的 L-赖氨酸盐酸盐，但 L-赖氨酸盐酸盐中的 L-赖氨酸含量为 80％，而产品中含有的 L-赖氨酸仅为 78.8％。

2. 蛋氨酸　蛋氨酸可能是高产奶山羊的限制性氨基酸。蛋氨酸与其他氨基酸不同，天然存在的 L-蛋氨酸与人工合成的 DL-蛋氨酸的生物利用率完全相同，营养价值相等，故 DL-蛋氨酸可完全取代 L-蛋氨酸使用。蛋氨酸的使用可按营养需要量补充，一般添加量为 0.05％～0.2％，即 500～2 000 g/t。

3. 蛋氨酸羟基类似物　动物体内存在一系列酶系，可将一些氨基酸的前体或衍生物转化成 L-氨基酸，进而为动物体吸收利用，发挥营养功能。目前已工业生产、作为饲料添加剂使用的氨基酸类似物有液态蛋氨酸羟基类似物（MHA），化学名称为 DL-2-羟基-4-甲硫基丁酸，产品外观为褐色黏液。使用时可备喷雾器将其直接喷入饲料后混合均匀，操作时应避免该产品直接接触皮肤。MHA 作为蛋氨酸的替代品使用，如其效果按重量比计，相当于蛋氨酸的 65％～88％。

MHA 产品还有 DL-蛋氨酸羟基类似物钙盐（MHA-Ca），又称羟基蛋氨酸钙盐，化学名称为 DL-2-羟基-4-甲硫基丁酸钙盐。MHA-Ca 是用液态羟基蛋氨酸与氢氧化钙或氧化钙中和，经干燥、粉碎和筛分后制得。MHA-Ca 作为蛋氨酸的替代品使用，其效果按重量比计，相当于蛋氨酸的 65％～86％。

（四）非蛋白氮

非蛋白氮是指除蛋白质、肽及氨基酸以外的含氮化合物，在饲料中应用的 NPN 一般为简单化合物。农业部公告第 2045 号《饲料添加剂品种目录（2013）》规定，可用于反刍动物饲料中的非蛋白氮类添加剂有 10 种。有效性和经济可行性分析，尿素应用最普遍。

二、一般添加剂

（一）动物保健添加剂

1. 多糖与寡糖　随着养殖业向绿色、环保、无公害方向发展，抗生素替代品的研究越来越广泛和深入。多糖及寡糖因优良的特性及生理功能，正日益受到人们广泛的关注，成为有效替代抗生素的潜在资源。多糖是存在于自然界中的醛糖和（或）酮糖通过糖苷键连接在一起的聚合物（一般 10 个以上），分布于动植物及微生物中，具有广泛的生物学功能。它不仅是所有生命有机体的重要组分，还控制细胞分裂和分化，参与细胞间的识别、转化及物质运输，参与机体免疫功能的识别、肿瘤细胞的凋亡过程。在畜牧生产中，多糖主要作为重要的抗生素替代品，发挥免疫调节、抗病毒、调节肠道微生态及抗细菌等功能。寡糖是由 2～10 个单糖组成的一类聚合物。构成寡糖的单糖主要是 5 碳糖和 6 碳糖，主要包括葡萄糖、果糖、半乳糖、木糖、阿拉伯糖和甘露糖等。这些单糖可以直接或分支结构形成寡糖。目前，已确认的寡糖有 1 000 种以上。寡糖以其独特和多样性的生理功能及安全、稳定的产品性能，在饲料添加剂上的应用前景也将更为广阔。这一类添加剂可应用于奶山羊羔羊代乳粉或开食料中，但目前研究尚不多见。

2. 电解质平衡调节剂　在动物营养中，电解质是指在代谢过程中稳定不变的阴阳离子。主要的电解质有 Na^+、K^+、Ca^{2+}、Mg^{2+}、NH_4^+、H^+ 等阳离子，以及 Cl^-、$H_2PO_4^-$、HPO_4^{2-}、SO_4^{2-}、HCO_3^- 等阴离子。到目前为止，人们对单个矿物质元素的作用研究较深，而对各种元素之间的相互作用的研究较少。随着动物营养研究的深入，在充分考虑日粮中能氮平衡、氨基酸平衡和钙磷平衡后，日粮电解质平衡逐渐得到研究者的重视。

机体电解质平衡是指动物体内摄入水和无机盐类，同时又不断排出一定量的水和电解质，使动物体内各种体液之间保持一定的动态平衡，以维持正常生理功能。而日粮电解质平衡是指日粮中阴阳离子之间的复杂关系，即每种离子必须与其他离子保持一定的比例关系，共同发挥作用。动物最佳的生理状况和生产性能需要适宜的电解质平衡，不同温度下其需要量也不相同。

合适的电解质平衡值，有利于提高营养物质的利用率，保持动物健康，发挥动物最佳的生产性能。低水平的电解质平衡，可降低动物发病率；高水平的电解质平衡，可增强机体缓冲能力，提高动物生产性能。在动物机体内常见的电解质元素有 Na^+、K^+ 等阳离子和 Cl^-、HCO_3^- 等阴离子。目前，在动物生产中常见的日粮电解质主要有氯化钠、碳酸氢钠、硫酸氢钠和氯化钾等。在生产中，电解质往往是采用几种复合的形式添加，如常见的电解多维、复方电解质等。在夏季，为缓解热应激，一般在动物饮水中按 $10 \, g/L$ 浓度加入电解质，可以缓解热应激症状，也可按 $2～4 \, kg/t$ 的量添加到饲料中。

3. 天然植物提取物　天然植物提取物是以植物为原料，按照提取的最终产品的用途，经过物理化学提取和分离过程，定向获取和浓缩植物中的某一种或多种成分，但不改变其标志成分的产品。可制成具有良好流动性、抗凝性的粉剂或颗粒状物，少量也有液态或油状形式。天然植物提取物的活性成分主要有黄酮类、生物碱类、挥发油类、皂苷类和多糖类等。

天然植物提取物饲料添加剂是从植物中提取，活性成分明确、可测定、含量稳定，对动物和人没有毒副作用，能促进动物生长、提高机体免疫力、预防疾病发生。天然植物提取物最初被应用于饲料中是因其香味可影响养殖动物的采食习惯，促进唾液分泌，提高采食量。随着研究的深入，天然植物提取物中的化学物质黄酮类、生物碱类、挥发油类、皂苷类和多糖等本身具有双向调节性、提高机体非特异性免疫力、激素样作用、调节机体新陈代谢、抗菌、抗病毒、毒副作用小、无耐药性、抗应激作用等多功能性，在动物饲料中应用直接表现为促进动物生长、提高生产性能、提高机体免疫力、预防疾病发生、改善畜产品品质。天然植物提取物中的生物碱类是含氮的碱性有机物，多数有复杂的环状结构，是中草药中重要的有效成分之一；天然植物提取物中的多糖通过非特异性免疫加强作用，可通过促进细胞因子的生成，激活自然杀伤细胞、T 细胞和 B 细胞，激活补体系统，促进抗体产生，从而提高动物机体的抵抗力，预防疾病的发生；皂苷、黄酮类是很有发展前途的化学成分，具有重要的药理作用。目前世界上各畜牧业发达的国家已经严格控制抗生素类饲料添加剂的使用，天然植物提取物饲料添加剂就是一类抗生素的替代品。

4. 微生物添加剂 应用于畜牧生产上的益生菌被称为微生物饲料添加剂。2001 年，联合国粮食及农业组织和世界卫生组织将益生菌定义为"摄入量足够时对机体产生有益作用的活性微生物"。到目前为止，开发应用的饲用微生物品种很多，但出于对菌种安全性的考虑，参考欧盟标准和医药法规，我国农业部 2013 年第 2045 号公告《饲料添加剂品种目录（2013）》中规定的准予直接饲喂动物的饲料级微生物添加剂菌种共 31 种。

微生物添加剂的科学合理的使用是发挥其应有功能的重要前提。在使用时，应注意菌种的安全性、菌种的特性、菌种的添加量、与抗菌类药物联合使用和菌种中的活菌数量。

（二）饲料品质改良添加剂

1. 酶制剂 酶制剂是指按一定的质量标准要求、加工成一定规格且能稳定发挥作用的含有酶成分的制品，同时含有酶成分和载体或溶剂。饲料酶制剂是指添加到动物日粮中，提供营养供消化利用、降低抗氧化因子或产生对动物有特殊作用的功能成分的酶制剂。饲料酶制剂按其发展阶段可分为 3 类：

第一代饲料酶制剂：以助消化为目的，也称外源性营养消化酶，如蛋白酶、脂肪酶、淀粉酶、乳糖酶和肽酶等。主要目的是补充体内消化酶的不足，解决病畜和幼畜存在的消化功能问题。

第二代饲料酶制剂：以降解单一组分抗营养因子或毒物为目的的酶制剂，如纤维素酶、β-葡聚糖酶、木聚糖酶和植酸酶等，也称非淀粉多糖酶。随着非淀粉多糖酶的科学使用，部分非常规饲料原料已经变成常规饲料原料。

第三代饲料酶制剂：以降解多组分抗营养因子为目的的酶制剂，如 α-半乳糖苷酶、β-甘露聚糖酶、果胶酶、壳聚糖酶和木质素过氧化物酶等。第三代饲料酶制剂有两方面含义：一是该类酶制剂的发展相对较晚；二是其作用的底物类型的差别。

第三代饲料酶制剂主要用于水解多组分的糖类（一般称为杂多糖），第二代饲料酶制剂主要是水解单一组分的糖类（一般称为同多糖）。饲料酶制剂只占酶制剂的很小部分，可以用于饲料用途的酶制剂绝对种类的数量却非常大。目前，对饲料用酶的利用还十分有限，意味着饲料用酶的利用既有很多的困难，也有巨大的开发空间。由于酶对底物选择的专一性，其应用效果与饲料组分、动物消化生理特点等有密切关系，故使用酶制剂应根据特定的饲料和特定的畜种及其年龄阶段而定，并在加工及使用过程中尽可能避免高温及高温处理。

2. 物性改良剂　物性改良剂包括黏结剂、抗结块剂、稳定剂和乳化剂。在饲料中添加量小，但作用大，对饲料品质具有改善作用。例如，颗粒饲料在生产、运输、饲喂过程中会发生粉化，使饲料利用率降低，而粉状料在储存过程中会产生结块，如果在饲料中添加黏结剂、抗结块剂和稳定剂，则可以改善饲料的粉化率、硬度、耐磨度和稳定性，增加生产效率，也可以提高动物的生产性能。

3. 抗氧化剂　抗氧化剂主要用于含有高脂肪的饲料，以防止脂肪氧化酸败变质，也常用于含维生素的预混合饲料中，它可防止维生素的氧化失效。乙氧基喹啉是目前应用最广泛的一种抗氧化剂，国外大量用于原料鱼粉中，其他常用的还有二丁基羟基甲苯、丁基羟基茴香醚和没食子酸丙酯。

4. 防霉剂　防霉剂的种类较多，包括丙酸盐及丙酸，山梨酸及山梨酸钾，甲酸，富马酸及富马酸二甲酯等。防霉剂主要使用的是苯甲酸及其盐、山梨酸、丙酸与丙酸钙。由于苯甲酸存在着叠加性中毒，有些国家和地区已禁用。丙酸及其盐是公认的经济而有效的防霉剂。防霉剂发展的趋势是由单一型转向复合型，如复合型丙酸盐的防霉效果优于单一型丙酸钙。

（三）环境改进添加剂

1. 除臭饲料添加剂（除臭剂）　除臭剂是一类用于改进饲养环境质量的产品，其主要功能是改进畜舍空气质量和养殖水体质量，减少氨气、硫化氢、吲哚等有害物质的排放。通过在饲料中添加，利用化学物理除臭、生物除臭及植物除臭，可以改善动物养殖环境。

目前，用作除臭剂的物质有很多。化学除臭剂包括沸石、膨润土等硅酸盐类。化学除臭剂的特点是反应速度快，但效果不持久且工艺复杂、易产生二次污染。生物除臭剂主要包括酶和活菌制剂，除臭效果明显，可促进动物肠道内有益菌的生长繁殖，抑制有害菌活动，平衡肠道菌群，从而提高饲料的利用率，减少臭气排放量。饲料工业中应用最广泛的有植物乳杆菌、有效微生物菌剂和枯草芽孢杆菌、光合细菌等，微生态制剂除臭技术已成为一种应用广泛的除臭技术。植物性除臭剂，主要是从树木、花草等植物抽取的精油、汁或浸膏，经微乳化或其他工艺后形成的天然植物提取液，其主要活性成分是酚类或鞣质类物质。

天然植物抽提物除臭技术在美国、加拿大、欧盟等国家的研究应用已日益成熟，我国则研究较少。目前报道的植物除臭剂主要来源于茶叶、丝兰、菊芋等植物，可通过饲料添加使用。也有其他可用于环境喷洒或水体喷洒的除臭剂。

2. 甲烷抑制剂　控制甲烷产生，提高饲料利用率，提高生产性能，对减少大气污染、降低温室效应有重要意义。调控甲烷生成主要途径有三种：一是生物学调控，即直接抑制产甲烷菌的生长，减少产甲烷菌的数量，从而减少甲烷的生成；二是通过减少生成甲烷的底物、生成量或通过替代性受体争夺，从而减少甲烷的生成量；三是通过特异性抑制甲烷菌合成甲烷途径中的某些酶的活性而抑制甲烷的生成。

凡是能对瘤胃产甲烷菌生成甲烷的过程进行调控作用、能降低单位饲料甲烷生成量的添加剂，统称为甲烷抑制剂。一般包括离子载体化合物、多卤族化合物类、有机酸类、植物提取物等。离子载体化合物类包括离子载体类抗生素，是由不同链霉素菌株产生的一类特殊的抗生素，化学上属于聚醚类，如莫能菌素和盐霉素等。多卤族化合物类包括氯化甲烷、三氯乙炔、水合氯醛、溴氯甲烷、多氯化醇、多氯化酸等，对产甲烷菌均有毒害作用。其可改变瘤胃微生物的生长代谢，抑制 $20\%\sim80\%$ 的甲烷产生，是最有效的甲烷抑制剂。其中碘代甲烷的作用最强。但由于卤代甲烷的挥发性较强，在生产上效果不是很令人满意。目前，使用较多的有水合氯醛、卤代醇、卤代酰胺等。它们在瘤胃中可以转变为卤代甲烷而发挥作用。饲料中添加丙酸的前体物质可以促进瘤胃向丙酸型发酵转变。丙酸前体物质主要包括富马酸和苹果酸。植物提取物毒副作用小，无残留或残留少，不易产生抗药性，作为新型甲烷抑制剂具有很大的开发和应用前景。茶皂素（从茶科植物中提取）、丝兰皂苷（丝兰提取物）等皂角苷可降低瘤胃原虫数量，增加丙酸含量，抑制甲烷产生。单宁有明显的抑制甲烷产生的效果，可以通过体外发酵添加单宁提取物，适量饲喂反刍动物来降低甲烷产量。

本 章 小 结

根据国际饲料分类原则可将奶山羊的饲料分为粗饲料、青绿饲料、青贮饲料、能量饲料、蛋白质补充料、矿物质饲料、维生素饲料、饲料添加剂 8 大类。在此基础上，结合我国传统饲料分类方法，将饲料分为 17 亚类。奶山羊是反刍动物，其日粮以青粗饲料为主。为使泌乳奶山羊达到一定的生产性能，则需要配合一定量的由能量饲料、蛋白质饲料、矿物质饲料、饲料添加剂等所组成的精饲料饲喂。青绿饲料是一类营养相对平衡的饲料原料，但由于水分含量相对较高，采食过多会限制饲料能量的摄入。调制优良的青贮饲料能够较多地保存青绿饲料中养分，是规模化养殖场冬春季节奶山羊的主要粗饲料来源之一。粗饲料主要包括干草和秸秆，优质干草在高产奶山羊饲养中具有重要意义。对秸秆进行适当的加工处理可改善其采食量和消化率。谷物籽实等能量饲料中有效能值高，是高产奶山羊的重要能量来源。奶山羊的蛋白质补充料主要为一些豆类、饼粕类和加工副产品，其中不仅蛋白质含量高，有些还为泌乳奶山羊提供必需氨基酸。矿物质饲料可为奶山羊补充常量矿物质元素，对放牧奶山羊尤其重要。饲料添加剂是饲料工业和规模化奶山羊养殖的核心，包括营养性添加剂和一般添加剂。饲料添加剂的使用必须遵守《饲料和饲料添加剂管理条例》和相关法律法规，在合理范围内科学使用。

⟡ 参考文献

蔡辉益，王晓红，2016. 饲料添加剂研究与应用新技术 [M]. 北京：中国农业出版社.
龚月生，张文举，2007. 饲料学 [M]. 杨凌：西北农林科技大学出版社.

第五章
奶山羊饲料的加工调制

奶山羊不仅可以利用精饲料,还能利用一些难于被单胃动物利用的干草和秸秆等粗饲料。但是,在正常情况下,有些饲料由于其自身的理化特性不宜用作饲料或不能被奶山羊有效利用,因此需要经过特殊的加工调制使其成为饲料或能被有效利用。根据奶山羊的饲料来源,本章主要介绍青干草、青贮饲料、秸秆和精饲料的加工调制方法。

第一节　青干草的加工调制

一、青干草的特点及意义

青干草主要是指将牧草、部分饲料作物及其他饲用植物,在未结籽实前刈割,经自然晒制或人工干燥调制而成的能够长期保存的优质饲草。优质青干草具有以下特点:

1. 原料丰富,成本低,便于长期储藏　调制干草的原料主要包括禾本科牧草、豆科牧草和其他一些质量好的牧草。品质优良的青干草颜色应是青绿色,叶片保存良好、质地柔软、气味芳香,无霉变。随着机械化程度的提高,牧草的收割、搂草、翻晒、打捆等作业效率大大提升,干草的质量可进一步得到保障和提高。

2. 营养价值相对均衡　青干草的营养价值因所选饲草种类、收获期、调制方法不同而差异较大。青绿饲料调制成青干草后,可以保存其中绝大部分的养分,并含有较多的蛋白质、维生素和矿物质。优质青干草含有家畜所需的营养物质,是钙、磷和维生素的重要来源。青干草粗蛋白质含量平均为 $10\%\sim20\%$,比秸秆高 $1\sim2$ 倍;粗纤维含量 $20\%\sim30\%$,比秸秆低 50% 左右,但木质素含量低,以纤维素、半纤维素为主,消化率较高;青干草中矿物质元素含量也较丰富,如豆科牧草中钙含量可达 1%;晒制青干草中还富含维生素 D。青干草中有机物消化率可达 $46\%\sim70\%$,粗纤维消化率为 $70\%\sim80\%$,蛋白质的生物学效价较高。因此,青干草是一种营养价值相对较均衡的饲草。

一般禾本科青干草无氮浸出物含量较高,茎叶柔软、适口性好,是重要的能量来源;豆科青干草以富含蛋白质和钙为特点,是重要的蛋白质饲料;而禾本科和豆科的混播牧草具备上述两类牧草的共同特点。

3. 奶山羊健康养殖之必需　养殖奶山羊需要保证饲料组成中适宜的精粗比,精饲料饲喂过多可能引起酸中毒。原因是精饲料中含有大量的可溶性碳水化合物、蛋白质、脂肪等，当奶山羊过量采食后，在瘤胃细菌的作用下，发酵产生大量的挥发性脂肪酸和中间代谢产物。当机体过量吸收又来不及转化时，就会引起酸中毒现象。所以，青干草作为一种粗饲料来源，与精饲料搭配使用，对奶山羊健康来说非常重要。

4. 奶山羊冬春季节之必备　我国的草场生产存在着季节间的不平衡性，表现为夏秋季节优于冬春季节。夏秋季节水热条件好，牧草产量高、品质好，而冬春季节由于低温导致牧草逐渐停止生长，产量低、品质差，放牧家畜只能采食残茬或枯草，不能满足冬季营养需要。民以食为天，畜以草为本。因此，建立专门割草的人工草地或利用天然草地盈余，提前调制储备足够的青干草，对于解决饲草季节不平衡或预防灾害具有重要意义。

二、青干草的调制

（一）适时刈割

饲料作物在生长发育过程中，其营养物质组成不断变化，处于不同生长期的牧草或饲料作物不仅产量不同，而且营养物质含量差异也很大。随着饲料作物生长，植株体内粗蛋白质、胡萝卜素等的含量大大减少，而粗纤维的含量却逐渐增加。因此，生产中根据不同饲料作物的产量及营养物质含量适时刈割非常重要。适时刈割调制的青干草中干物质含量和可消化蛋白质含量均较高，奶山羊采食后也会相应提高生产性能。

牧草的最适刈割期，因种和品种而异。传统的干草生产，多片面地追求产量而忽略质量。刈割太晚，原料草质量下降，草产品质量变差，经济价值和饲用价值明显降低。因此，确定牧草的最适刈割时期，必须同时考虑产草量和可消化营养物质的含量两项指标。

（二）青干草的干燥方法

青干草的干燥方法有很多，最常见的为自然干燥法和人工干燥法两类，其中自然干燥法又可分为地面干燥法和草架干燥法两种。

1. 自然干燥法　指采取自然晾晒或阴干的方法进行调制，是最普遍、最简便，也是成本最低的方法，但营养物质损失较多。

（1）地面干燥法　是我国东北、内蒙古东部及南方一些山地草原区常采用的一种方法，是指牧草刈割后，就地干燥 4～6 h，待其含水量降至 40%～50% 时，用搂草机或人工搂成草垄继续干燥，并根据气候条件和牧草的含水量进行翻晒，使其含水量降至 35%～40%，再用集草器或人工集成 0.5～1 m 高的小堆干燥，经 2～3 d 晾晒后，就可以调制成含水量为 15%～18% 的干草。牧草全株的总含水量在 35%～40% 时，牧草叶片开始脱落，为保存营养价值较高的叶片，搂草和集草作业应在牧草水分不低于 40% 时进行。

（2）草架干燥法　是指在牧草收割时由于多雨或潮湿天气，地面晾晒调制干草不易成功时，需采用专门制造的干草架进行干草调制的方法。干草架主要有独木架、三脚架、铁丝长架等。用草架进行干燥时，首先应把割下的饲料作物在地面干燥半天或一天，使含水量降至 40%～50%，然后用草叉将草上架。遇到降雨时也可直接在草架上干燥，堆放时应自下往上逐层堆放，草尖朝里，草架需有一定倾斜度以利于采光和排水，最下面一层牧草应高出地面一定距离，这样既有利于通风，又可避免与地面接触吸潮。草架干燥虽花费一定劳力和物力，但可以大大提高牧草饲料作物的干燥速度，制成的干草品质较好，养分损失比地面干燥少5％～10％。

2. 人工干燥法　利用常温鼓风或热空气等干燥设备，短时间内进行人工脱水干燥。其特点是干燥速度快，可减少牧草自然干燥过程营养物质的损失，使牧草保持较高的营养价值。但成本较高，且未经晒制，缺乏维生素D。

（1）直接干燥法　基本分为三种：通风干燥法、低温烘干法和高温快速干燥法。

① 通风干燥法　是先建一个干草库，库房内设置大功率常温鼓风机若干台，地面安置通风管道，管道上设通气孔。需干燥的青草经刈割压扁后，在田间干燥至含水量35％～40％时运往草库，堆在通风管上，通过鼓风机强制吹入空气，达到干燥的目的。

② 低温烘干法　需要先建造饲料作物干燥室，安装空气预热锅炉、鼓风机和牧草传送设备；用煤或电能量将空气加热到50～70 ℃或120～150 ℃，鼓入干燥室；利用热气流经数小时完成干燥。浅箱式干燥机日加工能力为2 000～3 000 kg干草，传送带式干燥机每小时加工200～1 000 kg干草。

③ 高温快速干燥法　是将鲜草切短，利用高温气流（温度为500 ℃以上），使牧草迅速干燥。干燥时间长短取决于烘干机的种类和型号，在几小时到几分钟，甚至数秒钟内将含水量从80％～85％降到15％以下供安全储藏，或将干草粉碎成草粉或经粉碎压制成草颗粒饲料。

（2）物理化学干燥法　运用物理和化学的方法加快干燥以降低牧草干燥过程中营养价值的损失。目前应用较多的物理方法是压裂草茎干燥法，化学方法是添加干燥剂进行干燥的方法。

① 压裂草茎干燥法　常利用牧草压扁机将牧草茎秆压裂，消除茎秆角质层和纤维束对水分蒸发的阻碍，并使之暴露于空气中，加快茎中水分蒸发的速度，最大限度地使茎秆与叶片的干燥速度同步。这样既缩短了干燥期，又使牧草各部分干燥均匀。这种方法最适于豆科牧草，可以减少叶片脱落、日光暴晒时间和养分损失，使干草质量显著提高。目前国内外常用的茎秆压扁机有圆筒型和波齿型两类，现代化的干草生产常将牧草的刈割、茎秆压扁和铺成草垄等作业由机器连续一次性完成，草垄经3～5 d完全干燥后，由干草捡拾压捆机将干草压成草捆。

② 添加干燥剂干燥法　是对刈割后的苜蓿等豆科牧草喷洒碳酸钾、碳酸钠、氯化钾等溶液和长链脂肪酸溶液，通过破坏植物表皮的蜡质层结构来加快牧草干燥速度。这种方法不仅可以减少牧草干燥过程中叶片损失，而且能够提高干草营养物质消化率。

（3）发酵干燥法　发酵干燥法是介于调制青干草和青贮饲料之间的一种特殊干燥法。将含水量约为50％的牧草经分层夯实压紧堆积，每层可撒上占饲草重量0.5％～1％的食盐，以防发酵过度，使牧草本身细胞的呼吸热和细菌、霉菌活动产生的发酵热在牧草堆中积蓄，草堆温度可上升到70～80 ℃，借助通风手段将饲草中的水分蒸发使之干燥。这种方法调制的牧草养分损失较多，多属于阴雨天等无法一次完成青干草调制时的选择。

青干草调制过程中养分的损失量在18％～30％，主要源自牧草收获初期植物细胞的呼吸作用、干燥过程中造成的叶片脱落、暴晒导致的胡萝卜素损失、阴天或雨淋导致的霉变及后期储存不当造成的损失等。一般人工干燥青干草养分损失量小于晒制青干草，但用自然干燥法生产出来的草产品由于芳香性氨基酸未被破坏，草产品具有青草的芳香味，尽管粗蛋白质有所损失，但这种方法生产的草产品有很好的消化率和适口性，家畜的采食量增多，家畜的营养摄取量也就相应增加。相反，用人工或混合干燥法加工出来的草产品经过高温脱水过程，尽管有较多的蛋白质被保留下来，但芳香性氨基酸却被挥发掉了，保留下来的蛋白质也会发生老化现象，而且维生素 D 和胡萝卜素含量较低，这种方法加工的草产品消化率和适口性均有所降低。所以上述各种干燥法均有其优缺点，在实际操作中，应根据当地的具体情况采用不同的干燥方法。

青干草的调制早期要采用铺薄暴晒的方法尽快降低水分，减少细胞呼吸作用，而在调制后期尽可能采用堆垛或草架阴干来减少阳光对胡萝卜素的破坏，并尽可能减少翻动和运输次数，以免造成叶片损失。调制好的青干草尽量不要露天堆放，有条件者可打捆保存或堆成较密实的草垛保存。

（三）干草产品的加工

干草产品常见类型一般分为草捆、草粉、草颗粒和草块，下面对其加工过程进行逐一概述。

1. 草捆加工　牧草干燥到一定程度后可用打捆机进行打捆，以减少牧草所占的体积和运输过程中的损失，便于运输和储存，并能保持干草的芳香气味和色泽。为防止霉变，应在牧草含水量为 15%～20% 时进行打捆。喷入防腐剂丙酸，可有效防止因叶和花序等柔嫩部分折断而造成的机械损失。打捆机主要有固定式和捡拾式两种。固定式打捆机一般安装在距离干草棚较近的地方，将散干草运回后进行打捆。这种方法适宜于草产量较低、草地面积较小且零散分布地区的牧草打捆。捡拾式打捆机是在机械牵引的作用下，沿草垄边捡拾边打捆的移动式作业机械。

根据草捆的形状可将打捆机分为方捆打捆机和圆捆打捆机。长方形小捆易于搬运，重量为 14～68 kg；长方形大捆重量为 800～900 kg，需要重型装卸机或铲车进行装卸。大圆柱形草捆重 600～800 kg，草捆长 1～1.7 m，直径 1～1.8 m，草捆密度为 110～250 kg/m³。圆柱形草捆制作时将捡拾起的干草一层层地卷在草捆上，田间存放时有利于雨水的流散，草捆一经形成，可在野外较长时间存放。但由于其形状和体积不适宜长距离运输，可在排水良好的地方成行排列，使空气易于流通，但不宜堆放过高，一般不超过 3 个草捆高度。

在必须远距离运输时，为减小草捆体积，降低运输成本，需要用二次压捆机对草捆进行二次打捆。方法是将 2 个或 2 个以上的低密度小方捆进行二次高密度压捆，二次压捆后的密度可以比第一次提高 1 倍以上。二次打捆的草捆打上纤维包装膜，至此一个完整的干草产品即制作完成，可直接储存或作为商品销售。

2. 草粉加工　与青干草相比，草粉可减少咀嚼耗能，提高饲草利用率，是一项重要的蛋白质、维生素饲料资源，可为饲料工业提供半成品蛋白质补充饲料和维生素饲料。目前我国干草粉的生产与推广规模仍然不大，配合饲料中草粉所占的比例很小。但我国饲草资源丰富，其中有很多是蛋白质含量丰富的优良牧草，很适宜加工成优质草

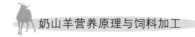

粉。尤其是近年来人工种植的优良牧草规模逐年扩大，这将为干草粉的生产开辟更广阔的原料来源。

草粉生产流程一般为收割→切短→干燥→粉碎→包装→储存运输。用于加工草粉的原料主要为优质的豆科牧草和禾本科牧草，并于营养价值最高的时期进行收割。一般豆科牧草首次刈割应在孕蕾初期，以后各次应在孕蕾末期；禾本科牧草不晚于抽穗期。用电锤式粉碎机粉碎干草，可制成长 1～3 mm 的干草粉。

为保持干草中的维生素和蛋白质含量，一定要注意草粉库保持干燥、凉爽、避光、通风，注意防火、防潮、灭鼠及避免酸、碱、农药造成污染。草粉安全储藏的含水率在13%～14%，要求温度低于 15 ℃；含水率在 15% 左右时，要求温度低于 10 ℃。

以含水量、粗蛋白质、粗纤维、粗脂肪、粗灰分及胡萝卜素的含量作为评定草粉质量和等级划分的主要指标。世界各国根据原料不同，有各自的国家质量等级标准。我国苜蓿干草粉标准见表 5-1。

表 5-1　我国苜蓿干草粉质量分级

质量指标		等级标准			
		特级	一级	二级	三级
粗蛋白质（%）	≥	19.0	18.0	16.0	14.0
粗纤维（%）	<	22.0	23.0	28.0	32.0
粗灰分（%）	<	10.0	10.0	10.0	11.0
胡萝卜素（mg/kg）	≥	130.0	130.0	100.0	60.0

3. 草颗粒加工　为了缩小草粉体积，便于储存和运输，将草粉通过制粒机压制成草颗粒。草颗粒体积小，便于储存和运输；饲喂方便，粉尘少；可以降低氧化作用对饲草营养价值造成的损失；在制粒时加入抗氧化剂，还可减少胡萝卜素等养分的损失。

4. 草块加工　草块加工分为田间压块、固定压块和烘干压块三种类型。田间压块时由专门的干草收获机械和田间压块机完成。压制成的草块大小为 30 mm×30 mm×（50～100）mm。草块压制过程和草颗粒一样，可加入尿素、矿物质及其他添加剂，提高草块的养分含量。

三、青干草的品质鉴定

青干草的品质极大地影响家畜的采食量及其生产性能。通常认为，干草品质的好坏，应根据干草的营养成分和其消化率来综合评定。但生产实践中，常以干草的植物学组成、牧草收获时期、干草叶量、颜色、气味以及干草水分含量等物理特征来评定其饲用价值。青干草品质鉴定分为感官判定和化学分析两种。

（一）青干草的感官判定

1. 牧草植物学组分　植物种类不同，营养价值差异较大。对于天然草地而言，植物学组成对干草品质的影响具有决定性意义。而对于人工草地来说，主要看杂草在整个草地群落中所占的比重，杂草数量越多，其营养价值就越低。一般将样品按植物学组成分为禾本科牧草、豆科牧草、其他可食草、饲用价值低的杂草和有毒有害植物五类，计算各类草占样品草的百分比。

优质干草：豆科牧草占的比例较大，杂草不超过 5％（其中杂质不超过 10％）。

中等干草：禾本科及其他非豆科可食草比例较大，杂草不超过 10％。

次等干草：除禾本科牧草、豆科牧草外，其他可食草占比例较多，杂草不超过15％（其中杂质不超过 30％）。有毒有害植物不应超过 1％。

低劣干草：干草发生严重霉变，有毒有害植物超过 1％，不可饲用。

2. 牧草收获时期　适宜的刈割时期是影响干草品质的重要因素，一般豆科牧草在现蕾至开花期，禾本科牧草在抽穗至开花期刈割比较合适。如样品中有花蕾出现，表示收割适时，品质优良；有大量花序而无结籽，表示开花期收割，品质中等；如发现大量种子或籽实已脱落，表示收获过晚，营养价值低。

3. 干草叶量　干草叶片的营养价值较高，叶片中所含的矿物质、蛋白质比茎秆中高 1～1.5 倍，胡萝卜素高 10～15 倍，纤维素低 1～2 倍，消化率高 40％。所以，叶量的多少是衡量干草品质的重要指标，叶量越多，营养价值越高。叶片比例一般随植株的成熟而减少。鉴定时取一束干草，看叶量的多少。因禾本科牧草的叶片不易脱落，优质豆科牧草的叶量应占干草总质量的 50％以上。

4. 颜色和气味　颜色和气味是评定干草品质的重要指标。一般绿色越深，其营养物质损失越少，所含的可溶性营养物质、胡萝卜素及其他维生素也越多，品质越好。黄色、褐色的青干草则质量较差。优质青干草颜色呈鲜绿色，具有较浓郁的芳香气味。这种香味能刺激家畜的食欲，增加适口性。中等干草为淡绿色或灰绿色，无异味。次等干草颜色发暗，养分损失较多，营养价值较低。低劣干草为微黄色或深褐色至暗褐色，草上有白灰或霉味，不可饲用（表 5-2）。

表 5-2　干草颜色的感官判断标准

品质等级	颜　色	养分保存	饲用价值
优质	鲜绿	完好	优
中等	淡绿	损失小	中
次等	黄褐	严重损失	差
低劣	暗褐	霉变	不宜饲用

5. 含水量　含水量高低是决定干草在储藏过程中是否变质的主要指标。干草的安全储藏含水量应为 15％～17％，超过 20％则不利于储藏。

6. 病虫害的感染情况　由病虫侵害过的牧草调制成的干草，其营养价值较低，且不利于家畜健康。鉴定时抓一把干草，检查叶片、穗上是否有病斑出现，是否带有黑色粉末等，如果发现带有病症，则不能饲喂家畜。

（二）青干草的化学分析

化学分析也就是实验室鉴定，包括水分、干物质、粗蛋白质、粗脂肪、粗纤维、无氮浸出物、粗灰分、维生素及矿物质含量的测定，各种营养物质消化率的测定以及有毒有害物质的测定。不过，检测指标越多，耗费的时间越长，费用也越高。所以，一般情况下只需检测生产者、经销商或消费者认为有必要检测的指标，常规指标主要包括干物质（DM）、粗蛋白质（CP）、胡萝卜素、酸性洗涤纤维（ADF）和中性洗涤纤维（NDF）含量，此外还包括可消化干物质（DDM）含量、干物质采食量（DMI）、非溶解性粗蛋白质（ICP）含量、总可消化养分（TDN）和相对饲用价值（RFV）等。

中国畜牧业协会于 2018 年 4 月 16 日审核通过了《苜蓿 干草质量分级》（T/CAAA 001—2018）团体标准，以粗蛋白质、中性洗涤纤维、酸性洗涤纤维、相对饲用价值、杂类草含量、粗灰分和水分指标为依据划分干草等级（表 5-3）。

表 5-3 苜蓿干草质量分级

理化指标	等级				
	特级	优级	一级	二级	三级
粗蛋白质（%）	≥22.0	≥20.0，<22.0	≥18.0，<20.0	≥16.0，<18.0	<16.0
中性洗涤纤维（%）	<34.0	≥34.0，<36.0	≥36.0，<40.0	≥40.0，<44.0	>44.0
酸性洗涤纤维（%）	<27.0	≥27.0，<29.0	≥29.0，<32.0	≥32.0，<35.0	>35.0
相对饲用价值	>185.0	≥170.0，<185.0	≥150.0，<170.0	≥130.0，<150.0	<130.0
杂类草含量（%）	<3.0	<3.0	≥3.0，<5.0	≥5.0，<8.0	≥8.0，<12.0
粗灰分（%）	≤12.5				
水分（%）	≤14.0				

注：相对饲用价值＝干物质采食量×可消化干物质含量/1.29，式中，干物质采食量＝120/中性洗涤纤维；可消化干物质含量＝88.9－0.779×酸性洗涤纤维；粗蛋白质、中性洗涤纤维、酸性洗涤纤维含量均为干物质基础。

四、青干草的储存与利用

（一）青干草的储存

干草储藏是牧草生产中的重要环节，可保证一年四季或丰年和歉年干草的均衡供应。必须采取正确而可靠的方法进行储藏，才能减少营养物质的损失和浪费。干草水分含量的多少对干草储藏成功与否有直接影响，因此在牧草储藏前应对牧草的含水量进行判断。生产上大多采用感官判断法来确定干草的含水量。

1. 干草含水量的判断

（1）含水量 15%～16% 的干草紧握发出沙沙声和破裂声（但叶片丰富的低矮牧草不发出沙沙声），将草束搓拧或折曲时草茎易折断，拧成的草辫松手后几乎全部迅速散开，叶片干而卷。禾本科草茎节干燥，呈深棕色或褐色。

（2）含水量 17%～18% 的干草紧握或搓揉时无干裂声，只有沙沙声，松手后干草束散开缓慢且不完全。叶卷曲，弯折茎的上部时，放手后仍保持不断。这样的干草可以堆藏。

（3）含水量 19%～20% 的干草紧握草束时，不发出清晰的声音，容易拧成紧实而柔软的草辫，搓拧或弯曲时保持不断。这样的干草不适于堆藏。

（4）含水量 23%～25% 的干草搓揉没有沙沙声，搓揉成草束时不易散开，手插入干草中有凉的感觉。这样的干草不能堆垛储藏。

2. 散青干草的垛藏　为了把调制好的青干草长期储藏起来，需要把搂集起来的草堆堆成大垛，以待运走或长期储藏。堆藏有长方形垛和圆形垛两种，长方形草垛一般宽4.5～5 m，高6.0～6.5 m，长度不少于8 m；圆形草垛一般直径在4～5 m，高6.0～6.5 m。

（1）垛址选择及注意事项　长期储藏的草垛，垛址应选择在地势高而平坦、干燥、排水良好，雨、雪水不能流入垛底的地方；距离畜舍不能太远，以便于运输和取送；而且要背风或与主风向垂直，以便于防火；同时，为了减少干草的损失，垛底要用木头、树枝或砖块等垫平，至少高出地面25 cm；垛底四周挖深20～30 cm，沟底和沟上部分别挖宽20 cm和40 cm的排水沟。

（2）堆垛　堆垛时，不论是圆形垛还是长方形垛，要一层一层地堆草，逐层踏实，特别是草垛的中部和顶部。长方形垛先从两端开始，垛草时要始终保持中部隆起高于周边，以便于排水。含水量高的草应当堆放在草垛上部，过湿的干草应当挑出来，不能堆垛。草垛收顶应从堆到草垛全高的1/2或2/3处开始，从垛底到开始收顶处，应逐渐放宽约1 m（每侧加宽0.5 m），四周边缘要整齐，以利于排水和减轻雨水对草垛的漏湿。干草堆垛后，一般用干燥的杂草或麦秸封顶，并逐层铺压。为了减少风雨损害，长方形垛的窄边必须对准主风方向。水分较高的干草堆在草垛四周靠边处，便于干燥和散热。气候湿润的地方，垛顶应较尖，干旱地区，垛顶坡度可稍缓。垛顶不能有凹陷和裂缝，以免漏进雨、雪水。草垛的顶脊可用劣质草铺盖压紧，最后必须用树干、绳索或泥土封压坚固，以防大风吹刮。

3. 打捆青干草的储藏　在多雨季节调制干草时，可以采用草捆干燥法。干草捆体积小、密度大，便于储藏。将刈割后的牧草摊晒到含水量为40%左右时，打成低密度草捆（80～100 kg/m³），垛藏后继续干燥。一般露天堆垛，顶部加保护层或储藏于干草棚中。草垛的大小一般为长20 m，宽5～5.5 m，高18～20层干草捆。为了使草捆位置稳固，上下草捆之间的接缝应相互错开。从第2层草捆开始，可在每层中设置宽25～30 cm的通风道，各层之间纵向通风道和横向通风道轮流设置，通风道数目可根据草捆的含水量确定。第9层边缘突出于第8层为"遮檐层"，从第10层以后呈缩进式阶梯状堆放，每一层的干草纵面比下一层缩进2/3或1/3捆长，这样可堆成带檐的双斜面垛顶，垛顶共需堆置9～10层草捆。垛顶用其他遮雨物覆盖。草捆干燥法不仅可以解决雨季调制干草的难题，还可以尽可能多地保留叶片。

4. 青干草储藏过程中的管理

（1）防止垛顶塌陷漏雨　干草堆垛2～3周后，常会发生塌陷现象，因此要经常检查，及时修整，避免雨、雪导致的损失。

（2）防止草垛基部受潮　如前所述，科学选择垛址和设排水沟很重要。此外，就是在垛藏过程中指定专人负责经常检查和管理。

（3）防止干草自燃　干草堆垛后影响养分变化的主要因素是含水量。含水量在17%以上的干草，由于植物体内酶及外部微生物活动而引起的发酵，会使草垛内温度上升到40～50 ℃。适度发酵有利于草垛的紧实和产生芳香味，但过度发酵则可导致青干草品质下降，甚至自燃。一般干草水分含量在20%以上时，应通过多设通风道，防止过度发酵与自燃。

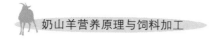

（二）青干草的利用

干草是奶山羊等反刍家畜的主要饲草之一。主要有自由采食和限量饲喂两种利用方式。大多数为任由家畜自由采食，限量饲喂的可以通过确定干草在日粮中的比例，人工每日定量饲喂。

当年调制的青干草要和往年结余的青干草分别储藏和使用，实行分畜、分等、定量饲喂。用草时先喂陈草，后喂新草；先取粗草，后取细草；陈草、粗草喂大畜；新草、细草喂小畜、改良畜、良种畜和母畜。

第二节　青贮饲料的加工调制

一、青贮饲料的特点

1. 青贮饲料原料来源广泛　各种青绿饲料、青绿作物秸秆、瓜藤菜秧及高水分谷物、糟渣等，均可用来制作青贮饲料，目前最常用的是专用青贮玉米（带谷穗），也可用摘穗后的玉米秸、高粱秸、甘薯藤和各类牧草等。只要方法得当，几乎各种青绿饲料均能青贮。

2. 青贮饲料营养价值高　青贮是将青绿饲料切碎后装入青贮设备中，通过密封厌氧发酵，产生足够的乳酸来抑制其他有害微生物活动而使青绿饲料中的养分得以保存的一种方法。因此，青贮可以最大限度地保存青贮原料的营养成分，延长青饲季节。禾本科牧草经过青贮可以保存牧草中85%以上的营养物质，而制备干草即使在最好的条件下也只能保留80%的养分；若在较差条件下，只能保留50%～60%的养分；干草若遇雨淋或发霉变质，其损失更大。

3. 青贮饲料适口性好，消化率高　青贮饲料经过微生物的发酵过程后具有特殊的酸香味，刺激家畜的食欲，增加采食量。具有某些特殊气味的青贮原料，如菊芋、向日葵茎叶和蒿属植物青贮之后，异味消失，适口性增加。青贮饲料的粗纤维、能量和蛋白质消化率均高于同类干草产品。由于其利用率高，柔软多汁、营养丰富，俗有"草罐头"之称，是目前规模化奶山羊养殖中使用较普遍的一种基础饲料。

4. 受天气影响小，可以长期保存　与调制干草相比，青贮过程受气候影响小。青贮饲料如果管理得当，设备不漏气，则可长久保存。储藏3～5年仍然保持较好质量，最长可达30年以上。

5. 调制方便，储存空间小，有效控制病虫害　青贮制作工艺简单，投入劳力少；与保存干草相比，制作青贮饲料储存空间更小，节约存放场地。对于玉米、高粱的钻心虫和牧草的一些害虫，青贮可以杀死虫卵、病原菌，减少植物病虫害的发生与蔓延。

二、青贮饲料调制关键技术

调制优质青贮饲料的关键就是尽可能为乳酸菌的发酵创造条件，厌氧环境、适宜的水分和适宜的糖分是最关键的三个因素。

（一）厌氧环境

由于乳酸菌是厌氧微生物，所以青贮早期一定要尽可能快地创造厌氧环境，以促进乳酸菌的生长繁殖，否则，其他好氧微生物的活动不仅会消耗饲料养分，也会导致青贮饲料品质败坏。可以通过原料切短、快装、压实、密封来保证厌氧环境的形成。

1. 切短 原料切短有利于压实、排气，长度以 1～2 cm 为宜。一般粗硬原料适当切短，细软原料可适当长些。青贮饲料切碎后要求当天装完。

2. 压实 装填前，窖底可垫一层 10～15 cm 长的秸秆或软草，以便吸收青贮汁液。在窖四周可铺设塑料薄膜，加强密封，防止漏气渗水。原料装窖时要边切边逐层装填，边装填边踏实，直至装满并高出地面 50 cm 以上，以保证下沉后不漏气或渗进雨水。小规模操作时可逐层用人力或畜力踩实，若是大青贮池，可用大型夯压机械压实。特别要注意四周不留缝隙。青贮饲料紧实度是青贮成败的关键之一，适当的紧实度能够保证青贮发酵完成后的青贮饲料下沉高度不超过 10%。

3. 密封 密封时一般要求原料应高于青贮容器边缘 30 cm 左右，先用一层厚塑料薄膜封严，再压盖一层 30～50 cm 厚的土或其他重物，防止漏气或雨水流入。并在周围约 1 m 处挖好排水沟。冬季为保温，可在顶部适当压些湿土或玉米秸。封顶 2～3 d 后要随时观察，发现原料下沉，应在下陷处填土，经 30～45 d 即可调制成功。

（二）原料水分调节

适当的水分是微生物正常活动的重要条件。水分过多则会产生过多汁液，降低糖浓度，有利于丁酸菌的活动，饲料易结块，并导致底部青贮饲料霉变，降低青贮品质，同时随着植物细胞汁液流失，养分损失大。对水分过多的饲料，应稍晾晒或添加少量秸秆、干草粉、糠麸等饲料来降低含水量。含水量过低会影响微生物的活性，也不易压实，难以确保厌氧环境的形成，适当洒水或与多汁原饲混合可以提高含水量。

青贮原料的含水量以 65%～75% 为宜，过高或过低都不利于青贮成功。以原料切碎后握在手里，手中感到湿润，但不滴水为宜，最低不少于 55%。豆科牧草含水量以 60%～70% 为宜；质地粗硬原料的含水量以 78%～80% 为宜；幼嫩、多汁、柔软的原料含水量以 60% 为宜。

（三）原料含糖量调节

含糖量是指青贮原料中易溶性碳水化合物的含量，这是保证乳酸菌大量繁殖、产生足量乳酸的基本条件。如果原料中的含糖量太低，即使其他条件都满足，也不能调制出优质的青贮饲料。青贮原料中的含糖量至少应为鲜重的 1%。应选择植物体内碳水化合物含量较高、蛋白质含量较低的原料作为青贮的原料。如禾本科植物、向日葵茎叶、块根类原料均是碳水化合物含量高的种类。而可溶性碳水化合物含量较低、蛋白质含量较高的原料，如豆科植物和马铃薯茎叶等原料，较难青贮成功，一般不宜单独青贮，多采用将这类原料刈割后预干到含水量达 45%～55% 时，调制成半干青贮，或与含糖量高的玉米、甘薯、禾本科牧草等原料混合青贮的办法，或添加适量的糠麸、淀粉、糖蜜等。

调制青贮饲料过程在满足调制的关键因素后，遵从"六随、三要"原则即可。"六随"即随收、随运、随铡、随装、随压、随封；"三要"指原料要切短、要压实、要封严。

三、常用青贮设备的种类

青贮设备应根据各地条件，因地制宜，就地取材。常用设备类型有青贮塔、青贮窖、青贮壕及青贮袋等。

1. 青贮塔　这是一种用砖和混凝土在地面上修造的永久性塔形建筑。青贮塔的高度一般为其直径的 2～4 倍，一般塔高 12～14 m，直径 3.5～6.0 m。在塔身一侧每隔 2 m 高开一个尺寸约 0.6 m×0.6 m 的小窗，装填时关闭，取料时打开（图 5-1）。青贮塔的保存效果好，便于机械化装料与卸料，可以充分承受压力并适于填料。作为永久性的建筑物，其建造必须坚固，虽然最初成本比较昂贵，但持久耐用，青贮损失少。在恶劣的天气里饲喂方便，并能充分适应装卸自动化。

图 5-1　青贮塔示意

近年来，国外采用气密（限氧）的青贮塔，由镀锌钢板乃至钢筋混凝土构成，内部有玻璃层，密封性好。取料可以从塔顶或塔底用旋转机械进行。这种气密式青贮塔可用于制作低水分青贮、湿玉米青贮或一般青贮。这种塔密封性好，制作的青贮饲料品质好，养分损失最少，但成本高，只能依靠机械装填。

2. 青贮窖　青贮窖是我国农村应用最普遍的青贮容器，造价比青贮塔低，坚固耐用，使用年限长，储藏量大，青贮的饲料质量有保证。作业也比较方便，既可人工作业，也可以机械化作业。根据地势及地下水位的高低可将青贮窖分为地下、地上和半地下三种形式。地下式青贮窖适于地下水位较低、土质较好的地区，半地下式青贮窖适于地下水位较高或土质较差的地区。

窖的形状一般为圆形或长方形。圆形窖（图 5-2）一般直径 2～4 m，深 3～5 m，比同等尺寸的长方形窖占地面积小，容量大，但圆形窖开窖饲喂时，需将窖顶部封层全部打开，窖口大，不易管理；需逐层取料和防止冬季结冻或夏季霉变。长方形的窖一般宽 1.5～3 m，深 2.5～4 m，适于小规模饲养户采用，长度根据所养羊的数量、饲喂期的长短和需要储存的饲草数量而定。长度超过 5 m 以上时，每隔 4 m 砌一横墙以加固窖壁，防止坍塌。无论是圆形还是方形窖，青贮窖四壁要平整光滑，最好用砖、石建造，再用水泥抹平。也可以用土

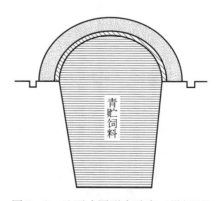

青贮饲料

图 5-2　地下式圆形青贮窖（纵切面）

坯砌成土窖，但底面和四周要用水泥抹面，或全部用塑料薄膜铺面，一定要注意防止渗水和漏气。要能够密封，防止空气进入，且有利于饲草的装填压实。窖底部从一端到另

一端需有一定的坡度，或一端建成锅底形，以便排出多余的汁液。一般每立方米窖可青贮全株玉米 500～600 kg。

3. 青贮壕　青贮壕是一种长条形的壕沟状建筑，适用于大规模饲养场。沟的两端呈斜坡，沟底及两侧墙面一般用混凝土砌抹，底部和壁面必须光滑，一防渗漏，二能避免泥土污染。青贮壕也可建成地下式（图 5 - 3）或半地下式，也有建于地面的地上青贮壕。一般深 3.5～7 m，宽 4.5～6 m，长 20～40 m。青贮壕的优点是造价低，并易于建造。缺点是密封面积大，储存损失率高，在恶劣的天气取用不方便。但青贮壕有利于大规模机械化作业，通常拖拉机牵引着拖车从壕的一端驶入，边前进边卸料，从另一端驶出。拖拉

图 5 - 3　地下式青贮壕（纵切面）

机和青贮拖车驶过青贮壕，既卸了料又能压实饲料。装填结束后，物料表面用塑料布封顶，再用泥土、草料、沙包等重物压紧，以防空气进入。

4. 青贮袋　选用无毒、厚实的聚乙烯塑料袋形成密闭环境，进行青贮，每袋可贮60～80 kg 青贮料。袋贮的特点是方法简单，储存地点灵活，使用很方便，袋的大小可根据需要调节。为防穿孔，宜选用较厚而且结实的塑料袋，可用 2 层。小型塑料袋宽一般为 50 cm，长 80～120 cm，每袋装 40～50 kg。装袋依靠人工，压紧也需要人工踩实，效率很低，这种方法适合于农村家庭小规模青贮调制。塑料袋可用土埋住或放在畜舍内，要注意防鼠防冻。大型"袋式青贮"技术，特别适合于苜蓿、玉米、秸秆、高粱等大批量青贮。该技术是将青贮原料切碎后，采用袋式灌装机械将原料高密度地装入专用塑料袋，在厌氧条件下，完成青贮发酵。此技术可调制含水量高达 60%～65% 的饲草。一个 33 m 长的青贮袋可灌装近 100 t 饲草，灌装机灌装速度可达 60～90 t/h。

5. 拉伸膜裹包青贮　拉伸膜裹包青贮在许多畜牧业发达国家广泛应用，近年来我国以拉伸膜裹包形式储存青贮的数量也大量增加。裹包青贮是一种利用机械设备完成饲草料青贮的方法，是在传统青贮的基础上研究开发的一种新型饲草料青贮技术。

裹包青贮与一般青贮一样，有酸香味，具有质地柔软、适口性好、消化率高、营养成分损失少等特点。与其他青贮方式相比，裹包青贮过程的封闭性比较好，通过汁液损失的营养物质也较少，而且不存在二次发酵的现象。此外裹包青贮的运输和使用都比较方便，有利于商品化，对于促进青贮加工产业化的发展具有十分重要的意义。但是，裹包青贮也存在着一些不足，例如包装很容易被损坏，导致青贮饲料发霉变质，而且不同草捆之间水分含量容易出现参差不齐，造成发酵品质差异，从而给饲料配方设计带来困难，难以精确掌握恰当的供给量。

6. 平面堆积青贮　平面堆积青贮适用于养殖规模较小的农户，如养羊数量为 20～50 只，可以采用这种方式。平面堆积青贮的特点是使用期较短，成本低，一次性劳动量投入较小。制作的时候需要注意青贮原料的含水量（一般要求在 65% 左右），要压实和保证密闭。否则，会直接影响青贮饲料的品质。

选一块干燥平坦的地面，铺上塑料布，然后将青贮饲料卸在塑料布上垛成堆。青贮堆的四边呈斜坡，以便拖拉机能开上去。青贮堆压实之后，用塑料布盖好，周围用沙土

压严。塑料布顶上用旧轮胎或沙袋压住，以防塑料布被风掀开。平面堆积青贮节省了建窖的投资，储存地点也十分灵活，但由于暴露面积大，青贮调制完成后的取料和维护过程需要注意防止二次发酵。

四、青贮饲料的品质鉴定及利用

（一）青贮饲料的品质鉴定

青贮饲料发酵品质的优劣直接与青贮原料种类、刈割时期以及青贮技术等密切相关。正常情况下青贮，一般经 40 d 左右即可开窖取用。取用前需要先进行品质鉴定，判断青贮饲料营养价值的高低。对青贮饲料的品质鉴定包括两个方面内容，一方面是根据发酵优劣状况即发酵品质来评定，另一方面是根据青贮饲料的营养价值来评定。通常在生产实践中，人们多采用感官辨别青贮饲料的气味、颜色和质地等来初步评判其品质的好坏，通过实验室分析来进一步评定其发酵品质和营养价值。

1. 感官鉴定法 开启青贮容器时，根据青贮饲料的色泽、气味和质地等感官指标进行评定，见表 5-4。

表 5-4 青贮饲料感官鉴定标准

等级	色 泽	气 味	结构质地
优良	绿色或黄绿色，接近原料的颜色	芳香酒酸味，给人以舒适感	湿润松散，茎叶花明显，结构良好
中等	黄褐或暗褐色	芳香味弱，并稍有酒精或乙酸味	柔软，水分稍多，茎叶花基本保持原状
劣等	深褐色或黑色	腐臭味或霉味	腐烂成块无结构，黏糊，滴水

（1）色泽 青贮饲料的颜色因原料与调制方法的不同而有所差异。优质的青贮饲料非常接近于作物原料的颜色。若青贮前作物为绿色，青贮后仍为绿色或黄绿色最佳。青贮窖内原料发酵的温度是影响青贮饲料色泽的主要因素，温度越低，青贮饲料就越接近于原料的颜色。对于禾本科牧草，温度高于 30 ℃，颜色变成深黄；温度为 45～60 ℃，颜色近于棕色；温度超过 60 ℃，由于糖分焦化近乎黑色。一般来说，品质优良的青贮饲料颜色呈黄绿色或青绿色，中等的为黄褐色或暗绿色，劣等的为褐色或黑色。

（2）气味 品质优良的青贮饲料具有轻微的酸味和水果香味，有些像酒糟味，并略带水果弱酸味，没有霉味，抓在手中闻，其气味酸而不刺鼻。若有刺鼻的酸味，则乙酸较多，品质较次，不适合喂妊娠家畜。腐烂霉变并有臭味的则为劣等，已失去利用价值，不宜喂家畜。

（3）质地 质地良好的青贮饲料在窖里压得非常紧实，但抓在手中又很快松散，质地柔和而略带湿润，茎叶仍保持原状，结构应当能清晰辨认。相反，结构模糊及呈黏滑状态是青贮腐败的标志。黏度越大，表示腐败程度越高。若茎叶黏成一团好像一块污泥，或质地松散干燥、粗硬，即表示水分过多或过少，品质不良。

2. 实验室鉴定法 实验室鉴定内容主要包括青贮饲料的 pH、各种有机酸含量、微生物种类和数量、营养物质含量变化以及青贮饲料可消化性及营养价值，其中普遍采用的是测定 pH 及各种有机酸。

pH 是青贮饲料品质好坏的重要指标之一。优质青贮饲料 pH 要求在 4.2 以下，含有较多的乳酸，而丁酸、乙酸少。pH 高于 4.2 则说明其中腐败菌和丁酸菌活动较强烈。劣质青贮饲料 pH 高达 5～6。实验室可用精密酸度计测定，生产场地可用精密石蕊试纸测定，简单快捷。

（二）青贮饲料的利用

青贮发酵过程一般需要 40～50 d，调制好的青贮饲料即可开启使用。利用时需注意以下几点：

（1）开始启用后，应逐层或逐段由上而下分层取用，避免大面积开封和掏取饲喂，尽量减少与空气接触，防止二次发酵。

（2）每次取完后随时覆盖，最好连续使用，随取随用，已变质的饲料不能喂羊。

（3）每次取用厚度应大于 10 cm，对于少量变质的饲料应及时抛弃。如果长时间不用，要重新封严。

（4）首次饲喂青贮饲料，应由少到多，让羊逐步适应，防止发生腹泻；妊娠母羊尤其要注意不宜过多，防止发生流产，一般在产前 2 周停喂青贮饲料。一般适应期 5～7 d，一般每只成年奶山羊每天的饲喂量为 2～4 kg，每只羔羊每天 400～600 g。泌乳奶山羊可适当多喂，但因其有气味，最好在挤奶后再喂。

（5）青贮饲料不能单独饲喂，应与干草等粗饲料搭配使用。

第三节　秸秆饲料的加工调制

秸秆是指农作物收获籽实后剩余的茎叶，如玉米秸、豆类秸秆、甘薯藤蔓等，其产量为籽实的 1～1.2 倍。作为农业大国，我国有着丰富的秸秆资源，但秸秆作为饲料的使用量很低。政府鼓励对秸秆资源进行"五化"（能源化或燃料化、肥料化、饲料化、原料化、基料化）综合利用，其中秸秆资源饲料化应用对发展节粮畜牧业、保障粮食安全具有重要意义。秸秆是粗饲料中最大的一类。由于饲用价值低，大量秸秆未被充分利用，一方面因焚烧或随意堆放等造成环境污染，另一方面也加剧了畜牧业对粮食的依赖性。

作物秸秆的主要成分为粗纤维，含有少量矿物质、脂肪和蛋白质等。不同作物种类或同种作物不同部位的秸秆，营养成分各有不同，可饲性也不尽相同。水稻秸、玉米秸、豆类秸秆、甘薯秸是常见的几类秸秆，其营养成分差异较大。水稻秸主要包括稻草和稻壳。稻草适宜直接饲喂和加工饲喂，稻壳即使加工后也不适宜饲喂动物。玉米秸主要分为玉米茎秆、玉米芯和玉米苞叶。玉米芯加工后可以作为饲用原料，玉米茎秆和苞叶均可直接作为饲料使用。豆类秸秆均可直接作为饲用原料使用。作物秸秆普遍存在质地粗硬、营养效价低、适口性差和消化率低等问题，但进行合理加工后，不仅可改善秸秆的营养价值和适口性，还可提升秸秆的饲料转化效率。秸秆饲料加工方法分为物理加工处理、化学处理和生物学处理等。

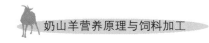

一、物理加工处理

物理加工处理即利用水、机械和热力等作用改变秸秆的物理性状，使秸秆软化、切短或粉碎以改善适口性，减少动物咀嚼时间，便于瘤胃微生物降解，提高消化率。物理加工方法包括机械加工、蒸煮、热喷、浸泡、秸秆碾青和盐化处理等。

1. 机械加工　机械加工是利用机械将秸秆等粗饲料铡短、粉碎或揉搓，是粗饲料利用最简单而又常用的方法，尤其是比较粗硬的秸秆饲料，加工后便于咀嚼，减少浪费，可提高饲料利用率，而且便于与精饲料混拌，提高采食量。喂羊的秸秆长度和粉碎的细度不应太长和太细，一般长度 1.5～2.5 cm，粉碎的秸秆颗粒粒径一般为 0.7～1.0 cm，以便反刍。

揉搓技术是利用揉搓设备将粗硬的秸秆揉搓成柔软的丝状物后，再与精饲料和各种添加剂按一定比例配成 TMR。近年来推出的揉丝机可将秸秆饲料揉搓成丝条状，尤其适于玉米秸的揉碎，可饲喂奶山羊等反刍家畜。秸秆揉碎不仅可提高适口性，也提高了饲料利用率，是当前秸秆饲料利用比较理想的加工方法。

2. 蒸煮　蒸煮可降低纤维素的结晶度，软化秸秆，增加适口性，提高采食量和消化率，是一种较早采用的秸秆调制方法。可采用加水直接蒸煮或通气蒸煮。加水直接蒸煮是将秸秆与水按 1∶1 或 1∶1.5 的比例，同时添加少量豆饼和适量食盐，于 90 ℃ 水温蒸煮 0.5～1.0 h。通气蒸煮则是将切碎的秸秆置于四周布满洞孔的通气管上，通入蒸汽蒸 20～30 min，5～6 h 后取出即可饲用。

3. 热喷　热喷是将预先切碎的秸秆装入热喷机内，利用高压水蒸气处理后突然降压，迫使物料从机内喷爆而出，以破坏秸秆的纤维结构的方法。热喷处理除了具有破坏物理结构的效果外，还可使某些化学成分发生改变。

4. 浸泡　浸泡的目的主要是为了软化秸秆，改善适口性，提高采食量和消化率，并可清除秸秆上的泥土等杂物。方法是在 100 kg 水中加入食盐 3～5 kg，将切碎后的秸秆分批在桶或池内浸泡 24 h 左右。浸泡秸秆饲喂前最好用糠麸或精饲料调味，每 100 kg 秸秆可加入糠麸或精饲料 3～5 kg，如果再加入 10%～20% 的优质豆科或禾本科干草、酒糟等效果更好。

5. 秸秆碾青　我国山东省南部地区人们历来有栽培苜蓿并晒干草的习惯，由于气候原因，有时不能有充分时间晒干，因此有了秸秆碾青的方法，即将麦秸铺在打谷场上，厚度约 33 cm，上边再铺 33 cm 左右的青苜蓿，苜蓿之上再铺一层同样厚度的麦秸，然后用碌碡碾后，苜蓿压扁流出汁液被麦秸吸收，这样压扁的苜蓿在高温天气只要半天到一天暴晒就可干透。秸秆碾青的好处是可以较快速地制干草，茎叶干燥速度均匀，减少叶片脱落损失，提高麦秸的适口性与营养价值。

6. 盐化　盐化是将铡碎或粉碎的秸秆与等重量的 1% 的食盐水充分搅拌并放置 12～24 h 的处理方法。在饲喂秸秆前，通过盐化处理可使其自然软化，提高适口性和采食量，效果良好。

二、化学处理

化学处理是指利用酸、碱等对秸秆进行处理，降解其中的木质素、纤维素等难以消化的组分，从而提高消化率和饲用价值。化学处理的效果常优于物理处理，而且所需的设备投资和处理成本一般比物理处理低。化学处理方法包括氨化处理、碱化处理、氨/碱复合处理和酸处理等，其中最常用且效果较好的方法是氨化处理和碱化处理。

（一）氨化处理

氨化处理是指将液氨、氨水或能产氨的尿素及碳酸氢铵或人畜尿液，按一定比例喷洒在秸秆上，在密封的条件下处理一段时间的方法。这种处理方法可使饲料有机物与氨发生氨解反应，破坏木质素与纤维素、半纤维素链间的酯键结合，并形成铵盐，从而提高秸秆饲用价值。

氨化后的秸秆的营养价值，特别是粗蛋白质含量提高 4%～6%，纤维素含量降低 10% 左右，而且柔软，具煳香味，适口性好，总营养价值接近中等质量的青干草。氨化处理还可使秸秆的采食量和消化率分别提高 20%～40% 和 10%～20%。此外，氨化处理具有杀菌作用，可以预防病虫害传播，防止饲料霉变。在目前秸秆利用率低、蛋白质饲料价格上涨的情况下，开展秸秆氨化处理，对于发展奶山羊养殖具有重要的经济意义。

1. 氨化方法 氨化处理方法多种多样，可因地制宜。从氨化方式上，有氨化炉、氨化堆、氨化缸、氨化坑、氨化窖等。氨化炉要求一定的设备条件，而其热源主要为电，价格偏高，目前农村难以推广应用。氨化堆（垛）和氨化塑料袋，操作较方便，也较经济，在北方地区易于推广。

（1）堆垛氨化法 应选择新鲜、干净、干燥的秸秆，并将秸秆含水量调整为 20%。氨化剂通常选用液氨、氨水或尿素，用液氨处理秸秆时，用量按秸秆重量的 3% 计；用 20% 的氨水作为氨源时，一般每氨化 100 kg 秸秆需用氨水 11～12 kg；用尿素作氨源时，一般每氨化 100 kg 秸秆需用尿素 4～5 kg，将尿素配成溶液，每 30～45 cm 厚度秸秆均匀喷洒一次尿素溶液，以确保氨化效果。塑料薄膜选用无毒、抗老化和气密性好的聚乙烯塑料薄膜，厚度不小于 0.2 mm。准备氨水或无水氨需用的注氨管，或尿素溶液用的水桶、喷壶及秤等。

选择背风向阳、地势高燥的场地，先进行清理、整平，中部微凹陷，以储蓄氨水。用 0.2 mm 左右的聚乙烯塑料薄膜铺底，然后将调整含水量为 20% 左右的秸秆逐层铺上，薄膜四周各留出 45～75 cm 的边，用于折叠密封。用液氨处理时可一次堆垛到顶，在上风向一面留通氨孔，将塑料薄膜捅破后将注氨管插入秸秆堆中，按秸秆重量的 3% 注入液氨（含氨 98%）后，将注氨面上塑料薄膜折叠后用湿土压严或用泥巴抹严，封闭通氨孔即可。由于液氨有腐蚀性，故在操作时应特别注意安全，氨罐车可停在秸秆垛的上风向；通氨时，要由专人负责，严禁烟火，以免引起爆炸。要经常检查塑料薄膜，防止破损漏气而影响氨化效果。氨贮时间视外界气温而定，不同温度下的氨化时间见表 5-5。使用尿素处理，一般比氨水延长 5～7 d，而且为避免夏季高温限制脲酶活性，不利于尿素分解，应于阴凉条件下进行，防止阳光直射。在整个氨化过程中，应加强全程管理，注意密封，防范人畜和冰雹雨雪的破坏或雨水流入。

表5-5 不同温度下氨水处理时间

气温（℃）	氨化时间（d）
>30	5～7
20～30	7～14
10～20	14～28
0～10	28～56
<5	>56

（2）窖贮氨化法 与青贮窖建造相似，氨化窖的大小可根据需要确定，通常每立方米可储存切碎的风干秸秆100～150 kg。窖的形式多样，地上、地下或半地上均可，长方形较好。中间砌一隔墙，建成双联窖，可轮换处理秸秆。水泥窖可以节省塑料膜的用量，降低氨化成本，容易测定秸秆重量，确定氨源的用量。

具体方法步骤：①将玉米秸切短为1.5～2.0 cm的小段（麦秸、稻草5～10 cm）；②将秸秆重量3%～5%的尿素用温水配成溶液，温水量视秸秆的含水量而定；③将配好的尿素溶液均匀喷洒在秸秆上，边洒边搅拌，逐层喷洒，边装边踩实；④装满后，用塑料膜盖好窖口，四周用土覆盖密封。注意随时检查，发现漏氨处应及时修补。

（3）塑料袋氨化法 此法不需要建氨化设施，储藏、取用方便，但氨化所需塑料费用较高。最好用双层氨化塑料袋，塑料袋的大小以方便使用为佳，一般长2.5 m、宽1.5 m。把切短的秸秆用配好的尿素溶液（方法同窖贮氨化法）均匀喷洒，装填时应小心，以防扎破塑料袋。装满后扎紧袋口，放在向阳的干燥处，也可放在屋顶上。储存期间，经常检查是否漏气，发现问题及时处理。

2. 氨化饲料的品质鉴定 秸秆氨化一段时间后，就可以开窖启用了。使用前应进行品质鉴定，一般来说，氨化的玉米秸为褐色，质地柔软蓬松，用手紧握无明显的扎手感，有刺鼻的氨味，放完余氨后有烟香味。若发现秸秆大部分已发霉，则不能用于饲喂家畜。

3. 氨化秸秆的利用 氨化好的秸秆开封后有强烈的氨味，应选择晴天，气温越高越好，通过自然风吹日晒1～2 d放净余氨。注意氨化秸秆不能淋雨。放净余氨后的秸秆带有烟香或酸香味，羊喜食。特别注意的是，每次取用后，其余的再密封起来，以防放氨后含水量仍很高的氨化秸秆在短期内饲喂不完导致发霉变质。

刚开始饲喂氨化秸秆时，建议搭配一些碳水化合物含量较高的饲料，并配合一定数量的矿物质和青贮饲料，以便充分发挥氨化秸秆的作用，提高利用率。可与未氨化秸秆按1∶2的比例搭配饲喂，以后逐渐增加氨化秸秆饲喂量，驯饲4～5 d后即可适应。氨化秸秆一般可占羊日粮70%～80%，饲喂氨化秸秆30 min或1 h后方可饮水。饥饿时不宜大量饲喂，防止氨中毒。未断奶的羔羊，严禁饲喂氨化饲料。

（二）碱化处理

碱性物质中的氢氧根离子可以使半纤维素与木质素之间的酯键结构断裂，使大部分木质素溶于碱中，将镶嵌在木质素-半纤维素复合物中的纤维素释放出来；同时，碱还能溶解半纤维素，有利于羊对饲料的消化，提高对秸秆的采食量。但碱在破坏细胞壁结构的同时，也破坏了秸秆饲料中的蛋白质和维生素等成分，所以蛋白质和维生素含量较高的豆类秸秆和一些藤蔓类饲草不适宜这种方法处理，而小麦、玉米、稻草等蛋白质和维生素含量较低的秸秆适合进行碱化处理。碱化处理主要有氢氧化钠处理和石灰处理两种。氢氧化钠处理效果较好，但处理成本相对较高，且环境污染的风险较大；石灰处理的成本较低，且环境污染的风险较小，但处理效果比氢氧化钠处理稍差。

1. 氢氧化钠处理　早在 1921 年德国化学家贝克曼首次提出"湿法处理"，即将秸秆放在盛有 1.0%～1.5% 氢氧化钠溶液的池内浸泡 10～12 h，然后用大量清水反复漂洗，去除余碱，晾干后喂反刍家畜，有机物消化率可提高 25%，采食量增加 17% 左右，但漂洗使许多有机物被冲掉，且易造成水资源浪费和环境污染。针对湿法处理的缺点，1964 年威尔逊等提出了改进方法，用占秸秆重量 4%～5% 的氢氧化钠配制成 30%～40% 溶液，喷洒在粉碎的秸秆上，堆积数日，不经冲洗直接喂用，可提高有机物消化率12%～20%，称为"干法处理"。秸秆经干法处理，其有机物质的消化率提高，饲喂家畜后并无不良后果。这种方法不必用水冲洗，因而应用较广。这种方法虽较湿法处理有较多改进，比其他碱化方法有效，但牲畜采食后粪便中含有相当数量的钠离子，对土壤和环境也有一定的污染。

2. 石灰处理　生石灰加水后生成的氢氧化钙是弱碱溶液，经充分熟化和沉淀后，用上层的澄清液（即石灰乳）处理秸秆。石灰水处理的效果不如氢氧化钠，且秸秆易发霉，但因石灰来源广、成本低、不需要冲洗等优点，且可补充秸秆中的钙质，故又称为"钙化"处理。用生石灰 1% 或熟石灰 3% 的石灰乳浸泡秸秆，每 100 kg 石灰乳可浸泡16～20 kg 的秸秆，经 12～24 h 后捞出秸秆。经石灰处理后的秸秆消化率提高 15%～20%，采食量增加 20%～30%。如再通入 1% 氨气，可防止秸秆发霉，氨气有防腐作用，能抑制霉菌生长。

碱化处理后的秸秆可直接喂羊，也可压制成颗粒或饼后饲喂。需要注意的是，秸秆经碱化处理后，会有很多碱性物质残留，一定程度上会影响其适口性和采食量。当动物采食后，较短时间内会使瘤胃液上部的 pH 超过 8，致使动物食欲不佳甚至停止采食。最好的中和方法是与青贮饲草或青贮玉米混喂。另外，饲喂时应注意搭配一些能量饲料、矿物质饲料和维生素含量较高的饲料。保证饮水，维持体内生理平衡。

三、生物学处理

生物学处理主要指利用乳酸菌、酵母菌、纤维素分解菌等细菌和真菌或特定的酶制剂对秸秆等粗饲料进行处理的方法。在适宜的培养条件下，这些活性物质可以分解秸秆中难以被动物利用的纤维素或木质素，并增加菌体蛋白、维生素等有益物质，软化秸秆，改善适口性，从而提高秸秆等粗饲料的营养价值。当前我国发展发酵饲料应用较广泛的菌株是乳酸菌、植物乳杆菌、嗜酸乳杆菌、发酵乳杆菌、短小乳杆菌和干酪乳杆菌等。酶制剂主要包括纤维素酶、半纤维素酶、β-葡聚糖酶及果胶酶等。纤维素酶不仅可以将秸秆中的纤维素降解为可溶性糖，增加微生物发酵底物，还可提高秸秆饲料的消化率。菌制剂与酶制剂联合应用，对秸秆微贮的效果较好。下面重点介绍秸秆微贮饲料

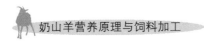

制作技术。

1. 微贮定义及微贮条件 秸秆微贮技术就是在厌氧环境下，往秸秆中接种由单一菌种或多种菌种按一定比例混合组成的菌剂或菌制剂与酶制剂的复合添加剂，通过有益微生物的繁殖与发酵以及有益微生物和酶的共同作用，降解低质粗饲料中的木质纤维，软化秸秆，改善适口性，从而提高其消化率的方法。

秸秆微贮必须满足的三个条件：

（1）必须保证无氧密封 秸秆中氧气含量越低，有氧发酵时间越短，好氧性腐败微生物作用时间越短，秸秆越不易发生腐败霉烂。在填装微贮饲料时一定要装填压实，尽可能地排出空气、封严，以防漏气。

（2）温度与湿度要适宜 一般在温度为 15～25 ℃时，微贮效果比较好；要求秸秆饲料的水分含量为 60%～70%，水分含量过高或过低，容易影响微贮效果。

（3）要保证添加的菌制剂和酶制剂的活性。

2. 微贮饲料制作方法

（1）水泥窖微贮法 窖内采用水泥砌筑，将农作物秸秆切碎揉丝后入窖，按比例喷洒菌液后分层压实，窖口用塑料膜封口，再用土压实。这种方法只需一次性投入，窖内不易进气进水，密封性好，经久耐用。

（2）土窖微贮法 在窖的底部和四周铺上塑料薄膜，将切碎的秸秆入窖，分层喷洒菌液压实，窖口再盖上塑料膜覆土密封。这种方法成本较低，简便易行。

（3）塑料袋桶内微贮法 准备厚度为 0.5 cm，容量为 100 kg 左右的塑料袋作为微贮袋。将塑料袋放入可储存 100～200 kg 秸秆的塑料桶内，并将切短的秸秆饲料分层装入并喷洒菌液，层层压实后将塑料袋口扎紧，盖上桶盖。此法不易漏气进水，密封性好，可防鼠咬破塑料袋，取料方便，经济实用。

（4）压捆窖内微贮法 秸秆经压捆机打成方捆，喷洒菌液后入窖，填充缝隙，封窖发酵，出窖时揉碎饲喂，这种方法开窖取料方便。

3. 微贮工艺流程

（1）秸秆揉丝 将采收晾干的野生植物类、牧草或秸秆类等用揉丝机切成 3～5 cm 长的丝线。豆科牧草含水量以 60%～70% 为宜，质地粗硬原料的含水量以 78%～80% 为宜，幼嫩、多汁、柔软原料的含水量为 60%。

（2）菌种复活 在处理秸秆前，先将 3 g 发酵活干菌菌剂倒入 2 000 mL 水或 1% 白糖溶液中充分溶解，在常温下放置 1～2 h，使菌种复活。复活好的菌剂一定要当天用完，不可隔夜使用。一般上述菌液可微贮 1 000 kg 干秸秆。

（3）菌液配制 将复活的菌液倒入含盐 0.8%～1.0% 的水溶液中，以备喷洒。

（4）喷洒菌液与装窖 在微贮窖底铺放 20～30 cm 厚的秸秆，均匀喷洒菌液压实，再铺 20～30 cm 厚的秸秆，再喷洒菌液压实，如此反复。分层压实是为了排出秸秆中的空气，为发酵创造良好的厌氧发酵环境。

（5）加入辅料 为进一步提高微贮饲料的营养价值，在微贮过程中可根据自己的条件，加入 0.5% 的玉米粉、麸皮或大麦粉，为菌种的繁殖提供一定的营养物质，以提高微贮饲料的质量。加玉米粉、麸皮或大麦粉时，要一层秸秆撒一层粉，再喷洒一次菌液。

（6）微贮饲料水分控制与检查 微贮饲料的含水量是决定微贮饲料品质的关键因子。

因此，在喷洒和压实过程中，要随时检查秸秆的含水量是否合适，分布是否均匀，特别要注意各层之间水分的衔接，不能出现夹干层。微贮秸秆的含水量以 60%～65% 为宜。

（7）窖口密封　若用微贮窖，当秸秆分层压实到高出窖口 50 cm 以上时，充分压实后，再在最上面均匀撒上一层食盐。食盐的用量为 250 g/m²，其目的是确保微贮饲料上部不发霉变质。压实后盖上 0.2～0.5 mm 的塑料薄膜。在塑料薄膜上面再盖一层20～30 cm厚的秸秆，覆土 15～20 cm，密封。周边挖排水沟，防止雨水渗入。

4. 微贮秸秆饲料的利用

（1）启用时间　微贮饲料封存 30 d 左右即可完成发酵过程，开窖取用。开窖（袋）时，应从窖的一端开始或从袋口开始，先去掉上面覆盖的土层、草层，然后揭开薄膜，从上到下逐段垂直取用。每次取用完毕，要用塑料薄膜封严，尽量避免与空气接触，以防二次发酵和变质。

（2）饲喂方法　秸秆微贮后具有特殊的气味，所以，开始饲喂时，因为山羊对微贮饲料有一个适应过程，应循序渐进，逐步增加微贮饲料的饲喂量，也可采取先将少量的微贮饲料混合在原料中，以后逐步增加微贮饲料量的办法，经 1 周左右的训练，即可达到标准饲喂量。

（3）饲喂量　山羊一般每头每日饲喂量为 1～4 kg。微贮饲料不是全价料，不能代替全部蛋白质和能量饲料，所以用微贮饲料饲喂羊时，必须根据不同生理阶段羊的生长发育和泌乳需要，添加一些其他辅料，配成全价饲料饲喂。同时，喂微贮饲料的羊，应特别注意精饲料中不需要再加食盐。

四、复合处理

单一加工和处理秸秆饲料往往达不到理想的效果，特别是难以实现产业化规模处理。因此，需要将不同处理技术合理地组装配套，对饲料调制工艺进行创新。目前，较多的是将化学处理与机械成型加工调制相结合，即先对秸秆饲料进行切碎或粗粉碎，再进行碱化或氨化等化学预处理，然后添加必要的营养补充剂，并进一步通过机械加工调制成秸秆颗粒饲料或草块。复合处理技术，既可达到秸秆氨化或碱化处理的效果，又可显著改善秸秆饲料的物理性状和适口性，大大提高秸秆饲料的密度，有利于其运输、储存和利用，因而有利于实施工厂化高效处理，是今后秸秆饲料利用的重要途径。

加工调制途径的选择，要根据当地生产条件、粗饲料的特点、经济投入的大小、饲料营养价值提高的幅度和家畜饲养的经济效益等综合因素，科学地加以应用。具有一定规模的饲养业，饲料加工调制要向集约化和工厂化方向发展。广大农村分散饲养的千家万户，要选择简便易行、适合当地条件的加工调制方法，并应向专业加工和建立服务体系方向发展，以促进畜牧业高速发展。

第四节　精饲料的加工调制

相对于粗饲料而言，精饲料具有饲料容积小、粗纤维含量低、可消化养分含量高、营养价值相对较高等特点。从营养特点来看，能量饲料和蛋白质饲料等均属于精饲料。一般来说，能量饲料的适口性好，可消化养分含量高，但籽实的种皮和颖壳中的主要成分是纤维素和木质素，还含有非淀粉多糖，阻碍了动物对饲料中养分的消化利用。植物性蛋白质饲料虽然蛋白质含量高，但一些油料籽实去油后的加工副产品饼粕中仍含有多种抗营养因子，不仅影响消化，有些甚至影响健康。因此，采取适当的加工调制措施对改善精饲料营养价值非常必要。

一、物理加工

1. 粉碎 粉碎是籽实饲料最普遍使用的一种加工方法。整粒籽实及大颗粒的饼类等在饲用前都应经过粉碎。粉碎后的饲料表面积增大，有利于与消化液充分接触，使饲料充分浸润，尤其对小而硬的籽实，可提高动物对饲料的消化率，如大麦细磨后利用率比整粒提高约 20%。

饲料粉碎的程度根据饲料的性质、动物种类、年龄、饲喂方式、加工费用等因素来确定。养羊生产中饲料粉碎粒度不能太细，粉碎过细的饲料，羊来不及咀嚼即行吞咽，容易引起消化障碍，特别是非淀粉多糖含量较高的麦类饲料，极易糊口，并在消化道中形成不利消化的很黏的面团状物。羊饲料粉碎粒度应在 2 mm 左右。此外，饲料粉碎后，脂肪含量高的玉米、燕麦等不易长期保存，一次粉碎不宜过多。成年奶山羊也可将谷物籽实破碎后饲喂，以提高过瘤胃养分比例。

2. 压扁 压扁是将玉米、大麦、高粱等加水，经 120 ℃ 左右的蒸汽软化，压为片状后经干燥冷却而成。此加工过程可改变精饲料中营养物质的结构，如淀粉糊化、种皮或颖壳软化，因而可提高饲料消化率。压扁燕麦比整粒燕麦有机物质消化率提高了约 5%。

3. 制粒 制粒是指通过蒸汽加压处理和颗粒机压制处理，将粉碎后的饲料加工成大小、粒度和硬度不同的颗粒。制粒可增加动物采食量，减少浪费；同时还增加了饲料密度，降低了灰尘；并且能够部分破坏饲料中的一些有毒有害物质。奶山羊较喜食，尤其适合羔羊。

4. 浸泡与湿润 浸泡多用于坚硬的籽实或油饼的软化，或用于溶去饲料原料中的有毒有害物质。豆类、油饼类、谷物籽实等经过水浸泡后，因吸收水分而膨胀，有毒物质含量降低，异味减轻，适口性提高，也容易咀嚼，从而有利于消化和利用。

浸泡时的用水随浸泡饲料的目的不同而异，如以泡软为目的，通常料水比为 1∶(1～1.5)，以手握饲料时指缝浸出水滴为准，饲喂前不需脱水直接饲喂；若想溶去有毒物质，料水比为 1∶2 左右，饲喂前应滤去未被饲料吸收的水分。浸泡时间长短应随环境温度及饲料种类不同而异，如蛋白质含量高的豆类，在夏季不易浸泡。

5. 蒸煮与焙炒 蒸煮或高压蒸煮可进一步提高饲料的适口性。对某些含有毒、有害成分饲料及豆类籽实，采用蒸煮处理可破坏其有害成分。如大豆有腥味，适口性不好，家畜不喜食，蒸煮可提高其采食量。另外，适当热处理，可破坏大豆中的抗胰蛋白酶，提高蛋白质消化率和营养价值。

焙炒的加工原理和蒸煮基本相似，对谷物籽实比较适合。在 130～150 ℃，经短时间的高温焙炒，可使部分淀粉转化为糊精而产生香味，适口性提高。如大麦焙炒后可作为羔羊的开食料。焙炒虽然通过高温能够破坏某些有害物质和部分细菌的活性，但过高的温度也同时破坏了某些蛋白质和维生素质量。

6. 膨化　膨化是将搅拌、切剪和调制等加工环节结合成完整的工序。恰当地选择并控制膨化条件，可提高饲料的营养价值。膨化饲料的优点是：可使淀粉颗粒膨胀并糊精化，提高了饲料的消化率；热处理使蛋白酶抑制因子和其他抗营养因子失活；膨化过程和摩擦作用使细胞壁破碎并释放出养分，增加了食糜的表面积，提高了消化率。

二、生物调制

1. 发芽　籽实的发芽是一种复杂的质变过程。籽实萌发过程中，部分糖类物质被消耗，储存的蛋白质转变为氨基酸，许多代谢酶以及维生素大量增加。例如，1 kg 大麦在发芽前几乎不含胡萝卜素，发芽后（芽长 8.5 cm 左右）可产生 73～93 mg 胡萝卜素，核黄素含量由 1.1 mg 增加到 8.7 mg，蛋氨酸含量增加 2 倍，赖氨酸含量增加 3 倍，但无氮浸出物含量减少。

谷实发芽的方法如下：将谷粒清洗去杂后放入缸内，用 30～40 ℃温水浸泡一昼夜，必要时可换水 1～2 次。等谷粒充分膨胀后即捞出，摊在能滤水的容器内，厚度不超过 5 cm，温度一般保持在 15～25 ℃，过高易烂芽，过低则发芽缓慢。在催芽过程中，每天早、晚用 15 ℃清水冲洗 1 次，这样经过 3～5 d 即可发芽。在开始发芽但尚未盘根期间，最好将其翻转 1～2 次。一般经过 6～7 d，芽长 3～6 cm 时即可饲用。

2. 糖化　糖化是将富含淀粉的谷物饲料粉碎后，经过饲料本身或麦芽中淀粉酶的作用将饲料中一部分淀粉转化为麦芽糖。蛋白质含量高的豆类籽实和饼类等不易糖化。谷物籽实糖化后，糖的含量可提高 8%～12%，同时产生少量的乳酸，具有酸、香、甜的味道，显著改善了适口性，提高了消化率，可促进动物的食欲，提高采食量，增加体脂沉积。

糖化饲料的制作方法：经粉碎的谷类籽实与 80～85 ℃的水以 1:（2～2.5）的比例分次装入容器，充分搅拌成糊状，再在表面撒一层厚 5 cm 左右的干料，盖上容器盖，保持温度在 60～65 ℃，经 2～4 h 即可完成。可向容器内加入料重 2%的自制的麦曲（大麦经 3～4 d 发芽脱水干制粉碎而成），以增加糖化酶含量，加速糖化过程。糖化饲料存放时间不宜超过 14 h，否则易发生酸败变质。

3. 发酵　发酵是目前使用较多的一种饲料加工处理方法，就是利用酵母等菌种的作用，增加饲料中 B 族维生素、各种酶及酸和醇等芳香物质，从而提高饲料的适口性和营养价值。发酵的关键是满足酵母菌等菌种的活动需要的各种环境条件，同时供给充足的富含碳水化合物的原料。

籽实类饲料发酵方法：每 100 kg 粉碎的籽实加酵母 0.5～1.0 kg，用 150～200 kg 的温水（30～40 ℃）将酵母稀释，边搅拌边倒入饲料，并搅拌均匀。每隔 30 min 搅拌 1 次，经 6～9 h 发酵即可完成。发酵容器内饲料厚度应在 30 cm 左右，温度保持在 20～

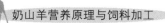

27 ℃，并且通气良好。

此外，利用发酵法还可提高一些植物性蛋白质饲料利用率，如将豆饼、棉籽饼、菜籽饼、血粉、麸皮等按一定比例混合，加入酵母菌、纤维素分解菌、白地霉等微生物菌种，在一定温度、湿度、时间条件下即可完成发酵，以提高饲料利用率。

本 章 小 结

适宜的饲料加工调制方法，不仅能够提高奶山羊的采食量，而且能够改善饲料的消化性。本章主要介绍了青干草、青贮饲料、秸秆和精饲料的加工调制方法和技术。

优质青干草的营养价值高，是奶山羊冬春季节必备的粗饲料。在未结籽实前刈割后，通过自然干燥法、人工干燥法、物理化学干燥法或发酵干燥法等，加工为草捆、草粉、草块和草颗粒等草产品供奶山羊等家畜饲用。调制技术较易掌握，制作后取用方便，是目前常用的加工和保存饲草的方法。青贮饲料柔嫩多汁，质地柔软，具有酸甜清香味，适口性好，是目前规模化奶山羊养殖的基础粗饲料。常用的青贮方法有普通青贮、半干青贮和添加剂青贮，青贮方式包括青贮塔、青贮窖、青贮壕、青贮袋及拉伸膜裹包等。应根据不同调制方法的要求采取相应的措施，保证饲料质量。饲喂青贮饲料前必须对其质量进行评定，优质青贮饲料应呈绿色或黄绿色，具有酸香味、湿润松散、结构良好等特点。秸秆分布广、数量大，质地粗硬，适口性差。通过物理加工处理、化学处理、生物学处理和复合处理可提高采食量和消化性。其中微贮技术作为近年来的新手段，可以显著改善秸秆饲料的饲用价值。

精饲料加工调制方法主要包括物理加工和生物调制。粉碎、压扁、制粒、浸泡与湿润、蒸煮与焙炒、膨化等物理加工方法，以及发芽、糖化、发酵等生物调制法，可以破坏谷物籽实的种皮和颖壳，降低一些饼粕中的抗营养因子含量，是改善奶山羊饲料营养价值的重要途径。

➡ 参考文献

冯定远，2012. 饲料加工及检测技术 [M]. 北京：中国农业出版社.

甘秀叶，2014. 浅谈秸秆微贮技术要点 [J]. 畜禽业，8：32 - 33.

龚月生，张文举，2007. 饲料学 [M]. 杨凌：西北农林科技大学出版社.

贾玉山，玉柱，2018. 牧草饲料加工与储藏学 [M]. 北京：科学出版社.

金江，2000. 泌乳奶山羊的饲养技术 [J]. 饲料博览，11：45.

刘建宁，贺东昌，2011. 黄土高原牧草生产与加工利用 [M]. 北京：中国农业出版社.

农业部畜牧业司，国家牧草产业技术体系，2012. 现代草原畜牧业生产技术手册 [M]. 北京：中国农业出版社.

史怀平，罗军，代邦国，等，2018. 奶山羊产奶量影响因素及提高途径 [J]. 中国奶牛（5）：11 - 15.

史怀平，罗军，王建珏，2017. 提高奶山羊养殖经济效益的几点思考 [J]. 畜牧与兽医，49（11）：149 - 153.

王玉琴，吴秋钰，李元晓，2016. 种草养羊实用技术 [M]. 北京：化学工业出版社.

辛迎雪，2015. 发酵饲料专用微生物的筛选研究 [D]. 长春：吉林农业大学.

杨妮娜，2016. 家畜精饲料的加工调制技术 [J]. 甘肃畜牧兽医，46（13）：119-121.

曾辉，邱玉朗，魏炳栋，等，2017. 不同发酵剂对秸秆微贮饲料营养价值及品质影响的研究进展 [J]. 中国饲料，17：37-41.

左晓磊，张敏红，2012. 羊饲料营养配方 [M]. 北京：中国农业出版社.

第六章
饲料卫生与安全

　　饲料卫生与安全是指饲料在转化为畜产品的过程中对动物健康及正常生长、畜产品食用、生态环境可持续发展不会产生负面影响等特性的概括。饲料卫生与饲料安全在很多情况下被视为同义词，都是指饲料中不应该含有对动物健康与生产性能造成实际危害的有毒有害物质或因素，并且这类有毒有害物质或因素不会在畜产品中残留、蓄积和转移而威胁到人体健康，或对人类的生存环境构成威胁。如果要严格区分的话，可以说饲料卫生是饲料安全的基础，饲料的卫生质量决定饲料安全状况。饲料卫生主要着重于从学术研究和生产应用两方面来研究影响动物健康、生产性能、畜产品品质、食用安全和环境安全等因素及其种类、性质、作用机理和预防控制措施等。而饲料安全则着重于从管理（包括行业管理和行政管理）角度来确保饲料的安全可靠，是指按其原定用途生产和使用时不会使动物受害的一种担保，同时也是对畜产品食用安全的一种担保。随着畜牧业和饲料加工业的快速发展，饲料卫生与安全方面出现的问题越来越多，主要问题包括有毒有害物质影响饲料质量、危害动物生长发育、影响畜产品质量和环境卫生，进而威胁人类的健康和生存。因此，保证饲料卫生与安全是维持奶山羊产业可持续发展的重要组成内容。

　　影响饲料卫生与安全的因素很多，而且复杂多变。大致可以分为以下几类：

　　1. 饲料自身因素　植物性饲料在生长过程中，自身形成的某些有毒有害成分或其前体物质，这些物质大致可以分为饲料毒物和抗营养因子。

　　2. 自然与环境因素　饲料作物在生长过程中，自然与环境因素的影响导致其成分差异。例如局部地区土壤中某种元素过多或过少，导致饲料中这种元素的含量过多或过少。由于气候、季节和温湿度的作用，各种微生物在不同种类的饲料中生长繁殖并产生有毒有害物质，致使饲料品质下降，而且被动物食用后可能会引起动物中毒，还可能会导致大批动物产品的质量和数量下降，造成重大经济损失。

　　3. 人为因素　在饲料生产的各个环节中，由于人为作用造成的饲料卫生与安全问题经常发生。如饲料生产过程中不合理施肥、杀虫、加工、储藏等均可导致饲料卫生与安全问题。

第一节　饲料生物性污染及控制

　　饲料生物性污染主要指微生物（主要是霉菌）、昆虫和寄生虫等有害生物及其产生的毒素对饲料产生毒害作用，奶山羊采食后影响其生长和生产等生命活动的一类污染。饲料生物性污染是影响山羊饲料卫生与安全状况的重要因素。饲料生物性污染在饲料生产、加工、储存、运输以及山羊采食的整个过程中的各环节都有可能产生。饲料一旦发生生物性污染，饲料中有害生物的有毒代谢产物可能使山羊中毒，这些有害生物本身也可以使山羊致病，有害生物的生活、繁殖等活动造成饲料营养价值或者商品价值降低甚至使饲料完全废弃。因此，饲料的生物性污染造成的危害是奶山羊养殖过程中不可忽视的问题。

一、饲料霉菌污染及控制

由于山羊的粗饲料营养丰富，结构疏松，吸湿性强，很适合霉菌的生长繁殖，因此霉菌污染在实际生产中十分常见，对奶山羊养殖造成严重危害。

（一）常见霉菌

1. 曲霉菌属　主要包括黄曲霉、杂色曲霉、棕曲霉、构巢曲霉、寄生曲霉、烟曲霉等。

2. 青霉菌属　主要包括扩展青霉、橘青霉、黄绿青霉、红色青霉、岛青霉、圆弧青霉。

3. 镰刀菌属　主要包括禾谷镰刀菌、三线镰刀菌、拟枝孢镰刀菌、木贼镰刀菌、串珠镰刀菌、雪腐镰刀菌等。

4. 其他菌属　主要包括麦角菌属、鹅膏菌属、木菌属等。

（二）影响霉菌生长繁殖的因素

影响霉菌繁殖（饲料霉变）的因素主要是基质的种类与基质中的水分，以及储藏环境的温度、相对湿度、氧气等。

1. 温度　多数霉菌的最适宜生长温度为25～30 ℃，但有些霉菌即使在很低温度下也能存活，如田间霉菌在阴冷潮湿的环境更容易生长繁殖，而毛霉、根霉等嗜热菌的适宜温度可以高达40 ℃。

2. 饲料中水分含量和环境的相对湿度　这是影响霉菌繁殖与产毒的关键条件。饲料水分含量17%～18%是霉菌繁殖与产毒的最适宜条件。霉菌种类不同，最适水分含量也不同，如棕曲霉的最适水分含量在16%以上，黄曲霉与多种青霉为17%，其他菌种为20%以上。饲料中水分通常随着储藏环境湿度的高低而增减，环境湿度与饲料水分可逐渐达到平衡。耐干性霉菌，如大部分曲霉、青霉能在相对湿度小于80%的条件下生长；中性霉菌，如大部分曲霉、青霉和镰刀菌能在80%～90%的相对湿度下生长；湿生性霉菌，如毛霉、酵母等在相对湿度大于90%的条件下才能生长。在不同的饲料基质中，每种霉菌都有自己严格的低水分分限界，低于此限界则不能生长。

饲料的相对湿度（水分活度，简称A），是指在相同温度的密闭容器中，饲料的水蒸气压与纯水蒸气压之比。即：

$$A = P/P_0$$

式中，A 为相对湿度或水分活度；P 为在一定温度下饲料水分所产生的蒸气压；P_0 为相同温度下纯水的蒸气压。

3. 氧气　大多数霉菌属于好氧菌，必须有氧气才能够生长，高浓度的二氧化碳可抑制其生长。

4. 其他因素　基质（饲料）的 pH 对霉菌影响很大，当 pH 较低时，可抑制其生长繁殖；作物种植及收获过程会污染霉菌；收获后运输或储存不当会形成有利于霉菌生长及产毒的条件；饲料加工过程中的工艺处理不当会造成饲料中水分含量升高，导致饲料发霉；成品饲料吸收空气中的水分会变潮发霉；包装袋密封性不好，饲料也会产生霉变。

（三）霉变饲料的危害

饲料一旦发生霉变后，一方面引起饲料变质，降低饲料营养价值和适口性；另一方面可产生对畜禽有毒有害的代谢产物，导致畜禽发生急、慢性中毒。残留于畜禽肌肉、内脏或乳中的霉菌毒素可能通过食物链传递给人，对人体健康造成危害。

（四）饲料霉变的控制

饲料霉变的控制方法主要有物理防霉法、化学防霉法、微生物防霉法及综合防霉法。

1. 物理防霉法

（1）严格控制饲料和原料的水分含量　作物收获后应将其迅速干燥，且保证干燥均匀一致。一般要求玉米、高粱、稻谷的含水量不应超过 14%；大豆及其饼粕、麦类、糠麸类、甘薯干等的含水量不应超过 13%；对精饲料来说，颗粒料的含水量不应超过 12.5%，粉料的含水量不应超过 12%。

（2）改善饲料储存条件　饲料及原料应储存在仓库内并分类分等级储存，仓库通风良好，环境清洁、干燥阴凉；缩短储藏期，采取"先进先出"的原则，及时清理被污染的原料，不要有霉积料。堆放规范，与窗、墙壁保持适当距离，储存时间长的要定期翻动通风。运输饲料时要防雨。卸车时要注意将最上层的饲料及被淋湿或破袋的饲料放在最后堆放以尽早用掉。

（3）选择适当的种植或收获技术　花生中的黄曲霉毒素最多，从花生中分离到的黄曲霉有 80%～90% 都能产生毒素，所以在连续种植花生的田地里收获的花生黄曲霉毒素的含量也较高，破碎的花生易被霉菌污染。因此采用轮作等种植技术和适当的收获方法可大大降低霉菌污染。收获和储藏过程中应尽量避免虫咬、鼠啃，避免花生等谷物表皮损伤而被霉菌污染。

（4）控制饲料加工条件　饲料制粒过程容易被霉菌污染。生产颗粒料时，一定要准确控制好蒸汽质量，注意调制时间，选好冷却设备，控制好冷却时间和冷却温度。饲料储藏库、加工车间应保持清洁、干燥。

（5）应用辐射技术　霉菌对射线反应敏感，利用射线照射可控制粮食和饲料中霉菌的发生，同时可提高饲料的新鲜度。

2. 化学防霉法　化学防霉法即添加防霉剂，是饲料工业最常用的方法。防霉剂必须既有抑制霉菌的作用，又要对人畜无害且价格低廉。目前常用的防霉剂有丙酸及其盐类、山梨酸及其盐类、富马酸（又称反丁烯二酸、延胡索酸）、富马酸二甲酯、双乙酸钠等。其中全世界饲料工业消耗量最大的是丙酸及其盐类，其次是山梨酸及其盐类。

3. 微生物防霉法　主要是利用微生物的生物转化作用降解霉菌毒素的毒性。常用的微生物菌种有乳酸菌、米根霉、灰蓝毛霉、黑曲霉等。

4. 综合防霉法　联合采用以上两种或两种以上的防霉方法。如抗氧化剂和酶联合使用作为防霉剂，它的作用原理是以外加酶取代霉菌体系的酶系，并以抗氧化剂阻碍霉菌正常的氧气吸收，从而阻碍霉菌正常的生理功能以达到防霉效果。

二、饲料虫害及控制

（一）饲料虫害的危害

仓库害虫简称"仓虫"，有自然传播的能力。仓虫传播途径多种，可依靠它的足或翅飞进仓库；有些是通过猫、犬、鼠、雀和其他昆虫进入仓库；大部分是随储藏物进入仓库；少部分是通过仓储用具和人衣服进入仓内。仓虫对储藏饲料尤其是饲料原料具有很大的危害性：首先，仓虫直接造成储藏饲料损失；其次，仓虫在生长发育、繁殖和迁移过程中遗弃的粪便、虫蜕和尸体等会污染饲料；另外，仓虫的活动引起储藏饲料发热，导致微生物滋生与繁殖。

（二）饲料虫害的控制

仓虫的控制应该以防为主。主要从以下几个方面进行控制：

1. 规范仓库管理制度　建立饲料进仓前的检查制度，加强仓库的科学化、现代化管理，合理采用害虫防治技术和措施，达到有效治理仓虫的目的。

2. 加强对外检疫　检疫防治是一项非常重要的防治措施。对外检疫又称国际检疫，主要由各地港口的动植物检疫机构负责执行检查与检验。目前对外检疫主要以巴西豆象、菜豆象、鹰嘴豆象、灰豆象、大谷蠹和谷斑皮蠹为主。

3. 切断传播途径　做好仓库、工厂、加工设备、运输设备的杀虫清洗工作，切断害虫传入仓库的途径；对已生虫的陈粮不要和新饲料同仓存放，以免交叉感染；在新饲料入仓前，对仓库和其他用具进行彻底清扫，可采用敌敌畏喷雾消毒，将仓内所藏病虫害全部杀死。根据仓库体积，按每立方米用药 100～200 mg 计算用药量；80% 敌敌畏乳油加水 100～200 倍，搅拌均匀，用喷雾器喷洒仓房后密闭 3 d；然后放气 1 d，再进仓清扫；器材或铺垫物料消毒，可用 80% 敌敌畏乳油加水 10～20 倍稀释喷洒。

施药时要穿工作服，戴风镜和双层口罩（内夹浸有 5%～10% 碳酸氢钠溶液的纱布）。若皮肤沾染了药液，立即用清水冲洗。施药后用肥皂洗手和洗脸。严禁将敌敌畏药剂直接喷洒在粮食或饲料上。

4. 习性防治　根据仓储害虫的生活习性，如趋光性、趋温性、上爬性、钻孔性等，利用其喜好进行诱杀、诱扑、阻止、驱避。目前行之有效的方法有以下几种：

（1）压盖防治　针对蛾类害虫（主要是麦蛾）在饲料面上交尾产卵的习性，采用适当物料，将饲料面压盖密封，使成虫无法在饲料面产卵。防治关键是，必须在第一代蛾类成虫羽化以前压盖密闭完毕，最好在春季气候温暖之前，料温在 15 ℃ 以下时进行；压盖时要求对料面完全密封，并经常检查饲料状况，一般在早、晚气温较低时检查。

（2）移顶处理　针对蛾类害虫喜好在饲料面交尾、产卵的特性，将已储存一段时间的稻谷和麦类，在 18 ℃ 以下的冬季，将料堆上部约 20 cm 厚的饲料面层移出仓外，集中处理杀死幼虫。

（3）习性诱杀　利用玉米象、赤拟谷盗等成虫具有上爬和群集的习性，有意地将饲料面耙成许多 30～50 cm 高的小尖堆，引诱害虫向堆尖群集，定期将堆尖饲料取出过筛集中处理。也可在堆尖上插草把、芝麻秆、玉米芯等，害虫也会爬集到这些诱集物上，定期取出诱集物进行集中处理。此法宜在高温季节害虫比较活跃的时期进行。也可利用害虫的趋香习性，将拌葱炒香的米糠、麸皮和各种油饼以及干南瓜丝、甘薯丝等物料中拌入浓度为 0.1% 除虫菊酯或 0.5%～1% 敌百虫或敌敌畏的溶液，制成诱杀毒饵并晾干，将毒饵放入玉米芯、高粱穗或草把内，并放在饲料堆面上诱杀，也可装入钻有小孔的竹筒内插入饲料堆内部诱杀。还可在越冬前，在仓库离地面高 3 cm 左右的墙壁四周和仓门上挂双层旧麻袋或草袋，作为越冬场所印度谷螟、粉斑螟等蛾类幼虫的诱杀方法；也可在仓内四周及通道上设置喷有马拉硫磷或敌百虫的旧麻袋或草袋，进行拦截毒杀爬出饲料堆越冬的甲虫。

5. 高温杀虫　对于已感染害虫的高水分粮食或饲料，可以利用烘干机进行烘干处理，既可杀灭害虫，又可以降低水分；另外，在炎热的夏季，可以采用日光暴晒进行杀虫，一般仓储害虫所能忍受的高温为 35～40 ℃，在 46～48 ℃ 条件下，持续较长时间就能将害虫杀死，而在 50 ℃ 以上时，绝大多数害虫在短时间内就会死亡。高温杀虫一般要求温度在 46 ℃ 以上。高温杀虫常采用以下几种方法：

（1）日光暴晒　在高温季节，择晴天，先打扫晒场（最好用水泥晒台），将晒场晒热。薄摊勤翻，厚度以 3～5 cm 为好，每隔 30 min 左右翻动 1 次。一般晒 4～6 h，粮食或饲料温度达到 46 ℃ 以上，并保持 2 h，即可保证杀虫效果。而当太阳直射使粮食或饲料温度升到 50 ℃ 左右时，几乎所有的害虫都可死亡。害虫致死情况如下：40～45 ℃，害虫失去活动能力；45～48 ℃，害虫处于昏迷状态；48～52 ℃ 持续 1～2 h，害虫死亡。达到杀虫目的后，将高温粮食或饲料适当摊晾，低气温时入仓，入仓水分应控制在 12% 以下。

注意事项：为防止害虫避热逃窜，可在场地四周距粮食 2 m 外喷洒敌敌畏等杀虫剂。

（2）机械加热杀虫　使用流化斜槽式烘干机、滚筒式烘干机、塔式烘干机等加热干燥机械，将粮食或饲料加热 33～60 min，使粮食或饲料温度加热到 50～55 ℃，然后出机，缓苏（饲料干燥过程中从干燥段进入保温段，是颗粒内部温度湿度与饲料内的温度湿度进行交换使其均匀的过程）1～2 h，再通风冷却，即可将全部幼、成虫杀死。若缓苏 4～6 h，可杀死虫卵。

6. 低温杀虫　一般仓储害虫在环境温度降至 8～15 ℃ 时，即停止活动。当温度为 −4～8 ℃ 时，一般仓储害虫即处于冷麻痹状态，长时间可致其死亡；−4 ℃ 以下即可使害虫迅速死亡。例如玉米象各虫态在 −3.9～1.1 ℃ 经过 6 d 即可死亡。低温防治可根据当地具体情况，采用以下几种方法：

（1）仓外薄摊冷冻、趁冷密闭储藏　在寒冷季节，一般选择相对湿度在75％以下、气温在−10～5 ℃的傍晚，将饲料连同仓库铺垫器材等一同搬到仓外场地，摊薄至5～10 cm厚冷冻，并经常翻动。夜间应做好工作，以防霜降结露而使饲料吸湿受潮。冷冻1～3昼夜，再在傍晚或清晨气温较低时，趁冷搬饲料入仓，并进行密封储藏。

（2）通风冷冻杀虫　主要选择气温在−5 ℃以下的干燥天气，将仓库门窗全部打开，自然通风，有条件的可采用机械通风。在料温接近气温时，关闭门窗或采取压盖密闭储藏。

7. 气控防治　人为地改变饲料堆中气体成分，降低料堆中氧气的含量，增加二氧化碳浓度，造成害虫难以生存的缺氧环境，以达到防治害虫的目的，尤其适用于高温季节某些水分含量较高、容易发霉变质的饲料。常用的方法有自然缺氧储藏（将料仓密闭）和脱氧储藏（利用燃烧或除氧剂或充二氧化碳气体，使料堆迅速降氧）等。

8. 药物防治　当几种方法都不便实施时，一般可采用药物喷射杀虫，即将药剂配成一定浓度的溶液，直接对一些粉尘多、易生虫的地方进行喷射。在实施药物直接喷射杀虫法时，清扫是关键，且贵在坚持，喷药前后必须彻底清扫，尤其是喷药之后的清扫物必须丢弃。

（1）磷化铝　磷化铝是用红磷和铝粉烧制而成的，在干燥条件下对人畜较安全，但在吸收空气中水分后，分解放出高效剧毒磷化氢气体，吸入磷化氢气体会引起头晕、头痛、恶心、乏力、食欲减退、胸闷及上腹部疼痛等。放药时最好戴手套和口罩，避免与药片直接接触，可将磷化铝药片单层放于不易燃烧的陶瓷器皿上，将陶瓷器皿放于料堆表面，然后密闭料堆储藏，熏蒸后散气和取出残渣时，应做好闭气工作，收集的残渣应做到远离水源。用药量约为每立方米5片。

（2）自制谷物饲料防虫片　此方法制作简单，成本低廉，效果较好。所用的中草药及配比为：薄荷35％～40％，花椒8％～12％，大料8％～12％，小茴香6％～10％，陈皮5％～7％，孜然3％～5％，冰片0.8％～1.2％，薄荷脑0.8％～1.2％，酒曲15％～25％。制作时，首先，将薄荷、花椒、大料、小茴香、陈皮混合粉碎、过筛；然后，于压片前将孜然、冰片、薄荷脑、酒曲加入，并混合均匀；最后，用压片机压成片状，经干燥，就可装入聚乙烯塑料袋保存。使用时，可将其混入谷物饲料之中，每100 kg谷物饲料4～5片，便能起到防虫效果，且对谷物饲料无污染，牲畜食用后也不会有危害。

9. 谷物防虫保护剂防治　需储存较长时间的粮食或饲料，可以应用谷物防虫保护剂进行保护，谷物防虫保护剂是一种化学药剂，适量拌入谷物中，可以防止害虫发生，延长谷物保存期。甲基嘧啶磷是FAO推荐使用的优良谷物防虫保护剂，是一种高效、广谱、低毒的仓储杀虫剂，针对磷化铝形成抗药性的长角扁谷盗、锯谷盗、玉米象等具有特效。

三、饲料寄生虫污染及控制

寄生虫及其虫卵可直接污染饲料，也可经含寄生虫的粪便污染水体和土壤等环境，再污染饲料，动物经口食入这些饲料后发生寄生虫病，也可诱发人畜共患的寄生虫病，损害人体和动物的健康。所以饲料寄生虫污染是饲料卫生与安全的重要问题之一。

（一）常见污染饲料的寄生虫种类及特性

1. 蛔虫 成虫寄生于寄主的小肠内，虫卵随粪便排出体外，在适宜的环境中单细胞卵发育为多细胞卵，再发育为第一期幼虫，经一定时间的生长和蜕皮，变为第二期幼虫（幼虫仍在卵壳内），再经 3～5 周后才能达到感染性虫卵阶段。感染性虫卵被山羊吞食后，在小肠内孵化出第二期幼虫，侵入小肠黏膜及黏膜下层，进入静脉，随血液到达肝、肺，后经支气管、气管、咽返回小肠内寄生，在此过程中，其幼虫逐渐长大为成虫。从虫卵被吞入到发育为成虫，需 2～2.5 个月，成虫在小肠里能生存 1～2 年，有的甚至可达 4 年以上。

蛔虫的感染主要是虫卵污染土壤、饮水、食物、饲料所致，一条雌蛔虫 1 d 可产卵 20 万～27 万个，而且对外界环境的抵抗力较强，如干燥、冰冻及化学药品等。虫卵在外界环境中可生存 5 年或更长时间。但虫卵不耐热，在阳光直射下数日可死亡。

我国农村多以人畜粪便做肥料，一般蔬菜和植物性饲料多染有蛔虫卵，生食蔬菜或动物采食植物性饲料都有可能将虫卵食入从而致病。

2. 肝片吸虫 肝片吸虫寄生于牛、羊等动物的肝脏、胆管中，引起急性或慢性肝炎和胆管炎，并有全身性中毒现象和营养障碍。

肝片吸虫外观呈叶片状，灰褐色，虫体一般长 20～25 mm，宽 5～13 mm。成虫寄生在终寄主（人和动物）的肝脏、胆管中，中间宿主为椎实螺。椎实螺在我国分布很广，在气候温和、降水量充足地区，春夏季节大量繁殖。随同终寄主粪便排出的虫卵可进入螺体内发育为幼虫，称为尾蚴。尾蚴逸出后游进水中，很快脱尾成为囊蚴，附着在水稻、水草等植物的茎叶上。山羊吃进囊蚴后，囊蚴在小肠中蜕皮，在向肝组织钻孔的同时，继续生长发育为成虫，最后进入胆管内，可生存 2～5 年。

当幼虫穿过肝组织时，可引起肝组织损伤和坏死。成虫在寄主胆管里生长，能使胆管堵塞，由于胆汁停滞而引起黄疸，刺激胆管可使胆管发炎，并导致肝硬化等症状。

（二）饲料寄生虫污染的控制

饲料寄生虫污染主要通过饲料检疫、控制传染途径、被感染饲料的处理等综合性措施进行有效控制。

1. 饲料检疫 对进入饲料厂或养殖场饲料加工车间的饲料，要进行抽样检查，包括饲料外观检查、显微镜检查等，观察是否有寄生虫虫体、残体、幼虫、虫卵。严禁被污染的饲料进厂（场），避免将被寄生虫污染的饲料产品及动物组织作为饲料。

2. 控制传染途径 患寄生虫病的畜禽和带虫动物，常常通过血液、粪、尿及其他分泌物、排泄物，把某一个发育阶段的寄生虫，如虫卵或幼虫排到外界环境中，然后再经过口、皮肤、体表或生殖器接触、胎盘等感染途径，侵入新的寄主体内寄生，并不断地循环下去。如果能够有效地切断寄生虫的这些感染途径，就会避免寄生虫的传播、感染。控制方法包括隔离、淘汰被寄生虫感染的动物，避免与健康动物接触。

3. 对饲料进行物理、化学和生物学处理 对动物性饲料进行加热处理，如在高温 76.7 ℃可灭活肉中的旋毛虫。冷冻处理对肉中的旋毛虫有致死作用，如冷冻温度为

−17.8 ℃，则旋毛虫 6～10 d 后死亡。饲料干燥处理，可使虫卵停止发育，完全干燥下虫卵可迅速死亡。如在室内干燥半小时可使肝片吸虫卵破裂死亡，阳光照射 3 min，40～50 ℃数分钟都可使虫卵死亡。家畜粪便经生物热处理以及消灭中间寄主（灭螺）是预防肝片吸虫病的重要措施。

4. 加强环境和卫生控制　加强饲料厂、养殖场的卫生，特别是加工工具、生产工具的卫生，严禁携带虫卵的动物进入饲料库和加工车间。对粪便进行无害化处理（发酵、干燥）等均是控制寄生虫污染的重要措施。

第二节　饲料非生物性污染及控制

饲料的非生物性污染主要指饲料有毒元素污染、脂肪酸败、农药污染以及饲料杂质污染等。

一、饲料中有毒元素污染与控制

某些重金属元素在饲料中过量，通过所饲养动物的粪尿排到土壤或水域中，可造成环境污染，对人的健康或生存构成威胁。

饲料中有毒元素的污染来源主要有：①某些地区（如矿区）自然地质化学条件特殊，其地层中的有毒元素含量显著增高，从而使饲用植物中含有较高水平的有毒元素。②工矿企业排放的"三废"中，往往含有大量的有毒有害元素，对环境和饲料造成污染。③农药施用、农田施肥和污水灌溉等管理不善，可使有毒元素进入土壤并积累，从而被作物吸收并残留造成污染。④饲料加工过程中所用的金属机械、管道、容器等可能含有某些重金属元素，在一定条件下通过各种形式进入饲料造成饲料污染。

（一）几种常见的有毒元素对山羊的危害

饲料中有毒金属元素主要是镉、铅、砷、氟等，主要来源于劣质饲料和劣质饲料添加剂，如锌盐中镉含量过高，磷酸氢钙、石粉中铅含量过高等；加工过程造成饲料污染，如机械设备、容器等存在的有毒金属元素，加工过程中与饲料接触而使饲料污染。有毒元素被山羊吸收后，随血液循环到全身各组织器官，它们在山羊体内多以原来的形式存在，也可能转变为毒性更大的化合物，因为多数有毒元素的生物半衰期都较长，故可在机体内蓄积较长时间。大剂量有毒元素进入机体后可引起山羊急性中毒，常出现呕吐、腹痛、腹泻等消化道症状，并损害肝、肾及中枢神经系统。随饲料长期少量摄入的有毒元素多产生慢性中毒，逐渐积累并需经过一段时间才呈现毒性反应，因此在初期它们对机体的危害不易被察觉。

1. 镉的化学性质及对山羊的危害　镉（Cd）大多存在于锌矿中，是一种蓝白色性质柔软的有毒过渡金属，熔点 320.9 ℃，沸点 767 ℃。进入山羊体内的镉排泄很慢，生产实践中多是镉在体内缓慢蓄积而引起慢性中毒。

（1）对其他营养素代谢的干扰　镉慢性中毒可出现蛋白尿、氨基酸尿和糖尿，尿钙及尿磷含量增加。镉可引起贫血，在肠道内阻碍铁的吸收；且摄入大量镉后，尿铁明显增加。镉可干扰锌、铜、铁在体内的吸收与代谢而导致锌、铜、铁的缺乏症。

（2）对生殖系统的危害　镉对雄性动物生殖系统有明显的毒害作用。镉明显损害睾丸和附睾，引起生精上皮细胞广泛性坏死，核皱缩，曲精细管纤维化，直到睾丸萎缩、硬化，同时附睾管上皮细胞变性、萎缩，管间结缔组织增生，其结果可影响精子的形成，使精子畸形、数量减少直到消失，引起山羊生育障碍。镉对雌性动物的生殖系统和后代的生长发育也有一定的毒害作用。镉可抑制雌性动物排卵，引起暂时性不育。镉可通过影响母体内锌的分布而导致胚胎锌缺乏，同时镉可干扰子宫胎盘血流量、内分泌及各种代谢酶的功能，从而影响胚胎的正常发育，引起畸胎、死胎，并使子代的生长率降低，甚至使其生长停滞。镉有遗传毒性，可引起染色体畸变和 DNA 损伤，因而被怀疑是一种致癌物。

2. 铅的化学性质及对山羊的危害　铅（Pb）是蓝灰色的金属，熔点 327.5 ℃。随饲料摄入的铅可在动物体内蓄积，90% ～95% 的铅以不溶性磷酸三铅的形式蓄积于骨骼中，少量存在于肝、脑、肾和血液中。铅污染饲料引起的慢性中毒主要表现为损害神经系统、造血系统和肾脏。

（1）对神经系统的危害　铅对神经系统的损害作用主要是使大脑皮质的兴奋和抑制过程发生紊乱，从而出现皮层-内脏调节障碍，表现为神经衰弱症候群及中毒性多发性神经炎，重者可出现铅中毒性脑病。

（2）对造血系统的危害　贫血是急性和慢性铅中毒最常见的表现，但在慢性中毒时最为常见。慢性铅中毒时的贫血可由两个基本原因导致，即血红蛋白合成障碍和红细胞的寿命缩短。

（3）对消化代谢器官的危害　肾脏是排泄铅的主要器官，接触铅的量较多，因而铅对肾有一定的损害，引起肾小管上皮细胞变性、坏死，出现中毒性肾病。铅对消化道黏膜有刺激作用，导致消化道分泌与蠕动机能紊乱，出现便秘或便秘与腹泻交替发生的现象。

（4）对生殖系统的危害　铅对生殖系统的毒性也是十分严重的。铅对雄性动物的生殖毒性主要表现为睾丸的退行性变化，影响精子生成和发育，干扰丘脑下部-垂体-睾丸轴的功能，以及干扰促卵泡激素（FSH）与支持细胞的 FSH 受体之间的结合作用；铅可使雌性动物阴道开口延迟，卵巢积液和出血性变化，影响性机能及胚胎着床过程。铅还可经胎盘转移，引起胚胎毒性。

3. 砷的化学性质及对山羊的危害　砷（As）为类金属，具有金属和非金属的性质。砷在室温下较为稳定，但当加热灼烧时，可生成白色的三氧化二砷（As_2O_3，砒霜）和五氧化二砷（As_2O_5），成为有剧毒的物质。

（1）对机体器官的危害　砷主要在消化道吸收，吸收后的砷迅速随血液分布到全身，主要蓄积在肝脏、肾脏、脾脏、肺脏、骨骼、皮肤、毛发、蹄甲等组织器官中。砷化合物的毒性作用主要是影响机体内酶的功能。砷吸收进入血液后，可直接损害毛细血管，也可作用于血管运动中枢，使血管壁平滑肌麻痹、毛细血管舒张，引起血管壁通透性改变，导致脏器严重充血，引起实质器官的损耗。

（2）对神经系统的危害　动物通过饲料长期少量摄入砷时，主要引起慢性中毒。慢性砷中毒进程缓慢，开始时常不易发现。神经系统和消化机能衰弱，表现为精神沉郁，皮肤痛觉和触觉减退，四肢肌肉软弱无力和麻痹，瘦削，被毛粗乱无光泽，脱毛或脱蹄，食欲不振，消化不良，腹痛，持续性腹泻，母畜不孕或流产。此外，砷化合物已被国际癌症研究机构（IARC）确认为致癌物。

4. 氟的化学性质及对山羊的危害　氟（F）是一种非常活泼的卤族元素，氧化能力很强。氟是动物体内必需的微量元素，对维持骨骼和牙齿的形态和结构，维持机体钙和磷的正常代谢，以及生长发育等均有重要作用。动物短期的氟超量并不表现出任何不良影响，但在氟超量长期进入机体的情况下，动物可出现氟慢性中毒。

（1）对钙代谢的干扰　氟少量长期进入机体后，可以与血液中钙、镁相结合，使血钙、血镁浓度降低。氟与血液中的钙结合后，可形成难溶性的氟化钙，氟化钙沉积于软组织表面，使其钙化，血钙降低则最终可导致钙代谢障碍，为补偿血液中的钙，骨骼不断释放钙，从而引起动物缺钙，生产性能下降，导致种用动物繁殖性能下降；跛行、骨骼矿化不良或骨质硬化，骨变厚；膜、韧带、腱钙化，使骨膜增厚、骨变厚、关节肿大。

（2）对镁功能的干扰　氟是强氧化剂，可与很多含金属的酶结合形成化合物或抑制它们的活性，特别是含镁的酶，如酸性磷酸酶、三磷酸腺苷酶等，造成机体正常的新陈代谢发生紊乱，最终影响到动物的生产性能。

（3）对骨生长的影响　氟能取代骨骼中羟磷灰石的羟基使其变成氟磷灰石，还能通过影响成骨细胞和破骨细胞的活力，缓慢地影响骨的生长和再生长，使骨膜与骨内膜增生，以致在骨表面形成形状各异、致密坚硬的外生骨瘤，或引起骨皮质肥厚、硬化、髓腔变窄、关节增大等。

（4）对代谢的危害　氟能抑制骨髓的活性，引起贫血，抑制许多参与糖代谢的酶的活性，引起糖代谢障碍。氟还有细胞毒性，对肾的损害较重。

（5）急性氟中毒　一般在生产条件下不易发生，但当动物一次性摄入大量氟化物后则可导致急性氟中毒，这时氟化物与胃酸作用产生氢氟酸，强烈刺激胃肠黏膜，引起急性出血性胃肠炎，大量氟被吸收后迅速与血浆中的钙离子结合形成氟化钙，从而出现低血钙症，动物出现抽搐和过敏肌肉震颤。

（二）预防饲料中有毒元素污染的措施

（1）加强农用化学物质的管理，禁止使用含有毒元素的农药、化肥和其他化学物质，如含砷、含汞制剂；严格管理农药、化肥的使用；农田施用污泥或用污水灌溉时，要严格控制污泥和污水中的有毒元素含量和施用量。

（2）控制工业"三废"的排放，通过改革工艺、回收处理，最大限度地减少重金属元素的流失，严格执行工业"三废"的排放标准。

（3）限制使用含铅、镉等有毒元素的饲料加工工具、管道、容器和包装材料。

（4）加强对有毒元素的监控，制定和完善饲料（配合饲料、添加剂预混合饲料和饲料原料）中有毒元素的卫生标准，加强对饲料中有毒元素的卫生监督检测工作。

（5）预防饲料中有毒元素对机体的危害。为了减少与防止饲料中有毒元素对机体的危害，可根据不同有毒元素对机体损害的特点，对日粮中营养成分进行调控，作为对机体的保护性措施，可考虑采取以下营养性措施：

① 提高日粮蛋白质水平　适当提高日粮的蛋白质水平，特别是增加富含含硫氨基酸的优质蛋白质，可提高机体对毒物的抵抗力。

② 大量补充维生素 C　维生素 C 能使谷胱甘肽处于还原形式，还原型谷胱甘肽的巯基能与重金属离子结合，保护巯基酶避免被毒物破坏而引起中毒。

③ 适当补充维生素 B_2　有毒元素铅、砷、汞等都可损害神经系统，并常引起多发性神经炎，适当补充维生素 B_2 可预防其危害。

二、饲料农药污染及控制

饲料农药污染主要指农药残留、农药残效、农药残毒对饲料的污染。

1. 农药残留　指农药使用后残存于动植物体、农副产品和环境中的农药原药、有毒代谢物、降解转化产物和反应杂质的总称。农药在农作物、土壤、水体中残留的种类及数量与农药的化学性质有关。饲料中农药的浓度水平与山羊产品中的农药残留水平具有相关性。一般来讲，植物性食物的外皮、外壳、根茎部的农药残留量比可食部分高。然而，山羊的饲料不需要进行脱皮、清洗处理，有些甚至就是粮食作物的皮、壳、根等废弃部分，农药残留相对较高，加之山羊不能有效分解饲料中的残留农药，反而可通过饲料蓄积在体内，所以饲料中的农药残留直接影响到山羊产品质量。就产品而言，乳汁中残留量较高。

2. 农药残效　农药除在使用时直接作用于害虫、病菌等发挥药效外，其在环境中消失或降解前，仍具有杀虫、杀菌的效果，这种现象称为残效。残效期的长短也与农药的化学性质有关。化学性质稳定的农药，在环境中不易降解，残效期就长；反之，残效期就短。残效期的长短还受气温、光照和降水等因素的影响。

3. 农药残毒　指山羊长期摄入含有农药残留的饲料而造成的中毒反应，包括农药本身及其衍生物、代谢产物、降解产物及其在环境、饲料中的其他反应物的毒性。农药残留毒性可表现为急性毒性、慢性毒性和对繁殖的影响等，以慢性毒性为主。自然环境中，饲料中如果存在农药残留物，可长期随饲料进入山羊体内，损害山羊健康，降低山羊的生产性能。

有了农药残留，才可能有所谓的残效和残毒。适当的残效期对害虫病菌及杂草的消除是必需的，但农药残留可能经饲料进入羊体内而造成毒性危害。

（一）常用农药在饲料中的残留及毒性

1. 有机磷杀虫剂　有机磷杀虫剂是我国目前使用最广泛的杀虫剂。有机磷杀虫剂的化学性质较不稳定，在外界环境和动、植物组织中能迅速进行氧化和加水分解，故残留时间比有机氯杀虫剂短，但多数有机磷杀虫剂对哺乳动物的急性毒性较强，故污染饲料后易引起急性中毒。

有机磷杀虫剂主要残留在谷粒和叶菜类的外皮部分，故粮食经加工后，其中残留的

农药可大幅度下降。叶菜类经过洗涤，块根块茎类削皮后，其中残留的有机磷农药都会减少。一般除内吸性很强的有机磷杀虫剂外，饲料经过洗涤、加工等处理后，其中残留的农药都在不同程度上有所减少。

有机磷杀虫剂被机体吸收之后，经血液循环运输到全身各组织器官，其分布以肝脏最多，其次为肾脏、肺脏、骨骼等。排泄以肾脏为主，少量可随粪便排出。

有机磷杀虫剂归属于神经毒素，临床表现为 3 类：①瞳孔缩小、流涎、出汗、呼吸困难、肺水肿、呕吐、腹痛、腹泻、尿失禁等。②烟碱样症状，即肌肉纤维颤动、痉挛、四肢僵硬等。③因乙酰胆碱在脑内积累而表现的中枢神经系统症状，即乏力，不安，先兴奋后抑制。

2. 氨基甲酸酯类杀虫剂　氨基甲酸酯类农药难溶于水，易溶于有机溶液，在碱性溶液中易分解，化学性质较有机磷稳定，可在土壤中存留 1 个月左右，在地下水及农作物、果品中也有残留。不同品种的氨基甲酸酯类杀虫剂的毒性不同，一般多属中等毒或低毒类，与有机磷农药相比，毒性一般较低。氨基甲酸酯类杀虫剂在体内易分解，排泄较快，部分经水解、氧化或与葡萄糖醛结合而解毒，一部分以还原或代谢物形式迅速经肾脏排出，代谢产物的毒性一般较母体化合物小。

氨基甲酸酯类杀虫剂的毒性作用与有机磷杀虫剂相似，即抑制胆碱酯酶活性，导致乙酰胆碱在体内积聚，出现类似胆碱能神经机能亢进的症状。虽然该症状与抑制胆碱酯酶的作用平行，但此种抑制作用的机理与有机磷杀虫剂不同。氨基甲酸酯类的作用在于此类化合物在立体构型上与乙酰胆碱相似，可与胆碱酯酶活性中心的带负电荷的阴离子部位和酯解部位结合，形成复合物进一步成为氨基甲酰化酶，使其失去水解乙酰胆碱的活性。但大多数氨基甲酰化酶较磷酰化胆碱酯酶易水解，而胆碱酯酶很快（一般经数小时左右）恢复原有活性，因此这类农药属可逆性胆碱酯酶抑制剂。由于其对胆碱酯酶的抑制速度与复能速度几乎接近，而复能速度较磷酰化胆碱酯酶快，与有机磷杀虫剂中毒相比，其临床症状较轻，消失亦较快。

（二）饲料中农药残留的控制

（1）严格遵守农药安全使用规定，尤其是遵守关于安全施药间隔期（或称安全等待期，即最后一次施药离作物收获的间隔天数）的规定，以保证饲料中农药残留不超过最大允许残留量。

（2）提高用药的科学性，减少农药使用量。改进施药技术（如适时施药、减少施药时流失等）是减少农药用量的关键。

（3）制定饲料中农药允许残留量标准，加强对饲料中农药残留的监测与监督管理。

（4）发展高效、低毒、低残留的农药品种。

三、饲料脂肪酸败及控制

油脂作为一种高能饲料，可以为动物提供必需脂肪酸，改善饲料适口性，提高饲料的转化率等，但是在储存、加工和利用过程中，饲料中的脂肪容易发生氧化酸败及变质，严重影响饲料的品质。

（一）饲料脂肪酸败的原因

1. 温度与湿度 温度是影响油脂氧化速度和氧化产物形成的重要因素。随着温度增加，脂肪酶活性和微生物生长速度随之增加，从而加快油脂酸败的速度。在 100 ℃ 以下，温度每升高 10 ℃ 能使氧化速度加快 1 倍，降低温度可延缓氧化过程。饲用油脂的含水量及添加油脂的配合饲料中水分含量高时，能促使油脂水解酸败。饲料中水分含量高还有利于微生物生长繁殖，加剧油脂酸败。因此，在生产实践中，高温高湿条件是加速氧化的主要原因。

2. 油脂含量和种类 脂肪或油脂含量高或添加油脂量较大是饲料氧化变质的内部因素。油脂含量高或添加油脂量较大的饲料，在加工和储存条件不当时容易发生氧化酸败。就油脂种类而言，不饱和脂肪酸比饱和脂肪酸的氧化速度要大得多（大 10 倍左右）。

3. 金属元素 铜（Cu^{2+}）、铁（Fe^{3+}）、锰（Mn^{2+}）、锌（Zn^{2+}）等金属离子是油脂氧化的催化剂，其作用机理是将氧活化成激发态，促进自动氧化过程。此外，金属离子也能够促进饲料氧化变质。特别是使用高铜的精饲料，在夏季高温高湿条件下，饲料氧化酸败很快，很难安全储存 2 周以上，甚至生产储存 1 周后即可发生酸败变质。

4. 空气中的氧和过氧化物 空气中的氧和过氧化物不断地对饲料进行着氧化作用。籽实被粉碎成颗粒后，失去了种皮的保护作用，比完整籽实更易于氧化。饲料中的脂溶性维生素（维生素 A、维生素 D、β-胡萝卜素）、不饱和脂肪酸和部分氨基酸及肽类易遭受氧化破坏，发生酸败。

5. 光照 光照对油脂氧化具有显著的促进作用，其中以紫外线的作用最强烈。紫外线能加速油脂中游离基生成速度，还能激活氧变成臭氧，生成臭氧化物。臭氧化物极不稳定，在水的作用下使油脂进一步分解成醛、酮、酸等物质而酸败。光照还能破坏油脂中的维生素 E，使其抗氧化性下降，从而易发生氧化酸败。光照也能破坏饲料中的维生素 A、维生素 E 和 β-胡萝卜素，使抗氧化性能下降而加重酸败。

（二）饲料油脂酸败对动物健康和饲料品质的影响

1. 降低适口性 酸败油脂中含有脂肪酸的氧化产物（如短链脂肪酸、脂肪聚合物、醛、酮、过氧化物和烃类），具有不愉快的气味及苦涩滋味，降低了饲料的适口性，甚至出现动物拒食现象，严重者会导致动物采食后中毒或死亡。

2. 降低营养价值 酸败造成油脂中营养成分的破坏，使其营养价值降低或完全不能作为饲料。油脂酸败时，脂肪酸组成发生变化，主要表现在不饱和脂肪酸相对比例下降，从而导致饲料中必需脂肪酸（如亚油酸、亚麻酸等）缺乏，同时，氧化油脂的消化率也下降，动物长期采食这种油脂酸败的饲料，会出现必需脂肪酸缺乏症。

油脂氧化过程中形成的高活性的自由基能破坏维生素，特别是脂溶性维生素如维生素 A、维生素 E、维生素 D 等，导致维生素缺乏症。氧化酸败产物也可作用于赖氨酸及含硫氨基酸，使其营养价值降低。

3. 影响酶活性 酸败油脂的氧化产物如酮、醛等，对机体的几种重要酶系统如琥珀酸氧化酶和细胞色素氧化酶等有损害作用，从而造成机体代谢紊乱，生长发育迟缓。

4. 影响生物膜的流动性和完整性　油脂的氧化酸败产物也是一类有毒有害物质，可直接损害机体的生理功能。氧化油脂能降低细胞生物膜流动性，并进而破坏膜结构的完整性，从而使生物膜的正常功能失调，细胞正常代谢紊乱。

5. 影响免疫机能　酸败油脂的代谢产物对机体内如免疫活性细胞等有毒害作用。

6. 影响消化机能　油脂氧化产生的游离脂肪酸会减少胆汁的产生或降低乳糜微粒形成的效率，从而干扰油脂在消化道内的吸收。

7. 致癌性　油脂的高度氧化产物可能引起癌症，尽管目前这种现象尚需进一步证实，但已引起高度重视。

（三）防止油脂酸败的措施

1. 储存条件合适　富含油脂的饲料应低温储存，在储存中要尽量避免油脂和空气接触，可向储藏室或包装袋中充入二氧化碳、氮气等，运用密封技术，使环境缺氧，阻止自由基和微生物分泌脂肪酶，可有效防止油脂的氧化酸败。桶装油脂应尽量装满并盖紧，开启后应及时盖紧并尽快使用，避光低温储存。

2. 注意原料的选用与饲料的配合　生产配合饲料时应合理地选用油脂及含油量高的原料。特别是在炎热季节要谨慎使用鱼油、玉米油等富含高度不饱和脂肪酸的油脂以及全脂米糠。饲料原料对于饲料的氧化酸败具有重要的影响，尤其是饲料中脂类物质的种类、含量以及脂类本身的不饱和程度。油脂的不饱和程度越高、精炼程度越低，则越容易发生氧化酸败。饲料原料经过制粒可有效降低氧化酸败的可能性。在饲料中添加维生素 A、维生素 E 和维生素 C 能有效地保护脂肪免受氧化。

3. 饲料中合理添加适量抗氧化剂　酮胺类乙氧基喹啉（EMQ）是目前国内外广泛使用的单一抗氧化剂中效果较好的一种酮胺类抗氧化剂，尤其是对脂溶性维生素有很好的保护作用，在维生素 E 缺乏及饲喂高油脂饲料时，它能有效防止体内维生素 E 的降解。饲料中添加万分之一的 EMQ 就能有效防止饲料氧化。但其缺点是色泽变化大，储存后可变成深棕色至褐色，导致饲料产品的色泽变深。此外，EMQ 还能抑制黄曲霉、串珠镰刀菌生长。

抗氧化增效剂有酒石酸、柠檬酸、乳酸、琥珀酸、富马酸、山梨酸、苹果酸和乙二胺四乙酸等，其作用是增强抗氧化剂酚羟基的活性，络合饲料中添加的金属离子，使金属离子失去对油脂氧化的催化作用。

四、饲料杂质及控制

在收割饲料原料的过程中，一些细杂常常会被带入，从而混入饲料中，对饲料造成污染。从我国饲料原料生产的实际情况来看，在饲料加工工艺中应该增加细杂的清理，可采取筛选法或磁选法去杂。

1. 筛选　主要依据饲料原料与杂质几何尺寸的差异，利用筛面进行筛分。谷物原料直接来自田间，所含杂质比较复杂，主要有两类：一类是比谷物原料粒径大的杂质，如石块、玉米芯、秸秆、麻绳、塑料片等；另一类是粒径较小的泥土与细沙。目前饲料厂最常见的谷物清理设备是圆筒初清筛，其特点是产量大、功耗低，大杂质除净率高，可达 99%，但它无法清除比谷物粒径小的泥土和细沙。虽然谷物原料中含泥沙比例只有 0.1%～0.4%，但在一个容量 1 000 t 以上的立筒库中，数吨泥沙将沉积在筒库底部并将集中进入加工过程，这会使产品质量受到严重影响，而且会加剧各种设备特别是制粒机压模的磨损。因此，大型饲料厂不能忽视谷物原料中泥沙的清理，可使用粮食加工中的振动分级筛进行谷物原料的清理，如 TQLZ 系列清理筛，利用不同筛孔的双层筛面，既能清理大的杂质，又能清理泥沙。此外，由于这种清理筛采用金属丝编织筛网，工作时的噪声比圆筒初清筛小得多。

2. 磁选　利用磁钢或电磁设备清除饲料及其原料中的磁性金属原料杂质的过程称磁选。磁选是清除磁性杂质最为有效的方法。

第三节　饲料抗营养因子

植物在生长代谢过程中，会产生许多对动物生长和健康有影响的物质，如果这些物质对动物产生毒性作用，就称之为毒素；如果对动物产生抗营养作用，就称之为抗营养因子（anti-nutritional factors，ANFs）。抗营养因子和植物毒素之间没有明显界限，有些抗营养因子也表现一定的毒性作用，而有些毒素也表现一定的抗营养作用。抗营养作用主要表现为降低蛋白质、能量、矿物质、微量元素和维生素等的利用率。

目前，在自然界发现的抗营养因子已有数百种，主要有蛋白酶抑制因子、植物凝集素、单宁和非淀粉多糖等。

一、蛋白酶抑制因子

蛋白酶抑制因子是指能和蛋白酶的必需基团发生化学反应，从而抑制蛋白酶与底物结合，使蛋白酶的活力下降甚至丧失的一类物质。蛋白酶抑制因子广泛存在于植物中，但主要存在于大豆、豌豆、菜豆、蚕豆等多数豆类中。根据其相对分子质量可以分为 Kunitz 类、Bowman-Birk 类和 Kazal 类。Kunitz 类胰蛋白酶抑制因子不溶于乙醇，遇酸和蛋白酶易失活，对热敏感性较高，一般 80 ℃短时间加热即可使其变性，在 90 ℃时就可以发生不可逆失活。Bowman-Birk 蛋白酶抑制因子不溶于丙酮，对热、酸较稳定，即使在 105 ℃干热 10 min 仍可保持活性，而且不易被多数蛋白酶水解，仅在少数情况下某些蛋白酶可以使双头抑制因子变成单头抑制因子，只抑制胰蛋白酶或糜蛋白酶的活性。大豆胰蛋白酶抑制因子的抗营养作用主要是降低蛋白质的利用率。

二、植物凝集素

植物凝集素指非免疫球蛋白本质的蛋白质或者糖蛋白，能够特异性识别并可逆结合糖复合物中的糖链，而不改变所结合糖基的共价键结构。植物凝集素具有凝集红细胞、淋巴细胞、真菌和细胞原生质体以及促进淋巴细胞转化的作用，广泛存在于植物中。植物凝集素会对动物的胃肠道结构和功能产生强烈影响，它与小肠上皮细胞的广泛结合，可以对上皮细胞表面的糖基化结构产生修饰作用。植物凝集素对肠道消化吸收功能的影响与它们能抵抗消化酶作用和肠腔上皮细胞结合有关。一方面，凝集素本身的糖蛋白结构不易被酶降解；另一方面，凝集素可以和胃肠道细胞广泛结合，减少酶作用的机会。植物凝集素可以干扰动物胃肠道菌群平衡，足量的凝集素可导致大肠杆菌等细菌的过度生长并引起小肠损伤和营养吸收不良，甚至会产生毒性作用。

三、单宁

单宁又称为鞣酸或鞣质，是一类相对分子质量较大、结构复杂的多酚类聚合物，广泛存在于植物中。根据结构与活性的不同，单宁可分为可水解单宁和缩合单宁。可水解单宁是毒素，缩合单宁是抗营养因子。与可水解单宁相比，缩合单宁在植物界分布较广。高粱籽实、豆类籽实、油菜籽实、甘薯、马铃薯和茶叶等单宁含量较高。单宁的抗营养作用及机理如下：

1. 影响适口性，降低采食量　单宁味苦涩，适口性差。动物在咀嚼过程中，单宁与唾液黏蛋白结合并沉淀，从而降低了唾液的润滑作用，使口腔干涩，影响食物的吞咽。

2. 降低营养物质的消化率　单宁对蛋白质的亲和力很高，特别是缩合单宁，能强烈地结合蛋白质。在消化道中，单宁与饲料中的蛋白质或碳水化合物结合，形成不溶性物质，使得这些消化底物的溶解性降低，不能被消化酶充分消化；单宁也可以与肠道消化酶结合，影响酶的活性和功能，干扰正常的消化过程，降低营养物质的消化率。

3. 造成胃肠道的损伤　单宁及其代谢产物对小肠黏膜和肝脏有损伤作用。单宁可以和胃肠道中的蛋白质结合，在肠黏膜表面形成不溶性的鞣酸蛋白质沉淀，使胃肠道的运动机能减弱而发生胃肠弛缓，同时也降低了肠道上皮细胞的通透性，使其吸收能力降低。单宁的收敛性还可以使肠毛细血管收缩而引起肠液分泌减少，导致肠内容物流通速度减慢，引起便秘。大量的可水解单宁对胃肠道黏膜有强烈的刺激与腐蚀作用，可引起出血性与溃疡性胃肠炎。

4. 单宁对反刍动物具有双重作用　一方面，单宁通过同瘤胃细菌酶或植物细胞壁碳水化合物结合，形成不易消化的复合物而降低粗纤维的消化率；另一方面，单宁又起到蛋白质保护剂的作用，低浓度的缩合单宁通过与蛋白质结合形成难溶性复合物，避免了瘤胃细菌对蛋白质的降解和脱氨作用，使流向小肠的非氨态氮增加，从而提高了必需氨基酸和氮在小肠中的吸收率，这种作用还能间接地改善宿主对胃肠道线虫的抵抗力及感染后的恢复能力。

四、非淀粉多糖

非淀粉多糖指植物中除淀粉外所有的碳水化合物的总称，由纤维素、半纤维素、果胶等组成。它是构成植物细胞壁的主要成分。非淀粉多糖对能量利用及动物生产性能影响很大。非淀粉多糖的抗营养作用主要是由高度黏稠性和持水性引起的，这种特性能显著改变消化物的物理特性和肠道的生理活性，从而影响动物的生产性能。

第四节　几种常见饲料的卫生与安全

一、杂饼粕类饲料的卫生与安全

杂饼粕饲料是指除大豆外，其他各种油料籽实提取油后的副产品，主要包括棉籽饼粕、菜籽饼粕、花生饼粕、亚麻籽饼粕等。此类饲料蛋白质含量一般为 20%～50%，通常占动物配合饲料的 20%～30%，是主要的蛋白质饲料资源。但由于多数杂饼粕中含有一定量有毒有害物质，因此饲喂不当易引起动物中毒。

（一）菜籽饼粕的卫生与安全

1. 菜籽饼粕中的有毒有害物质

（1）硫葡萄糖苷降解产物　硫葡萄糖苷的降解产物有异硫氰酸酯、硫氰酸酯和噁唑烷硫酮等。我国种植的油菜品种主要是高硫葡萄糖苷品种，菜籽饼粕中的硫葡萄糖苷含量为 0.3%～1.2%，菜籽饼及菜籽粕中异硫氰酸酯的平均含量分别为 1 458.0 mg/kg 和 1 422.6 mg/kg，噁唑烷硫酮平均含量分别为 2 715.6 mg/kg 和 2 323.3 mg/kg。

异硫氰酸酯具有辛辣味，严重影响饲料适口性。高浓度时对黏膜有强烈的刺激作用，长期或大量饲喂菜籽饼粕易引起腹泻，并发展为胃肠炎。同时异硫氰酸酯为挥发性毒物，可经肺脏排除，排泄过程中可刺激并损伤相应器官组织，引起肾炎及支气管炎，甚至肺水肿。当血液中含量较高时，异硫氰酸酯中的硫氰根离子可与碘离子竞争而被浓聚到甲状腺中，抑制甲状腺滤泡浓集碘的能力，影响甲状腺激素的合成，导致甲状腺肿大，降低动物生长速度。

硫氰酸酯具有辛辣味，影响菜籽饼粕的适口性，也可引起甲状腺肿大，其作用机理与异硫氰酸酯相同。

噁唑烷硫酮是菜籽饼粕的主要毒物，其毒性作用主要为阻止甲状腺对碘的吸收，导致甲状腺肿大，具有很强的抗甲状腺激素的作用。

（2）芥子碱和芥酸　芥子碱能溶于水，易发生水解反应生成芥子酸和胆碱。菜籽饼粕中的芥子碱的含量一般为 1%～1.5%。芥子碱有苦味，是菜籽饼粕适口性差的主要原因之一。芥子碱易被碱水解，用石灰水或氨水处理菜籽饼粕，可除去其中 95% 左右的芥子碱。芥酸为含 22 个碳原子和 1 个双键的不饱和脂肪酸，普遍存在于十字花科植物的种子中。我国栽培的油菜均为高芥酸品种。芥酸对动物并不产生明显的毒害作用，但大量摄入可致动物心肌脂肪沉积，进而导致心肌纤维化。

（3）单宁　主要存在于菜籽外壳中，含量为 1.6%～3.1%，具有涩味，可降低菜籽饼粕适口性和动物采食量。

（4）植酸　菜籽饼粕中含有 2%～5% 的植酸，主要降低饲料中钙、磷、锌等矿物元素的吸收和利用率。

2. 菜籽饼粕的脱毒处理

（1）坑埋法　将菜籽饼粕用水拌湿后埋入坑中 30～60 d，可除去大部分有毒物质。

脱毒效果与土壤含水量有关，土壤含水量低时效果较好，土壤含水量越高，脱毒效果越差。此法简单易行，成本较低，但仅适合于地下水位低、气候干燥的地区。

（2）水浸法　根据硫葡萄糖苷水溶性的特点，将菜籽饼粕用水浸可除去部分硫葡萄糖苷，用温水或热水效果更好。将菜籽饼粕用水浸泡数小时，再换水 1～2 次，或者用温水浸泡数小时，或者用 80 ℃左右的热水浸泡 40 min，然后过滤弃水。该法简单易行，缺点是用水量大，菜籽饼粕中的水溶性养分损失较多。

（3）热处理法（钝化芥子酶法）　高温使芥子酶失去活性，从而阻断硫葡萄糖苷的降解，达到去毒目的。常用的热处理方法主要有干热处理（如烘烤法）、湿热处理（如蒸汽加热法）、微波处理以及膨化脱毒法等。

干热处理是将菜籽饼粕碾碎，在 80～90 ℃温度下烘烤 30 min，使硫葡萄糖苷钝化。湿热处理是先将菜籽饼粕碾碎，在开水中浸泡数分钟，然后再按干热处理法处理，这样硫葡萄糖苷能在热水中溶解一部分。

热处理法尽管能钝化芥子酶，但硫葡萄糖苷仍存在于菜籽饼粕中，进入动物体内后，由于某些酶的作用，还可引起硫葡萄糖苷的降解而产生毒性。同时，高温处理会导致蛋白质变性，降低了菜籽饼粕的饲用价值。

（4）油菜籽脱壳和改进制油工艺　由于菜籽饼粕的毒物大部分集中于菜籽壳中，因此脱去籽壳可以消除毒物，并改善菜籽饼粕的外观色泽，提高蛋白质含量，显著改善其营养价值。一般采用对辊破碎和筛选加风选的方法进行仁皮分离。

菜籽饼粕可以不经脱毒直接饲喂，但要限制饲喂量，其安全用量可根据菜籽品种、加工方法和山羊的生长阶段及生理特点确定，且不宜作为山羊日粮的唯一蛋白质饲料。

（二）棉籽饼粕的卫生与安全

1. 棉籽饼粕中的有毒有害物质　棉籽和棉籽饼粕中约含有 15 种以上的棉酚及其衍生物，其中主要是棉酚，其他均为棉酚的衍生物。

动物采食棉酚后，游离棉酚经过生物转化，大部分在消化道中形成结合棉酚，直接经肠道排出，只有少量的游离棉酚被吸收进体内。少量棉酚进入动物体内，一般不会发生中毒反应，只有当体内的棉酚蓄积到一定临界水平时才能引起动物中毒。当山羊棉籽饼粕喂量过多，超过了瘤胃微生物的转化能力时，可引起如下中毒症状：中毒初期，以前胃弛缓和胃肠炎为主。多数羊先便秘后腹泻，排黑褐色粪便，并混有黏液或血液。眼睑、胸前、腹下或四肢水肿。精神沉郁，鼻镜干燥，口流黏液，呼吸困难，呈腹式呼吸，全身脱毛。妊娠母羊后期流产。

2. 棉籽饼粕的脱毒处理

（1）物理处理　对棉籽饼粕的物理脱毒主要是加热法。棉籽饼粕在高温高压下，棉籽腺体破裂释放出棉酚，棉酚与蛋白质或氨基酸反应，由游离态转变为结合态，同时自身发生降解反应，棉酚的毒性从而降低。通过蒸、煮、炒等加热处理方法，一般可使游离棉酚的去除率达 70% 以上。缺点是高温处理造成蛋白质的热损害，降低了饼粕中蛋白质的消化率和赖氨酸的有效性。

膨化脱毒法（热喷技术）是利用饼粕在膨化机挤压腔内受到温度、压力和剪切作用，使棉酚破坏而失去毒性。膨化前，需将棉籽饼粕加入适量水分进行调质处理，使饼粕含水量达 15%～18%，然后喂入膨化机进行膨化。棉籽饼粕经膨化后，游离棉酚的含量可显著降低（≤0.012 5%），远低于世界卫生组织和联合国粮食及农业组织对棉籽饼粕用作饲料的建议标准（游离棉酚≤0.04%）。膨化前加入硫酸亚铁和生石灰，能明显增强脱毒效果，并可有效保护蛋白质及氨基酸。

（2）化学处理　根据棉酚的化学性质，利用化学物质使棉酚破坏或成为结合态，可达到脱毒目的。常用的化学物质如硫酸亚铁、硫酸锌、硫酸铜、碱、过氧化氢等。化学处理工艺简单、便于操作，脱毒效果较好。但一般仅除去游离棉酚，总棉酚含量几乎不降低。

① 硫酸亚铁处理法　硫酸亚铁是目前公认的游离棉酚解毒剂。其机理是硫酸亚铁中的亚铁离子与棉酚螯合，使游离棉酚中的活性醛基和活性羟基失去活性，形成的"棉酚铁"螯合物不易被动物吸收而迅速排出体外。硫酸亚铁不仅是棉酚的解毒剂，还能降低棉酚在肝脏的蓄积量，起到预防中毒的目的。

硫酸亚铁的用量可根据棉籽饼粕中的游离棉酚含量确定。一般亚铁离子与游离棉酚的螯合是等量进行的，但这种螯合受粉碎粒度、混合均匀度、游离棉酚释放程度等因素的影响，添加的铁与游离棉酚的比例要高于 1∶1，以保证二者的充分螯合。硫酸亚铁的添加方式主要有三种：一种是干粉直接混合法，即将硫酸亚铁干粉直接混入含有棉籽饼粕的饲料中；二是溶液浸泡法，将硫酸亚铁配制成一定浓度的溶液，然后将棉籽饼粕浸泡一定时间后，再与其他饲料混合后饲喂动物；三是硫酸亚铁溶液雾化脱毒法，即在棉籽制油工艺过程中，喷入雾化硫酸亚铁溶液，在蒸料工序与棉籽原料混合，使游离棉酚失活。干粉直接混合法的硫酸亚铁用量一般高于溶液浸泡法，溶液浸泡法的浸泡时间的长短也影响脱毒效果。

② 碱处理法　由于棉酚具有一定酸性，能够与碱反应生成盐，因此可以在棉籽饼粕中加入碱类，如烧碱或纯碱的水溶液、石灰乳等，并加热蒸炒，使饼粕中游离棉酚破坏或呈结合态。使用氢氧化钠处理时，可配制成 2.5%氢氧化钠水溶液，在加热条件下（70～75 ℃）与等量的棉籽饼粕混合，维持 10～30 min，然后加入 8%盐酸中和，使饼粕的 pH 达到 6.5～7.0，烘干后饲喂。用 0.5%或 1%碳酸钠处理也可达到较好的脱毒效果，碱处理法效果比较理想，但由于碱处理后还需要酸进行中和，并需加热烘干，因此操作复杂，同时还可造成棉籽饼粕中的部分蛋白质和无氮浸出物的溶解与流失，降低饼粕的营养价值。

③ 氧化法　由于棉酚容易氧化，因此可使用氧化剂进行氧化脱毒。常用的氧化剂是过氧化氢。用 33%过氧化氢处理棉籽饼粕，添加量为 4～7 kg/t，在 105～110 ℃下反应 30～60 min，可将游离棉酚量从 0.18%～0.23%降到 0.009%～0.013%。但该方法反应时间长，蛋白质变性剧烈，会影响饼粕的营养价值。

④ 尿素处理法　尿素加入量为饼粕的 0.25%～2.5%，加水量为 10%～50%，脱毒时保温 85～110 ℃，经过 20～40 min，可使棉籽饼粕毒性降至微毒。

⑤ 氨处理法　将棉籽饼粕与 2%～3%的氨水溶液按 1∶1 比例搅拌均匀后，浸泡 25 min，再将含水原料烘干至含水量为 10%即可。

二、糟渣类饲料的卫生与安全

糟渣类饲料主要指各种加工工业副产品，包括酿造工业产品（如酒糟、酱糟等）、豆腐和淀粉加工副产品（如豆渣、粉渣、玉米蛋白粉等）以及果品加工副产品（如葡萄渣、柑橘渣等）等。糟渣类饲料种类多，加工工艺各异，成分复杂，使用不当易影响动物健康，甚至导致动物中毒。

酒糟是酿酒工业的副产品。广义的酒糟包括白酒糟和啤酒糟，狭义的酒糟仅指白酒糟。白酒糟是以富含淀粉的原料（如高粱、玉米、大麦等）酿造白酒所得的副产品。啤酒糟是以大麦为原料酿造啤酒后的副产品。由于酒的种类不同，所用原料和酿酒技术复杂多变，因而酒糟的质量有很大差异。

（一）酒糟中的有毒有害物质

1. 乙醇　乙醇的毒性主要是危害中枢神经系统，包括对延脑和脊髓以及心脏的麻痹和抑制作用，尤其是对呼吸中枢的抑制作用。长期饲喂酒糟，可引起动物慢性乙醇中毒，损害肝脏和消化系统，引起心肌病变、造血功能障碍和多发性神经炎。

2. 甲醇　甲醇由果胶发酵产生，果胶含量高的原料如薯干、薯皮、水果等酿制的酒糟中甲醛含量也较多。甲醇在体内的氧化分解和排泄比较缓慢，中毒具有一定蓄积性，主要导致神经系统麻痹。视神经和视网膜对甲醇特别敏感，可引起视神经萎缩，重者可致失明。

3. 杂醇油　杂醇油是比乙醇碳原子数多的高级醇类的混合物，主要包括戊醇、异丁醇、异戊醇、丙醇等。杂醇油主要由碳水化合物、蛋白质和氨基酸分解而产生，毒性主要是麻醉作用，且随碳原子数的增多而毒性增强。

4. 醛类　醛类是相应醇类的氧化产物，主要包括甲醛、乙醛、丁醛、糠醛、戊醛、己醛等。甲醛中毒后可发生呕吐、腹泻等症状。甲醛在体内可分解为甲醇。

5. 酒糟储存不当产生的物质　酒糟储存过久或酸败变质时，其中的乙醇等醇类可在微生物的作用下转变为有机酸，降低酒糟的 pH。有机酸中主要为乙酸，还包括丙酸、丁酸、乳酸、酒石酸和苹果酸等，一般不具有毒性。适量的乙酸对胃肠道有一定刺激作用，可促进食欲和养分的消化；但大量乙酸长时间的作用，可损伤胃肠道，降低消化机能，改变反刍动物瘤胃微生物区系，导致酸中毒。消化道长期酸度过高，还可促进钙的排泄，引起骨骼疾病。

（二）酒糟中毒

过量饲喂或长期、单一饲喂酒糟时，均可引起酒糟中毒。酒糟中毒的实质主要是乙醇和乙酸中毒。

急性中毒通常是由于突然大量饲喂酒糟引起的。初期兴奋不安，随后食欲减退、废绝，出现腹痛、腹泻等胃肠炎症状。心动过速，呼吸困难，四肢蹒跚。以后四肢麻痹，卧地不起，最后因呼吸中枢麻痹而死亡。

慢性中毒通常是由于长期或单一饲喂酒糟引起的。主要表现为长期消化不良，便

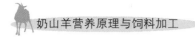

秘、腹泻交替出现。

（三）酒糟毒性的控制与安全使用

酒糟含水量高、变质快，应新鲜饲喂。鲜酒糟应添加 0.5％～1％的生石灰，以降低酸味，改善适口性。如果酒糟产量大，可采用适当方法加工储藏。酒糟的加工方法主要有干法加工和湿法加工。干法加工可采用自然晾干和机械干燥，自然晾干受自然条件的限制，干燥速度慢；机械干燥采用人工能源干燥，干燥速度快，但投资较大，适合于酒糟大规模干燥使用。湿法加工是将鲜酒糟用容器、缸、堆等方法储藏，将酒糟在适宜的温度（10 ℃）、适宜的含水量（60％～70％）条件下压实、密闭，隔绝空气，鲜酒糟可长期储藏，营养价值得以保存。也可将鲜酒糟制作成青贮饲料或微贮饲料。湿法加工简单易行，投资少，但占地面积大，不便于运输。

酒糟对反刍动物的饲用价值较高，奶山羊最高可用至精饲料总量的 50％。酒糟营养不全面，应避免单一饲喂，并注意搭配一定数量的精饲料、青绿饲料、青贮饲料及其他粗饲料，以保证饲喂效果。饲喂时应注意检查酒糟的品质。对于轻度酸败的酒糟，可加入一定量的石灰水或碳酸氢钠中和后饲喂。严重酸败和霉变的酒糟应禁止使用。

三、青绿饲料的卫生与安全

青绿饲料是指能够用作饲料的植物新鲜茎叶，主要包括天然牧草、栽培牧草、田间杂草、叶菜类、水生植物、嫩枝树叶等。青绿饲料在生长过程中，由其自身代谢产生的次生代谢产物或在某些情况下分解转化形成的物质，包括硝酸盐、亚硝酸盐、生氰糖苷、光敏物质、草酸盐等，这些物质可能对动物产生一定毒害作用，产生饲料卫生与安全问题。

（一）硝酸盐和亚硝酸盐的危害

各种青绿饲料中都含有一定量的硝酸盐，硝酸盐本身对动物毒性较低，但硝酸盐在一定条件下会转化为亚硝酸盐，对动物有较高毒性。硝酸盐转化为亚硝酸盐有两种方式：一种是体外转化，另一种是体内转化。

1. 体外转化　是指硝酸盐在进入动物体内之前就已经由于自然界中微生物的作用被还原为亚硝酸盐。分以下几种：

（1）青绿饲料长时间高温堆放　青绿饲料在收获与运输过程中，植物组织常受到不同程度的损伤，细胞膜碎裂，微生物易于侵入。如果长时间堆放，尤其是在温暖季节，混杂于饲料中的硝酸盐还原菌在适宜的水分与温度等条件下大量繁殖，堆温升高，迅速将硝酸盐还原为亚硝酸盐。

（2）青绿饲料用小火焖煮或煮后久置　青绿饲料用小火焖煮时混杂于饲料中的大多数微生物不但未被杀死，反而在适宜的温度与水分条件下大量繁殖，迅速形成亚硝酸盐。此外，煮熟的青绿饲料放在不清洁的容器中，如果温度较高，存放过久，也会增加亚硝酸盐含量。

2. 体内转化　是指饲料中的硝酸盐被动物采食后，经胃肠道中硝酸还原菌的作用

转化为亚硝酸盐。正常情况下，反刍动物摄入的硝酸盐在瘤胃微生物的作用下被还原成亚硝酸盐，并进一步还原为氨而被利用。但是当反刍动物瘤胃的 pH 和微生物群发生变化，使亚硝酸盐还原成氨的速度受到限制时，若摄入过多的硝酸盐就极易引起亚硝酸盐积累而引起中毒。因而对山羊来说，除了摄入过多亚硝酸盐可发生中毒之外，摄入较多的硝酸盐也有中毒的危险。

（二）青绿饲料的合理利用与安全措施

1. 适量施用钼肥，控制氮肥的用量　在种植青绿饲料时，适量施用钼肥，控制氮肥的用量可减少植物体内硝酸盐的积累；临近收获或放牧时，控制氮肥的用量，可减少硝酸盐的富集。

2. 注意青绿饲料的调制及储存方法　叶菜类青绿饲料应新鲜生喂，或大火快煮，凉后即喂，不要小火焖煮，久置。青绿饲料收获后应存放于干燥、阴凉、通风处，不要堆压或长期放置。如有腐烂则应弃之。

3. 注意青绿饲料的饲喂方法　山羊采食硝酸盐含量高的青绿饲料时，喂给适量含有易消化糖类的饲料，以降低瘤胃 pH，抑制硝酸盐转化为亚硝酸盐的过程，并促进亚硝酸盐转化为氨，从而防止亚硝酸盐的积累。

4. 合理确定饲喂量及饲料中硝酸盐、亚硝酸盐的允许量　一般认为饲料作物干物质中以 NO_3^- 形式存在的氮含量在 0.2% 以上，或按 NO_3^- 计为 0.88% 以上，即有中毒的危险。

5. 中毒治疗　亚硝酸盐中毒的特效解毒剂是亚甲蓝（美蓝）和甲苯胺蓝，配合使用维生素 C 和高渗葡萄糖可增强疗效。

本　章　小　结

本章首先介绍了饲料卫生与安全的概念及其影响因素；然后从饲料污染源来源的角度分为生物性污染、非生物性污染、抗营养因子几个部分，饲料的生物性污染包括霉菌、虫害、寄生虫污染，非生物性污染包括饲料有毒元素污染、饲料脂肪酸败、饲料农药污染、饲料杂质，饲料抗营养因子包括蛋白酶抑制因子、植物凝集素、单宁、非淀粉多糖等，分别从污染的来源、危害和控制方法进行详细阐述；最后介绍了几种常见饲料，包括杂饼粕类饲料、酒糟、青绿饲料中的有毒有害物质及其去除方法。

参考文献

方热军，苏文芹，2014. 我国饲料卫生标准化建设的现状与建议 [J]. 饲料工业，35（11）：1-5.

瞿明仁，2008. 饲料卫生与安全学 [M]. 北京：中国农业出版社.

杨玉娟，姚怡莎，秦玉昌，等，2016. 豆粕与发酵豆粕中主要抗营养因子调查分析 [J]. 中国农业科学，49（3）：573-580.

第七章
奶山羊的营养需要与日粮配合

第一节　营养需要

营养需要是指奶山羊在一定环境条件下，达到一定生产水平时对能量及蛋白质、矿物质、维生素、水等营养物质的需要量，按用途可分为维持需要和生产需要两大部分。其中，维持需要主要用于维持奶山羊自身生存和自由活动，生产需要根据生产目的或奶山羊的生理阶段可以分为生长需要、繁殖需要和泌乳需要等。因此，奶山羊的日粮供给必须考虑所提供的营养物质能否满足其基本的维持需要和不同生理阶段的生产需要。

一、维持需要

奶山羊在维持状态下对能量和各种营养物质的需要称为维持需要。维持需要是奶山羊进行生产的基础，饲料所提供的养分只有在满足了奶山羊的维持需要后，多余的养分才能用于生产需要。维持是奶山羊生产过程中的一种基本状态，在这种状态下，成年奶山羊或非生产奶山羊保持体重、体成分不变，体内营养物质的分解和合成处于动态平衡状态；生长和泌乳奶山羊的体内营养物质周转代谢处于动态平衡，分解代谢和合成代谢速度相等。

1. 能量　维持状态下，奶山羊所需要的能量主要用于维持基础代谢和随意运动。前者是指动物维持生命最基本的活动，如呼吸、循环、泌尿、体温等所需要的最低限度的能量代谢，后者指动物为了维持生存所必需进行的最低限度的活动所需要的能量。

美国国家科学研究委员会（NRC，1981）山羊营养需要中每天维持的代谢能（ME）需要量为每千克代谢体重（代谢体重指体重的 0.75 次方，表示为 $BW^{0.75}$）需要 423.8 kJ；英国农业食品研究委员会（AFRC，1998）和美国兰斯顿大学的山羊研究所（IGR，2004）的饲养标准体系推荐山羊维持的净能（NE）需要量为每千克代谢体重 346.1 kJ，维持 ME 需要量为每千克代谢体重 461.5～540.9 kJ，该需要量包含随意运动的能量需要。上述两个体系中，ME 用于维持的效率与饲粮品质的优劣有关，即从劣质饲粮到优质饲粮的范围是0.64～0.75，利用上述数据可以估算维持状态下山羊的维持 NE 需要量。法国国家农业研究院（INRA，2007）体系推荐山羊维持 NE 和维持 ME

需要量分别为 264.6 kJ 和 426.8～487.4 kJ，在该体系中，ME 用于维持的效率为 0.56～0.64。

　　山羊活动的能量需要可根据活动量的大小在维持需要量的基础上增加一定比例，也可以根据放牧时间、牧草质量、行走距离、草场地势平坦程度等通过回归公式加以估计。例如，NRC（1981）体系中，维持的需要量仅指最低限度的活动量，而对低度、中度和高度活动的山羊，其需要量则是在维持水平上分别增加 25%、50% 和 75%；IN-RA（2007）体系中，当放牧的草场情况良好时，山羊活动的能量需要是在维持能量需要的基础上增加 10%，而草场质量不好时则增加 30%～60%；IGR（2004）和 NRC（2007）体系则提供了这部分需要增加比例的复杂估计模型，模型中的参数涉及前述的放牧时间、行走距离、草场地势平坦程度等指标。奶山羊维持能量的总需要量与体重大小有关，且不同生理阶段维持部分能量需要变异较小，但羔羊除外，其维持能量需要量要比其他阶段高约 21%（NRC，2007）。此外，性别也影响维持能量需要，一般认为公羊维持能量需要比母羊和羯羊高约 15%。NRC（2007）有关奶山羊维持 ME 需要中，哺乳和断奶前公羔和母羔的需要量分别为每千克代谢体重需要 521 kJ 和 449 kJ，生长公羊、母羊/羯羊分别为每千克代谢体重需要 624 kJ 和 537 kJ，成年公羊、母羊/羯羊分别为每千克代谢体重需要 576 kJ 和 501 kJ，其中，后者与我国学者杨在宾等（1993）报道青山羊泌乳母羊维持的 ME 需要量非常接近（每千克代谢体重需要 506 kJ）。

　　2. 蛋白质　维持状态下需要的蛋白质主要用于补充基础氮代谢的损失，包括维持状态下通过尿液、粪便和体表损失的氮素，即内源尿氮（EUN）、代谢粪氮（MFN）和体表损失氮（SLN）。因此，用于满足动物基础氮代谢的饲粮蛋白质总量即为维持状态下动物的蛋白质需要量。给动物饲喂无氮饲粮，测定其每日 EUN 和 MFN 的排泄量，同时估计 SLN 的损失量可以评定动物维持状态下的蛋白质需要量。

　　不同研究体系给出的蛋白质需要量指标不同：AFRC 和 INRA 体系以代谢蛋白（MP）需要量为主，NRC（1981）给出的是粗蛋白质（CP）和可消化蛋白（DP）的需要量，而 IGR（2004）和 NRC（2007）则提供了在 3 个不可降解食入蛋白（UIP）含量水平（20%，40% 和 60%）下的 CP、MP 和可降解食入蛋白（DIP）的需要量。

　　就维持状态下蛋白质需要量而言，AFRC（1998）体系推荐山羊每天 EUN、MFN 和 SLN 的排泄量分别为每千克代谢体重 0.12 g、0.15～0.20 g 和 0.018 g，基础氮代谢量为每千克代谢体重 0.35 g，维持 MP 需要量为每千克代谢体重 2.19 g（MP 的利用率按 1 估计）；INRA 体系中，每天 EUN、MFN 和 SLN 的排泄量分别为每千克代谢体重 0.10～0.13 g、0.10～0.19 g 和 0.02 g，基础氮代谢量为每千克代谢体重 0.28 g，维持的 MP 需要量为每千克代谢体重 2.3 g（MP 的利用率按 0.83 估计）；而 IGR（2004）和 NRC（2007）体系中，成年羊每天 EUN、MFN 和 SLN 的排泄量分别为每千克代谢体重 0.165 g、每千克干物质采食量 4.27 g 和每千克代谢体重 0.03 g，维持的 MP 需要量为上述三部分氮排泄量之和 ×6.25（MP 的利用率按 1 估计），然后，根据 UIP 含量为 20%、40% 和 60% 时 CP 转化为 MP 的效率分别为 0.671、0.704 和 0.736，可以估算出维持 CP 需要量。由 MP 估算不同 UIP 含量饲粮 CP 的需要量公式为 CP＝MP/［64＋（0.16×%UIP)/100］。在 IGR（2004）和 NRC（2007）体系中，生长奶山羊维持 MP 需要量为每千克代谢体重 3.07 g。而在 NRC（1981）体系中，维持 DP 和 CP 需要量分别为每千克代谢体重 2.82 g 和 4.15 g，其中 CP 的消化率按 68％估计。NRC（1981）指出，可以用能量摄入量来估计蛋白质需要量，每兆焦消化能的摄入量需要总蛋白质 7.66 g 和 DP 5.26 g 来估计维持的蛋白质需要量，这一能量蛋白比（能蛋比）关系也被用于该体系中生长、妊娠和泌乳的蛋白质需要量估算。

3. 维生素和矿物质　奶山羊的维持营养中，维生素 A、维生素 E 及钙、磷等矿物质都是必需的，如果缺少这些养分，内源损失量就得不到补充，机体组织器官的正常功能也就难以维持，舍饲尤其是完全舍内饲养奶山羊还应适当考虑维生素 D 的需要。NRC（2007）建议山羊每千克体重摄入 104.7 IU 的维生素 A，以能够维持肝脏维生素 A 的水平以预防缺乏症的出现，维生素 E 的最低需要量为每千克体重 5.3 IU，当需要提高动物免疫力或增加产品的抗氧化特性时，维生素 E 的需要量可按每千克体重需要 10 IU 计。山羊维持的钙需要量与 DMI 有关，每天需要量（g/d）的估算公式为（0.623×*DMI*＋0.228）/0.40，式中，0.40 为钙的吸收系数；维持磷需要量（g/d）为 0.081＋0.88*DMI*，也可以按每千克体重需要 30 mg 估计。维持的钠需要量（g/d）按（0.015×*BW*）/0.80 估计，氯需要量（g/d）按（0.022×*BW*）/0.80 估计，式中，0.80 为钠和氯的吸收率。其他矿物元素的需要量参见附录一表 1，此处不再赘述。

二、生长的营养需要

羔羊从出生到配种，其生长发育很快，经哺乳阶段和育成阶段，新陈代谢旺盛，因此，对养分的数量和质量要求较高。

奶山羊羔羊哺乳期的长短要根据饲养方式、饲养管理水平等确定，通常为 2～4 个月，哺乳前期主要靠母乳，后期靠部分母乳和饲料。哺乳期羔羊平均日增重可达 150～200 g，补充饲料的蛋白质质量要求高，以加快羔羊生长发育。进入育成期的羔羊主要从饲料中摄取营养物质，生长发育没有哺乳期快。但是，在 9 月龄以前，如果饲养条件好，日增重可达 100～150 g。生长发育阶段奶山羊的营养充足与否，直接影响体重和未来的乳用性能。奶山羊躯体各部位生长发育强度是不一致的，如头部、四肢及皮肤等的发育较早，胸腔、骨盆、腰部、肌肉组织等其他部分生长时间长，发育较晚。如果培育奶山羊的过程中提供的营养是先好后差，虽然会促进早期发育的组织生长，却会抑制晚期发育的组织和部位。一般四肢长而胸腔窄浅的成年母羊就是由于羔羊哺乳期营养好而育成期营养差。这种体型一旦形成，将会影响其生产性能，即使以后再加强营养也不能补偿。生长动物的营养需要量与体重增加量和增重成分（如蛋白质、脂肪和水分含量）有关，而这两者都与动物年龄和体成熟程度有关。一般随着动物年龄增加，体重增重中脂肪的比例增加，而沉积脂肪需要消耗更多的能量，饲养成本也随之增加。

1. 能量和蛋白质　确定生长动物的营养需要，尤其能量和蛋白质的需要量，主要确定动物的生长速度和生长内容，即日增重（ADG）和增重中的脂肪和蛋白质含量。目前，有关山羊生长发育营养需要的研究相对较少。NRC（1981）对于生长的 ME 需要量按每克 ADG 需要 30.31 kJ 估算，生长的 DP 和 CP 分别为每克 ADG 需要 0.195 g

和 0.284 g。IGR（2004）和 NRC（2007）中按体重和 ADG 给出了奶山羊生长的能量和蛋白质需要量，其中，哺乳羔羊、青年羊和成年羊增重的 ME 需要量为每克 ADG 需要 13.4 kJ、23.1 kJ 和 28.5 kJ；生长奶山羊增重的 MP 需要量为每克 ADG 需要 0.290 g，CP 转化为 MP 的效率均按 0.64～0.80 计，则可以估计生长 CP 的需要量。育成期崂山奶山羊所需的 ME（MJ/d）可按 $0.526 \times BW^{0.75} + 0.076 \times ADG$ 估计；CP 的需要量（g/d）可按 $3.27 \times BW^{0.75} + 0.38 \times ADG$ 估计，DP 的需要量（g/d）可按 $2.43 \times BW^{0.75} + 0.27 \times ADG$ 估计。

2. 矿物质和维生素　育成期奶山羊一定要保证优质蛋白质饲料、钙、磷、维生素 A 和维生素 E 等供应，以满足体躯发育和骨骼迅速生长的需要。NRC（2007）建议生长山羊每千克活体增重的钙需要量为 11 g、磷需要量为 6.5 g，钠和氯分别为 2 g 和 1.25 g。山羊生长的维生素 A 需要量为每千克体重 100 RE（RE 为视黄醇当量）。

三、繁殖的营养需要

（一）繁殖母羊的营养需要

奶山羊的繁殖性能与其生产水平和养殖效益密切相关。尽管繁殖的营养需要低于生长的营养需要，但合理的营养对于最大限度提高奶山羊的繁殖成绩十分重要。奶山羊的妊娠期需要足够的营养，一方面供给胎儿生长发育，另一方面也要为母羊的泌乳期储备营养物质。妊娠期的奶山羊和胎儿的总增重可达 6～9 kg，双羔或三羔的可增重 12 kg 以上。妊娠期营养不足则会造成早期流产或胎儿被吸收。奶山羊胚胎在妊娠前期发育较慢，为初生重的 10% 左右，妊娠后期发育很快，营养物质的需要量也很大。胚胎各部分的发育有阶段性，营养物质不足就可能引起胎儿畸形或发育不良，而且这些后果在羔羊出生后阶段很难纠正过来。妊娠期的能量、蛋白质对于母羊和胎儿发育都很重要，且妊娠期充足的矿物元素和维生素供给对于保证胎儿发育和母体健康也十分必要。否则会出现所产羔羊软弱、抵抗力差及母羊瘦弱、产奶量不高等现象。

1. 能量　奶山羊妊娠期能量需要量的增加与子宫、胎儿、胎盘和乳腺组织的生长发育有关。一般妊娠后 3 个月增加的能量需要量主要用于胎儿生长，而早期主要用于子宫和乳腺发育。ME 用于妊娠的效率为 0.12～0.16，低于用于维持、生长和泌乳的需要。估计妊娠的能量需要量需要知道妊娠组织的增重量和增重组分的 NE 含量，然后利用与妊娠期天数有关的指数方程并结合 ME 的利用率进行估计。不同饲养标准体系估算妊娠期母羊营养需要的方法差异较大：NRC（1981）和 INRA（1989）只考虑了妊娠期最后两个月的营养需要而没有考虑妊娠早期的营养需要，前者建议在维持 ME 需要量的基础上每千克代谢体重额外增加 317.7 kJ，对产三羔的妊娠母羊，建议在此基础上再增加 20%，后者在妊娠第 4 和第 5 月时，分别在维持水平上增加 15% 和 30%，该体系所估计的妊娠 ME 需要量低于其他体系，被认为可能与估算时以母羊体重为基础而没有考虑羔羊体重有关；而 AFRC（1993，1998）和 IGR（2004）体系则根据妊娠天数、胎儿数量、胎儿初生重来估算妊娠需要，并分别从妊娠第 60 天和第 90 天开始考虑妊娠需要。因此，AFRC 和 IGR 体系按不同产羔数、羔羊初生重及妊娠天数给出了一系列妊娠期的能量需要量。例如，AFRC 体系中妊娠 105 d，产单羔（4.44 kg）、双羔

（2×3.95 kg）、三羔（3×3.65 kg）山羊的妊娠 ME 需要量分别为 1.96 MJ、3.22 MJ 和 4.43 MJ。而 NRC（2007）根据妊娠前期和后期母羊体重、日增重及胎儿初生重给出了产单羔、双羔或三羔时的营养需要量。

2. 蛋白质 妊娠奶山羊蛋白质需要量的估计方法与能量需要量的估计方法相似，只是不同体系 MP 转化为 NP 的效率不同。AFRC 和 IGR 体系中 MP 转化为 NP 的效率分别按 0.85 和 0.33 计；而 INRA 体系没有报告 MP 的转化效率，因为该体系没有估计妊娠的 NP 需要量，其所估计的 MP 需要量与 IGR 体系相近，略高于 AFRC 体系。IN-RA 体系中，母羊妊娠第 4 个月的 MP 需要量为维持 MP 需要量的 55%～65%，而妊娠第 5 个月的需要量则为维持需要量的 110%～130%。NRC（1981）中，母羊妊娠最后 2 个月每千克代谢体重应增加的 DP 和 CP 需要量分别为 4.79 g 和 6.97 g。

3. 矿物质和维生素 妊娠的钙需要量与胎儿的个数和大小有关。每千克新生羔羊体重中的钙、磷含量分别为 11.5 g 和 6.6 g。NRC（2007）推荐妊娠后 50 d 的母羊每天的钙、磷、钠、氯需要量分别为每千克胎儿重 0.23 g、0.132 g、0.043 g 和 0.03 g。而妊娠后期母羊维生素 A 的需要量为每千克代谢体重需要 45.5 RE。

（二）种公羊的营养需要

种公羊质量的好坏直接影响羊群的生产水平。种公羊的营养需要一般应维持在较高的水平，以保持常年健康，精力充沛，维持中等以上的膘情。在配种季节前后，加强营养，保持上等体况，使其性欲旺盛，能够增强配种能力，提高精液品质，充分发挥种公羊的作用。种公羊精液中包含白蛋白、球蛋白、核蛋白和黏液蛋白等。这些高质量的蛋白质，一部分必须直接来自饲料，因此种公羊日粮中应有足量的优质蛋白质、脂肪、维生素和矿物质等。在加强种公羊营养的同时，还应加强其运动，限制采精次数（每日最多 2 次，每周 8～10 次），以保证种公羊的体况和精液品质。但目前有关种公羊各种养分具体需要的研究较少，相关数据不如母羊齐全。我国学者利用青山羊研究发现，青山羊后备公羊的 ME 需要量（MJ/d）可由 $481.6×BW^{0.75}+(9.0×BW-90.6)×ADG$ 加以估计，CP 的需要量（g/d）可由 $3.6×BW^{0.75}+0.56×ADG$ 估计。青山羊种公羊非配种期的 ME 需要量（MJ/d）$=507×BW^{0.75}+36×ADG$，配种期的 ME 需要量（MJ/d）$=(507+122n)×BW^{0.75}$，式中，n 为每日采精次数。上述数据可供生产中满足奶山羊种公羊营养需要参考。

四、泌乳的营养需要

奶山羊泌乳的营养需要取决于泌乳量和乳成分，泌乳期奶山羊的营养需要主要是维持需要和泌乳需要之和。但是，对于头胎山羊，还需要考虑增重的需要。同时，泌乳期山羊的体重若有变化，这部分需要也需加以考虑。

1. 能量 泌乳期的母羊需要大量的能量，需要量仅次于水。这些能量主要来自饲料中的各种营养物质，特别是碳水化合物饲料。如果饲喂量不足，能量供应低于泌乳需要，泌乳羊会将自身储备的营养转化为能量，以维持泌乳需要，母羊的体况和产奶量会急剧下降，严重时导致疾病发生。泌乳的能量需要可以通过羊乳的 NE 和 ME 用于泌乳的效率加以估计。

羊乳的 NE 与其脂肪含量密切相关，不同研究体系估计的羊乳 NE 略有差异，其中，INRA（2007）和 AFRC（1998）给出每千克乳脂率为 4% 羊乳的 NE 比较接近，分别为 3.11 MJ 和 3.13 MJ，而 IGR（2004）给出估计值略低，为 3.08 MJ/kg。同时，上述体系均给出了估计羊乳 NE（MJ/kg）的回归公式，其中，INRA（2007）的公式为 $[0.4+0.007\,5\times(F-35)]\times7.11$，AFRC（1998）的公式为 $0.040\,6\times F+1.509$，IGR（2004）的公式为 $1.469\,4+0.402\,5\times F\%$，式中，$F$ 为每千克鲜乳中的乳脂量（g/kg），$F\%$ 为乳脂率（%）。

各体系中，ME 用于泌乳的效率与前述 ME 用于维持的效率相同。因此，根据泌乳量和乳脂率可以估算出奶山羊泌乳的 NE 需要量，结合 ME 用于泌乳的转化效率可以估计出奶山羊泌乳的 ME 需要量。NRC（1981）奶山羊营养需要中，每产 1 kg 乳脂率为 4% 羊乳需要 ME 5.21 MJ，对于乳脂率不是 4% 的羊乳，乳脂率每增加或减少 0.5 个百分点，ME 的需要量按增加或减少 68.05 MJ/kg 计。IGR（2004）和 NRC（2007）体系中，每产 1 kg 乳脂率为 4% 羊乳的 ME 需要量与 NRC（1981）相同，为 5.23 MJ，这一数值略高于泌乳青山羊的 5.06 MJ 的需要量。泌乳期奶山羊体重的增减也影响其能量需要量：INRA 体系中成年山羊每千克体增重含 NE 27.71 MJ，每千克失重含 NE 26.29 MJ，失重组织 NE 用于泌乳的效率为 0.80，ME 用于体增重时转化为 NE 的效率与维持时相同，为 0.56～0.64。利用上述参数，可以将失重 NE 转化为泌乳 NE，然后结合 ME 用于泌乳的效率即可估算泌乳期奶山羊失重需要由饲粮中扣除的 ME；根据 ME 用于增重时的效率可以计算出泌乳奶山羊体重增加所需要由饲粮提供的 ME。AFRC（1998）认为泌乳奶山羊体重变化所含的 NE 为 23.87 MJ/kg，失重组织 NE 用于泌乳的效率为 0.84，ME 用于体增重时转化为 NE 的效率为 0.53～0.64。IGR（2004）和 NRC（2007）体系中，成年奶山羊体组织变化所含 NE 与 AFRC 相同，失重 NE 用于泌乳的效率也用 0.84 估计，ME 用于体增重的效率按 0.75 估计。头胎奶山羊生长的 ME 需要量按每克 ADG 需要 28.47 kJ 计。

2. 蛋白质 泌乳母羊除需要能量外，还需要另一重要的营养物质——蛋白质。在泌乳母羊日粮中，饲喂蛋白质的数量过多或过少，都会影响其泌乳量。日粮中缺少蛋白质，母羊食欲不振，体况下降，泌乳量降低，抗病力下降。日粮中蛋白质过剩时，不仅造成蛋白质的浪费，同时也使肾脏负担过重，尿氨量增加，机体受损，利用年限缩短。泌乳母羊的日粮中能量和蛋白质之间存在一定的关系，称为能蛋比，日粮中的能蛋比失去平衡时，会使泌乳量降低，体况变差。泌乳的蛋白质需要量主要通过乳中真蛋白（TP）含量和泌乳量来计算泌乳的 NP 需要量，并结合饲粮 MP 或 CP 转化为 NP 的效率估计泌乳的 MP 或 CP 需要量，同时考虑泌乳初期母羊的体蛋白动员量。AFRC（1998）认为乳中 90% 的 CP 为 TP，而吸收的饲粮氨基酸即 MP 用于乳蛋白合成的效率为 0.68，因此，每产 1 kg 羊乳的 MP（g）＝乳中 CP（g）$\times0.9/0.68$。IGR（2004）和 NRC（2007）体系推荐每产 1 kg 羊乳泌乳需要的 MP（g）＝1 kg 乳中 TP 的克数（g）$/0.69$，式中，0.69 为 MP 转化为乳蛋白的效率，或者，每产 1 g 乳蛋白，需要 MP 1.45 g。INRA 体系中，每产 1 kg 羊乳泌乳需要的 MP（g）＝1 kg 乳中 TP 的克数（g）$/0.64$，同时考虑泌乳期的体蛋白动员量，泌乳第 1 周和第 2 周，母羊体蛋白的动员量分别为

80~90 g 和 20~30 g。因此，在计算泌乳头 2 周奶山羊的蛋白质需要量时，可从乳中 NP 中扣除动员的体蛋白后计算。崂山奶山羊泌乳期维持的 CP 需要量（g/d）为每千克代谢体重需要 3.37 g，DP 需要量（g/d）为每千克代谢体重需要 2.24 g，每千克泌乳量需要 CP 129.70 g、DP 86.42 g。

3. 矿物质和维生素　高产母羊从乳中排出的矿物质的量很大。泌乳羊日粮中矿物质饲料所占比例虽然很小，但对机体正常代谢的作用很大。奶山羊骨骼和乳的形成均需要钙、磷等矿物质元素。日粮中钙、磷配合比例不当，会使母羊在泌乳期出现钙的负平衡，引起机体代谢失调，造成肢蹄、繁殖等代谢障碍性疾病，给生产带来严重损失。日粮中食盐供应不足时，母羊食欲减退，产奶量减少，体重下降，并出现啃土舔墙等异食现象。另外，还应注意硒、碘、铜等矿物元素和维生素等的供应。NRC（2007）推荐每产 1 kg 羊乳的钙、磷、钠、氯的需要量分别为 1.4 g、1 g、0.5 g 和 1.4 g。山羊日粮中钙、磷及钠和氯的吸收率分别按 45%、65% 和 80% 估计。泌乳母羊的维生素 A 需要量可按每千克体重 53.5 RE 估计。

第二节　饲养标准

根据生产实践和奶山羊的消化、代谢、饲养等科学试验，按照不同体重、不同生理状况和不同生产水平，科学地规定每只奶山羊每天应供给的各种营养物质的定额称为饲养标准。饲养标准是在营养需要的基础上根据动物所处实际生产条件建立的，通常高于营养需要量。所以，饲养标准中的数据并不是绝对的和固定不变的，在进行参考和应用不同的营养需要或饲养标准时应综合考虑奶山羊的品种、生产性能、养殖方式等因素灵活应用。

目前，多个国家或机构发布的山羊或小反刍动物的饲养标准或营养需要量中都包含奶山羊营养需要的相关内容，如美国 NRC（1981）的山羊营养需要、NRC（2007）的小反刍动物营养需要、法国 INRA（1989，2007）的山羊营养需要、英国 AFRC（1998）的山羊营养需要，以及美国 IGR（2004）的山羊营养需要等。我国最早的奶山羊饲养标准可追溯到西北农林科技大学（原西北农业大学）金公亮教授（1989）根据多年的研究结果整理发表的"奶山羊饲养标准"一文。另外，我国《肉羊饲养标准》（NY/T 816—2004）中结合我国实际生产条件列有肉用山羊饲养标准。山东农业大学在多年研究基础上，建议并提出了青山羊饲养标准。考虑到美国 NRC 小反刍动物营养需要中奶山羊营养需要（2007）中的能量需要给出了 ME 需要量，蛋白质需要给出了 MP、DIP 及 UIP 占 20%、40% 和 60% 时的 CP 需要量，与现行反刍动物营养需要体系的思路一致，本书将主要列出美国 NRC 小反刍动物营养需要中奶山羊营养需要部分内容，供从事奶山羊相关科研与生产的技术人员参考，并结合实际生产条件进行适当调整。

一、维持的饲养标准

NRC（2007）仅给出成年母羊的维持需要，具体见表 7-1。

表 7 - 1　成年母羊维持的营养需要

体重 (kg)	DMI (kg/d)	代谢能 (MJ/d)	蛋白质需要量（g/d）					钙 (g/d)	磷 (g/d)	维生素 A (RE/d)	维生素 E (IU/d)
			粗蛋白质 (UIP 20%)	粗蛋白质 (UIP 40%)	粗蛋白质 (UIP 60%)	代谢蛋白 MP	瘤胃降解蛋白 DIP				
20	0.59	4.72	40	38	36	27	28	1.3	09	628	106
30	0.80	6.44	54	51	49	36	68	1.6	1.2	942	159
40	1.00	7.98	67	64	61	45	48	1.9	1.5	1 256	212
50	1.18	9.41	79	75	72	53	56	2.1	1.7	1 570	265
60	1.35	10.78	90	86	82	61	64	2.4	2.0	1 884	318
70	1.52	12.12	101	97	92	68	72	2.6	2.2	2 198	371
80	1.68	13.38	112	107	102	75	80	2.8	2.4	2 512	424
90	1.83	14.63	122	116	111	82	87	3.0	2.6	2 826	477

注：DMI，干物质采食量；UIP20%、UIP40%、UIP60%指饲料粗蛋白质中未降解食入蛋白（UIP）比例分别占 20%、40% 和 60%；RE，视黄醇当量，1 RE＝1.0 μg 反式视黄醇＝5.0 μg β-胡萝卜素＝7.6 μg 其他胡萝卜素。

资料来源：NRC（2007）。

二、生长发育的饲养标准

NRC（2007）分别给出了日增重为 25 g、100 g、150 g 和 200～300 g 不同生长阶段奶山羊的营养需要量，具体见表 7 - 2。

表 7 - 2　生长奶山羊的营养需要

体重 (kg)	增重 (g/d)	饲料能量浓度 (kJ/kg)	DMI (kg/d)	代谢能 (MJ/d)	蛋白质需要量（g/d）					钙 (g/d)	磷 (g/d)	维生素 A (RE/d)	维生素 E (IU/d)
					粗蛋白质 (UIP 20%)	粗蛋白质 (UIP 40%)	粗蛋白质 (UIP 60%)	代谢蛋白 MP	瘤胃降解蛋白 DIP				
小母羊和羯羊													
10	0	9.99	0.30	3.01	26	25	23	17	18	0.9	0.5	1 000	100
10	25	9.99	0.35	3.59	36	35	33	25	21	1.6	0.8	1 000	100
10	100	12	0.40	5.31	69	66	63	46	32	3.5	1.6	1 000	100
10	150	12	0.48	6.48	90	86	83	61	39	4.8	2.2	1 000	100
10	200	12	0.56	7.61	112	107	102	75	46	6.2	2.7	1 000	100
15	0	7.98	0.54	4.1	35	33	32	24	23	1.3	0.9	1 500	150
15	25	9.99	0.46	4.64	46	44	42	28	31	1.8	1.0	1 500	150
15	100	12	0.49	6.4	78	74	71	38	52	3.6	1.7	1 500	150
15	150	12	0.57	7.52	100	95	91	45	67	5.0	2.3	1 500	150

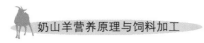

（续）

体重（kg）	增重（g/d）	饲料能量浓度（kJ/kg）	DMI（kg/d）	代谢能（MJ/d）	蛋白质需要量（g/d）					钙（g/d）	磷（g/d）	维生素A（RE/d）	维生素E（IU/d）
					粗蛋白质（UIP 20%）	粗蛋白质（UIP 40%）	粗蛋白质（UIP 60%）	代谢蛋白MP	瘤胃降解蛋白DIP				
15	200	12	0.65	8.69	121	116	111	52	81	6.3	2.8	1 500	150
20	0	7.98	0.68	5.06	43	41	39	30	29	1.4	1.0	2 000	200
20	25	7.98	0.76	5.64	54	52	49	34	36	2.2	1.4	2 000	200
20	100	9.99	0.73	7.36	86	82	79	44	73	4.0	2.0	2 000	200
20	150	12	0.65	8.53	108	103	99	51	73	5.1	2.4	2 000	200
20	200	12	0.73	9.66	130	124	118	58	87	6.4	3.0	2 000	200
20	250	12	0.81	10.83	151	144	138	102	65	7.7	3.5	2 000	200
25	0	7.98	0.80	5.98	51	49	47	34	36	1.6	1.2	2 500	250
25	25	7.98	0.88	6.56	62	59	56	42	39	2.3	1.5	2 500	250
25	100	9.99	0.82	8.28	94	90	86	63	49	4.1	2.2	2 500	250
25	150	9.99	0.94	9.45	116	111	106	78	56	5.5	2.5	2 500	250
25	200	12	0.80	10.62	137	131	125	92	63	6.5	3.1	2 500	250
25	250	12	0.88	11.75	159	152	145	107	70	7.8	3.6	2 500	250
30	0	7.98	0.92	6.86	59	56	53	39	41	1.8	1.4	3 000	300
30	25	7.98	1.00	7.44	69	66	63	47	44	2.5	1.7	3 000	300
30	100	9.99	0.91	9.15	102	97	93	68	55	4.2	2.3	3 000	300
30	150	9.99	1.02	10.32	123	118	113	83	62	5.6	2.9	3 000	300
30	200	9.99	1.14	11.45	145	138	132	97	69	7.0	3.5	3 000	300
30	250	12	0.95	12.62	166	159	152	112	75	7.9	3.7	3 000	300
30	300	12	1.03	13.79	188	179	172	126	82	9.3	4.3	3 000	300
35	0	7.98	1.03	7.69	66	63	60	44	46	1.9	1.5	3 500	350
35	25	7.98	1.11	8.28	77	73	70	51	49	2.7	1.9	3 500	350
35	100	7.98	1.36	9.99	109	104	99	73	60	4.8	2.9	3 500	350
35	150	9.99	1.11	11.16	130	125	119	88	67	5.7	3.0	3 500	350
35	200	9.99	1.22	12.33	152	145	139	102	74	7.1	3.6	3 500	350
35	250	9.99	1.34	13.46	174	166	159	117	80	8.5	4.2	3 500	350
35	300	12	1.10	14.63	195	186	178	131	87	9.4	4.4	3 500	350
公羔													
10	0	9.99	0.35	3.51	26	25	23	17	21	1	0.6	1 000	100
10	25	12	0.32	4.1	36	35	33	25	24	1.6	0.8	1 000	100
10	100	12	0.44	5.81	69	66	63	46	35	3.6	1.6	1 000	100
10	150	12	0.52	6.98	90	86	83	61	42	4.9	2.2	1 000	100
10	200	12	0.6	8.11	112	107	102	75	48	6.2	2.8	1 000	100

（续）

体重 (kg)	增重 (g/d)	饲料能量浓度 (kJ/kg)	DMI (kg/d)	代谢能 (MJ/d)	蛋白质需要量（g/d）			代谢蛋白 MP	瘤胃降解蛋白 DIP	钙 (g/d)	磷 (g/d)	维生素 A (RE/d)	维生素 E (IU/d)
					粗蛋白质 (UIP 20%)	粗蛋白质 (UIP 40%)	粗蛋白质 (UIP 60%)						
15	0	9.99	0.47	4.77	35	33	32	23	28	1.2	0.8	1 500	150
15	25	9.99	0.53	5.31	46	44	42	31	32	1.8	1.1	1 500	150
15	100	12	0.54	7.06	78	74	71	52	42	3.7	1.8	1 500	150
15	150	12	0.62	8.19	100	95	91	67	49	5	2.4	1 500	150
15	200	12	0.7	9.36	121	116	111	81	56	6.4	2.9	1 500	150
20	0	7.98	0.79	5.89	43	41	39	29	35	1.6	1.2	2 000	200
20	25	9.99	0.64	6.48	54	52	49	36	39	2	1.2	2 000	200
20	100	12	0.63	8.19	86	82	79	58	49	3.8	1.9	2 000	200
20	150	12	0.71	9.36	108	103	99	73	56	5.2	2.5	2 000	200
20	200	12	0.79	10.49	130	124	118	87	63	6.5	3	2 000	200
20	250	12	0.87	11.66	151	144	138	102	70	7.8	3.6	2 000	200
25	0	7.98	0.93	6.98	51	49	47	34	42	1.8	1.4	2 500	250
25	25	9.99	0.74	7.52	62	59	56	42	45	2.1	1.4	2 500	250
25	100	9.99	0.92	9.28	94	90	86	63	55	4.2	2.3	2 500	250
25	150	12	0.8	10.41	116	111	106	78	62	5.5	2.6	2 500	250
25	200	12	0.88	11.58	137	131	125	92	69	6.6	3.2	2 500	250
25	250	12	0.96	12.75	159	152	145	107	76	7.9	3.7	2 500	250
30	0	7.98	1.07	7.98	59	56	53	39	48	2	1.6	3 000	300
30	25	7.98	1.15	8.57	69	66	63	47	51	2.7	1.9	3 000	300
30	100	9.99	1.02	10.28	102	97	93	68	61	4.4	2.4	3 000	300
30	150	9.99	1.13	11.45	123	118	113	83	68	5.7	3	3 000	300
30	200	12	0.96	12.58	145	138	132	97	75	6.9	3.3	3 000	300
30	250	12	1.04	13.75	166	159	152	112	82	8.1	3.8	3 000	300
30	300	12	1.12	14.92	188	179	172	126	89	9.4	4.4	3 000	300
35	0	7.98	1.2	8.95	66	63	60	44	54	2.2	1.7	3 500	350
35	25	7.98	1.28	9.53	77	73	70	51	57	2.9	2.1	3 500	350
35	100	9.99	1.12	11.29	109	104	99	73	67	4.5	2.6	3 500	350
35	150	9.99	1.23	12.41	130	125	119	88	74	5.9	3.2	3 500	350
35	200	9.99	1.35	13.59	152	145	139	102	81	7.2	3.8	3 500	350
35	250	12	1.12	14.71	174	166	159	117	88	8.2	4	3 500	350
35	300	12	1.2	15.88	195	186	178	131	95	9.5	4.5	3 500	350
40	0	7.98	1.32	9.91	73	69	66	49	59	2.3	1.9	4 000	400
40	25	7.98	1.41	10.49	83	80	76	56	63	3.1	2.3	4 000	400

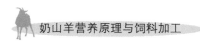

（续）

| 体重
(kg) | 增重
(g/d) | 饲料能
量浓度
(kJ/kg) | DMI
(kg/d) | 代谢能
(MJ/d) | 蛋白质需要量（g/d） | | | | | 钙
(g/d) | 磷
(g/d) | 维生
素A
(RE/d) | 维生
素E
(IU/d) |
					粗蛋白质 (UIP 20%)	粗蛋白质 (UIP 40%)	粗蛋白质 (UIP 60%)	代谢蛋白 MP	瘤胃降解 蛋白DIP				
40	100	9.99	1.21	12.21	116	111	106	78	73	4.6	2.7	4 000	400
40	150	9.99	1.32	13.38	137	131	125	92	80	6	3.3	4 000	400
40	200	9.99	1.44	14.5	159	152	145	107	87	7.4	3.9	4 000	400
40	250	9.99	1.56	15.68	181	172	165	121	94	8.8	4.5	4 000	400
40	300	12	1.28	16.85	202	193	185	136	100	9.6	4.6	4 000	400

注：DMI，干物质采食量；UIP20%、UIP40%、UIP60%指饲料粗蛋白质中未降解食入蛋白（UIP）比例分别占20%、40%和60%；RE，视黄醇当量，1 RE＝1.0 μg 反式视黄醇＝5.0 μg β-胡萝卜素＝7.6 μg 其他胡萝卜素。

资料来源：NRC（2007）。

三、泌乳期的饲养标准

奶山羊在泌乳期的营养需要受所产羔羊数量、泌乳阶段、产奶量和乳脂率等因素影响，NRC（2007）分别给出产单羔、双羔和三羔的营养需要，具体见表7-3至表7-5。

表7-3　产单羔奶山羊泌乳期的营养需要

| 体重
(kg) | 产奶量
(kg/d) | 增重
(g/d) | DMI
(kg/d) | 代谢能
(MJ/d) | 蛋白质需要量（g/d） | | | | | 钙
(g/d) | 磷
(g/d) | 维生
素A
(RE/d) | 维生
素E
(IU/d) |
					粗蛋白质 (UIP 20%)	粗蛋白质 (UIP 40%)	粗蛋白质 (UIP 60%)	代谢蛋白 MP	瘤胃降解 蛋白DIP				
泌乳早期													
30	0.88	−19	1.21	9.7	138	132	126	93	58	5.3	3.3	1 605	168
40	1.03	−21	1.48	11.87	166	159	152	112	71	2.7	3.7	2 140	224
50	1.16	−23	1.73	13.84	191	182	175	128	83	6	4	2 675	280
60	1.29	−24	1.98	15.84	216	207	198	145	95	6.4	4.3	3 210	336
70	1.4	−25	2.21	17.68	239	228	218	161	106	6.7	4.7	3 745	392
80	1.51	−26	2.43	19.44	261	249	238	175	116	7	5	4 280	448
90	1.61	−27	2.65	21.15	282	269	257	189	126	7.3	5.2	4 815	504
泌乳中期													
30	0.63	0	1.21	9.7	125	119	114	84	58	5.3	3.3	1 605	168
40	0.74	0	1.48	11.83	150	143	137	101	71	5.7	3.7	2 140	224
50	0.83	0	1.72	13.75	172	164	157	116	82	6	4	2 675	280
60	0.92	0	1.95	15.59	194	185	177	130	93	6.3	4.3	3 210	336
70	1	0	2.17	17.35	213	204	195	143	104	6.6	4.6	3 745	392
80	1.08	0	2.38	19.06	233	222	213	157	114	6.9	4.9	4 280	448
90	1.15	0	2.58	20.65	251	240	229	169	123	7.2	5.2	4 815	504

176

（续）

体重 (kg)	产奶量 (kg/d)	增重 (g/d)	DMI (kg/d)	代谢能 (MJ/d)	蛋白质需要量（g/d）			代谢蛋白 MP	瘤胃降解 蛋白 DIP	钙 (g/d)	磷 (g/d)	维生 素 A (RE/d)	维生 素 E (IU/d)
					粗蛋白质 (UIP 20%)	粗蛋白质 (UIP 40%)	粗蛋白质 (UIP 60%)						
泌乳后期													
30	0.38	13	1.1	8.82	103	99	94	69	53	5.1	3.2	1 605	168
40	0.44	15	1.34	10.74	124	118	113	83	64	5.5	3.5	2 140	224
50	0.5	17	1.57	12.58	144	137	131	97	75	5.8	3.8	2 675	280
60	0.55	18	1.78	14.25	161	154	147	108	85	6.1	4.1	3 210	336
70	0.6	20	1.99	15.88	179	171	163	120	95	6.4	4.4	3 745	392
80	0.65	22	2.19	17.47	196	187	179	132	104	6.6	4.6	4 280	448
90	0.69	23	2.37	18.98	211	202	193	142	113	6.9	4.9	4 815	504

注：DMI，干物质采食量；UIP 20%、UIP 40%、UIP 60%指饲料粗蛋白质中未降解食入蛋白（UIP）比例分别占 20%、40%和 60%；RE，视黄醇当量，1 RE＝1.0 μg 反式视黄醇＝5.0 μg β-胡萝卜素＝7.6 μg 其他胡萝卜素。

资料来源：NRC（2007）。

表 7-4 产双羔奶山羊泌乳期的营养需要

体重 (kg)	产奶量 (kg/d)	增重 (g/d)	饲料 能量 浓度 (kJ/kg)	DMI (kg/d)	代谢能 (MJ/d)	蛋白质需要量（g/d）			代谢蛋白 MP	瘤胃降解 蛋白 DIP	钙 (g/d)	磷 (g/d)	维生 素 A (RE/d)	维生 素 E (IU/d)
						粗蛋白质 (UIP 20%)	粗蛋白质 (UIP 40%)	粗蛋白质 (UIP 60%)						
泌乳早期														
40	2.06	−42	7.98	1.97	15.76	265	253	242	178	94	9.5	5.9	2 140	224
50	2.33	−45	7.98	2.3	18.43	3.5	292	279	205	110	9.9	6.3	2 675	280
60	2.57	−48	7.98	2.61	20.82	342	326	312	230	124	10.3	6.7	3 210	336
70	2.8	−50	7.98	2.91	23.24	377	360	344	253	139	10.8	7.1	3 745	392
80	3.01	−52	7.98	3.18	25.46	4.9	391	374	275	152	11.1	7.5	4 280	448
90	3.22	−54	7.98	3.46	27.71	442	422	403	297	165	11.5	7.9	4 815	504
泌乳中期														
40	1.47	0	7.98	1.96	15.63	232	221	212	156	93	9.4	5.9	2 140	224
50	1.66	0	7.98	2.26	18.1	265	253	242	178	108	9.9	6.3	2 675	280
60	1.84	0	7.98	2.55	20.4	297	283	271	199	122	10.3	6.7	3 210	336
70	2.00	0	7.98	2.82	22.57	326	311	297	219	135	10.7	7.0	3 745	392
80	2.15	0	7.98	3.08	24.62	353	337	322	237	147	11.0	7.4	4 280	448
90	2.30	0	7.98	3.33	26.67	380	363	347	256	159	11.3	7.7	4 815	504

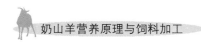

（续）

体重 (kg)	产奶量 (kg/d)	增重 (g/d)	饲料能量浓度 (kJ/kg)	DMI (kg/d)	代谢能 (MJ/d)	蛋白质需要量（g/d）			代谢蛋白 MP	瘤胃降解蛋白 DIP	钙 (g/d)	磷 (g/d)	维生素 A (RE/d)	维生素 E (IU/d)
						粗蛋白质 (UIP 20%)	粗蛋白质 (UIP 40%)	粗蛋白质 (UIP 60%)						
泌乳后期														
40	0.88	29	7.98	1.69	13.5	181	172	165	121	81	9.1	5.5	2 140	224
50	1.00	33	7.98	1.96	15.68	208	199	190	140	94	9.4	5.9	2 675	280
60	1.10	37	7.98	2.22	17.72	233	222	213	157	106	9.8	6.2	3 210	336
70	1.20	40	7.98	2.46	19.65	257	245	234	172	117	10.1	6.5	3 745	392
80	1.29	43	7.98	2.69	21.49	279	266	255	187	128	10.5	6.8	4 280	448
90	1.38	46	7.98	2.92	23.32	301	287	275	202	139	10.8	7.2	4 815	504

注：DMI，干物质采食量；UIP20%、UIP40%、UIP60%指饲料粗蛋白质中未降解食入蛋白（UIP）比例分别占20%、40%和60%；RE，视黄醇当量，1 RE＝1.0 μg 反式视黄醇＝5.0 μg β-胡萝卜素＝7.6 μg 其他胡萝卜素。

资料来源：NRC（2007）。

表7-5 产三羔及以上奶山羊泌乳期的营养需要

体重 (kg)	产奶量 (kg/d)	增重 (g/d)	饲料能量浓度 (kJ/kg)	DMI (kg/d)	代谢能 (MJ/d)	蛋白质需要量（g/d）			代谢蛋白 MP	瘤胃降解蛋白 DIP	钙 (g/d)	磷 (g/d)	维生素 A (RE/d)	维生素 E (IU/d)
						粗蛋白质 (UIP 20%)	粗蛋白质 (UIP 40%)	粗蛋白质 (UIP 60%)						
泌乳早期														
50	3.49	−68	9.99	2.29	22.86	395	377	371	266	136	13	7.8	2 675	280
60	3.86	−72	9.99	2.59	25.87	442	422	4.4	297	155	13.4	8.2	3 210	336
70	4.2	−75	9.99	2.88	28.76	486	464	444	327	172	13.8	8.6	3 745	392
80	4.52	−78	7.98	3.94	31.51	559	533	510	375	188	15.3	10.1	4 280	448
90	4.82	−81	7.98	4.27	34.11	600	573	548	4.3	204	15.8	10.5	4 815	504
泌乳中期														
50	2.49	0	7.98	2.81	22.4	358	342	327	241	134	13.7	8.5	2 675	280
60	2.76	0	7.98	3.15	25.21	400	382	365	269	151	14.2	9	3 210	336
70	3	0	7.98	3.48	27.8	438	418	400	294	166	14.7	9.4	3 745	392
80	3.23	0	7.98	3.79	30.26	474	453	433	319	181	15.1	9.9	4 280	448
90	3.44	0	7.98	4.08	32.52	508	485	464	342	195	15.5	10.3	4 815	504
泌乳后期														
50	1.5	50	7.98	2.36	18.85	273	261	249	184	113	13.1	7.9	2 675	280
60	1.65	55	7.98	2.65	21.15	304	290	278	204	126	13.5	8.3	3 210	336
70	1.8	60	7.98	2.93	23.45	334	319	305	225	140	13.9	8.7	3 745	392
80	1.94	65	7.98	3.2	25.58	363	347	332	244	153	14.3	9.1	4 280	448
90	2.07	69	7.98	3.46	27.63	390	373	356	262	165	14.6	9.4	4 815	504

注：DMI，干物质采食量；UIP 20%、UIP 40%、UIP 60%指饲料粗蛋白质中未降解食入蛋白（UIP）比例分别占20%、40%和60%；RE，视黄醇当量，1 RE＝1.0 μg 反式视黄醇＝5.0 μg β-胡萝卜素＝7.6 μg 其他胡萝卜素。

资料来源：NRC（2007）。

四、妊娠期的饲养标准

奶山羊的妊娠期正值泌乳后期和干奶期，产奶量迅速下降并停止，但胎儿发育却逐渐加快。妊娠期奶山羊需要大量的营养物质，一方面补充泌乳期间母羊的体力消耗，满足胎儿发育的需要；另一方面为下一个泌乳期储备营养物质。NRC（2007）分别给出妊娠前期和妊娠后期的营养需要，并考虑不同数量胎儿的营养需要，给出产单羔、双羔和三羔妊娠奶山羊的营养需要，具体见表7-6至表7-8。

表7-6　产单羔奶山羊妊娠期的营养需要

体重 (kg)	初生重 (kg)	增重 (g/d)	DMI (kg/d)	代谢能 (MJ/d)	蛋白质需要量（g/d）					钙 (g/d)	磷 (g/d)	维生素 A (RE/d)	维生素 E (IU/d)
					粗蛋白质 (UIP 20%)	粗蛋白质 (UIP 40%)	粗蛋白质 (UIP 60%)	代谢蛋白 MP	瘤胃降解蛋白 DIP				
妊娠早期													
20	2.3	9	0.7	5.6	62	59	56	41	33	3.4	1.8	628	106
30	2.9	13	0.94	7.48	81	77	74	54	45	3.8	2.1	942	159
40	3.4	16	1.15	9.2	98	94	90	66	55	4.1	2.4	1 256	212
50	3.8	19	1.35	10.78	114	109	104	77	64	4.3	2.7	1 570	265
60	4.2	21	1.54	12.29	129	123	118	87	73	4.6	3	1 884	318
70	4.6	24	1.72	13.75	143	137	131	96	82	4.9	3.2	2 198	371
80	4.9	27	1.89	15.13	157	150	143	105	90	5.1	3.4	2 512	424
90	5.2	29	2.06	16.47	170	162	155	114	98	5.3	3.7	2 826	477
妊娠后期													
20	2.3	38	0.6	7.19	82	78	75	55	43	3.3	1.7	910	112
30	2.9	51	0.95	9.45	112	107	102	75	56	3.8	2.2	1 365	168
40	3.4	63	1.15	11.5	134	128	122	90	69	4.1	2.4	1 820	224
50	3.8	75	1.67	13.33	166	159	152	112	80	4.8	3.1	2 275	180
60	4.2	86	1.89	15.13	187	178	170	125	90	5.1	3.4	2 730	336
70	4.6	97	2.11	16.85	2.6	197	188	139	101	5.4	3.7	3 185	192
80	4.9	107	2.31	18.43	224	214	204	150	110	5.7	4	3 640	448
90	5.2	117	2.5	19.98	241	230	220	162	119	5.9	4.3	4 095	504

注：DMI，干物质采食量；UIP 20%、UIP 40%、UIP 60%指饲料粗蛋白质中未降解食入蛋白（UIP）比例分别占20%、40%和60%；RE，视黄醇当量，1 RE＝1.0 μg 反式视黄醇＝5.0 μg β-胡萝卜素＝7.6 μg 其他胡萝卜素。

资料来源：NRC（2007）。

表 7-7 产双羔奶山羊妊娠期的营养需要

体重 (kg)	初生重 (kg)	增重 (g/d)	DMI (kg/d)	代谢能 (MJ/d)	蛋白质需要量（g/d）					钙 (g/d)	磷 (g/d)	维生素A (RE/d)	维生素E (IU/d)
					粗蛋白质 (UIP 20%)	粗蛋白质 (UIP 40%)	粗蛋白质 (UIP 60%)	代谢蛋白 MP	瘤胃降解蛋白 DIP				
妊娠早期													
20	2.1	16	0.61	6.06	67	64	61	45	36	4.9	2.3	628	106
30	2.6	21	1	8.03	94	90	86	63	48	5.4	2.8	947	159
40	3	26	1.23	9.82	113	108	103	76	59	5.7	3.1	1 256	212
50	3.4	31	1.44	11.5	131	125	120	88	69	6	3.4	1 570	265
60	3.8	36	1.64	13.13	148	142	135	100	78	6.3	3.7	1 884	318
70	4.1	40	1.83	14.59	164	156	150	110	87	6.6	3.9	2 198	371
80	4.5	44	2.02	16.13	180	172	165	121	96	6.8	4.2	2 512	424
90	4.8	49	2.19	17.51	195	186	178	131	105	7	4.4	2 826	477
妊娠后期													
20	2.1	66	0.68	8.19	105	100	96	70	49	5	2.4	910	112
30	2.6	85	0.89	10.66	133	127	121	89	64	5.4	2.7	1 365	168
40	3	106	1.28	12.83	165	157	150	111	77	5.8	3.2	1 820	224
50	3.4	125	1.49	14.92	189	187	173	127	89	6.1	3.5	2 275	280
60	3.8	143	1.69	16.93	213	203	195	143	101	6.4	3.7	2 730	336
70	4.1	161	1.87	18.73	233	222	213	157	112	6.6	4	3 185	392
80	4.5	178	2.06	20.61	256	245	234	172	123	6.9	4.3	3 640	448
90	4.8	194	2.79	22.32	298	284	272	200	133	7.9	5.2	4 095	504

注：DMI，干物质采食量；UIP20%、UIP40%、UIP60%指饲料粗蛋白质中未降解食入蛋白（UIP）比例分别占20%、40%和60%；RE，视黄醇当量，1 RE＝1.0 μg 反式视黄醇＝5.0 μg β-胡萝卜素＝7.6 μg 其他胡萝卜素。

资料来源：NRC（2007）。

表 7-8 产三羔及以上奶山羊妊娠期的营养需要

体重 (kg)	初生重 (kg)	增重 (g/d)	DMI (kg/d)	代谢能 (MJ/d)	蛋白质需要量（g/d）					钙 (g/d)	磷 (g/d)	维生素A (RE/d)	维生素E (IU/d)
					粗蛋白质 (UIP 20%)	粗蛋白质 (UIP 40%)	粗蛋白质 (UIP 60%)	代谢蛋白 MP	瘤胃降解蛋白 DIP				
妊娠早期													
30	2.2	28	1.04	8.32	101	97	93	68	50	6.8	3.4	942	159
40	2.6	34	1.28	10.2	123	117	112	82	61	7.1	3.7	1 256	212
50	2.9	41	1.49	11.91	141	135	129	95	71	7.4	4	1 570	265
60	3.2	47	1.7	13.54	159	152	145	107	81	7.7	4.3	1 884	318
70	3.5	52	1.89	15.13	176	168	161	118	90	8	4.5	2 198	371
80	3.8	58	2.08	16.64	193	184	176	130	99	8.3	4.8	2 512	424
90	4.1	63	2.27	18.14	209	200	191	141	108	8.5	5.1	2 826	477

（续）

| 体重 (kg) | 初生重 (kg) | 增重 (g/d) | DMI (kg/d) | 代谢能 (MJ/d) | 蛋白质需要量（g/d） | | | 代谢蛋白 MP | 瘤胃降解蛋白 DIP | 钙 (g/d) | 磷 (g/d) | 维生素 A (RE/d) | 维生素 E (IU/d) |
					粗蛋白质 (UIP 20%)	粗蛋白质 (UIP 40%)	粗蛋白质 (UIP 60%)						
妊娠后期													
30	1.8	79	0.94	11.29	147	141	135	99	67	6.7	3.3	1 365	168
40	2.2	109	1.14	13.71	176	168	161	118	82	7	3.5	1 820	224
50	2.6	137	1.32	15.8	200	191	182	134	94	7.2	3.8	2 275	280
60	2.9	163	1.78	17.81	235	224	214	158	106	7.8	4.4	2 730	336
70	3.2	186	1.98	19.77	259	247	236	174	118	8.1	4.7	3 185	392
80	3.5	209	2.17	21.69	282	269	258	190	130	8.4	4.9	3 640	448
90	3.8	231	2.36	23.58	305	292	279	205	141	8.6	5.2	4 095	504

注：DMI，干物质采食量；UIP20%、UIP40%、UIP60%指饲料粗蛋白质中未降解食入蛋白（UIP）比例分别占 20%、40%和60%；RE，视黄醇当量，1 RE＝1.0 μg 反式视黄醇＝5.0 μg β-胡萝卜素＝7.6 μg 其他胡萝卜素。

资料来源：NRC（2007）。

五、配种的饲养标准

在 NRC（2007）配种期的营养需要中分别给出成年母羊配种期的营养需要和种公羊的维持与配种前的营养需要，具体见表 7-9 和表 7-10。

表 7-9　成年母羊配种期的营养需要

| 体重 (kg) | DMI (kg/d) | 代谢能 (MJ/d) | 蛋白质需要量（g/d） | | | 代谢蛋白 MP | 瘤胃降解蛋白 DIP | 钙 (g/d) | 磷 (g/d) | 维生素 A (RE/d) | 维生素 E (IU/d) |
			粗蛋白质 (UIP 20%)	粗蛋白质 (UIP 40%)	粗蛋白质 (UIP 60%)						
20	0.65	5.23	44	42	40	29	31	1.4	1.0	628	106
30	0.88	7.06	59	57	54	40	42	1.7	1.3	942	159
40	1.1	8.78	73	70	67	49	52	2.0	1.6	1 256	212
50	1.3	10.37	87	83	79	58	62	2.3	1.9	1 570	265
60	1.49	11.87	99	95	91	67	71	2.6	2.1	1 884	318
70	1.67	13.33	111	106	102	75	80	2.8	2.4	2 198	371
80	1.84	14.76	123	117	112	83	88	3.1	2.6	2 512	424
90	2.01	16.09	134	128	123	90	96	3.3	2.9	2 826	477

注：DMI，干物质采食量；UIP20%、UIP40%、UIP60%指饲料粗蛋白质中未降解食入蛋白（UIP）比例分别占 20%、40%和60%；RE，视黄醇当量，1 RE＝1.0 μg 反式视黄醇＝5.0 μg β-胡萝卜素＝7.6 μg 其他胡萝卜素。

资料来源：NRC（2007）。

表 7 - 10　种公羊的营养需要

| 体重 (kg) | 饲料能量浓度 (kJ/kg) | DMI (kg/d) | 代谢能 (MJ/d) | 蛋白质需要量 (g/d) | | | | | 钙 (g/d) | 磷 (g/d) | 维生素 A (RE/d) | 维生素 E (IU/d) |
				粗蛋白质 (UIP 20%)	粗蛋白质 (UIP 40%)	粗蛋白质 (UIP 60%)	代谢蛋白 MP	瘤胃降解蛋白 DIP				
维持需要												
50	7.98	1.36	10.83	86	82	78	58	65	2.4	2	1 570	265
75	7.98	1.84	14.67	116	111	106	78	88	3	2.6	2 355	398
100	7.98	2.28	18.22	144	137	131	97	109	3.7	3.2	3 140	530
125	7.98	2.69	21.53	170	162	155	114	129	4.2	3.8	3 925	663
150	7.98	3.09	24.7	195	186	178	131	147	4.8	4.3	4 710	795
配种前需要												
50	7.98	1.49	11.91	94	90	86	63	71	2.6	2.1	2 275	280
75	7.98	2.02	16.13	128	122	117	86	96	3.3	2.7	3 413	420
100	7.98	2.51	20.02	158	151	144	106	120	4	3.5	4 550	560
125	7.98	2.96	23.7	187	178	171	126	141	4.6	4.1	5 688	700
150	7.98	3.4	27.17	214	204	195	144	162	5.2	4.7	6 825	840

　　注：DMI，干物质采食量；UIP20%、UIP40%、UIP60%指饲料粗蛋白质中未降解食入蛋白（UIP）比例分别占 20%、40% 和 60%；RE，视黄醇当量，1 RE＝1.0 μg 反式视黄醇＝5.0 μg β-胡萝卜素＝7.6 μg 其他胡萝卜素。

　　资料来源：NRC（2007）。

第三节　日粮配合技术

　　由于单一的饲料原料营养不均衡，所以单一一种原料不能完全满足奶山羊对各种养分的需要量，饲养效果差。将多种饲料原料进行合理搭配，可以在充分发挥各种单一原料的营养优点的同时弥补不足，更好地满足奶山羊的营养需要、提高饲养效果，并实现饲料资源的合理利用。

　　生产中，奶山羊的全价日粮一般由粗饲料和精饲料补充料两部分组成，前者也称为饲草，主要包括青绿饲料、青贮饲料、青干草及农作物秸秆等，后者是由能量饲料、蛋白质饲料、矿物质饲料及添加剂预混合饲料合理搭配后加工而成的均匀混合物，用以补充粗饲料的营养不足。在我国现有饲养条件和生产模式下，可供奶山羊利用的青绿饲料有限，奶山羊的粗饲料主要由全株玉米青贮、苜蓿青干草和农作物秸秆组成，一般由养殖场自备。精饲料补充料既可以由养殖场自行加工生产，也可以从专门的饲料厂购买后使用。从饲料产品质量和饲喂效果角度考虑，若没有足够的配方设计水平和饲料加工生产能力，不建议养殖场自行生产精饲料补充料。与当地生产能力和信誉有保证的饲料厂家合作，让饲料厂根据本养殖场的粗饲料组成情况和饲养实际，针对性地设计生产专门的奶山羊精饲料补充料是最佳选择。

奶山羊饲料中各类粗饲料的营养特性、饲用价值及加工调制方法请参考本书相关章节。本节重点阐述奶山羊日粮的配合技术。

一、日粮配合所需资料

饲养标准和饲料成分及营养价值表是进行日粮配合时的必备资料，其中饲养标准是进行日粮配制的重要依据和参考，因为只有以饲养标准为基础，满足和平衡供给各种营养物质，才能保证山羊的生长和生产，获得良好的饲养效益。但是，饲养标准中的营养定额又具有一定的条件性和局限性，因为标准中给出的营养定额是在特定的饲养条件和生理阶段取得的，无法适应和满足各种实际饲养条件和动物生理特点。因此，实际生产中配制日粮时，动物的营养需要量需在饲养标准基础上根据饲养实际做适当调整，不能完全照搬饲养标准。饲料成分及营养价值表是用化学分析和动物试验的方法测定或评价得到的各种饲料原料中的能量和营养物质含量，是科学配制日粮所必需的另一个重要资料。目前，尚无专门的奶山羊饲料成分和营养价值数据。日粮配制时可参考中国饲料成分及营养价值表中羊饲料数据信息。中国饲料数据库情报网中心自1990年起，每年会通过《中国饲料》杂志及其网络平台中国饲料数据库（http://www.chinafeeddata.org.cn/）对外发布中国饲料成分及营养价值表，本书摘录第29版中牛、羊常用粗饲料的典型养分含量数据（附录二）以供生产中参考使用，其他饲料原料成分及营养价值请参考最新版中国饲料成分及营养价值表中的相关数据。

二、饲料配方的设计原则及方法

（一）饲料配方的概念

饲料配方是根据饲养标准、饲料原料的营养价值及原料价格等条件，采用合理的计算方法确定的日粮中各种饲料组分的百分比构成。确定饲料配方的过程就是饲料配方的设计过程。

（二）饲料配方设计原则

设计饲料配方时，应该遵循营养性、生理性、安全性和经济性四大原则。

1. 营养性原则　首先，配方中营养水平的确定必须以饲养标准为基础，并结合动物饲养的实际情况进行适当调整。一般先根据奶山羊的体重、生产目的、年龄阶段、生产性能选择相应的饲养标准，再结合饲料原料价格及产品市场价格等因素对标准中的营养定额进行10％左右的调整。同时，饲料成分及营养价值表中的数据也只具有参考和指导意义，在有条件的情况下尽可能使用实测数据。另外，还要根据原料收获季节、加工方法、产地等因素对原料的营养成分和价值做出正确评估。

2. 生理性原则　生理性原则是指饲料原料的选择和日粮精粗比的确定要符合奶山羊的生理特点。饲料原料的选择和日粮粗纤维水平的确定应当符合奶山羊的生理特点，例如，羔羊瘤胃功能发育不全，所以一些粗纤维、抗营养因子含量高的原料如菜籽饼粕、棉籽饼粕、啤酒糟等就不能使用，尿素等 NPN 也不能添加，同时还应注意复合维生素的补充；而成年山羊的日粮组成应当坚持以青粗饲料为主，适当搭配精饲料的原则进行配合。日粮中一定量的粗纤维对维持奶山羊反刍和瘤胃的正常功能具有重要意义，而精饲料补充料的喂量应根据奶山羊生产性能（日增重、泌乳量）的高低、对产品品质（乳脂率）的要求及粗饲料的品质来确定。尽管增加精饲料喂量可以增加奶山羊的增重速度和泌乳量，但会造成机体过肥和乳脂率降低，且饲喂大量精饲料有可能会造成奶山羊瘤胃酸中毒，危害奶山羊健康。一般如果精饲料喂量过高（精粗比大于 60：40），应添加缓冲剂（如碳酸氢钠、膨润土、氧化镁等）；此外，成年山羊饲料配方设计中可选择用尿素等 NPN 替代一部分高价植物性蛋白质饲料；一般不考虑必需氨基酸、B 族维生素的供给及日粮有效磷含量问题，因为瘤胃微生物能够合成这些物质，并分泌可以分解植酸磷的酶。

3. 安全性原则　安全性原则是指配方中所选用的原料或饲料添加剂对动物而言应当是安全的，动物采食该饲料所生产的产品对人应当是安全无害的，且动物的排泄物对环境亦是无安全隐患的。基于此，设计配方时所选择的原料和饲料添加剂首先应当是我国批准使用的，应符合我国《饲料原料品种目录》和《饲料添加剂品种目录》中的相关规定，具有"三致"（致癌、致畸、致突变）可能性的原料不能选用，违规、违禁原料不能选用。药物添加剂的种类、用量和使用时间要符合我国《药物饲料添加剂品种目录及使用规范》中的相关规定。例如，三聚氰胺不能作为奶山羊饲料的 NPN 补充原料；除乳及乳制品外的所有动物性来源的原料如鱼粉、骨粉等不能在奶山羊饲料中使用（乳及乳制品除外）。

4. 经济性原则　饲料产品是商品，奶山羊的产品也是商品。因此，设计饲料配方时必须考虑经济效益问题。首先，在原料的选择上应尽可能因地制宜，充分利用当地的饲料资源，以降低原料往复运输的费用。其次，饲料原料多样化，使不同原料之间的营养物质互相补充，以提高饲料的利用效率；同时，通过两种或几种低价原料的合理搭配代替高价原料，达到保证奶山羊生产性能并降低饲料成本的效果。配方设计中只注重营养价值而忽略饲料成本，或一味追求低成本而选择劣质低价原料的做法都是不可取的，需要结合饲料原料和畜产品的市场价格，以奶山羊生产成本最低或养殖企业（或养殖户）收益最大为原则。

（三）饲料配方设计方法

配方的设计方法主要有手工计算和配方软件设计法两种。手工计算法主要有试差法、十字交叉法、代数法等。手工计算法是设计配方的基础，但计算工作量较大，尤其是当饲料原料种类较多和考虑的营养指标较多时，不仅计算过程复杂，而且有时候难以算出满足各种营养指标且成本最低的配方。配方软件设计法是运用线性规划原理，通过计算机在短时间内计算得出的营养平衡且成本最低的配方。设计人员还可以根据实际情况对配方进行适当调整。现将试差法和十字交叉法计算配方的方法简介如下：

1. 试差法　该法也称凑数法或加减法，是根据奶山羊的营养需要量和所选饲料原料的营养特性、价格等因素，先初拟出日粮中各种原料的配比，计算出该配比下各营养物质的总量，分别与营养需要量相比较，出现的差额按多退少补的原则调整日粮各组分的配比，反复核算，直至所提供养分符合或接近营养需要量。此法多用于精饲料补充料配方的设计，初拟原料配比时按能量饲料占 50％～80％、蛋白质饲料占 10％～20％、矿物质饲料和添加剂预混合饲料占 2％～5％的原则拟定。此法适合有一定经验的配方设计人员使用，对于初学者，需要花费很多时间、经过烦琐的反复核算才能配平配方。

2. 十字交叉法　该法也称方形法、对角线法或四角法。此法一般在饲料原料种类不多和营养指标较少的情况下使用，在原料较多和要满足的营养指标较多时也可使用，但计算时要反复两两组合，比较麻烦，且不能同时满足多项营养指标。具体计算方法如下：

例如：以玉米和豆粕为原料，为奶山羊配制粗蛋白质含量为 15％的配合饲料，求玉米和豆粕的用量。已知玉米和豆粕的粗蛋白质含量分别为 8.6％和 47％。

解：用十字交叉法计算时，先画一长方形，将原料名称及营养物质含量写在长方形的左侧两角，长方形对角线交叉处为需要满足的营养指标，然后沿对角线方向，用原料养分含量和需满足营养指标做减法（大数减小数），差值写在长方形的右侧两角，并将差值相加。最后计算两个差值占总差值的百分比，即为原料的配比，如下所示。

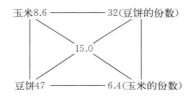

玉米占混合物的比例＝32÷（32＋6.4）×100＝83.3％。
豆粕占混合物的比例＝6.4÷（32＋6.4）×100＝16.7％。

三、全价日粮及其配制技术

（一）相关概念

日粮是指一只奶山羊在一昼夜所采食的各种饲料的总量。

全价日粮是指能够满足奶山羊除水以外的其他各种营养物质需要量的日粮，即日粮中营养物质的种类、数量及其比例均能满足奶山羊的需要，而且能使奶山羊达到一定的生产水平。

奶山羊的全价日粮由青粗饲料和精饲料补充料组成，即俗称的草和料。青粗饲料是奶山羊的基础饲料，一般要求青粗饲料提供的营养物质占奶山羊总需要量的 60％以上，且生产水平越低，青粗饲料的比例越大。青粗饲料组成可以是青绿饲料、粗饲料和青贮饲料，在青绿饲料缺乏的情况下，可以由粗饲料和青贮饲料组成。精饲料补充料是指为了补充以青粗饲料为基础的奶山羊的营养不足，而将多种饲料原料按一定比例配制生产的饲料。其目的主要是为了补充青粗饲料的营养不足，与青粗饲料一起构成奶山羊的全价日粮。

（二）全价日粮的配方设计

全价日粮的配方设计步骤如下：

1. 确定奶山羊每天的营养需要量 根据奶山羊的年龄、体重、生产阶段、生产水平等，查奶山羊的营养需要量表，计算能量和各种营养物质的总需要量。应当注意的是，奶山羊总的营养需要为维持需要与产奶需要之和，如果有增重或在妊娠后期，还应当考虑这两部分营养需要。例如，一群平均体重 50 kg、日产奶量 2.0 kg（乳脂率 4.0%）、活动量中等的泌乳中期成年奶山羊，其每只每天的营养需要量如表 7-11 所示。

表 7-11 奶山羊营养需要量

项 目	代谢能 （MJ）	粗蛋白质 （g）	钙 （g）	磷 （g）	维生素 A （IU）	维生素 D （IU）
维持需要	11.97	110	4	2.8	2 100	429
产奶需要	2.0×5.23	2.0×72	2.0×3	2.0×2.1	2.0×3 800	2.0×760
总需要量	22.43	254	10	7	9 700	1 949

2. 确定青粗饲料的喂量 青粗饲料是奶山羊的基础日粮，一般由青绿饲料、干草、秸秆和青贮饲料组成。配合日粮时应根据当地青粗饲料的来源、品质及价格等因素最大限度地选择使用青粗饲料。青粗饲料的喂量一般由奶山羊的干物质采食量、日粮精粗比（精饲料补充料和青粗饲料提供的干物质比例）及青粗饲料的干物质含量确定。干物质采食量一般占山羊体重的 2%～5%，而精粗比与生产性能高低有关，生产性能越高，精饲料比例越高，但以不高于 65：35 为宜；例如，奶山羊泌乳期日粮的精粗比可保持在 40：60～60：40，而其他生产阶段以保持 20：80～30：70 为宜。青粗饲料中一半左右为青绿饲料和青贮饲料，另一半为青干草或秸秆，实际计算时可按 3 kg 青绿饲料或青贮饲料相当于 1 kg 青干草或秸秆的比例进行折算。青粗饲料提供的干物质含量也可以按奶山羊体重的 2%～3% 估算。

3. 计算应由精饲料补充料提供的养分量 从山羊每日的总需要量中扣除由青粗饲料提供的营养物质量，剩余不足的营养物质应当由精饲料补充料提供。

4. 确定精饲料补充料的配方 精饲料补充料应提供的营养物质数量确定后，即可选择精饲料补充料的组成原料，一般应包括能量饲料、蛋白质饲料、矿物质饲料和添加剂预混合饲料四大类，然后运用试差法、十字交叉法或配方软件设计法等方法确定在满足这些营养物质需要时各种原料的用量，并列出精饲料补充料的配方。

5. 检查、调整和验证配方 上述所有步骤完成后，对确定的各种饲料原料提供的营养物质数量求和，并与营养需要量比较，若实际提供量为需要量的 95%～105%，说明配方合理，否则对个别原料的用量调整后再次核对，直到充分满足需要量。

（三）全价日粮配方设计示例

现以体重 50 kg、日产奶量 2.0 kg（乳脂率 4.0%）、活动量中等的泌乳中期成年奶山羊设计全价日粮为例说明手工计算法设计配方的过程。具体步骤如下：

第一步，查奶山羊饲养标准，确定奶山羊每日营养需要量，计算结果如表 7-11 所示。

第二步，确定青粗饲料组成及用量。本例中设干物质需要量为奶山羊体重的 4.5%，则其每日的干物质需要量为 50×4.5%＝2.25 kg；设日粮精粗比为 50：50，则由青粗饲料和精饲料补充料提供的干物质量均为 1.125 kg（2.25×50％＝1.125）。若青粗饲料由玉米青贮饲料、苜蓿干草和羊草干草按 50：10：40 的比例组成，则它们提供的干物质量分别为 0.563 kg（1.125×50％）、0.113 kg（1.125×10％）和 0.45 kg（1.125×40％）。查饲料成分及营养价值表（表 7-12）可知，玉米青贮饲料、苜蓿干草和羊草干草的干物质含量分别为 22.7％、90.0％和 88.3％，则它们每日的饲喂量分别为 2.48 kg（0.563÷22.7％）、0.13 kg（0.113÷90.0％）和 0.51 kg（0.45÷88.3％）。

第三步，确定精饲料补充料应提供的营养物质量。首先查各种粗饲料原料的营养物质含量（表 7-12），根据第二步中确定的各粗饲料干物质喂量计算各粗饲料提供的各种营养物质量，合计后从表 7-11 的总需要量中扣除，不足部分则为需要由精饲料补充料提供的营养物质量。计算过程见表 7-13。

表 7-12 粗饲料原料的营养物质含量（干物质基础）

原　料	干物质（kg/d）	代谢能（MJ/kg）	粗蛋白质（％）	钙（％）	磷（％）
玉米青贮	0.563	7.73	8.1	0.44	0.26
苜蓿干草	0.113	7.19	19.3	1.19	0.36
羊草干草	0.450	6.06	3.6	0.28	0.2

表 7-13 粗饲料和精饲料补充料提供的营养物质量（每只每天）

项　目	代谢能（MJ）	粗蛋白质（g）	钙（g）	磷（g）
总营养物质需要量	22.43	254	10	7
玉米青贮提供的营养物质	4.35	45.60	2.48	1.46
苜蓿干草提供的营养物质	0.81	21.81	1.34	0.41
羊草干草提供的营养物质	2.73	16.20	1.26	0.90
粗饲料提供的总营养物质	7.89	83.61	5.08	2.77
需精饲料补充料提供的营养物质	14.54	170.39	4.92	4.23

已知精饲料补充料每天提供的干物质量应为 1.125 kg，为了方便配方计算，用表 7-13 中需精饲料补充料提供营养物质量（每日提供量）除以精饲料补充料应提供的干物质量，即可将每日需要由精饲料提供的营养物质量转化为精饲料补充料中各营养物质的含量。经计算，该精饲料补充料应含代谢能 12.92 MJ/kg，粗蛋白质 15.15％，钙 0.44％，磷 0.38％。

第四步，选择原料，确定精饲料补充料配方组成。拟以玉米、小麦麸、大豆饼、棉籽饼、菜籽饼、尿素、磷酸氢钙、石粉、氯化钠、添加剂预混合饲料为原料配制该精饲料补充料。首先，查饲料成分及营养价值表，确定上述原料的营养物质含量（表 7-14）。保留 2.5％的空间给添加剂预混料和矿物质饲料，用试差法初拟其他原料用量（表 7-15），计算其所提供营养物质并与第三步确定的精饲料补充料应提供的营养物质浓度相比较。由比较结果可见，初拟配方所提供的能量略显不足（缺 0.04 MJ/kg），粗蛋白质超标 2.79％，钙尚缺 0.32％，而磷已超标 0.05％，因此需要降低配方中高蛋

表 7-14 选用饲料原料的营养物质含量（干物质基础）

项　目	干物质 （%）	代谢能 （MJ/kg）	粗蛋白质 （%）	钙 （%）	磷 （%）
玉米	88.4	14.25	9.7	0.02	0.24
小麦麸	88.6	10.24	16.3	0.2	0.88
豆粕	90.6	14.42	47.5	0.35	0.55
棉籽粕	92.2	12.21	36.7	0.34	0.69
菜籽粕	92.2	13.21	39.5	0.4	0.81
尿素	100	0	267	0	0
石粉	99	0	0	36	0
氯化钠	99	0	0	0	0
添加剂预混料	97.1	0	0	0	0

表 7-15 初拟精饲料补充料配方及营养物质含量（干物质基础）

项　目	初拟配比 （%）	营养物质含量			
		代谢能 （MJ/kg）	粗蛋白质 （%）	钙 （%）	磷 （%）
玉米	59	8.41	5.72	0.01	0.14
小麦麸	20	2.05	3.26	0.04	0.18
豆粕	8	1.15	3.80	0.03	0.04
棉籽粕	5	0.61	1.84	0.02	0.03
菜籽粕	5	0.66	1.98	0.02	0.02
尿素	0.5	0.00	1.34	0.00	0.00
合计	97.5	12.88	17.94	0.12	0.43
精饲料补充料应提供		12.92	15.15	0.44	0.38
与需要量相比		−0.04	+2.79	−0.32	+0.05

白质原料的用量，而增加高能量饲料用量。分析可知，玉米取代大豆饼后粗蛋白质含量会降低，但同时代谢能水平也会略有下降。据此，为降低粗蛋白质水平而不降低代谢能水平，可将尿素用量调至 0.3%，则少提供粗蛋白质 0.534%（267%×0.2%），此时，粗蛋白质仍超标 2.26%（2.79%−0.534%）；用 1% 的玉米代替 1% 的大豆饼粗蛋白质含量降低 0.378%〔（47.5%−9.7%）×1%〕，则降低 2.26% 的粗蛋白质需要 5.98% 的玉米和豆粕相互替代（2.26%÷0.378%）。此时能量略显不足，可将玉米用量上调至 65.33%。由于磷已满足需要，因此只需补充含钙原料，一般用石粉作为补钙饲料原料，其含钙 36% 左右，由此可确定满足钙需要时，石粉的添加量为 0.94%〔（0.44%−0.01%−0.04%−0.01%−0.02%−0.02%）÷36%×100%〕。给添加剂预混料的用量预留 1%，则剩余 0.41%（100%−65.33%−20%−2.02%−5%−5%−0.3%−0.94%−1%）的空间用氯化钠补充。调整后的配方见表 7-16，可见该精饲料补充料所提供的营养物质已完全满足其应提供的营养物质。

表 7 - 16　调整后的精饲料补充料配方及营养物质含量（干物质基础）

项　目	调整后配比（%）	营养物质含量			
		代谢能（MJ/kg）	粗蛋白质（%）	钙（%）	磷（%）
玉米	65.33	9.31	6.34	0.01	0.16
小麦麸	20.0	2.05	3.26	0.04	0.18
豆粕	2.02	0.29	0.96	0.01	0.01
棉籽粕	5.0	0.61	1.84	0.02	0.03
菜籽粕	5.0	0.66	1.98	0.02	0.04
尿素	0.3	0.00	0.80	0.00	0.00
石粉	0.94	0	0	0.34	0
氯化钠	0.41	0	0	0	0
添加剂预混料	1.00	0	0	0	0
合计	100	12.92	15.18	0.44	0.42
精饲料补充料应提供		12.92	15.15	0.44	0.38
与需要量相比		0.00	+0.03	0.00	+0.04

第五步，检查并列出最终配方。所设计配方的检查过程见表 7 - 17。检查结果表明本例中的配方设计合理，各营养物质需要量的满足程度为 99%～107%，虽然磷略超标，但日粮钙磷比在（1～2）∶1 的正常范围之内，可认为日粮钙、磷的供应符合需要。该全价日粮的最终配方组成见表 7 - 18，表 7 - 18 中饲喂基础下的饲料喂量＝干物质基础下的饲料喂量÷饲料干物质含量。按该设计，每只山羊应饲喂玉米青贮饲料 2.48 kg，苜蓿干草 0.13 kg，羊草干草 0.51 kg 和按表 7 - 16 中配方生产的精饲料补充料 1.26 kg。至此，该奶山羊全价日粮配方设计全部完成。

表 7 - 17　全价日粮配方组成和营养物质提供量（干物质基础，每只每天）

项　目	干物质喂量（kg/d）	提供营养物质			
		代谢能（MJ/kg）	粗蛋白质（%）	钙（%）	磷（%）
玉米青贮	0.563	4.35	45.60	2.48	1.46
苜蓿干草	0.113	0.81	21.81	1.34	0.41
羊草干草	0.450	2.73	16.20	1.26	0.90
玉米	0.735	10.47	71.30	0.15	1.76
小麦麸	0.225	2.30	36.68	0.45	1.98
豆粕	0.023	0.33	10.93	0.08	0.13
棉籽粕	0.056	0.68	20.55	0.19	0.39
菜籽粕	0.056	0.74	22.12	0.22	0.45

（续）

项　目	干物质喂量 (kg/d)	提供营养物质			
		代谢能 (MJ/kg)	粗蛋白质 (%)	钙 (%)	磷 (%)
尿素	0.003	0.00	8.01	0.00	0.00
石粉	0.011	0	0	3.96	0
氯化钠	0.005	0.00	0.00	0.00	0.00
添加剂预混合饲料	0.011	0.00	0.00	3.83	0.00
合计	2.251	22.41	253.20	10.13	7.48
需要量		22.43	254	10	7
合计/需要量（%）		99.9	99.7	101.3	106.9

表 7-18　全价日粮组成（每只每天）

	原　料	干物质基础下的喂量 (kg/d)	饲喂基础下的喂量 (kg/d)	饲喂基础下的精饲料补充料配方（%）
粗饲料	玉米青贮	0.563	2.48	0
	苜蓿干草	0.113	0.126	0
	羊草干草	0.450	0.51	0
	合计	1.126	3.116	
精饲料补充料	玉米	0.735	0.831	65.85
	小麦麸	0.225	0.254	20.13
	豆粕	0.023	0.025	1.98
	棉籽粕	0.056	0.061	4.83
	菜籽粕	0.056	0.061	4.83
	尿素	0.003	0.003	0.24
	石粉	0.011	0.011	0.87
	氯化钠	0.005	0.005	0.4
	添加剂预混合饲料	0.011	0.011	0.87
	合计	1.125	1.262	100.0
合计		2.251	4.378	

四、浓缩饲料及其配制技术

（一）浓缩饲料的概念及配制意义

浓缩饲料又称平衡用配合饲料，是指由蛋白质饲料、矿物质饲料和添加剂预混合饲料按一定比例配制而成的均匀混合物。在浓缩饲料中加入一定量的能量饲料混匀后就是精饲料补充料。浓缩饲料一般占精饲料补充料的 20%～40%，由于其蛋白质含量多在30% 以上，而矿物质、维生素及其他非营养性添加剂含量均远远高于动物需要量，所以，浓缩饲料是饲料半成品，不能用来直接饲喂动物。在实际生产中，许多养殖户种植或养殖场周边种植有大量的玉米、小麦等谷物，容易获得谷物籽实及糠麸等能量饲料。因此，生产和使用浓缩饲料不仅可以充分利用当地的饲料资源，而且可以减少庞大的能量饲料往返运输的费用，从而降低饲养成本。此外，浓缩饲料除能量较低外，含有动物所需的各种营养物质，且经过专业人员设计和专门的企业生产，品质和质量较好，不仅使用方便，而且很好地解决了蛋白质饲料和饲料添加剂缺乏的问题。

（二）浓缩饲料配方设计方法

浓缩饲料配方的设计必须依据奶山羊的营养需要量和青粗饲料的种类及质量特点进行，配方设计完成后除了要标明与之搭配的能量饲料的种类和数量外，还必须注明需配合的青粗饲料的种类和数量。浓缩饲料常见的设计方法主要有两种，分述如下：

1. 由精饲料补充料配方推算浓缩饲料配方　此法首先按全价日粮配方的设计方法设计出全价日粮配方，包括精饲料补充料配方；然后从精饲料补充料配方中扣除能量饲料部分，即100％－能量饲料所占比例，剩余部分即为浓缩饲料占精饲料补充料的比例，最后将浓缩饲料中各组分的用量换算为占浓缩饲料总量的百分比，即为浓缩饲料配方。如表7-18所示的精饲料补充料配方中，能量饲料玉米和小麦麸所占比例为85.98％（65.85％＋20.13％），其余组分所占比例为14.02％，即浓缩饲料占精饲料补充料的14.02％，用其他组分在精饲料补充料中的用量除以14.02％乘以100％即可得到其饲喂基础下的浓缩饲料配方。经计算，表7-18所示精饲料补充料配方的浓缩料配方（饲喂基础）如下：豆粕14.12％，棉籽粕34.45％，菜籽粕34.45％，尿素1.71％，石粉6.21％，氯化钠2.85％，添加剂预混合饲料6.21％。饲喂时，将14.02 kg浓缩饲料与65.85 kg玉米和20.13 kg小麦麸均匀混合后作为山羊的精饲料补充料，并搭配玉米青贮饲料和羊草干草饲喂。

2. 直接计算浓缩饲料配方　此法分两种情况，一种是根据国家（或地方）标准中规定的浓缩饲料的营养指标，按照设计精饲料补充料配方的方法计算浓缩饲料配方；另一种是根据养殖户所用的能量饲料种类和数量，首先确定各能量饲料在精饲料补充料中的比例并计算其所提供的养分量，然后从国家（或地方）规定的精饲料补充料的营养指标中扣除这部分养分，并换算出浓缩饲料应提供的养分量，最后按照设计精饲料补充料配方的方法计算浓缩饲料配方。

（三）浓缩饲料的使用

如前所述，浓缩饲料是半成品，不能直接饲喂，必须与能量饲料搭配构成精饲料补充料后，与青粗饲料一起构成奶山羊的全价日粮。

五、添加剂预混合饲料配制技术

（一）添加剂预混合饲料的概念及种类

添加剂预混合饲料又称预混合饲料，是指由一种或多种饲料添加剂与载体或稀释剂按一定比例扩大稀释后配制的均匀混合物。添加剂预混合饲料在精饲料补充料中的用量一般为0.5%~5%，是饲料工业的半成品，供生产浓缩饲料或精饲料补充料使用，也可直接以商品形式出售，但不能直接饲喂动物。添加剂预混合饲料是以饲料添加剂为基础的，因此具备各种添加剂的特性。此外，由于多种添加剂混合在一起，相互之间存在协同、促进、抑制或颉颃作用，且混合后会发生分离现象。加工设备和加工工艺也会影响其质量。

添加剂预混合饲料一般有单一预混剂和复合预混合饲料两种，前者由一种添加剂与其载体或稀释剂组成，如维生素A预混剂；后者由两种或两种以上添加剂与载体、稀释剂组成，这些添加剂可以是同一类的，如复合微量元素预混合饲料，也可以是不同种类的，如同时含有抗氧化剂、防霉剂等添加剂的复合预混合饲料。

（二）添加剂预混合饲料配方设计原则

1. 以饲养标准为依据，充分考虑生产实际 添加剂预混合饲料配方中添加剂添加量的确定，尤其是营养性添加剂，应当以饲养标准和国家的产品标准为依据。尽管目前设计维生素和微量元素预混合饲料配方的普遍做法是不考虑基础饲料含量而按需要量直接添加甚至超量添加，但这种做法造成的养分供给不均衡、资源浪费和环境污染情况比较严重。因此，有条件的情况下应尽可能考虑基础饲料的营养物质含量，尤其是设计微量元素预混合饲料配方时。此外，在设计添加剂预混合饲料配方时要考虑产品使用的地域性问题。

2. 必须了解预混合饲料原料即添加剂的品质 饲料添加剂品质的好坏，直接影响添加剂预混合饲料的使用效果。品质中最关键的是活性成分的有效性，尤其是维生素原料。此外，添加剂的加工工艺和剂型（如维生素原料的粒度大小、有无包被、是否经过胶囊化处理等）不仅直接影响其本身的有效性和稳定性，也影响与之共存的其他添加剂的稳定性（如微量元素添加剂对维生素稳定性的影响）。

3. 必须了解某些添加剂的使用安全性问题 某些饲料添加剂，如驱虫保健剂、生长促进剂等，都存在安全使用问题，在使用时必须了解其适用范围、安全剂量、有效期限、残留量，了解是否存在"三致"问题，是否在体内蓄积及配伍禁忌等问题。此外，存在安全性的添加剂在使用时必须按使用说明和国家有关规定使用，对禁用的饲料添加剂，绝对不能使用；对允许使用的饲料添加剂，要按规定剂量使用，按期限停用，且不得超过允许限量，不得对产品和人体健康存在危害。

（三）添加剂预混合饲料配方设计方法

现以微量元素预混合饲料配方设计为例说明添加剂预混合饲料配方设计的过程和方法，以NRC（2007）中妊娠前期奶山羊的微量元素需要量作为参考。

设计体重40 kg的产双羔的妊娠前期奶山羊的微量元素预混合饲料，预混合饲料在精饲料补充料中的用量为0.5%。具体步骤如下。

第一步，查饲养标准，确定奶山羊各种微量元素需要量（表7-19）。

表7-19　妊娠前期奶山羊微量元素需要量（mg/d）

元素	铁	铜	锌	锰	碘	硒	钴
需要量	43	19	21	17	0.62	0.20	0.14

第二步，确定补充原料的商品形式及纯度。微量元素的补充原料通常为该元素的无机盐或氧化物，其中最常用的为硫酸盐（表7-20）。

表7-20　微量元素商品原料规格

商品原料名称	分子式	元素含量（%）	商品原料纯度（%）
硫酸亚铁	$FeSO_4 \cdot 7H_2O$	20.1	98.5
硫酸铜	$CuSO_4 \cdot 5H_2O$	25.4	96
硫酸锌	$ZnSO_4 \cdot 7H_2O$	22.7	99
硫酸锰	$MnSO_4 \cdot H_2O$	32.5	98
碘化钾	KI	76.4	98
亚硒酸钠	$NaSeO_3 \cdot 5H_2O$	30.1	95
氯化钴	$CoCl_2 \cdot 6H_2O$	24.8	98

第三步，计算商品原料用量。由已知的商品原料信息和元素需要量，计算商品原料每天的补充量（表7-21）。

表7-21　每天需补充的商品原料用量

商品原料名称	计算公式	商品原料用量（mg/d）
硫酸亚铁	43÷20.1%÷98.5%	217.19
硫酸铜	19÷25.4%÷96%	77.92
硫酸锌	21÷22.7%÷99%	93.45
硫酸锰	17÷32.5%÷98%	53.38
碘化钾	0.62÷76.4%÷98%	0.83
亚硒酸钠	0.20÷30.1%÷95%	0.7
氯化钴	0.14÷24.8%÷98%	0.58
合　计		444.05

第四步，确定预混合饲料在精饲料补充料中的用量，计算载体用量。本例配制的是在精饲料补充料中用量为0.5%的微量元素预混合饲料，若山羊每天补充精饲料1.0 kg，则微量元素预混合饲料的用量为每天5 000 mg（1.0 kg×0.5%×1000×1000），由于各微量元素商品原料的总用量为444.05 mg/d，则载体用量为4 555.95 g/d（5 000 mg/d－444.05 mg/d）。

第五步，计算预混合饲料中各组分的百分含量，列出微量元素预混合饲料配方（表7-22）。

表7-22　妊娠前期奶山羊微量元素预混合饲料配方

商品原料名称	配合比例计算	配比（%）
硫酸亚铁	217.19÷5 000×100%	4.344
硫酸铜	77.92÷5 000×100%	1.558
硫酸锌	93.45÷5 000×100%	1.869

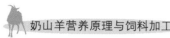

（续）

商品原料名称	配合比例计算	配比（%）
硫酸锰	53.38÷5 000×100%	1.068
碘化钾	0.83÷5 000×100%	0.017
亚硒酸钠	0.7÷5 000×100%	0.014
氯化钴	0.58÷5 000×100%	0.012
载体	4 555.95÷5 000×100%	91.118
合计		100

本 章 小 结

奶山羊的营养需要是指处于一定环境条件下的奶山羊达到一定生产成绩时对营养物质种类和数量的需要。从种类而言，奶山羊正常健康生长和生产需要能量及蛋白质、矿物元素、维生素和水等营养物质；而不同生理阶段和生产水平的奶山羊所需营养物质的数量有所不同。将奶山羊所需的能量及各种营养物质的数量以数据的形式给出，即奶山羊的饲养标准或营养需要量。奶山羊所需的各种养分主要用于维持生命和生产产品，因此总营养需要可分为维持需要和生产需要，而生产需要根据生产目的和形式的不同又可分为生长需要、繁殖需要和泌乳需要等。不同饲养体系或研究机构评估奶山羊营养需要的方法略有不同，结果也有一定差异。本章列出了NRC（2007）小反刍动物营养需要中的奶山羊营养需要量部分，以供相关人员设计奶山羊日粮配方需要。日粮配合主要是根据奶山羊的营养需要或饲养标准合理确定满足其营养需要时各种日粮组分的用量。本章在阐明日粮配方设计的原则和方法的基础上，通过奶山羊精饲料补充料、浓缩饲料、添加剂预混合饲料配方的设计示例阐述了奶山羊日粮的配合技术。

⮕ 参考文献

金公亮，1989. 奶山羊饲养标准 [J]. 畜牧兽医杂志，2：7-12.

宋晓雯，张广凤，王慧敏，等，2016. 育成期崂山奶山羊能量需要量 [J]. 动物营养学报，6：1704-1709.

孙玉贤，方国玺，李凤双，1987. 生长青山羊能量需要的研究 [J]. 山东农业大学学报，1：9-18.

杨在宾，李凤双，杨维仁，1993. 青山羊泌乳期母羊的能量需要量研究 [J]. 畜牧兽医学报，5：391-398.

杨在宾，杨维仁，李凤双，等，1994. 青山羊泌乳期母羊能量及蛋白质饲养标准研究初报 [J]. 中国养羊，4：11-12.

杨在宾，杨维仁，张崇玉，等，1997. 青山羊能量和蛋白质代谢规律研究 [J]. 中国养羊，2：18.

于子洋，袁翠林，宋晓雯，等，2016. 泌乳期崂山奶山羊适宜蛋白质需要量研究 [J]. 黑龙江畜牧兽医，1：111-114.

赵广永，李凤双，方国玺，1994. 妊娠青山羊蛋白质需要的研究 [J]. 中国动物营养学报，2：39-44.

AFRC (Agricultural and Food Research Council), 1998. The nutrition of goat [M]. Wallingford: CAB International.

Cannas A, Pulina G, 2008. Dairy Goats Feeding and Nutrition [M]. Wallingford: CABI International.

INRA (Institut National de la Recherche Agronomique), 2007. Alimentation des bovins, ovins et caprins. Besoins animaux. Valeurs des aliments [M]. Versailles: Editions Quae.

INRA (Institut National de la Recherche Agronomique), 1989. Ruminant nutrition [M]. Paris: INRA.

NRC (National Research Council), 2007. Nutrient Requirements of Small Ruminants: Sheep, Goats, Cervids and New World Camelids [M]. 6th ed. Washington, DC: The National Academies Press.

NRC (National Research Council), 1981. Nutrient Requirements of Goats: Angora, Dairy and Meat Goats in Temperate and Tropical Countries [M]. Washington, DC: National Academies Press.

Nsahlai I V, Goetsch A L, Luo J, et al, 2004a. Metabolizable energy requirements of lactating goats [J]. Small Ruminant Research, 53: 253 - 273.

Nsahlai I V, Goetsch A L, Luo J, et al, 2004b. Metabolizable protein requirements of lactating goats [J]. Small Ruminant Research, 53: 327 - 337.

Sahlu T, Goetsch A L, Luo J, et al, 2004. Nutrient requirements of goats: developed equations, other considerations and future research to improve them [J]. Small Ruminant Research, 53: 191 - 219.

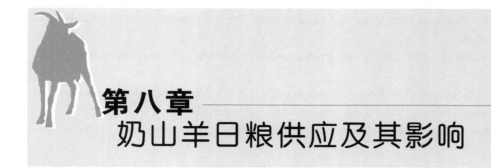

第八章
奶山羊日粮供应及其影响

第一节　日粮供应方式

日粮是奶山羊一昼夜所采食的各种饲料的总量。日粮配合是指根据奶山羊的饲养标准和营养需要，综合考虑各种饲料原料的营养成分和价格等因素，选择多种饲料原料并按照一定比例搭配，以发挥各饲料原料之间的营养互补性，满足奶山羊营养需要的过程。因此，日粮配合实际上就是使饲养标准具体化的过程。

奶山羊饲料要选择新鲜、无异味和发霉变质的原料，而且制作日粮的原料必须达到安全要求，保证无农药残留和有害物质含量不超标等。此外，要正确合理地使用饲料添加剂，添加剂的添加量不能超标，成分要清楚。饲料调配时要根据羊的品种、年龄和生产性能选择合适的饲养标准，满足其营养需要，避免饲料单一造成的发育不良或生长受阻等问题。保持饲料良好的适口性可增加羊的采食量，防止因饲料配制不合理、加工处理不当或被污染等所导致的中毒。

一、不同日粮供应方式

（一）精粗分饲

奶山羊属于反刍动物，日粮中粗饲料品质、精饲料与粗饲料的比例等都会对其生产性能产生较大的影响。根据其生理特点和生产性能，奶山羊需要饲喂较高比例的优质青干草或精饲料。粗饲料品质太差或精饲料供应过多都会对奶山羊健康和生产性能产生不利影响，如粗饲料品质太差会显著降低奶山羊采食量和生产性能，而精饲料供应过多会提高亚急性瘤胃酸中毒的发病风险。

奶山羊饲养要根据其不同生理阶段的特点，选择不同的饲料原料合理搭配，尤其是精粗饲料间的配合比例。粗饲料的供应既为了满足奶山羊的生理需要，平衡瘤胃内环境，同时又是奶山羊的主要能量来源。日粮中添加适量青干草可刺激瘤胃和网胃蠕动和反刍，促进唾液分泌，维持瘤胃 pH 的稳定。为了适应高产的需要，随着奶山羊生产性能的提高，日粮配合组成中需要提高精饲料比例。但是精饲料比例不宜过高，否则有出现瘤胃酸中毒的风险。日粮干物质中必须含有一定量的粗饲料，即使是泌乳盛期，粗饲料在日粮中的比例也不能少于 1/3。

生产中粗饲料常为禾本科和豆科青干草、青贮饲料与农作物秸秆等，豆科青干草和青贮饲料质量较优。但从畜牧业可持续发展来看，秸秆饲料的高效利用将是畜牧业进一步发展的关键之一。秸秆虽然价格低廉并且来源广泛，但并不是奶山羊优质饲料原料。这主要是由于秸秆中缺乏奶山羊生长发育所需要的多种营养成分，其中矿物质尤为缺乏，而且秸秆细胞壁中纤维素和半纤维素等交联的复杂结构使其难于被奶山羊消化。所以，目前在用秸秆饲喂奶山羊之前应采取措施破坏其原有细胞壁交联结构，常见的方法有干燥、青贮、发酵、酶解、碱性过氧化氢处理、臭氧处理、氨化和碱化等。目前生产实践中，全株玉米青贮比较普遍。青贮调制后的饲料营养损失相对较少，成本低，保存期长，采食量和利用率高，而且一年四季均可饲用。此外，给奶山羊饲喂秸秆微贮发酵饲料也可提高饲料转化率和生产性能。

比较先精后粗和先粗后精两种饲喂顺序对营养物质在瘤胃内消化的影响发现，先精后粗的饲喂顺序（即喂精饲料 1.5 h 后再喂粗饲料），可使瘤胃液的 pH 明显下降，从而不利于纤维素在瘤胃内消化；但是，进入小肠的细菌氮量却有所增加。这是由于在这种饲喂顺序下瘤胃细菌所黏附的小的食糜颗粒过瘤胃数量增加，进入小肠内微生物蛋白质也就随之增加的缘故。

饲养实践中，精粗饲料的饲喂顺序多是先粗后精，先草后料，草料相间，尽量少给勤添，即按粗饲料、青饲料、多汁饲料和精饲料的顺序喂，喂后再饮水，最后再往饲槽内添适量干草，任其自由采食。在夏季热应激时，由于粗饲料采食量下降，易出现酸中毒。这就需要提高粗饲料适口性（优质粗饲料），提前预切短，并在最开始和最后补充这种粗饲料，且饲喂间歇保证饲槽中一直有一定的粗饲料，这样可促进粗饲料采食，改善瘤胃健康状况。

实践中若无条件使用 TMR，则可采用精粗分开的饲喂方式，但需要注意以下事项。先粗后精的饲喂顺序，在开始饲喂精饲料前要先喂适量的粗饲料，这样做有助于启动咀嚼和促进唾液分泌，充分利用饲料纤维物质能够促进反刍、咀嚼以及唾液分泌等正面营养作用来达到调控目的；增加精饲料的饲喂次数，一般来说，精饲料饲喂次数越多，对于维持瘤胃 pH 稳定越有好处。如果一次性饲喂大量精饲料就会使瘤胃 pH 快速下降并保持较长时间，在此期间日粮纤维物质的降解率肯定会下降。每日奶山羊精饲料饲喂次数一定要在 2 次以上。

（二）TMR

TMR 是指根据奶山羊不同生长发育和生产性能的营养需要，把铡切适当长度的粗饲料、精饲料和各种添加剂按照一定比例进行充分混合而得到的一种营养均衡的全价日粮。加工 TMR 时采用特制的 TMR 搅拌机对日粮各组成成分进行搅拌切割、揉搓混合，从而保证了奶山羊所采食的每一口饲料都是精粗比例稳定、营养均衡的全价日粮。TMR 技术适应规模化、集约化养殖业发展的需求，能较好地控制日粮营养水平，可提高动物的干物质采食量和饲料转化率，减少饲料浪费，并可使单独饲喂时适口性差的饲料资源得到充分有效的利用。

1. TMR 的应用　TMR 的应用始于 20 世纪 60 年代，首先在英国、美国及以色列等国家应用推广。70 年代初期美国威斯康星大学在分析了阶段饲养法、个别饲养法和引导饲养法的基础上，提出了群饲饲养法。群饲饲养法是在机械化的基础上形成，其与 TMR 技术的结合，使之在推广中取得了较好的效果。目前，畜牧业发达国家如加拿大、美国、以色列、意大利和荷兰等普遍采用 TMR 饲喂奶牛，在以色列和意大利均达到 100％使用，韩国达到 65％使用，效果极好。TMR 在国外虽然已有 50 多年的历史，但是近 10 年才在我国真正得以快速推广。

目前 TMR 已被我国广大地区引入并应用于生产，TMR 的应用推广实现了从人工粗放饲喂到机械化科学饲养的转变，既改善了饲料转化率，又提高了奶山羊生产水平。随着国内奶山羊养殖业规模化、集约化和现代化步伐的加快，TMR 将会更加科学、广泛地应用于我国养殖业中。

2. TMR 饲喂奶山羊的优势　TMR 具有营养全、饲喂方便、节省饲料和劳动力等优点。同时，TMR 中精粗饲料和各种营养成分均衡，改善了精粗分饲时奶山羊可能出现因精饲料摄入过多、粗饲料不足而导致的瘤胃内环境尤其是 pH 不稳定而降低饲料利用率的情况。采食量和饲料利用率对奶山羊生产性能有决定性作用，影响采食量的主要因素包括饲料的适口性和饲料营养成分的平衡性。TMR 饲喂方式比传统饲喂方式更注重采食量、饲料能氮比和饲料养分浓度的关系。应用 TMR 方式饲喂奶山羊，与传统先粗后精的饲喂方式相比，由于采食量的增加和日粮营养的平衡，不仅可以获得较高的产奶量，还可显著提高羊乳乳脂率，改善瘤胃和机体健康。

3. TMR 饲喂的注意事项　奶山羊饲喂 TMR 需要注意以下几方面：

（1）奶山羊合理分群　根据奶山羊的生长发育阶段，可将奶山羊分为羔羊期、青年期、妊娠期和泌乳期。采用 TMR 饲喂方式后，需对羊群进行更细致的划分，其目的是将营养需要相似的奶山羊分到一起，确保 TMR 提供的营养水平都能满足羊群中的不同个体的需要，而不会存在营养过剩或营养不足的现象。在分群时应根据奶山羊产奶量、体况得分并结合牧场实际条件、羊群规模等对牧场内羊进行合理分群，尽量减少群内差异，保证每只羊采食到适宜营养浓度的 TMR，满足其生长发育和生产活动的需要。

（2）科学管理与配制日粮　科学的饲养管理是羊群发挥最佳生产潜力的必备条件。科学配制的 TMR 能否发挥优良的饲喂效果还取决于综合饲养管理水平。依奶山羊不同年龄、胎次、产奶量、泌乳期、乳脂率、乳蛋白率、体重等不同生理阶段能量、粗蛋白质、粗纤维、矿物质和维生素需要量推算出采食量。原料质量是制作优质 TMR 的基础，没有品质优良、供货稳定的原料，无法制作出好的 TMR。饲养人员和营养师要对每批次的原料进行现场检查和感官评估，采集代表性样品进行常规指标检测，评价饲料原料营养价值，以保证 TMR 的精准配制。

（3）TMR 日粮组成稳定　TMR 应混合均匀，采食前后 TMR 组成基本一致，饲料不分层，特别是粗饲料和颗粒料。有发霉的剩料应及时清出饲槽。每次饲喂前应保证有 5％的剩料量，避免剩料过多或缺料。

（三）全混合颗粒饲料

全混合颗粒饲料是根据科学的饲料配方，将各种饲料原料按一定比例混合均匀，并通过一系列物理加工处理方法将饲料制成颗粒状，便于集约化饲喂和山羊采食。饲喂颗粒饲料不仅利于消化，而且可提高动物对饲料中营养物质的利用率。

全混合颗粒饲料因其具有饲料利用率高，容积小，更好地保存营养物质，改善饲料的卫生品质和动物的适口性等优点受到青睐。全混合颗粒饲料在制粒过程中通过机械挤压产生高温，使饲料产生一系列的物理和化学变化，制粒机加工形成的颗粒料初始温度在 70～80 ℃。制粒过程中加热、机械磨碎和挤压一方面改变纤维的结构和利用效率；另一方面颗粒饲料制作过程中的高温可糊化淀粉和使蛋白质变性，钝化胰蛋白酶抑制因子，杀灭有害微生物，但同时也会造成部分维生素的损失。与全混合粉料相比，制粒过程中水分蒸发会使颗粒饲料含水量降低 1％～3％，有利于颗粒饲料的储存和运输。此外，在奶山羊采食过程中，粉料易产生粉尘被羊吸入引起咳嗽，而颗粒饲料无此现象。

二、不同生理阶段日粮供应

羔羊、青年羊、泌乳羊、干奶羊、种公羊等在不同生长和生理阶段，有不同的饲养要点和营养需求。根据奶山羊生长情况和季节，及时调整饲料类型和喂量，为奶山羊的生长发育提供所需养分，是奶山羊高效饲养的关键。

（一）羔羊的饲喂

羔羊的培育至关重要，羔羊时期和青年时期是组织器官充分发育的时期，这一时期的培育水平，决定着奶山羊的体尺和体重指标，如体高、体宽、体长和胸宽深等。如果营养不足，奶山羊的生长发育就会受到严重影响，造成奶山羊腿高、腿细、胸窄、胸浅、后躯短，难以达到奶山羊乳用体型的要求，也难以保证奶山羊胃、心、肺、乳房等主要器官的发育和机能完善，必将会影响奶山羊终生的泌乳性能。羔羊培育时，要加强饲养管理，在保证优质青干草供给的基础上，适当补充精饲料，可使羔羊胸部宽广、心肺发达、体质强健，并形成发育良好的消化器官，以塑造奶山羊的乳用体型并增强奶山羊体质，从而保证将来的生产性能。

1. 饲养方法 山羊胃的大小与机能随着年龄的增长而发生变化，羔羊初生时瘤网胃容积很小（只有真胃容积的 30％～50％），机能也很不完善，瘤胃微生物区系尚未建立，不能消化粗纤维，只能靠母乳提供营养。靠着食管沟的闭合作用，乳汁直接进入真胃和后部消化道。出生后随日龄的增加和植物性饲料的采食，消化系统尤其是前胃不断发育完善。

母羊产羔后 1～5 d 分泌的乳称初乳。初乳养分含量高，是羔羊出生后不可替代的营养丰富的天然食品，对羔羊的生长发育和提高羔羊抵抗力有着极其重要的作用。羔羊出生后 1 h 内必须喂上第一次初乳。新生羔羊胃肠空虚，胃壁和肠壁上无黏液，对细菌的抵抗力很弱。母羊产后 1 h 内初乳的抗病作用高于 1 h 后所产的初乳，因此尽早给羔羊喂初乳能增强羔羊对外界环境的抵抗力。初乳呈黄色、浓稠，含有溶菌酶和抗体，酸度较高，对胃肠道有保护作用，刺激胃肠分泌消化酶，有利于营养物质的吸收。另外，初乳中大量的镁盐具有轻泻作用，可促使羔羊体内胎粪提早排出。由于初乳的重要作用，因此新生羔羊必须吃足初乳，至少是羔羊体重的 20％，才能降低发病率，提高成活率，保证良好的生长发育。羔羊的初乳期一般为 5 d，不能间断，可以随母羊哺乳或用保姆羊哺乳，自由吸吮或一日 4～6 次。

从羔羊出生后 10 日龄开始训练采食优质青干草。经过初乳期的羔羊即转入常乳哺乳阶段，用自然哺乳或人工哺乳的方法饲养，可以锻炼羔羊早吃草，促使瘤胃提早发育。

羔羊 30 日龄后逐渐由喂乳向吃草过渡。羔羊 3～4 周龄后，瘤胃迅速发育，出现反刍活动；6 周龄时，瘤网胃已得到充分发育，其重量占全胃的比例已达到成年程度，能采食和消化大量植物性饲料。为了使羔羊生长发育快，骨架大，胃肠发达，羔羊培育期间除喂足初乳、常乳外，还应尽快教羔羊吃草吃料。30 日龄的羔羊可采食少量的优质精饲料。将精饲料放在饲槽内，让羔羊边闻边吃，饲养人员也可适当引导。精饲料的喂量随羔羊日龄的增加而增加。40 日龄时每日可补饲 80 g，90 日龄时可补饲 150～200 g，优质青干草可任其自由采食。羔羊达到 40 日龄后，应逐渐减少鲜奶喂量，60 日龄的日喂奶量减至 0.75～0.5 kg，90 日龄减至 0.5～0.25 kg。

羔羊出生后 90～120 d，应以草料为主，减少鲜奶喂量或断奶。优质干草和青绿饲料及品质好的混合精饲料作为 90 日龄以上羔羊日粮的主要成分，这个时期是羔羊培育中的重要转折时期，补饲青干草能促使羔羊提早反刍，尽早锻炼瘤胃机能，促进胃肠道充分发育。青粗饲料还能刺激羔羊唾液腺、胃腺、胰腺增加分泌，提高消化能力。用优质干草培育的羔羊胃肠发达，消化机能强，骨架大，体质好。目前农区饲养奶山羊容易出现两种问题：一种是吃奶少，断奶过早，不补饲，致使羔羊营养不良；另一种是吃奶时间过长，达 2 个月，不会吃草吃料。这样会影响羔羊胃肠道的发育，培育的羔羊体躯短，肌肉厚，采食量少。上述两种情况都应在生产中纠正。

羔羊哺乳期间一定要供给充足的水。哺乳期乳中的水分不能满足羔羊正常代谢的需要，可往羊乳中加入 1/4～1/3 的温水，同时在圈内设置水槽，任其自由饮用净水。

2. 饲料方案　培育期间日粮由全奶、混合精饲料和粗饲料（青干草和青贮饲料）组成。混合精饲料中含有玉米 50%、小麦麸 20%、菜籽饼 5%、大豆饼 15%、骨粉 2%、食盐 1%、鱼粉 4%、白糖 2.5% 和生长素 0.5%。

（二）青年羊的饲喂

断奶到配种阶段的奶山羊为青年羊。青年羊正值快速生长发育阶段，应保证足够的营养供应及充足的运动，这样不仅可以塑造奶山羊良好的体质、体型，而且直接影响到胃、心、肺、乳房等主要器官的发育，最终影响奶山羊的生产性能。

1. 饲养方法

（1）适当的精饲料营养水平　青年羊阶段仍需注意精饲料的喂量。有优良豆科干草时，日粮中精饲料的粗蛋白质含量可提高到 15% 或 16%。混合精饲料中的能量水平为日粮能量的 70% 左右为宜。每日喂混合精饲料以 0.4 kg 为好，同时还需要注意矿物质如钙、磷和食盐的补给。此外，青年公羊由于生长发育比青年母羊快，所以精饲料需要量多于青年母羊。

（2）合理的饲喂方法和饲养方式　饲料类型对青年羊的体型和生长发育影响很大。优良的干草、充足的运动是培育青年羊的关键。给青年羊饲喂大量的优质干草，不仅有利于促进消化器官的充分发育，而且用它所培育的羊体格高大，乳用型明显，产奶多。

充分运动可使其体壮胸宽，心肺发达，食欲旺盛，采食多。具有发达消化器官和心肺的青年母羊才有可能成为高产羊。

半放牧半舍饲是培育青年羊最好的方式。对青年羊进行放牧饲养，可吸收新鲜空气，接受充足的阳光照射并得到充分运动。只要有优质饲料，可以少给或不给精饲料。精饲料过多而运动不足，容易造成肥胖，早熟早衰，利用年限短，产奶量不高。

2. 饲料方案

（1）以品质较差干草为主的日粮　从断奶至断奶后 3 个月内，可让羊自由采食品质差的干草和精饲料。精饲料的最大食入量不要超过 0.5 kg。4～5 月龄的羔羊除自由采食干草外，还要补加 0.4 kg 精饲料。6～7 月龄的青年羊，让其自由采食干草，只补加 0.3 kg 精饲料。

（2）以优质饲草为主的日粮　从断奶至断奶后 3 个月内，自由采食优质干草和精饲料，但最大量不超过 0.4 kg。4～5 月龄自由采食干草或青草，自由采食 0.3 kg 左右的精饲料。6～7 月龄自由采食干草或青绿饲料，自由采食 0.1 kg 精饲料。

（三）泌乳羊的饲喂

泌乳羊的饲养应按照泌乳规律进行阶段饲养。奶山羊的泌乳期分为泌乳初期、泌乳盛期、泌乳中期和泌乳末期四个阶段。不同阶段的饲养方法有所不同。

（1）泌乳初期　母羊产羔后不久，体质虚弱，腹部空虚，生殖器官尚未恢复，常感到饥饿，食欲逐渐旺盛，但消化能力较弱，体质尚未完全恢复，应以体质和消化机能的恢复为主。在此期间，如果日粮中养分供给不能满足产奶需要，不会影响产奶量的上升，因为奶山羊动用了干奶期内储存于体内的养分。为使母羊身体尽快恢复，应以优质青绿干草饲喂为主，1 周后根据奶山羊的体况肥瘦、乳房的膨胀程度、食欲表现、粪便形状等情况，逐渐增加精饲料和多汁饲料，2 周后按泌乳羊的饲养标准饲喂。精饲料的增加应视母羊的体况、食欲、乳房的膨胀程度、产奶量的高低逐渐增加，防止饲喂过量的精饲料引起胃肠功能的紊乱；禁止喂给大量难以消化的精饲料，否则会引起肠胃消化紊乱，造成食滞或慢性肠胃疾患。轻者影响本胎次的产奶量，严重者影响终生的产奶量。

（2）泌乳盛期　此期奶山羊体内储存的各种养分不断支出，体重也不断减轻。应尽量利用优质的饲料，除了需要喂给相当于体重 2% 的优质干草外，还要多配合饲喂青草、青贮饲料和部分块根、块茎类饲料，但需要注意防止腹泻。能量或可消化蛋白质不足部分，再用精饲料补充，并注意日粮的体积、适口性、消化性，进行适当运动，增加其采食次数。在泌乳高峰期，任何减少营养的做法都会降低整个泌乳期的产奶量。这一阶段的饲养与其生产潜力密切相关，对高产者，养得好，此期尚可延长。为获得较高的产奶量，应注意饲草和精饲料的比例，应以干物质为基础用百分数表示。实际所需要的是干物质中合理的能量浓度，饲料质量亦常影响饲草和精饲料比例，如一般饲草和精饲料比例为 1∶1。饲草应是高质量的，如优质的青贮和干草。日粮中应有适量的纤维素（15%～17%）。精饲料过多，将会发生瘤胃酸中毒和乳脂率下降。每天均衡地饲喂干草，可使其瘤胃的 pH 更为稳定，从而减少消化道的疾病。

（3）泌乳中期　奶山羊产奶量逐渐下降，但下降速度较慢，每日递减 5%～7%。此阶段在饲养上不要随意改变日粮组成及饲养管理，以免产奶量急剧下降。这一阶段是

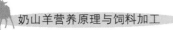

开始恢复泌乳高峰期用于产奶而失去的体重，可根据泌乳母羊的产奶量、体况、胎次适当降低精饲料的供给，精饲料和饲草的比例以 35∶65 为好。玉米青贮可作为恢复体况的主要饲草来源。对于低产母羊，此期精饲料不宜多给，否则会造成肥胖，影响配种。

（4）泌乳末期　母羊恢复在泌乳高峰期中失去的体重，产奶量显著下降。精饲料的减少要在产奶量下降之后，不宜过快减少，这样可减缓奶量下降的速度，但也要防止已经复膘的奶山羊在干奶期变得过肥。日粮以粗饲料为主，逐渐减少青绿多汁饲料和精饲料的饲喂，饲草和精饲料按 65∶35 的比例，饲草中应以豆科牧草为主（50%），搭配青草或青贮饲料。

（四）干奶羊的饲喂

干奶期是奶山羊维持饲养期，饲草和精饲料比以 85∶15 为宜，其中 15% 的精饲料包括母羊在分娩前 2 周食入的部分。体况好的奶山羊，在干奶期开始的 5～6 周，给予一般质量的青干草和少量的精饲料，可保持体膘，不宜采食钙含量过高的苜蓿干草，以免诱发产褥热。钙的摄入量应限制在正常喂量水平或更低一些，这样有利于改善奶山羊产羔后对钙的吸收能力下降的状况。如以青贮玉米作为干奶期的基础日粮，则每 50 kg 体重给以 3 kg 青贮玉米。若采食过多，会造成母羊过肥。

干奶期过度饲喂往往比饲喂不足更为普遍，因在许多情况下干奶羊和泌乳羊混群饲养。过肥的奶山羊，容易发生产羔困难、代谢失调，并易患传染病。母羊体脂过多，将造成产羔后采食量减少，出现严重的营养短缺，这不仅会降低产奶量，还会引起代谢疾病。

（五）种公羊的饲喂

种公羊的饲养管理根据其生理特点，可分为配种期和非配种期两个阶段。

（1）配种期饲养　配种期公羊精神兴奋，生产大量精子，精子中蛋白质含量丰富，这就需要从饲料中补充大量的蛋白质，同时注意能量、矿物质和维生素的供给。由于精子的生成过程较为缓慢，营养物质宜较长时间均衡供给。这个时期的饲养应特别精心，少给勤添，注意饲料的质量和适口性，必要时补充一些富含蛋白质的动物饲料，如鱼粉、鸡蛋、羊乳等，以补偿配种期营养的大量消耗。

（2）非配种期饲养　非配种期的饲养是配种期的基础，种公羊主要饲喂优质豆科和禾本科干草以及青草，每天每只羊干草喂量不超过 3 kg，以免腹围过大，影响配种。在非配种期，有条件的地方要进行放牧，适当补饲豆类精饲料。配种期以前的体重应比配种旺季增加 10%～20%，否则难以完成配种任务。因此，在配种季节来临前 2 个月就应加强饲养，并逐渐过渡到高能量、高蛋白质的饲养水平。

第二节　日粮对奶山羊体况和泌乳性能的影响

奶山羊具有采食量较高，消化器官庞大，瘤胃内容物更新速度快，稀释程度高，降解粗饲料能力较强等生理特点。营养平衡的日粮可为奶山羊提供充足的营养物质，可保障奶山羊良好的体况，并最大限度地发挥奶山羊的繁殖潜力和生产性能。

一、日粮对奶山羊体况的影响

奶山羊尤其是母羊的体况取决于饲养水平，营养是限制和控制繁殖力的主要因素，母羊配种前、妊娠及泌乳体况的变化，直接影响到母羊的生产力。配种时的体况影响母羊的排卵率，妊娠期的体况影响母羊的受胎率及胚胎成活率，泌乳时的体况影响母羊的产奶性能进而影响到羔羊的生长性能及成活率，因此母羊的营养对生产性能影响极其重要。

（一）奶山羊体况评分体系

体况评分是奶山羊生产中一项简便有效的饲养管理技术，能够帮助羊场技术员和饲养员及时掌握奶山羊的健康和营养状况，根据羊所处的生理状态调整优化饲养管理方案，以达到提高生产效率和经济效益的目的。

体况评分是指通过动物躯体特定部位的骨骼可见度、肌肉丰满度和脂肪覆盖度，评价其饲养效果和健康状况的技术方法。奶绵羊与山羊的体况评分体系是近年来世界上一些养羊业比较发达国家开始推行的一套对羊体营养状况或体脂肪沉积的评价方法，可应用于生产管理和科研结果的描述，用来评价羊的日粮利用效率、饲养管理是否存在问题、体重估测及体脂肪沉积量等，及时发现问题并纠正。

1. 体况评分体系的优势　当前，评价山羊生长状况的主要手段是称重和目测。通过定期称重能够精确地计算其生长速度和饲料利用效率等，但该方法费时费力且影响羊生长，采食后或妊娠时应用该方法也不准确。目测则可能受羊的被毛长度等的影响，也存在误差。体况评分不需任何特殊的工具和设备就可快速得出结果，方法简便易行、易学、易于推广普及。与个体活重（体重）评价方法相比，个体体况评分虽然也会随着饲料品质和供给量的变化而波动，但能更为直观地反映机体的营养储备情况。因为体重更容易受到个体的骨架大小、肠内容物多少以及妊娠和分娩状态等因素的影响。此外，规模化羊场可通过对不同阶段的羊体况进行量化和数据评价，以确定不同时期的适宜体况，为今后羊群整体的生长、生产和繁育等打下基础，从而确定相应的营养和管理策略。

2. 体况评分体系的评分标准　体况评分是通过触摸脊柱（主要是椎骨棘突和腰椎横突）以及在眼肌上的脂肪覆盖程度、脂肪组织的发育程度而进行的直观评分（一般采用 5 分制标准）的方法，棘突和横突是体况评分的主要依据，具体检测标准见表 8-1。

表 8-1　体况评分 5 分制标准

分　数	体况描述	常用描述
1	羊瘦弱，脊骨突出明显，用手触压肋骨、脊骨和腰椎周围时感觉不到脂肪的沉积，感觉被皮特别薄，皮下覆盖薄薄的肌肉	特别消瘦
2	相对较瘦，脊骨突出，用手触压肋骨、脊骨和腰椎周围时感觉到薄薄的脂肪沉积，皮下的肌肉厚大于体况评分 1 分的羊	较瘦

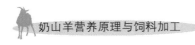

奶山羊营养原理与饲料加工

（续）

分　数	体况描述	常用描述
3	脊骨不突出，用手轻压肋骨、脊骨和腰椎周围就能感到脂肪，沉积皮下的肌肉中等厚有弹性	正常
4	看不到脊骨，脊椎区显得浑圆、平滑，用手轻压肋骨、脊骨和腰椎周围就能感到脂肪沉积，皮下的肌肉层丰满，用力压才能区分单独的肋骨	肥胖
5	肋骨、脊骨和腰椎的骨骼结构不明显，皮下脂肪堆积非常多	过肥

资料来源：孙亮等（2009）。

体况评分具体操作如下：①用手指压腰椎评定棘突的突出程度；②通过挤压腰椎两侧评定横突的突出程度；③将手伸到最后几个腰椎下触摸横突下面的肌肉和脂肪组织；④评定棘突与横突间眼肌的丰满度；⑤给每只羊评分并做记录，用于进行个体之间或同一个体不同时间体况评分的比较。

奶山羊体况评分的分值为1～5，等级增幅为0.5。分值为1时，说明羊极端消瘦，没有任何脂肪储备；而分值为5时，则说明其过于肥胖。在大多数情况下，健康羊的体况得分应为2.5～3.5。在正常管理条件下，几乎没有观察到4.5分或5分的羊。体况评分的分值将随着动物生理状态的不同而变化。在任何情况下，母羊的体况评分决不能低于2分或超过4分，前者表明生产管理不善或者动物健康状况欠佳，后者母羊常常难以配种繁殖或者即便配种繁殖也常出现许多困难。为达到最佳饲养效果，最为实际的应用措施是改善饲料品质和调整补饲数量。在公羊和母羊配种前期，体况评分一般应为3分，但2.5～3.5分均可认为是合适的。妊娠母羊应得到密切关注，以确保其整个妊娠期间都接近于3分。母羊的干奶期一般正处于妊娠后期，随着产奶量的停止，母羊体重呈明显上升趋势，机体储备增加，体况评分应接近于3.5分。在羔羊出生和泌乳初期（即产后第1～45天），母羊通常处于营养负平衡状态，体况评分降到2～2.5分是正常的，但应确保分值不要下降得太快。泌乳中后期，产奶母羊要保持较长的泌乳期和较高的产奶量，营养需求量较高，需要供给充足而优质的饲料，使体况评分保持在2.5～3。在实际生产中，理想的母羊体况评分应为2.5～4分，饲养者要经常对处在同一泌乳阶段的羊群进行观测，看看它们的平均体况是否符合标准。

体况评定是一项迅速提高羊群产量、改善羊群健康的行之有效而又简单易行的方法，值得大力推广应用。在养羊生产中合理应用体况评分能提高羊群整体的营养状况和健康水平，提高饲养管理水平，其为标准化、现代化的养羊生产提供了一个可以量化的指标。

（二）日粮组成对泌乳母羊体况的影响

在泌乳初期，少量饲喂淀粉含量高的薯类饲料，如甘薯、马铃薯等饲料，可有效恢复母羊体力，改善体况消瘦、消化力弱、食欲不振、乳房膨胀不够的现象，有利于增加产奶量。在泌乳盛期，除饲喂相当于体重1%的优质干草外，尽量多饲喂青草、青贮饲料和部分块根、块茎类饲料，每天每只羊增加精饲料50～80 g可减缓体重下降，满足产奶的营养需要。补充的饲草料应适宜，如果盲目地增加营养，不仅会造成母羊消化障碍、产奶量降低，而且损伤母羊机体，缩短利用年限。在泌乳盛期如果使用品质低劣的青粗饲料或精饲料比重大的日粮，由于日粮中蛋白质的生物学价值较低，泌乳所需要的各种营养物质难以平衡，易使母羊肥胖，降低其泌乳能力。在泌乳中期多供给营养价值高、适口性好的多汁饲料，可延长母羊产奶时间。提前减少低产母羊的精饲料饲喂量，可防止精饲料过多造成的母羊肥胖。在泌乳后期减少精饲料喂量，多饲喂优质粗饲料就可满足母羊正常的营养需要。

二、日粮对产奶量的影响

产奶量是衡量奶山羊泌乳性能最重要的指标，也是养殖户获取经济效益的可靠保障。产奶量受到品种、产奶天数、个体、营养水平、同窝产羔数等因素的共同影响，即遗传因素和饲养管理条件。奶山羊产奶量的遗传力为 0.3～0.35，因此其产奶量的高低主要受到饲养管理等外界因素的影响，而日粮营养水平就是最主要因素。

产奶量与食入的能量有着极显著的相关关系。当日粮能量达到每只 13.07 MJ/d 时，母羊产奶量可以维持在一个较高的水平。泌乳期营养水平与产奶量的关系极为密切，母羊产前体重一般比泌乳高峰期高 18%～27%，产奶量和体重、干物质采食量呈正相关。在泌乳初期随着日粮中精饲料的增加，奶山羊产奶量也逐渐增加。到达泌乳盛期后，在原来饲喂精饲料的基础上增加 50～80 g 的精饲料，可使产奶量继续增加，同时可提早产奶高峰期。在泌乳中期产奶量呈缓慢下降趋势，但是适当的精饲料、青绿多汁的粗饲料和清洁的饮水可以减缓下降趋势。泌乳后期适量的粗蛋白质和消化能就能满足奶山羊的泌乳及生长需要。较高的精饲料营养水平及多元化的原料种类更有利于奶山羊泌乳量的增加，同时微量元素可以较好地调节机体机能状态，如硒可通过生物抗氧化作用而对乳房起到保健作用。

（一）日粮能量水平对产奶量的影响

能量是动物所需要的重要营养素之一，也是奶山羊生命和生产活动的基础，能量水平是影响奶山羊生产力的重要因素。不同品种、年龄、性别、体重、生理时期、生产水平的奶山羊，其能量需要量不同。各方面都相似的山羊群采食不同能量水平的日粮，其生产性能也会出现不同。

能量水平与产奶量的关系极为密切。产奶量与食入的消化能呈正相关。在奶山羊的泌乳期，如果日粮的能量供给不足，首先影响产奶量，而且缩短泌乳期，其他养分的利用率也会降低，从而会影响奶山羊的生长发育和终生泌乳性能，进而影响羔羊生长发育。所以，为了获得最大的经济效益，满足奶山羊对能量的需要极为重要。合理的能量水平对保证羊体的健康、提高生产力、降低饲料消耗具有重要的作用。在以精饲料为主的情况下，羊对能量的利用率低于单胃动物，而奶山羊能量的 70% 以上是由挥发性脂肪酸所提供，由于各种脂肪酸的能值不同，因此调控瘤胃发酵模式可提升奶山羊对能量的利用率。

（二）日粮蛋白质水平对产奶量的影响

蛋白质具有重要的营养作用，是形成组织、器官、产品的基础物质，如果缺乏，奶

山羊的生长和生产性能就会受到明显影响，导致泌乳母羊产奶量下降，进而造成胎儿发育不良、幼羊生长受阻，成年羊机体消瘦等问题。因此，适宜的日粮蛋白质水平可保障产奶潜能的发挥和生产性能的提高。此外，日粮中合理的能量和蛋白质比例也会影响奶山羊泌乳性能，二者间比例不当，不仅影响泌乳性能，造成饲料浪费，而且长期饲喂可能影响奶山羊健康。

三、日粮对乳成分的影响

羊乳中的主要成分是由乳腺腺泡和细小乳导管的分泌型上皮细胞利用简单的前体分子合成的，这些前体物质包括葡萄糖、氨基酸、乙酸、羟丁酸和脂肪酸等，它们直接或间接来自血液。其中乳脂肪、乳蛋白的含量是评价羊乳品质的主要指标。

山羊乳的营养价值较高、营养成分较为完全。山羊乳的化学成分与牛乳基本一致，包括脂肪、蛋白质、糖类、矿物质和维生素等，但某些物质的消化生理和理化特性要优于牛乳，表现出较高的营养价值。日粮为奶山羊分泌乳汁提供相应所需的营养物质，山羊乳中营养物质较为丰富，尤其对蛋白质、能量等营养素的需求较高，所以在泌乳期TMR 和全混合颗粒饲料是奶山羊最好的饲料。不同能量和蛋白质水平日粮对山羊乳的乳脂率、乳蛋白率、乳糖、干物质、非脂乳固体、体细胞等成分都会造成影响。同时，遗传因素和环境因素都会影响奶山羊乳成分。

（一）日粮中蛋白质对乳成分的影响

满足奶山羊对各种营养物质的需求是保证其高产的物质基础。日粮中缺乏蛋白质，不仅影响羊的健康、生长和繁殖，降低其生产能力及产品品质，还会降低免疫能力和乳蛋白含量。奶山羊日粮中蛋白质含量以 14%～18% 为宜，妊娠后期日粮蛋白质含量以16%～20% 为宜。如同供应能量需要一样，妊娠羊除需供给机体维持需要的蛋白质以外，还需额外的蛋白质来满足胎儿的生长发育。蛋白质是由氨基酸组成，食入的氨基酸绝大部分可被乳腺利用，合成蛋白质，如果血中氨基酸含量降低，机体就不得不动用体内储存的蛋白质分解成氨基酸维持泌乳。蛋白质的数量和质量对饲料中营养物质的消化、吸收和利用均有重要的影响，对一些高产反刍家畜如高产奶山羊，微生物蛋白质不能满足其对蛋白质的需要，特别是对必需氨基酸的需要，必须在饲料中提高蛋白质的含量。

氨基酸是乳蛋白合成的主要原料。日粮中的蛋白质在瘤胃中降解并合成微生物蛋白质，然后进入小肠被消化形成氨基酸被吸收入血，转运至乳腺中合成乳蛋白。日粮中适宜的蛋白质水平、改善氨基酸平衡和增加优质蛋白质的过瘤胃率时，可增加乳蛋白率。

（二）日粮中能量对乳成分的影响

日粮能量水平是影响乳蛋白合成的主要因素之一。日粮能量和碳水化合物对乳蛋白的影响主要取决于瘤胃内发酵生成的乙酸和丙酸的比例，这种比例由日粮能量和碳水化合物水平及瘤胃发酵类型决定。能量不足一方面会降低瘤胃微生物蛋白质合成量，减少进入小肠内的瘤胃微生物蛋白质，使乳腺中乳蛋白的合成减弱；另一方面会导致合成乳蛋白的氨基酸被当作能量利用，使乳蛋白浓度下降。相反，增加日粮中的能量和碳水化合物，机体用于供能的氨基酸减少，微生物蛋白质合成增多，使瘤胃中丙酸比例提高，刺激胰岛素的分泌，增加乳腺对氨基酸的吸收能力，从而提高乳蛋白率。

（三）日粮中碳水化合物对乳成分的影响

碳水化合物能为奶山羊瘤胃和组织代谢提供能量，能为乳中蛋白质的合成提供碳骨架。不同类型的碳水化合物会对乳蛋白的产量和含量产生不同的影响。淀粉型精饲料比纤维型精饲料在提高乳蛋白的产量和含量方面效果好。譬如，纯化玉米淀粉可提升泌乳初期的奶山羊的产奶量和乳蛋白产量，葡萄糖可促进乳蛋白合成。

（四）日粮中脂肪对乳成分的影响

乳脂肪是乳的主要成分，也是衡量奶山羊乳品质优劣的重要指标之一。它与动植物脂肪相比，含有丰富的低级挥发性脂肪酸，更易被消化吸收，具有丰富的营养价值。乳脂肪的合成受到多方面的影响。脂肪是一种能量较高的物质，日粮中添加脂肪会导致乳脂率上升，乳蛋白率下降。精饲料中添加适量的过瘤胃脂肪，可增加产奶量，并促使乳脂含量上升，乳蛋白的含量下降。但是直接添加脂肪会影响瘤胃发酵性能，未经处理的脂肪会对瘤胃微生物造成影响，降低瘤胃微生物的消化能力。日粮中添加脂肪导致乳蛋白率下降的解释很多：一种观点认为这与葡萄糖代谢有关，即添加脂肪后日粮中谷物比例降低，减少了葡萄糖前体物丙酸的生成量，增加了氨基酸的葡萄糖异生作用，从而降低乳蛋白合成量；另一种观点则认为日粮中添加脂肪可能会降低日粮碳水化合物浓度，使微生物蛋白质的合成量减少。因此直接补饲未经处理的脂肪不利于乳脂肪生成。

过瘤胃脂肪可减轻脂肪酸对瘤胃微生物的影响，添加效果比直接添加未经处理的脂肪更好，在生产中应用也更广泛。如在日粮中添加保护性向日葵油，可提高乳中乳脂的含量。向奶山羊瘤胃灌注植物油，乳脂中不饱和脂肪酸比例显著提高，饱和脂肪酸比例降低，改善了乳脂中各种脂肪酸的比例，提高了乳品质。所以，对奶山羊所采食的脂肪或脂肪酸加以保护，在维持和提高乳脂率方面具有较好的效果。

四、日粮对乳味道的影响

山羊乳适口性较牛乳差，主要是由于羊乳中有一定膻味。羊乳的膻味主要是羊本身代谢产物产生的味道，特别是山羊乳的吸附性很强，这就可能造成羊乳在刚挤出的时候大量吸收外界的气味，影响羊乳的适口性。

日粮是影响鲜乳气味的一个重要因素。山羊在进食时，产生气味的物质可以直接从山羊吸入的空气进入血液，再从血液传递到乳中，最后通过饲草和循环系统直接从消化道吸收或通过瘤胃气体传递到血液和乳中。饲喂青贮饲料的山羊比饲喂干草的山羊羊乳膻味小，放牧饲喂比舍饲饲养的羊乳膻味小；饲喂无味、纯净、游离蛋白组成的日粮时，可降低吲哚、甲基吲哚引起的气味。当奶山羊日粮中含有抗瘤胃氢化作用的油脂时，其乳脂中甲基酮类（C7～C15）物质含量为 10 mg/L；饲喂切碎的干苜蓿时，乳脂中甲基酮类含量可达 35 mg/L，并且二甲硫成分明显增加。同时饲喂切碎的苜蓿干草和粉碎的燕麦，瘤胃中 2-羧基硬脂酸含量较高。

本 章 小 结

日粮是奶山羊一昼夜所采食的各种饲料的总量。日粮配合是指根据奶山羊的饲养标准和营养需要，综合考虑各种饲料原料的营养成分和价格等因素，选择多种饲料原料并按照一定比例搭配，以发挥各饲料原料之间的营养互补性，满足奶山羊营养需要的过程。不同的日粮供应方式对奶山羊生长发育、生产性能、繁殖性能等都会造成影响。与精粗分饲相比，TMR 和全混合颗粒饲料可以保证奶山羊日粮的营养组成和合理搭配，促进奶山羊机体健康和乳的高效生成。奶山羊不同生理阶段（羔羊期、青年期、妊娠期、泌乳期、干奶期等）有不同的饲养要点和营养需求，因此科学分群和精准饲养是保证奶山羊高效饲养的关键。饲料营养成分（水分、粗蛋白质、粗脂肪、粗纤维、粗灰分等）的准确测定是日粮营养均衡和合理搭配的保证，而体况评分则是有效评价日粮供应与奶山羊机体健康的手段。随着技术发展和奶山羊日粮的深入研究，通过改变日粮供给满足不同阶段奶山羊的营养需求可以调控奶山羊体况、生产性能及乳品质等，使奶山羊的经济效益得到大幅度提高。

➡ 参考文献

陈杰，2005. 家畜生理学 [M]. 4 版. 北京：中国农业出版社.

李歆，罗军，朱江江，2012a. 不同能量水平日粮对西农萨能奶山羊产奶量及乳成分的影响 [J]. 家畜生态学报，33（4）：38-42.

李歆，罗军，朱江江，2013b. 不同能量和蛋白水平日粮对西农萨能奶山羊泌乳性能的影响 [J]. 家畜生态学报，34（3）：30-35.

欧阳五庆，王秋芳，席文平，等，1995. "369" 牛羊高效增乳剂对奶山羊泌乳性能的影响 [J]. 西北农业大学学报，23（5）：70-73.

孙亮，吴建平，杨联，等，2009. 母羊的体况评分方法及其在生产中的应用 [J]. 湖南农业科学，7：148-149.

汤继顺，惠文巧，朱德建，等，2016. 补饲水平对安徽白山羊母羊体况和繁殖性能的影响研究 [J]. 现代畜牧兽医，10：28-32.

王俊锋，王中华，梁国义，等，2006. 影响奶牛乳蛋白质含量的因素及营养调控技术研究 [J]. 饲料工业，27（15）：47-52.

张慧林，罗军，刘小林，等，2009. 西农萨能奶山羊泌乳均衡性与产奶量的相关分析 [J]. 西北农林科技大学学报（自然科学版），37（9）：39-44.

Cervantes A，Smith T R，Young J W，1996. Effects of nicotinamide on milk composition and production in diary cows fed supplemental fat1 [J]. Journal of Dairy Science，79（1）：105-113.

Couvreur S，Hurtaud C，Lopez C，et al，2006. The linear relationship between the proportion of fresh grass in the cow diet, milk fatty acid composition, and butter properties [J]. Journal of Dairy Science，89（6）：1956-1969.

Drackley J K，LaCount D W，Elliott J P，et al，1998. Supplemental fat and nicotinic acid for Holstein cows during an entire lactation1 [J]. Journal of Dairy Science，81（1）：201-214.

Elek P，Newbold J R，Gaal T，et al，2008. Effects of rumen-protected choline supplementation on milk production and choline supply of periparturient dairy cows [J]. Animal，2（11）：1595-1601.

Gozho G N，Krause D O，Plaizier J C，2006. Rumen lipopolysaccharide and inflammation during grain adaptation and subacute ruminal acidosis in steers [J]. Journal of Dairy Science，89（11）：4404-4413.

Misciattelli L，Kristensen V F，Vestergaard M，et al，2003. Milk production, nutrient utilization, and endocrine responses to increased postruminal lysine and methionine supply in dairy cows [J]. Journal of Dairy Science，86（1）：275-286.

National Research Council，2001. Nutrient requirements of dairy cattle [M]. 7th ed. Washing ton DC：National Academic Press.

Relling A E，Reynolds C K，2007. Feeding rumen-inert fats differing in their degree of saturation decreases intake and increases plasma concentrations of gut peptides in lactating dairy cows [J]. Journal of Dairy Science，90（3）：1506-1515.

Reynolds C K，Cammell S B，Humphries D J，et al，2001. Effects of postrumen starch infusion on milk production and energy metabolism in dairy cows [J]. Journal of Dairy Science，84（10）：2250-2259.

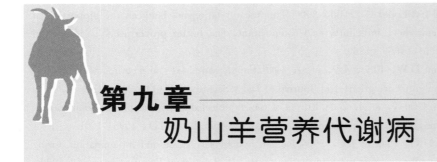

第九章
奶山羊营养代谢病

正常情况下，尽管动物体内各种营养物质的代谢非常复杂，但却有条不紊、协调地进行着。一旦机体营养物质的供给及代谢过程的某些方面或环节发生紊乱，便可导致疾病发生。营养代谢病就是由于日粮中某种（某些种）营养物质缺乏（不足）或过量，引起机体代谢过程中某一环节障碍，导致内环境紊乱而引发的疾病，是营养紊乱性疾病和代谢紊乱性疾病的总称。实际生产中，造成营养代谢病的原因较为复杂，既有营养因素，也有饲养管理因素。营养因素病因常见，如日粮中营养物质缺乏或不足及其比例不当、动物机体对营养物质需要量增加、日粮中存在颉颃营养因子等，使得营养供给不能与积累和产出之间保持平衡，导致动物机体发病。

奶山羊属反刍动物，具有特殊的消化结构和生理特点。在进行诊断和治疗营养代谢病时，应根据病羊的具体情况，进行系统检查，详细检查食欲、反刍、嗳气、消化道及排便情况等，分析日粮营养成分以及供应环节各个关键点，及时确诊病因，采取合理的治疗方案对症治疗，改善奶山羊机体内环境稳态，保证奶山羊的机体健康。

第一节　营养物质代谢障碍病

一、羔羊低血糖症

羔羊低血糖症（hypoglycemia of the newborn）俗称羔羊发抖症，是由于羔羊血糖浓度降低而引起的以中枢神经系统机能障碍为特征的营养代谢病，主要特征为步态不稳、四肢无力、卧地不起、畏寒发抖，多见于哺乳期。

1. 病因

（1）母羊因素　妊娠母羊饲养管理不善，饲料中营养搭配不全，尤其是饲料中蛋白质、矿物质和维生素缺乏，从而导致母羊代谢紊乱，胎儿不能从母体得到充足的营养，致使所产羔羊发育不良，体重小，体质差，生命力弱，抵抗疾病能力低下。同时由于母羊营养状况差，产后泌乳量减少甚至无乳，使哺乳期羔羊营养供应减少，获取糖原不足而发生低血糖症。

（2）气候因素　羔羊出生期间，气候多变，天气寒冷，风大雪多，昼夜温差大，特别是寒流侵袭或下雪天气，气温急剧下降，新生羔羊不能很快适应剧烈的气候变化，导致血糖消耗过多而引起低血糖症。

（3）生理因素 新生羔羊体温调节机能差，皮温不稳定，皮下脂肪薄，被毛稀疏而短；或因羔羊先天性虚弱，生活能力低下，适应外界环境的机能弱，遇到寒流侵袭而发生低血糖症。

（4）护理因素 新生羔羊出生后护理不善，没有及时擦干羔羊身上的黏液，致使羔羊受冻；或羔羊出生后没及时吃上初乳，导致血糖消耗过多而发病。

（5）环境因素 圈舍简陋，封闭不严，保温条件差，舍内阴冷潮湿，温度过低，新生羔羊为维持体温消耗葡萄糖过多，导致体内储存的糖原减少。

（6）疾病因素 母羊患有乳腺炎、产后子宫内膜炎、产后败血症等，因发热及乳房和腹部疼痛拒绝羔羊吃奶，羔羊因饥饿而发生低血糖症。

2. 发病机制 初生羔羊每 100 mL 血液中约含有 50 mg 右旋葡萄糖，是羔羊出生后初期热能的主要来源。新生羔羊在出生后 7 d 内尚无良好的糖异生能力，主要靠肝内糖原的储备和从母乳中获取。这一时期如果羔羊吃奶不足或能量过度消耗，糖储备迅速耗竭，血糖浓度迅速下降，低于同龄健康羔羊 50%～80%时发生低血糖症。

3. 症状 此病多发生羔羊出生后 1～2 d，也有到第 3 天或第 7 天后出现症状的。患病羔羊机体消瘦，结膜苍白，营养状况差，体躯柔软，反应迟钝，四肢发抖，站立困难，耳、鼻发凉，心跳加快，呼吸急促。发病后突然卧地不起，无意吸吮，对周围事物漠不关心。进而出现神经症状，头向后仰，四肢伸展做游泳状，瞳孔散大，眼球不能活动，但仍有角膜反射。体表感觉迟钝，末梢发凉。病羔体温多在常温以下，大部分羔羊发病 2～5 h 在痉挛中死去，也有拖到 1 d 死亡。发病羔羊几乎 100%死亡。

4. 病理解剖变化 肝脏呈橘黄色，若肝脏血量较多，则黄中带红；肝脏边缘锐利，切开刮去血液后呈淡黄色；质地极脆，软似嫩豆腐，稍碰即破；肝小叶分界不明显，胆囊胀大、充满淡黄色半透明胆汁。肾脏呈淡土黄色，表面散在出血点。膀胱黏膜可见有出血点。

5. 诊断

（1）临床诊断 根据气候寒冷、羔羊受冻和吃奶不足情况，结合病羔临床表现流涎、寒战、体温过低、阵发性惊厥等典型症状，可做出诊断。

（2）治疗诊断 可用 25%～50%葡萄糖溶液 20 mL，缓慢静脉注射，若病羔临床症状迅速缓解和消失，可做出确诊。

（3）实验室诊断 新生羔羊每 100 mL 血液血糖正常值为 50～70 mg，若病羔血糖低于 30 mg，即可做出确诊。

6. 防治

（1）加强母羊管理 给予妊娠后期母羊充足的碳水化合物，保证胎儿有足够的营养，羔羊生后有足量的质量较好的乳汁。

（2）加强羔羊护理 首先将病羔放到温暖的羊舍，注意保暖，用热毛巾摩擦羔羊全身。有条件的羊舍，可设置保温箱，内安装电灯泡和散热风扇。羔羊苏醒后，应立即用胃管投服 38～40 ℃羊乳。做到定时、定量、定温。为防止消化不良，可用胃蛋白酶 0.3 g、乳酶生 0.3 g、胰酶 0.3 g，混合后一次口服，每天 1 次。

（3）补糖　轻度病羔可用 5％葡萄糖溶液 30 mL，一次灌服，每天 2 次。对重症昏迷羔羊，静脉注射 20％～50％葡萄糖注射液 10～20 mL，然后继续注射葡萄糖盐水 50～200 mL，每隔 5～6 h 1 次，连用数次，直至康复。

（4）应用激素　地塞米松每千克体重 0.15～0.3 mg，加入 50 mL 10％葡萄糖溶液中，静脉滴注，促进糖原异生，升高血糖。

二、酮病

酮病（ketosis）又称酮血病、酮尿病。本病是由于蛋白质、脂肪和糖的代谢发生紊乱，血液、乳汁、尿液以及组织内酮化合物蓄积而导致的疾病。多见于妊娠母羊。

1. 病因

（1）饲料因素　大量饲喂富含蛋白质、脂肪的饲料（如豆类、油饼），而碳水化合物饲料（粗纤维丰富的干草、青草，禾本科谷类，多汁的块根饲料等）或者维生素 A、B 族维生素以及矿物质不足等，容易发生本病。

（2）疾病因素　继发于前胃弛缓、皱胃炎、子宫炎和饲料中毒等病，主要是由于瘤胃代谢紊乱而发生。因瘤胃代谢紊乱，可影响维生素 B_{12} 的合成，导致肝脏利用丙酸盐的能力下降。另外，瘤胃微生物异常活动所产生的短链脂肪酸，也与酮病的发生有着密切关系。

2. 症状　多数病羊处于妊娠后期阶段。病初表现反复无常的消化紊乱，食欲降低，常有异食癖，喜食干草及污染的饲料，拒食精饲料。反刍减少，瘤胃及肠蠕动减弱。粪球干小，上附黏液，恶臭，有时便秘与腹泻交替发生。排尿减少，尿呈浅黄色水样，初呈中性，以后变为酸性，易形成泡沫，有特异的醋酮气味。泌乳量减少，乳汁有特异的醋酮气味。肝脏叩诊区扩大并有痛感。绝大多数病例体温低于正常，个别仅在初期略有升高，脉搏、呼吸次数通常减少。

病羊先表现兴奋，表现流涎、磨牙、眼球颤动，颈部及肩部肌肉不随意地收缩。有时靠墙站立或做圆周运动。不久身体虚弱和步态不稳，以后四肢瘫痪，不能站立，有时头曲于颈侧，呈半昏睡状态。体温一般无明显变化，仅在痉挛期稍有升高。脉搏快而弱，呼吸浅表而快，少数病例发生陈-施二氏呼吸。血液中蛋白质、糖含量降低，酮体增多，尿中酮体量呈强阳性反应，为本病的主要特征。

本病的死亡率很高，若母羊能产羔，尚有恢复的可能，否则大多数死亡。

3. 病理解剖变化　肝脏脂肪变性，严重病例的肝肿大 2～3 倍，其他实质器官也出现不同程度的脂肪变性。

4. 诊断　将亚硝基铁氰化钠、硫酸铵、无水碳酸钠按质量分数比例 1∶20∶20 混合，研磨成细粉末，制成酮粉。取病羊尿液置于烧杯中，加适量酮粉，呈现浅红色即可确诊。

5. 治疗

（1）静脉注射 50％葡萄糖注射液 50～100 mL，每天 2 次，连续 3～5 d。条件许可时，可与 5～8 IU 胰岛素混合注入。

（2）发病后肌内注射可的松 0.2～0.3 g 或促肾上腺皮质素 20～40 IU，每天 1 次，连用 4~6 次。丙酸钠每天 250 g，混入饲料中连喂 10 d。

（3）内服甘油 30 mL，每天 2 次，连续 7 d。

（4）为了恢复氧化-还原过程及新陈代谢，可口服柠檬酸钠或乙酸钠，剂量按每千克体重 300 mg 计算，连服 4~5 d；还可用硫代硫酸钠 2 g，葡萄糖 20~40 g，蒸馏水加至 100 mL 制成注射剂，每次静脉注射 30~80 mL。

6. 预防

（1）改善饲养条件，保证供应充分的全价饲料　母羊妊娠中后期应饲喂能量较高的饲料，如喂给熟玉米或丙酸钠，每天 2 次，每次 10 g，连用 2 周。配合喂给麸皮、豆饼，少量食盐，微量元素及多种维生素添加剂。

（2）做好干奶期的饲养管理　产羔前 2 个月应停止挤奶，使母羊乳腺得到充分休息，适当增加混合精饲料，使机体得到恢复，为胎儿提供充分营养，同时为下一个泌乳期储备充分的营养。

（3）建立定期检查制度　发现病羊后，应立即采取治疗措施。

三、山羊妊娠毒血症

山羊妊娠毒血症（pregnancy toxaermia of the goat）是山羊妊娠后期由于消化机能减退、碳水化合物和脂肪代谢紊乱而引起的一种代谢病。其主要特征是食欲减退、运动失调、呆滞凝视、卧地不起、低血糖、高酮体等，死亡率高。本病主要发生于多胎妊娠羊，常见于 5~6 岁，一般都发生在妊娠的最后 1 个月之内。

1. 病因

（1）饲料因素　妊娠后期母羊的日粮中蛋白质及脂肪含量均低，供给碳水化合物不及时，机体会动用储备的脂肪，造成大量酮体入血，而导致患病。此外，由于突然更换饲料、饲草，以及饲喂不定时引起的奶山羊饥饱不均或长途运输等，使其机体内分泌失调，不能调节体内的葡萄糖、脂肪等的代谢，导致血糖降低，酮体增多。

（2）饲养管理不当　母羊长期舍饲，缺乏运动，使中间代谢产物聚积。妊娠前期过于肥胖，到妊娠后期突然降低营养水平，容易发病。

（3）疾病因素　常继发于慢性前胃弛缓、肝脏疾病、营养不良、维生素 A 与 B 族维生素缺乏，以及胃肠道寄生虫病等。

2. 症状　发病初期，病羊精神沉郁，离群呆立，食欲减退，反射机能减退，视力减弱或消失；排粪少，粪球干硬而小，常附有黏液，有时带血。可视黏膜苍白，以后黄染。呼吸浅表，呼气带有醋酮气味。随着病情发展，病羊精神高度沉郁，食欲废绝，磨牙，反刍停止，呼吸浅表且快，呼出的气体呈烂苹果味。当强迫运动时，步态蹒跚，或做圆圈运动，或头抵障碍物呆立。病后期出现神经症状，唇肌抽搐、磨牙、流涎。站立时，因颈部肌肉阵挛性收缩而头颈高举或高抑，呈望星姿态。有时头向下弯或前伸。严重者卧地不起，胸部着地，头高举凝视，一般于 1~3 d 死亡。

3. 病理解剖变化　病羊肝脏肿大，质脆，色黄，肝肾细胞发生脂肪变性，肾上腺肿大，质脆呈土黄色。羔羊处于不同浸溶阶段。

4. 诊断　根据羊在妊娠后期食欲减退、精神沉郁及神经症状等，可作出初步诊断。

结合血液检验，发现血液血糖含量降低，而血酮、血浆游离脂肪酸含量增高，以及尿酮呈强阳性反应等，可作出确诊。

诊断时，应注意本病与李氏杆菌、伪狂犬病的鉴别分析。李氏杆菌、伪狂犬病病羊常表现奇痒症状，伴发高热，经抗生素和抗病毒药治疗有效，本病用抗生素和抗病毒药物治疗无效。

5. 治疗 治疗原则是调整胃肠机能，提高血糖水平，解除酸中毒。中医以化湿健脾、开窍醒脑为主。

（1）供给能迅速利用的能量 静脉注射 25%～50%葡萄糖溶液，每次 100～200 mL，每天 2 次，直到痊愈为止。同时可配合肌内注射胰岛素 20～30 IU，甘油 20～30 mL，每天 2 次，连用 3～5 d。

（2）促进恢复食欲 肌内注射氢化泼尼松 75 mg 或地塞米松 25 mg。亦可注射促肾上腺皮质素 20～60 IU，促进皮质激素的生物合成。

（3）纠正酸中毒 5%碳酸氢钠 200～300 mL 静脉注射，每天 2 次，连用 3～5 d。也可用碳酸氢钠 10～15 g，每天 2 次口服。

（4）中药治疗 党参 15 g、当归 15 g、赤芍 15 g、熟地 15 g、砂仁 15 g、苍术 20 g、石菖蒲 20 g、茯苓 20 g、木香 10 g、白术 20 g、甘草 10 g、川芎 10 g、神曲 30 g，每天 1 剂，水煎服连用 3 d。

6. 预防 母羊妊娠后 2 个月加强营养，合理搭配日粮，给予优质饲草，加喂精饲料；禁止母羊妊娠后期突然改变饲喂制度；舍饲奶山羊应加强运动，每天驱赶运动 2 h 左右。

四、生产瘫痪

生产瘫痪（parturient paresis）又称乳热病或低钙血症，是母畜产后突然发生的一种神经机能障碍性疾病。其特征为咽、舌、肠道和四肢发生瘫痪，失去知觉。发病年龄和特征常见于 2～5 胎的高产奶山羊，多发生于产前或产后数日内。

1. 病因

（1）饲料因素 本病与母羊妊娠期营养不良导致体内钙磷比例失调和钙的含量急剧降低有关。由于饲料中钙的供应量不足或钙磷比例不当，妊娠或高产母羊钙的需要量增加，维生素 D 供应不足或发生其他疾病等，都易发生此病。

（2）血钙含量下降 产羔母羊每天突然产奶 2～3 kg，奶中钙含量高，使血钙发生转移性损失，导致血钙暂时性明显下降，一般从 2.48 mmol/L 下降到 0.94 mmol/L。

（3）神经系统机能受阻 奶山羊大脑皮质接受冲动的分析器过分紧张（抑制或衰竭），造成调节力降低。

2. 症状 本病常发生在产羔后 1～3 d。病初表现衰弱无力，全身抑郁，食欲减退，反刍停止，后肢软弱，步态不稳，甚至摇摆。有的羊弯背低头，蹒跚走动。由于发生战栗和不能安静休息，呼吸加快。此后羊站立不稳，在企图走动时跌倒。有的羊倒后起立很困难。有的不能起立，头向前直伸，不食，停止排粪和排尿。

皮肤对针刺的反应很弱或无反应。少数羊知觉完全丧失，发生极明显的麻痹症状。

舌头从半开的口中垂出，咽喉麻痹。病羊常呈侧卧姿势，四肢伸直，头弯于胸部。体温逐渐下降，有时降至 36 ℃。皮肤、耳朵和角根冰冷，如濒死状态。脉搏先慢而弱，以后变快，勉强可以摸到。呼吸深而慢。病后期常常用嘴呼吸，唾液随着呼气吹出，或从鼻孔流出食物。

3. 诊断　依据出现特征性的瘫痪姿势可确诊。典型的生产瘫痪需与酮病和妊娠毒血症进行鉴别诊断。酮病也有发生在产后数天、泌乳期或妊娠后期，但酮病因体内丙酮数量升高，尿液会有特征性气味；而妊娠毒血症发生于产前，尿中酮体数量增多，且这两种病对补钙疗法都没有反应。

4. 治疗　治疗原则：补充钙剂，强心补液，对症治疗。

（1）**静脉或肌内注射**　10％葡萄糖酸钙 50～100 mL，或者用 5％氯化钙 60～80 mL，10％葡萄糖 120～140 mL，10％安钠咖 5 mL 混合，一次静脉注射。

（2）**乳房送风疗法**　送风所用的器械为乳房送风器（或用连续注射器代替）。输入空气之前，使羊稍呈仰卧姿势，挤出少量乳汁，并用酒精棉球擦净乳头，将消毒过的导管插入乳头中，通过导管打入空气，直到乳房中充满空气为止。用手指叩击乳房皮肤时有鼓响音者，为充满空气的标志。在乳房的两个乳区都要注入空气。然后，取出导管，用手指捏紧乳头，并用纱布绷带轻轻地扎住每一个乳头基部 25～30 min 后取掉绷带。在空气注入乳房后，小心按摩乳房数分钟。然后使羊四肢蜷曲伏卧，并用草束摩擦臀部、腰部和胸部，最后盖上麻袋或布块保温。如果注入空气后 6 h 情况没有改善，应再重复进行乳房送风。

（3）**中药治疗**　当归 15 g、川芎 10 g、熟地 15 g、白芍 15 g、党参 20 g、白术 15 g、茯苓 15 g、黄芪 20 g、黄芩 15 g、艾叶 10 g、小茴香 10 g、青皮 15 g、甘草 10 g。水煎灌服，每天 1 剂，连用 3～5 d。

5. 预防　母羊产羔前保持适当运动，并在产羔前 1～2 周饲喂高磷低钙饲料。对于习惯性发病的羊，在分娩后及早应用药物预防：5％氯化钙 40～60 mL，25％葡萄糖 80～100 mL，10％安钠咖 5 mL 混合，一次静脉注射。

第二节　矿物质元素缺乏症

一、异食癖

异食癖（pica）是以消化机能紊乱、味觉异常为特点的一种症状。主要特征是四处啃咬、舔食普遍认为没有营养价值且不应该采食的物质。各种年龄的羊均可发生，但以羔羊、断奶羊、成年母羊多发，主要发生在早春舍饲期间和缺乏青绿饲料的冬季，往往造成羊死亡。

1. 病因

（1）**营养因素**　羊采食含有较少矿物质和微量元素的饲料，如钠、铁、铜、锰、钴等。这主要是因饲料中本身含有较少的这些矿物质或者配合比例不当而引起，导致羊舔食饲槽、墙壁。另外，日粮中含有较少的维生素，尤其是摄取维生素 A、B 族维生素不足时，造成机体代谢机能发生紊乱，从而导致味觉出现异常，这是由于机体的很多代谢所需的酶和辅酶都需要这些维生素的参与或者作为组成部分。

（2）疾病因素　羊患有某些疾病，如慢性消化不良、软骨病、寄生虫病、佝偻病都能够成为引起异食的诱因。尽管羊患有的这些疾病自身无法导致该病，但这些疾病会对机体造成一定的应激作用，最终也可能引起异食癖。

（3）行为、环境　采食是羊非常重要的一项行为，如果没有供给足够的饲料，使其过于空闲而到处啃咬，长时间之后就容易形成异食癖。运动场和羊舍空间过度拥挤，空气湿度过大，采光空间有限，再加上饲喂一种粗饲料，都会发生异食现象。

（4）季节因素　冬春季节，由于青饲料较少，羊群相对容易发生本病，尤其是舍饲羊仅饲喂农作物秸秆作为粗饲料，更容易发生异食癖。再者，羊在冬春季节将储存在体内的营养全部消耗，如果无法从饲料中摄取充足的营养物质，就会引起营养缺乏症，从而发生本病。

2. 症状　多以消化不良、食欲减退以及反刍减少开始，接着出现味觉异常和异食现象，羊舔食、啃咬、采食被粪便污染的垫草、墙壁、铁栏杆、炉渣、破布等不洁之物。患羊易受惊吓，对外界事物敏感性增强，以后则表现反应迟钝，皮肤干燥、弹性降低，被毛松乱而无光泽，甚至出现弓腰、磨牙、畏寒战栗。口腔干燥，病初多有便秘，尔后腹泻，或便秘与腹泻交替出现。逐渐呈贫血状，体态瘦弱，食欲进一步减退，直至衰竭而死。

羊的食毛癖比较多见，这可能与缺硫有关，当然某些矿物质的缺乏亦是重要的致病因素。病初只是个别羊舔食母羊身上的毛和被粪便污染的毛，以后许多羊就效仿，很快发展至全群羊出现互相啃食对方被毛的现象，甚至将羊身上的被毛全部啃食完。有的羊消化道内形成毛球，阻塞幽门或肠管而致死亡。

3. 病理解剖变化　病羊死亡后，眼结膜呈苍白色，处于贫血状态。肺脏色泽明显变浅，有些肺叶出血，导致色泽呈暗红黑紫；心脏色泽变浅，但心冠脂肪呈黑紫色。肝脏散布有出血点，且出现条索状黄染；胆囊体积比正常增大 1 倍；瘤胃有近似椭圆形的大团块，由大量的粗大植物纤维、绳子、毛发和塑料薄膜相互混合缠绕成团，几乎占满整个瘤胃。

4. 诊断　根据发病情况、临床症状结合解剖结果确诊。由于摄入物缺乏营养，瘤胃中滞留大量绳子、饲料薄膜团块形成梗阻，难以通过下游消化道，长期滞留引起食欲下降导致极度营养不良，羊消瘦，抵抗力下降，严重者出现应激死亡。

5. 治疗　根据饲料情况和当地土壤分析，缺什么营养补什么营养。对出现怪癖的羊，应及时采取隔离措施以防互相效仿。

病羊缺钙时，主要补充钙盐，如磷酸氢钙。微量元素缺乏时可内服适量的硫酸铜、氯化钴，如缺乏钴时可每次内服 3～5 mg 氯化钴，每天 1 次。维生素 A、B 族维生素、维生素 D 缺乏时，对日粮进行适当调整，增加饲喂含有较多以上维生素的饲料饲草，并适当到室外进行运动，增加光照时间等。

对有舔土癖的病羊可用清脾养胃散：黄芪 100 g、陈皮 100 g、白术 100 g、茯苓 100 g、怀山药 100 g、炙甘草 50 g、使君子 100 g、胡黄连 100 g、生石膏 300 g、焦三仙 100 g、生薏仁 150 g，研成细末，每只羊每天饲喂 50 g，5～7 d 为一个疗程。

6. 预防　在羊整个生长发育过程中，确保满足其所需的各种营养成分，保证能量、蛋白质、矿物质、微量元素以及维生素含量适宜。泌乳羊饲料中适当增加食盐、人工盐、碳酸氢钠等，有一定的防治作用。市售的供羊舔食的砖块形复合矿物质制剂，可供羊自由舔食。冬春季节，饲喂青干草或青贮饲料时要配合增加饲喂一些含有丰富维生素的饲料，如麦芽、谷芽等。

二、佝偻病

佝偻病（rickets）亦称小羊骨软症、弯腿病，是羊钙磷代谢障碍引起骨组织发育不良的一种疾病，多是由于缺乏维生素 D 和钙所引起。

1. 病因　妊娠母羊饲料中缺乏维生素 D，特别是冬季长期舍饲时，既缺乏青绿饲料，又缺乏日光照射，易造成胎儿的先天性骨骼发育不全。分娩后的母羊如按同样饲养管理条件，母乳中维生素 D 缺乏，可造成羔羊后天性骨骼发育不全。因此，母羊和羔羊绿色饲料缺乏和日光照射不足是本病发生的主要原因。同时，即使维生素 D 能满足羔羊的需要，但母乳及饲料中钙和磷的比例不当，也会发生佝偻病。

2. 发病机制　维生素 D 影响钙磷代谢，能提高钙和磷的吸收率，调节血液中钙和磷的平衡，即促进肠道钙磷的吸收（主要是钙），使血钙、血磷浓度增加，有利于钙磷沉积，使骨组织钙化。故当维生素 D 缺乏时，可引起机体钙磷代谢障碍，导致羔羊发生佝偻病（主要是成骨不全）。

3. 症状　羔羊发病初期常表现异嗜癖，消化紊乱，生长缓慢，长骨变形，常呈 X 形和 O 形，软弱无力，步态紧张，四肢震颤无力。出现转移性跛行，四肢各关节（特别是腕关节和附关节）肿大，触摸有痛感，走路困难，喜卧。齿形不规则，齿质钙化不良（凹凸不平，有沟，有色素沉着），齿面不平整，口腔闭合困难。病至后期，四肢和脊柱变形，肋骨的胸骨端呈捻珠状肿大，胸廓扁平致胸腔狭窄。严重时卧地不起，同时出现食欲减退、反刍减少、被毛粗乱，心跳和呼吸加快，体温常无变化。

4. 防治

（1）加强饲养管理　妊娠和哺乳母羊，应供给足够的青绿饲料、青干草，并加喂矿物质。要有适当的运动及充足的日照。平时不可多喂麸皮。

（2）治疗　维丁胶性钙注射液 6 mL（每毫升含钙 0.5 mg、维生素 D_3 0.125 mg）肌内注射，每天 1 次，连用 7 d。地塞米松磷酸钠注射液 5 mg 肌内注射，每天 1 次，连用 7 d。

三、骨质软化病

骨质软化病（osteomalacia）是一种矿物质代谢紊乱引起的全身性慢性疾病。其特征是全身性矿物质代谢紊乱和进行性脱钙，骨骼软化变形，疏松易碎。

1. 病因

（1）饲料中钙、磷供应不足　长期饲喂钙、磷含量低的饲料（甜菜、马铃薯、酒糟、甜菜渣等），干旱年份的植物或缺乏钙、磷的土壤所生长的植物等。

（2）饲料中钙、磷比例不当　精饲料富含磷，粗饲料富含钙，若偏饲则会引起某一成分不足和另一成分过多。正常饲料中钙与磷的比例以 1.5∶1 或 2∶1 为最合适，如磷过多，可在体内产生磷酸而将钙从骨中析出（脱钙），使骨的钙化停止。

（3）钙的需要量增加　母羊在泌乳盛期或妊娠后期，特别是在产羔后 1 个月左右，由于机体对钙、磷的需要量大，最易引起本病。

（4）维生素 D 不足　正常的骨形成除需要足够的钙、磷外，还需要维生素 D，它能促进钙、磷从小肠吸收，同时还能直接作用于成骨细胞，促进骨的形成。此外，对活化磷酸酶和维持血液钙、磷水平，也具有一定作用。一般干草里维生素 D 含量较高，青草里的麦角醇和羊皮肤下的胆固醇，经日光照射后也都可以转变为维生素 D，因此羊在夏季维生素 D 一般不会缺乏，在冬季长期舍饲时容易发生骨质软化病。

（5）其他原因　副甲状腺功能亢进、胃肠道慢性病、肾脏功能障碍时，可使血钙大量损失，而造成肾性骨质软化症。机体在代谢过程中失去酸碱平衡，酸大于碱时，就会使大量的钙离子与过量的酸中和，而造成脱钙。另外，运动不足、阳光照射不充分等因素，均可促进本病的发生。

2. 症状　病羊一般营养状况较差，初期多出现异食癖（舔食泥土、污草、砖块、骨头等）、食欲减退、腹泻、腹胀等消化紊乱情况。后因骨骼变形发生疼痛而呈转移性跛行，尤其是后肢，时轻时重，走路摇摆，肢体拖拉，运步不灵，站立时微屈曲，喜卧。随着病情发展，逐渐出现骨骼变形及特异姿势，如腰背下凹或拱起，后肢呈 X 形或 O 形，各关节变粗大，尤其四肢关节更为明显，肋骨与肋软骨交接处呈念珠状肿大，肋骨弧度增大，头骨肿胀，切齿和角根松动，倒数第 1、2 尾椎骨逐渐变小而软，直至骨体消失。此外，本病后期可继发瘤胃臌气、瘤胃积食、胃肠卡他、胃肠炎和骨折。有的病例在妊娠后期卧地不起，两后肢麻痹，腰以下至蹄部知觉迟钝或消失。母羊的泌乳量减少或完全停止。部分病羊的应激性增高，有时发生强直性痉挛。

血液检查时，病初血液中钙、磷含量变化不大。有明显临床症状者，可出现 3 种情况：①血钙、血磷含量均降低。②血钙含量降低，血磷含量正常。③血钙含量低，血磷含量增高。红细胞及血红蛋白含量降低，白细胞总数正常或轻度增多，并有轻度的核左移。

3. 病理解剖变化　骨髓腔扩大，骨密质层变薄，松质层疏松如海绵状。骨盆腔、脊柱以及一般短骨或扁骨也有变形，骨骼膨大或发软。肋骨上常有局限性膨大。

4. 防治

（1）饲喂钙、磷及维生素 D 含量丰富的饲料（如三叶草、豆科干草、燕麦、油饼等），恢复钙、磷的正常比例。羊适当运动，充足接触日照。卧地不能起立者，应厚铺褥草，防止发生褥疮。

（2）可在饲料中长期加入适量骨粉、石粉、碳酸钙、乳酸钙、葡萄糖酸钙、贝壳粉、蛋壳粉或畜用生长素等。也可静脉注射 10% 葡萄糖酸钙50～100 mL 或 10% 氯化钙 10～40 mL，加入生理盐水中缓慢注射，隔天 1 次，连用数次。

（3）饲料中若磷不足时可在饲料中增加谷物饲料，如麸皮、玉米、豆类、高粱、燕麦等。也可用 20% 磷酸氢钠注射液 20～30 mL，一次静脉注射，每天或隔天 1 次，连用数次。

（4）肌内注射维生素 D_2 1～2 mL，隔 1～2 d 1 次，连用数次，也可喂给酵母饲料。

（5）中药治疗。骨粉 60 g、牡蛎 30 g、炒神曲 70 g、炒食盐 30 g，研成粉末，分 2 次拌入饲料喂服。

四、羔羊白肌病

羔羊白肌病（white muscle disease）在奶山羊羔羊中多见，又称肌肉营养不良症，是由饲料或某些地区土壤中微量元素硒和维生素 E 缺乏或不足引起的一种代谢性疾病，临床特征为骨骼肌、心肌变性坏死，出现运动障碍以及呼吸消化机能紊乱。1～5 周龄羊易发病，死亡率达 40%～50%。

1. 病因　一般认为，饲料中硒含量低于 0.1 mg/kg 和维生素 E 含量不足时，可引起本病。本病呈区域分布（一般在北纬 35°～60°）。缺硒地区的羔羊，发病率高达 90%，死亡率可达 60%，因此每年产羔季节要给羔羊补充硒和维生素 E。

硒和维生素 E 具有抗氧化作用，可使组织免受体内过氧化物的损害而对细胞正常功能起保护作用。机体在代谢过程中产生一些能使细胞和亚细胞（线粒体、溶酶体等）脂质膜受到破坏的过氧化物，这些过氧化物可引起细胞变性、坏死。谷胱甘肽过氧化物酶在分解这些过氧化物中起着重要的作用，而硒是该酶的组成成分之一。缺硒的动物，该酶的活性降低。

本病主要发生在 7～40 d 的羔羊，发生季节多在冬春季节和夏初，气候寒冷、青饲料缺少时容易发病。

2. 症状　本病的临床特点是心脏机能衰退（心音混浊、节律不齐，有时听到心脏收缩期杂音）。病羔精神委顿，食欲减退，常有腹泻，跛行，拱背站立或卧地不起。如驱赶运动，则步态僵硬，关节不能伸直，触诊四肢及腰部肌肉感到硬而肿胀且有痛感。心区有压痛，脉搏 150～200 次/min，呼吸 90～100 次/min。病羔常发生结膜炎，角膜混浊、软化，终至失明。四肢及胸腹下出现水肿。尿液常呈红褐色。常由于咬肌及舌肌机能丧失而无法采食，心肌及骨骼肌严重损害时导致死亡。

根据病程经过，可分为 4 个类型，即急性型、亚急性型、慢性型以及隐性型。其中急性型主要表现出心肌营养不良，有时可能没有表现出任何明显症状就突然出现休克或者直接猝死。亚急性型常介于急性型与慢性型之间，主要表现出骨骼肌营养不良。慢性型一般表现出明显的心功能缺失以及运动障碍，严重影响机体生长发育，且伴发顽固性腹泻。隐性型主要在没有表现出明显或者典型症状时出现，导致机体日渐瘦弱，且存在不明原因的持续性腹泻，但当其受到强烈的外界刺激时，如剧烈运动、过度驱赶、捕捉挣扎、骚扰惊恐等，就会促使本病暴发。

3. 病理解剖变化　急性型主要表现是大叶性肺炎，肺脏多处存在出血点或者出血斑，胸腹腔积液增多，心外膜存在针尖大小的出血点。亚急性型主要表现是下颌、胸部以及尾根等处的皮下存在胶冻样液体，扁桃体明显肿大，切面外翻、多汁，肝脏色淡，发生肿大，表面存在紫红色与土黄色相互交错的斑块，呈针尖至拇指大小，肾脏也发生肿胀，质地变软，部分心肌色淡，有时心内膜存在出血点，真胃发生斑状出血，少数两后肢骨骼肌横断面存在灰白色区域。慢性型主要表现是心肌外膜上形成灰白色区，心肌质地脆弱，明显变薄，右心室发生扩张；脾脏发生萎缩；四肢骨骼肌的横断面存在区域性色淡区，如同煮熟的肉样，肌肉呈黄白色，且肌束间存在大量白色小点或者形成白色条纹。

4. 诊断　根据地方缺硒病史、饲料分析、临床表现、病理剖检的特殊病变，以及用硒制剂治疗的良好效果可作出诊断。另外，也可以把羔羊抱起，轻轻掷下，健壮羔羊立即跑动，但病羊则稍停片刻才向前跑动，可用此法进行早期诊断。

5. 治疗　将患病羔羊转移到温暖、宽敞、通风良好的羊舍内，限制其活动。如果羔羊无法站立，要采取人工辅助哺乳，同时补喂一定量的按适当比例稀释的奶粉。及时补硒，病羊可每只肌内注射 2 mL 0.1% 亚硒酸钠维生素 E 复合制剂，2～3 d 之后再注射 1 次，同时在饲料中添加适量的亚硒酸钠，确保每千克日粮中含有 0.1 mg 以上的硒。为补充维生素 E，可在精饲料或者饮水中添加适量的维生素 E。一般来说，羔羊小于 40 日龄时每吨饲料适宜添加 12.5 万 IU，40～80 日龄添加量为 8 万 IU。

6. 预防

（1）缺硒地区新生羔羊用 0.2% 亚硒酸钠皮下或肌内注射，可预防本病的发生；通常在羔羊出生后 10 d 左右用 0.2% 亚硒酸钠液 1 mL 注射 1 次，间隔 20 d 后，用 1.5 mL 再注射 1 次。注意注射的日期最晚不超过 20 日龄，过迟则有发病的危险。

（2）妊娠后期的母羊皮下注射 1 次亚硒酸钠，用量为 4～6 mg，可预防所产羔羊发生白肌病。

五、羔羊缺铁性贫血

羔羊缺铁性贫血是羔羊体内缺乏造血必需的营养物质而使造血功能降低引起的营养性贫血症。羔羊在哺乳期到育成期，体内缺乏铁、维生素 B_{12} 和叶酸会影响血红蛋白合成而引起贫血。

1. 病因　本病的发生是由于羔羊体内缺乏铁及某些造血因子而导致的，主要发病原因有：一是胎儿在生长后期从母体内获取的铁元素量少。肝脏内储存的铁元素不足，羔羊生长到 3～4 月龄时易引起缺铁性贫血。二是羔羊摄入铁元素不足。一般羔羊正常生长发育每天需要铁元素 10～16 g，但其吸食的母乳含铁量低，如不注意给予羔羊补食含铁量高的青饲料等，会引起长期吸食母乳的羔羊铁元素的摄入不足。三是羔羊对铁元素的需要量增加。羔羊生长发育快，需要铁元素的量多，如供给不足则易发生贫血。四是羔羊对铁元素吸收有自身的生理障碍。处于哺乳期的羔羊由于胃内分泌的胃酸量少，而铁元素只能在胃酸内分解成二价铁，才能在十二指肠内被机体吸收，羔羊自身胃内分泌的胃酸量少，自然也就减少了对铁元素的吸收。五是羔羊摄入维生素不足。尤其是摄入维生素 B_{12}、维生素 C 不足，引起羔羊铁元素和叶酸的代谢异常，导致羔羊体内白细胞减少，并发生血球型贫血症，从而引起羔羊生长发育缓慢，甚至停止生长发育。六是羔羊患有某些疾病。如羔羊患有慢性胃肠炎、慢性肝炎等疾病，消化机能发生紊乱，既影响机体对铁元素、叶酸和维生素 B_{12} 的吸收，又影响肠道内维生素 B_{12} 的合成，从而引起羔羊发生缺铁性贫血。

2. 症状　缺铁时被毛焦枯，消瘦，嗜睡，可视黏膜苍白，食欲减退，喜啃泥土等

异物，有的患病羔羊伴随有腹泻症状，且呼吸困难，有的患病羔羊伴随头部水肿症状，甚至有的患病羔羊有时会突然死亡，尤其是生长比较快的羔羊出现突然死亡的现象更多。

3. 病理解剖变化　发病羔羊红细胞减少，血红蛋白水平降低。解剖可见羊体瘦弱，血液稀薄，黏膜苍白，血清中铁元素含量低于正常水平，并伴随全身水肿、心脏松弛、肝脏肿大等。

4. 诊断　初期血红蛋白量下降至 50～70 mg/mL，至 20 日龄时降至 30～40 mg/mL，严重时降到 20～40 mg/mL，红细胞降至 300 万/mm³，而且大小不均。骨髓涂片铁染色，可见细胞外铁颗粒消失，而幼红细胞几乎看不到铁颗粒。同时应兼顾流行病学调查、临床症状、病理解剖变化等确诊。

5. 治疗　治疗原则是补充铁及相关元素，促进机体的造血功能。可选用下列药物：

（1）硫酸亚铁 2.5 g，硫酸铜 1 g，水 1 kg 混合，羔羊每千克体重口服 0.25 mL，每天 1 次，连服 2 周。

（2）葡萄糖盐水 500 mL，维生素 B_{12} 2 mL，维生素 C 10 mL，安钠咖 10 mL，一次静脉注射，每天 1 次，连用 2～3 d。

（3）右旋糖酐铁或铁钴注射液 2 mL，一次深部肌内注射，必要时 1 周后再进行一半剂量的一次肌内注射。

（4）中药治疗（三黄三仙汤）。黄芪 20 g、黄精 10 g、黄芩 20 g、仙茅 10 g、仙灵脾 20 g、仙鹤草 30 g、当归 6 g、丹参 30 g、川芎 6 g、赤芍 6 g。煎汤，一次灌服。

6. 预防　加强哺乳母羊的饲养管理，多补给富含蛋白质、维生素、矿物质的饲料，特别注意补给铁、铜、锌等微量元素；也可在圈舍内放些添加有红土或干燥的深层泥土的食盘，让羔羊自由舔食。注射铁制剂补铁。对于少数留种羔羊可于 3 日龄注射右旋糖酐铁或铁钴注射液。

第三节　中　毒　病

一、慢性氟中毒

慢性氟中毒（chronic fluorine poisoning）是由于家畜长期饮用含氟量较高的水或长期采食含氟的牧草而导致氟在羊体内累积，最终出现中毒症状的一种代谢性疾病。主要特征是牙齿蛀烂，严重时骨骼脱钙变得疏松易折。

1. 病因

（1）土壤、饲料或饮水中含氟量过高。某些地区的土壤中含氟量很高，在此土壤中生长的草料以及饮水的含氟量也高。动物日粮中，氟的含量达 100 mg/kg 时就可以引起慢性氟中毒。

（2）氟多以化合物形式存在，萤石、冰晶石都是天然的含氟矿石。某些工厂如钼厂、磷肥厂、氟盐厂、玻璃厂等排出的废气烟尘中含氟化氢和氟化硅。农用氟制剂有氟化钠、氟硅酸钠等。在含氟矿区及冶炼区周围的草场、水源被污染，土壤和植物中的含氟量亦高。当羊长期饮用这样的水源和采食附有氟化物的饲草，吸入含氟的废气，即可在体内逐渐蓄积而引起中毒。

（3）长期用含氟的盐类，如将磷灰石作为矿物质补饲，也可引起慢性氟中毒。

2. 临床症状 本病常呈地方性流行，主要发生于我国自然高氟区及工业环境污染区。

（1）一般症状 多数患羊有反刍、采食缓慢或废绝、口臭、咀嚼困难、吐草团、消化不良、四肢软弱的症状。

（2）明显症状 患羊常发生不定期、非外伤性跛行。一些患羊下颌骨常有鸡卵大硬肿，下颌骨普遍对称性增厚，槽口变窄，下缘开口形成久不愈合的瘘管，流出恶臭的脓汁，颜面肿大，骨穿刺呈强阳性。

（3）典型症状 患羊发生牙齿对称性变化。门齿过度磨损且松动，年龄和口齿相差悬殊，齿面失去正常光泽，多呈黏土样灰白色。上有针尖大到芝麻大的腐蚀孔，重者连成块或斑，釉质脱落并附有黄色、黄褐色甚至黑色的条纹状或块状的色素沉着。臼齿出现高低悬殊的长短牙。齿面也有齿斑，多数呈现黑褐色。

3. 病理解剖变化 骨骼外观枯白，骨粗糙松脆，骨膜粗糙增厚，有散在隆起或骨疣。骨骼萎缩，严重时，骨髓呈黄红色胶冻状。牙齿有黑褐色牙斑，特称为"氟牙斑"。

4. 诊断 本病可呈地方流行性，在病区内所有的草食动物都可发病。工业烟尘污染区，则以厂矿为中心，由近及远，其发病率及死亡率逐渐降低。根据发病特点，结合症状、剖检可确诊，必要时应对当地的饮水、饲料以及病羊的血、尿进行含氟量的测定。

5. 治疗 本病主要是由于氟进入血液后与血钙结合，使血钙降低，骨中的钙脱出进入血中，致使骨质疏松、变形，因此治疗时要进行补钙以及注射维生素 D 等。病羊投喂微量硫酸铝或氯化铝，以降低体内氟量，加速其排出，每日口服 0.2 g。氟离子可与体内钙、镁离子形成难溶物质，造成体内钙、镁的缺乏。治疗时，可用 10% 葡萄糖酸钙静脉注射，同时肌内注射 B 族维生素和维生素 C。

6. 预防 防止羊采食使用含氟农药不久的农作物。用含氟的磷灰石补饲时，要限制在安全用量范围内。平时在饲料中增加钙、磷，提高羊对氟的耐受性。用氯化铝和石灰水净化含氟量较高的水。

二、有机磷农药中毒

有机磷农药中毒是由于接触或吸入有机磷农药或误食被有机磷农药污染的饲草饲料所致。临床上以中枢神经症状和胆碱能神经过度兴奋为特征。

1. 病因 有机磷农药具有杀虫效果好、品种多等特点，目前常用的有机磷农药有敌敌畏、甲基内吸磷、敌百虫、马拉硫磷等。

造成中毒的原因有以下几种：第一，农药保管、使用不当，污染了草料和水源，使羊采食和饮水后中毒；第二，羊不慎采食了用农药拌过的种子而造成中毒；第三，农作物、牧草及蔬菜等使用有机磷农药后，短时间内被羊食用而造成中毒；第四，羊在治疗皮肤寄生虫病或驱除肠道寄生虫时，使用敌百虫等农药，在使用不当时也可引起中毒。

2. 发病机制　有机磷农药经消化道、呼吸道或皮肤进入机体后，经血液及淋巴液迅速转送到全身，与胆碱酯酶结合，形成不易水解的磷酸化胆碱酯酶而失去其活性，使体内的乙酰胆碱不能分解成乙酸与胆碱，而发生大量蓄积，致使体内胆碱能神经过度兴奋，引起一系列胆碱能神经过度兴奋的中毒症状。

3. 症状　病羊兴奋不安，对周围事物敏感，流涎，全身出汗，瞳孔缩小，磨牙，呕吐，口吐白沫，肠音亢进，腹痛、腹泻，肌纤维震颤等。严重病例还出现全身战栗，狂躁不安，向前猛冲，无目的地奔跑，呼吸困难，支气管分泌物增多，胸部听诊有湿性啰音。瞳孔极度缩小，视力模糊。抽搐痉挛，排粪、排尿失禁，常因肺水肿及心脏功能异常而死亡。

4. 病理解剖变化　病羊肠道内出现大量的暗红色粪水，肠系黏膜淋巴结肿胀。肺部、脑部瘀血、水肿，肝脏肿大，胆囊胆汁充溢，心脏内、外黏膜出现病斑。前三胃黏膜脱落，胃内容物有酸臭味，真胃和十二指肠充血。鼻腔和鼻孔内存在泡沫性鼻液，呈红色或白色。

5. 诊断　应用酶化学纸片法进行定性诊断。试剂为乙酰胆碱试纸、马血清、氯仿、溴水（1 mL 饱和溴水加水 4 mL 稀释）。取样品 10 g，加氯仿 10～20 mL 于三角瓶中，振荡数分钟后过滤。取滤液 1～2 mL 于蒸发皿中挥发干，加水 1 mL，用玻棒充分摩擦皿壁，使残渣完全刮下。取 1 滴上述检液（约 0.05 mL）于白瓷板上，另加马血清 1 滴（约 0.05 mL）混合后，加盖试纸片，10～20 min 观察纸片颜色，若呈绿色或蓝色，表示有有机磷存在。

6. 治疗　治疗原则是首先应用特效解毒剂，然后尽快除去尚未吸收的毒物，并配合对症治疗。

(1) 应用特效解毒剂　常用的特效解毒剂有乙酰胆碱对抗剂和胆碱酯酶复活剂。乙酰胆碱对抗剂，常用硫酸阿托品，可超量使用，使机体达到阿托品化。一次用量为 0.5～1 mg，皮下或静脉注射。严重中毒时，可按其 1/3 量混于 5% 葡萄糖生理盐水中缓慢静脉注射，另外 2/3 皮下或肌内注射，经 1～2 h 后症状不减轻时，可减量重复应用，直至出现阿托品化状态（口腔干燥、出汗停止、瞳孔散大不再缩小）。以后每隔 3～4 h 用一般剂量皮下注射，以巩固疗效。胆碱酯酶复活剂，常用解磷定或氯解磷定，均按每次 15～30 mg，用生理盐水稀释成 10% 溶液，缓慢静脉注射，每 2～3 h 1 次，直到症状缓解后，酌情减量或停药。双解磷或双复磷肌内注射，首次剂量 0.4～0.8 g，以后每 2 h 注射 1 次，剂量减半。轻度中毒，阿托品与解磷定可任选其一；中度和严重中毒，则以两者联合或交替应用为宜，可以互补不足、增强疗效。

(2) 除去毒物　在应用特效解毒剂的同时，应采取措施除去未吸收的毒物。经皮肤中毒的，用 5% 石灰水或 4% 碳酸氢钠液或肥皂液洗刷皮肤；经消化道中毒的，用 2%～3% 碳酸氢钠或食盐水，反复洗胃并灌服活性炭。但需注意，敌百虫等中毒，不能用碱性液洗皮肤和洗胃。

7. 预防　健全农药保管制度，使用农药要适当，尽量避免和减少对牧草及水源污染，喷洒农药的作物一般 7 d 内不做饲料。

使用农药驱除羊体内、外寄生虫时，严格掌握用药浓度、剂量，以防中毒。外用治疗疗癣等皮肤病时，若选择敌百虫，不能用碱水清洗皮肤，因敌百虫遇碱后可变成毒性增强很多倍的敌敌畏。若全身大部分皮肤发病时，治疗应分片、间断性进行，否则大面积同时用药可能会因吸收量过多而造成中毒。

三、含氮化肥中毒

含氮化肥中毒（nitrogen fertilizer poisoning）多见于牛、羊。常用的含氮化肥主要有氨水、尿素、硝酸铵和硫酸铵。

1. 病因 误食含氮化学肥料或用过量尿素催肥。

2. 症状 病羊初期兴奋不安，流涎，口角有多量白色泡沫，口腔发炎，口黏膜脱落、糜烂，咽喉肿胀，吞咽困难。急性者常有反复发作的强直性痉挛，而且程度不断地加深。眼球颤动，呼吸困难，结膜发绀，心跳亢进，脉搏快而弱。出汗，皮温不均，末梢部位冰凉。严重时病羊昏迷，瞳孔散大，体温下降，全身痉挛，最后窒息而死亡。

3. 病理解剖变化 消化道黏膜充血、出血、糜烂及溃疡。胃内容物呈白色或褐色且有氨味。内脏严重出血，肾脏瘀血，心外膜出血。

4. 治疗

（1）中毒初期投服酸化剂稀盐酸 2～5 mL、乳酸 2～4 mL 或食醋 100～200 mL，同时可内服盐类泻剂或植物油。

（2）静脉注射 10％葡萄糖 500 mL，10％葡萄糖酸钙 50 mL，5％碳酸氢钠溶液 50～100 mL 或 20％硫代硫酸钠溶液 10～20 mL。

（3）瘤胃严重臌气时，瘤胃穿刺排气以缓解呼吸困难。

5. 预防

（1）平时应防止羊误食含氮化学肥料。

（2）尿素补饲时，必须将尿素和饲料充分调匀。开始时应少喂，10～15 d 后逐渐达到标准剂量。

四、亚硝酸盐中毒

亚硝酸盐中毒（nitrite poisoning）是由于羊采食了富含亚硝酸盐的饲料或饮水，造成机体高铁血红蛋白血症，导致组织缺氧而引起中毒的疾病。临床特征是发病突然，病程急短，皮肤、黏膜发绀，血液呈褐色，呼吸困难，神经紊乱。

1. 病因 亚硝酸盐是饲草、饲料中的硝酸盐在硝酸盐还原菌的作用下，经还原作用而生成的。因此，亚硝酸盐的产生，主要取决于饲料中硝酸盐的含量和硝酸盐还原菌的活力。

饲料中硝酸盐的含量因植物种类而异。富含硝酸盐的饲料有甜菜、萝卜、马铃薯等块茎类；白菜、油菜、甘蓝等叶菜类；各种牧草、野菜、作物的秧苗和稿秆等。

硝酸盐还原菌广泛分布于自然界，大量存在于瘤胃内，当日粮中糖类饲料少时，瘤胃内 pH 在 7.0 左右时，硝酸盐还原为亚硝酸盐的过程活跃，而亚硝酸盐还原为氨的过程缓慢，容易造成亚硝酸盐的蓄积；当日粮中糖类饲料多时，瘤胃内的 pH 低下，硝酸盐还原为亚硝酸盐的过程受到抑制，而亚硝酸盐还原为氨的过程受到促进，亚硝酸盐就被充分利用，难以蓄积。因此，当给反刍动物饲喂大量富含硝酸盐的饲料时，如果日粮中糖类饲料不足，往往会发生亚硝酸盐中毒。

饮用硝酸盐含量高的水，也是造成亚硝酸盐中毒的原因。每千克饮水含硝酸钾 $200\sim500$ mg 时，可引起羊中毒；而过量施氮肥地区的田地水、深井水以及厩舍、厕所、垃圾堆附近的地表水或水池水，硝酸盐含量很高，每千克水常达 $1\,700\sim3\,000$ mg，有的甚至高达 $8\,000\sim10\,000$ mg，极易造成中毒。

2. 发病机制　亚硝酸盐为强氧化剂，进入体内后，可使血中低铁血红蛋白氧化成高铁血红蛋白，失去运氧的功能。健康动物高铁血红蛋白只占血红蛋白总量的 $0.7\%\sim10\%$，少量亚硝酸盐进入血液，机体可以自行解毒，外观上看不出毒性反应。但是如果进入机体的亚硝酸盐过多，高铁血红蛋白达到 $30\%\sim50\%$ 时，即可导致贫血样缺氧，造成全身组织特别是脑组织急性损伤。加上亚硝酸盐的扩血管作用，伴以外周循环衰竭，使得组织缺氧加重，进而出现呼吸困难、神经紊乱。当高铁血红蛋白达到 $80\%\sim90\%$ 时，则病情危重，短时间内死亡。

3. 症状　秋末冬初是羊亚硝酸盐中毒的多发季节。亚硝酸盐中毒，根据食入量的多少，其主要症状可分为 3 种。食入量极大而中毒尤其严重者，一般不表现任何症状，突然急躁不安，倒地死亡。病情较重者，在饱食后 $2\sim3$ h 表现无力、痉挛、站立不稳，随后呼吸困难、腹痛、呕吐、腹泻、流涎、反刍停止、卧地不起，体温下降到正常体温以下。耳、鼻、肢端等部位发凉，黏膜初期苍白，后期发绀。妊娠母羊有的出现流产。病情较轻者，在采食后数小时反刍停止，精神沉郁，鼻镜发干，卧地昏迷，瘤胃臌气，皮肤苍白，若不及时治疗，病情逐渐加重，终至死亡。

4. 病理解剖变化　耳、皮肤、肢端和可视黏膜呈蓝紫色（发绀），血液凝固不良，呈酱油色或巧克力色。支气管与气管充满白色或淡红色泡沫样液体。肺气肿明显；肝、肾、脾等脏器呈紫黑色，切面有明显瘀血。心肌变性、坏死，心外膜出血。皱胃和小肠黏膜出血，肠系膜血管充血，尸体常呈显著的急性胃肠炎病变。

5. 诊断　依据黏膜发绀、呼吸困难等主要临床症状，特别是病程短急、发病的突然性、发生的群体性、与饲料调制失误的相关性以及血液呈酱油色、紫黑色且凝固不良的病理解剖特征，可做出初步诊断。必要时，可在现场做变性血红蛋白检查和亚硝酸盐检验。

（1）亚硝酸盐检验　取胃内容物或残余饲料的液汁 1 滴，滴在滤纸上，加 10% 联苯胺溶液 $1\sim2$ 滴，加 10% 乙酸溶液 $1\sim2$ 滴，如有亚硝酸盐存在，滤纸即变为红棕色，否则不变色。

（2）变性血红蛋白检查　取血液少许于小试管中，振荡 15 min，棕褐色血液不转变为红色，可判断变性血红蛋白（健康动物的血液变为鲜红色）。

6. 治疗　静脉注射用 5% 葡萄糖溶液稀释的 1% 亚甲蓝溶液，症状较重的在 2 h 后重复注射 1 次。同时，静脉注射 5% 维生素 C 注射液 20 mL、50% 葡萄糖溶液 20 mL。为防止硝酸盐还原，病羊应灌服磺胺类药物并大量饮水。对于病情严重羊抢救时，可灌服 1% 亚甲蓝酒精生理盐水或用 0.2% 高锰酸钾溶液饮水，效果良好。

7. 预防　青绿饲料应鲜喂，不喂发黄、腐烂的饲料；注意改善青绿饲料堆放和调制办法；青绿饲料不论生熟，应摊开，不要堆积；在饲喂富含硝酸盐饲料时，应注意糖类饲料的供给。临近收割的青绿饲料不应施用硝酸盐等化肥，以免增加其中的硝酸盐或亚硝酸盐的含量。

五、氢氰酸中毒

氢氰酸中毒（hydrocyanic acid poisoning），是由于家畜采食富含氰苷的饲料，在胃内由于酶和盐酸的作用产生游离氢氰酸而发生的急性中毒。临床上以发病突然、呼吸极度困难、肌肉震颤、全身抽搐、可视黏膜鲜红色和突然死亡为特征。

1. 病因

（1）采食或误食富含氰苷的植物，是引起羊氢氰酸中毒的主要原因。富含氰苷的植物有高粱、玉米的幼苗，尤其是再生幼苗，木薯特别是木薯嫩叶和根皮部分；亚麻主要是亚麻叶、亚麻籽及亚麻籽饼；各种豆类包括豌豆、蚕豆、海南刀豆、箭筈豌豆；许多野生或种植的青草，如苏丹草、三叶草、百脉根等；蔷薇科植物如桃、李、杏、樱桃等的叶和种子。长期少量采食当地含氰苷的植物，能逐渐产生耐受性，中毒大多发生在饥饿之后猛然大量采食。氰苷本身是无毒的，必须在氰糖酶的作用下生成氢氰酸才能致害。反刍动物前胃内水分充足，pH 适宜，又有微生物的作用，可促进氢氰酸的产生。

（2）误食或吸入氰化物农药，或误饮冶金、电镀、化工等厂矿的废水，亦可引起氰化物中毒。

2. 发病机制 高粱、玉米等禾本科植物的幼苗和青叶中含有氰苷，羊采食这些植物幼苗和青叶后，氰苷可在体内胃酸和生物热的共同作用下水解为氢氰酸。氢氰酸属于剧毒物质，在体内可引起动物呼吸困难、震颤、痉挛等中毒症状，严重者可导致死亡。氢氰酸在体内能和氧化型细胞色素酶的辅基三价铁结合，形成氰化型细胞色素氧化酶，使三价铁不能还原成二价铁，失去传递电子和激活分子氧的作用，从而使体内细胞不能从血液或组织液中获得氧，细胞内生物氧化过程障碍，导致细胞缺氧中毒，使机体陷入窒息状态而发生急性死亡。

3. 症状 通常在采食含氰苷类植物的过程中或采食后 15～20 min 突然发病。病羊站立不稳，呻吟，表现不安。可视黏膜潮红，呈玫瑰样鲜红色，静脉血色亦呈鲜艳红色。呼吸极度困难，抬头伸颈，甚至张口喘息。肌肉痉挛，首先是头、颈部肌肉痉挛，很快扩展到全身，有的出现角弓反张。全身或局部出汗，体温正常或低下。可伴发瘤胃鼓胀，有时出现呕吐。不久即精神沉郁，全身衰弱，卧地不起，皮肤感觉减退，结膜发绀，血液暗红，瞳孔散大，眼球震颤，脉搏细弱疾速，抽搐窒息而死。病程一般不超过 2 h。中毒严重的，仅数分钟即可死亡。

4. 病理解剖变化 患病羊和死亡羊皮肤黏膜发绀充血。动脉和静脉中有大量鲜红色血液流出。瘤胃臌胀，内有大量气体和新鲜植物的叶片，气体有明显的酸臭苦杏仁味。胃肠黏膜有出血斑点。胸腔内有液体，肺间质增宽、充血、水肿。其他器官没有明显病变。

5. 诊断 根据采食氰苷类植物的病史，发病的突然性，发生的群体性，黏膜和静脉血鲜红，呼吸极度困难，神经机能紊乱而体温正常或低下等综合征，以及病理解剖特征（血液呈鲜红色、凝固不良，切开瘤胃可闻苦杏仁味）等特征进行确诊。

6. 治疗　氢氰酸中毒的特效解毒药，常用的有亚硝酸钠和硫代硫酸钠。

（1）若是食入含氰苷类食物不久或未出现明显症状者，应立即用 0.1%高锰酸钾溶液或 3%碳酸氢钠溶液或 5%硫代硫酸钠溶液反复洗胃，以减少氢氰酸在胃内产生和吸收。

（2）对中毒症状明显者，可静脉注射 2%亚硝酸钠溶液（每千克体重 1 mL），随后续注 5%硫代硫酸钠溶液（每千克体重 2 mL），并配合注射 5%～10%维生素 C 10 mL（一次量）。在注射解毒剂的同时，可灌服 0.1%高锰酸钾溶液，以破坏消化道内未被吸收的毒物。

（3）对不易静脉注射的羔羊或群发中毒时，可一并用亚硝酸钠、硫代硫酸钠按质量分数比例 1：2 混合灌服，必要时可 2 次给药。

7. 预防　对富含氰苷类植物在饲喂前必须进行去毒处理，常用水洗或浸泡 24 h 去毒，也可采用蒸煮法。玉米或高粱苗饲喂羊时要合理搭配青干草，严控一次采食量。玉米或高粱苗不宜长时间大量存放，以避免或减少氰苷的生物热分解。在天气状况好的情况下，尽量将玉米或高粱苗摊开暴晒，分次饲喂，可减少氰苷含量，防止中毒。

六、黑斑病甘薯毒素中毒

黑斑病甘薯毒素中毒（moldy sweet-potato poisoning）又称黑斑病甘薯中毒或霉烂甘薯中毒，俗称"喘气病"或"喷气病"，是家畜采食一定量黑斑病甘薯后发生的急性中毒病，临床特征主要有肺水肿与间质性肺气肿、严重呼吸困难以及皮下气肿。

1. 病因　本病主要发生于种植甘薯的地区，且具有明显的季节性。每年从 10 月到翌年 4—5 月发病较多，春耕前后为本病发病的高峰期，死亡率也高。本病的发生与降水量和气温变化有一定关系。

黑斑病甘薯的病原为病原性真菌，有甘薯长喙壳菌、茄病镰刀菌、爪哇镰刀菌，这些霉菌寄生在甘薯的虫害部位或表皮裂口处。甘薯受到侵害后，表皮干枯凹陷、发硬，有圆形或不规则的黑绿色斑块，储存一段时间后，病变部位表面密生菌丝，甘臭，味道变苦。这些霉菌能使甘薯产生有毒的苦味质，即甘薯酮及其衍生物甘薯宁、甘薯醇等。目前已有 8 种毒素被分离鉴定，其中甘薯酮、甘薯醇为肝脏毒，可引起肝脏坏死；4 - 甘薯醇、1 - 甘薯宁具有肺脏毒性，可导致肺水肿及胸腔疾病，故有人称此毒素为"致水肿因子"。这些毒素可耐高温，经煮、蒸、烤等处理，其毒性也不易破坏，因此用患有黑斑病的甘薯，不论生喂、熟喂甚至用有病甘薯所制的粉渣、残渣、酿酒的酒糟做饲料饲喂家畜都会引起中毒。

2. 发病机制　黑斑病甘薯致病的毒素是甘薯酮及其衍生物甘薯宁、甘薯醇等。这些毒素通过消化道吸收进入血液，并作用于呼吸中枢。在消化道吸收过程中，毒素能引起肠黏膜出血和发炎，毒素进入血液，经门静脉进入肝脏，导致肝脏实质细胞肿大，肝功能降低，同时通过血液循环又可使心脏内膜出血、心肌变性和心包积液；毒素刺激延脑呼吸中枢后，可使迷走神经抑制和交感神经兴奋，支气管和肺泡壁长期松弛而扩张，气体交换与代谢障碍导致机体缺氧，发生肺泡气肿，最终引起肺泡破裂，气体扩散，又可引起颈部和躯干部皮下气肿；毒素刺激连接丘脑的纹状体后，可使物质代谢机能发生紊乱，影响糖、蛋白质和脂肪的中间代谢过程，特别是胰腺发生急性坏死，胰岛素缺乏，糖原合成受阻，能量过分消耗，促使脂肪分解，产生大量酮体。

3. 症状 羊采食黑斑病甘薯后24～48 h发病，表现为精神不振，结膜充血或发绀，食欲、反刍减弱或废绝，瘤胃蠕动减弱或停止。心力衰竭，心音增强或减弱，心率可达90～150次/min，节律不齐，呼吸困难，呼吸次数增加且呼气长度明显大于吸气长度，咳嗽，尿量减少；四肢集于腹下，拱背站立；重症时排血便，粪便带黏液、血丝，甚至有脓块，最终因呼吸衰竭窒息而死亡。

4. 病理解剖变化 特征性病理变化是肺脏显著肿胀，比正常时大3倍以上。轻型病例发生肺水肿和肺泡性气肿，肺组织高度充血、出血，切开时流出大量泡沫；严重时气管内含有白色泡沫状黏液，肺淋巴结肿大。脾脏轻度肿大，边缘有点状出血。肾脏出血。肝脏肿大，高度充血；胆囊稍肿大，呈金黄色，充满黄绿色胆汁。皱胃有充血及出血，肠系膜淋巴结肿大、出血或坏死，内有未消化的甘薯块等。

5. 诊断 依据发病季节及吃烂甘薯病史，临床上发病突然，呼吸脉搏加快，尤其有显著的呼吸障碍即可初步确诊。本病多群发，发病时体温不升高。病理解剖时见胃内有黑斑病甘薯残渣可予以确诊。

6. 治疗 本病尚无特效解毒剂。对病羊应对症治疗，如排出体内毒素、缓解呼吸困难、提高肝脏解毒和肾脏排毒功能等。

（1）在毒物尚未完全吸收前，通常进行催吐、洗胃，或内服泻剂。洗胃可用清洁温水，1‰高锰酸钾溶液或1‰过氧化氢。内服泻剂，如硫酸镁、硫酸钠、人工盐等，还可用大量温水反复多次灌肠，排出有毒物质。

（2）缓解呼吸困难。静脉注射5%～10%硫代硫酸钠，每千克体重1～2 mL，或静脉注射维生素C 0.5～2 g，有助于增加细胞内呼吸。呼吸极度困难时，还可皮下输氧进行抢救。

（3）提高肝脏解毒功能和肾脏排毒功能。静脉注射等渗葡萄糖溶液和维生素C。对于肺水肿病例，20%葡萄糖酸钙50 mL或5%氯化钠100 mL，缓慢静脉注射，同时给予利尿剂和脱水剂，以提高肾脏排毒机能。酸中毒时，可用5%碳酸氢钠溶液100 mL静脉注射。

（4）严重病例可根据羊体大小和体质强弱，进行静脉放血，使有毒物质随血液流出。放血后，输等量的糖盐水或生理盐水，也可在放血后进行输血。放血前可肌内注射强心剂。高度心力衰竭病羊不宜放血。用白矾、贝母、白芷、郁金、黄芩、甘草、石苇、黄连、龙胆各6 g，蜂蜜30 g，水煎调蜜一次灌服。

7. 预防 在收获甘薯的过程中，要力求薯皮完整、勿伤薯皮。储藏和保管时，要保持干燥和密封，温度控制在11～15 ℃。对已发生霉变的黑斑病甘薯，禁止乱扔乱放，应集中烧毁或深埋，以免病原菌传播。禁止用病薯及其加工后的副产品喂羊。盛产甘薯地区要加强饲养管理，防止奶山羊采食霉烂甘薯。

七、黄曲霉毒素中毒

黄曲霉毒素中毒是人畜共患且危害严重的一种真菌毒素中毒性疾病。该毒素主要引起肝细胞变性、坏死、出血、胆管和肝细胞增生。临床上以全身出血、消化机能障碍、腹水、神经症状等为特征。长期慢性小剂量摄入还有致癌作用。

1. 病因　黄曲霉毒素目前已发现有 20 种，其中以黄曲霉毒素 B_1、黄曲霉毒素 B_2、黄曲霉毒素 G_1、黄曲霉毒素 G_2 毒素毒力较强，尤其是黄曲霉毒素 B_1 毒性最强，主要是黄曲霉和寄生曲霉等产生的有毒代谢产物。这些产毒霉菌广泛存在于自然界中，最适宜它们繁殖和产毒的条件一般是饲料中水分含量在 16% 以上，空气相对湿度在 80% 以上，温度为 24～30℃。因此，饲料中的水分越高，产黄曲霉毒素的数量就越多。

本病一年四季均可发生。但在多雨季节，温度和湿度又较适宜时，若饲料加工、储藏不当，更易被黄曲霉菌污染，导致黄曲霉毒素中毒。

2. 症状　黄曲霉毒素是一类肝毒物质，尽管山羊对黄曲霉毒素的耐受性较强，但大剂量仍然能引起中毒。本病呈慢性经过，病羊表现为精神委顿，反应淡漠。有时垂头呆立，似昏睡状，触摸皮肤任何部位时，感觉很敏感。不愿行动，强迫行走时步态蹒跚，有时兴奋不安，磨牙。眼干羞明、流泪，逐渐变为视力障碍，眼结膜变为淡黄色。厌食，反刍和胃蠕动减退，表现有前胃弛缓症状。间歇性腹泻，粪中可夹有血液、黏液，腹泻与便秘交替出现。有时出现腹水，严重脱水，被毛粗而逆立，羊迅速消瘦。有的病羊颌下、前胸及四肢有水肿。亦可导致羊流产或羔羊生活力不强。

3. 病理解剖变化　肝脏肿大、变黄，并有点状出血，偶见坏死。胆囊肿大，胆汁稠，且胆囊黏膜出血。胃肠黏膜出血，并有腹水。肾黄染或有黄色区。淋巴结出血、水肿。

4. 诊断　根据采食霉变饲料史、症状与病理变化进行诊断，确诊需检测黄曲霉毒素并分离病原菌。

5. 防治

（1）发现羊群中毒时，立即停喂霉变饲料，清洗料槽，改喂富含碳水化合物的青绿饲料和高蛋白质饲料，减少或不喂脂肪含量过高的饲料。给予清洁饮水，加强护理，一般病情较轻者可自然康复。

（2）病羊及时用硫酸钠，每只 30～50 g，配成 10% 溶液灌服，连喂 2 次，间隔 5 h，加速胃肠道毒物的排出；重症者同时采用保肝和止血疗法，按羊的体重用 20%～50% 葡萄糖溶液、维生素 C、10% 氯化钙溶液静脉滴注，每天 1 次，连用 3 d。为了控制继发性感染，酌情应用青、链霉素等抗生素，但切忌用磺胺类药物。

（3）平时加强饲料卫生检查，发现饲料有黄曲霉菌轻度污染时，选用福尔马林熏蒸（1 m^3 用福尔马林 25 mL、高锰酸钾 25 g、水 12.5 mL 混合）或者用过氧乙酸喷雾（1 m^3 用 5% 过氧乙酸液 2.5 mL 喷雾）；或用氨处理黄曲霉毒素污染的饲料，在 275 kPa 下，72～82℃，使去毒效果达到 98%～100%，并且使饲料中含氮量增高，也不破坏赖氨酸。

第四节　常见消化道疾病

一、消化不良

消化不良（indigestion）也称胃肠卡他，是胃肠黏膜表层的浆液性炎症，同时伴有

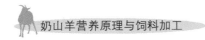

胃肠神经支配失调及运动和分泌等机能的紊乱，因而表现食欲障碍。本病常发生于羔羊及老龄体弱羊。

1. 病因

（1）原发性胃肠卡他主要是由于饲养管理不当，饲料品质不良（腐败、冰冻等），长期饲喂不易消化的饲料，饲料突然改变，饲喂不规律，过食营养丰富的饲料，圈舍潮湿寒冷以及错误地使用有刺激性的化学药品等。

（2）继发性胃肠卡他，常见于许多传染病和寄生虫病。此外，其他器官（牙齿、口腔、心、肺、肝、肾等）的疾病，也可继发胃肠卡他。

2. 症状 病羊精神不振，倦怠无力，食欲减退，反刍减弱或停止，嗳气增加，咀嚼缓慢。体温常无变化，仅在有并发症时才见有发热。发病初期，仅胃受损时，眼结膜充血，鼻镜干燥，口腔黏膜潮红，舌苔增厚，口腔发臭。触诊皱胃部，感觉过敏，有时有轻微的腹痛症状，羔羊尚可见到吐乳，肠音减弱，粪便干燥。发病后期，衰弱无力，逐渐消瘦，背弓起，毛粗皮干，腹部卷缩，排粪迟滞或便秘。有时消化不充分的胃内容物进入肠道后，腐败发酵，刺激肠壁而引起腹痛，并发生腹泻，故常有便秘和腹泻交替发作的现象。

当发生肠卡他时，若为小肠一部分发生卡他，粪便几乎是正常的。大肠卡他时，肠音增强，排稀粪，甚至肛门失禁，不随意排出恶臭稀粪，污染肛门、后肢及尾部。如治疗不及时，病情加重，食欲废绝，全身极度虚弱，脱水，常常引起酸中毒而虚脱死亡。

3. 治疗

（1）清理胃肠内容物，并配合使用健胃剂，当胃肠内容物剧烈发酵时，应及时用止酵剂。

（2）用硫酸钠 25～50 g，或液状石蜡或植物油 50～100 mL，清理胃肠。

（3）当胃酸升高，伴发唾液分泌增加，可内服人工盐 10～30 g，大黄酊、陈皮酊、龙胆酊各 5～10 mL，大蒜酊 10～20 mL。也可内服健胃片或酵母片 2～5 g；当胃酸分泌量低，伴发口腔干燥时，可在清理胃肠内容物后，给予稀盐酸 2～5 mL 或苦味健胃药如龙胆酊 3～5 mL、番木鳖酊 2～3 mL。

（4）腹泻时，可用胃肠消炎药或收敛剂。胃肠消炎药可用磺胺脒每千克体重 0.1 g（首次剂量应加倍），每天 2～3 次，加水灌服，连用 3～5 d。收敛剂应在非传染性腹泻或确诊有害物质已从肠道排出时才可应用。常用鞣酸蛋白 2～3 g、次硝酸铋 2～5 g，加水灌服，连用 3～5 d。

（5）中药治疗（平胃散）。苍术 10 g、厚朴 6 g、枳壳 6 g、茯苓 6 g、陈皮 10 g、胆草 10 g、甘草 5 g，水煎，去渣灌服，每天 1 剂，连用 3 d。

4. 预防 加强饲养管理，排除病因。病羊应减食，给以优质干草和容易消化的饲料，供给清洁的饮水。

二、胃肠炎

胃肠炎（gastroenteritis）是奶山羊胃肠壁表层或者深层组织出现的炎症变化。临床主要特征是病程短促，严重影响胃肠机能，并容易引起自体中毒。

1. 病因　胃肠炎可分为原发性胃肠炎与继发性胃肠炎，两种性质的胃肠炎发病原因不同。

（1）原发性胃肠炎　致病原因可以归纳为受到生物性刺激。主要是养殖人员在养殖过程中处理方式不当，没有合理地对饲料进行搭配，采用的饲料质量低劣并且存在异物。甚至羊可能误食如有毒的植物洋槐、喷洒农药的饲料以及农作物等，或者饲料中含有腐败发霉以及难以消化食物以及不卫生的饮水，均会导致羊发生胃肠炎。

（2）继发性胃肠炎　最常见于羊感染了某些急性热性传染病，从而继发出血性败血症、副伤寒、肠结核以及炭疽等而导致。除此之外，当羊患有蛔虫病、绦虫病等寄生虫病时，也会导致羊出现继发性胃肠炎。

2. 发病机制　本病主要是由于胃肠道受到各种致病因素的刺激，出现不同程度的病变，并且病变可从表层黏膜蔓延至深层组织，由卡他性变成出血性、坏死性胃肠炎。胃肠道中存在的刺激物会与肠液、胃肠组织以及胃之间彼此作用，先是损伤肠壁上皮细胞，并发生脱落，且会增强蠕动，导致胃肠道内容物的消化和吸收受到严重影响；加之大肠段吸收液体的作用减弱或者完全丧失，会引起腹泻。当消化道内容物出现异常分解，如糖类发酵以及蛋白质腐败产生的物质，会对胃肠壁造成进一步刺激，同时导致粪便散发恶臭味。另外，机体发生腹泻后会流失大量的水分、氯化物以及电解质，从而引起脱水；在某些细菌毒素的作用下以及吸收有毒物质，也会进一步破坏消化道表层黏膜，促使机体流失更多的血液和体液。随着脱水、失盐而引起酸中毒等发生，必然会促使血液出现浓缩，增大外周循环阻力，促使心脏负荷加重。在不能进行心脏代偿时，就会快速发生心力衰竭和外周循环衰竭，使机体出现休克。此外，肠黏膜发生破损和坏死后，会导致机体失去屏障机能，大量细菌和毒素进入血液，从而引发败血症。

3. 症状　病羊精神沉郁，食欲废绝，渴欲增加或废绝，眼结膜先潮红后黄染，舌面皱缩，舌苔黄腻，口干而臭，鼻端、四肢等末梢冰凉，常伴有轻度腹痛。持续腹泻，粪便呈水样、恶臭或腥臭并混有血液及坏死组织片，腹泻时肠音增强；病至后期，肠音减弱或消失，肛门松弛，排粪失禁或不断努责但无粪便排出。若炎症主要侵害胃及小肠，则口腔变化明显，肠音逐渐变弱，排粪减少，粪干色暗，混杂黏液，后期才出现腹泻，也有始终不腹泻的。腹泻剧烈的病羊，由于脱水和自体中毒，症状加剧，眼球下陷，腹部紧缩。多数病例体温升高达 40 ℃以上，脉搏初期增速，以后变细速，每分钟达 100 次以上，心音亢进，呼吸加快。霉菌性胃肠炎，呈急性胃肠炎症状，后期神经症状明显，病羊狂躁不安，盲目运动。

实验室检查发现，白细胞总数增多，中性粒细胞增多，核型左移。血液浓稠，红细胞比容和血红蛋白均增高。尿呈酸性反应，尿中出现蛋白质，尿沉渣内可能有数量不等的肾上皮细胞、白细胞、红细胞，严重者可出现管型尿。

4. 病理解剖变化　肠道内容物混有血液、恶臭，黏膜出现血斑症状；如果肠黏膜坏死，黏膜表面会慢慢形成霜状覆盖物，这种情况下黏膜发生水肿，会使白细胞浸润。当坏死组织剥落后，就会留下烂斑，形成溃疡。

5. 临床诊断　根据病羊全身症状，判断病羊舌苔变化情况、粪便中病理性产物以及食欲是否正常等。当怀疑病羊出现中毒时，需仔细检查饲喂草料及其他可疑物质。若病羊在临床上出现明显的口臭以及停止采食的症状，造成此类状况的原因可能在于病羊胃发生病变。若病羊出现较为明显的腹痛症状，先便秘且伴有轻微腹痛后腹泻症状，病羊可能出现小肠病变；若病羊身体快速脱水，先腹泻且呈里急后重症状，则表明其为大肠病变。

6. 治疗 治疗原则是清理胃肠，抑菌消炎，补液、强心、解毒。首先让病羊安静休息，给予清洁饮水，绝食 2～3 d，每天输给葡萄糖液以维持营养。

（1）清理胃肠 排除有毒物质，减轻炎性刺激，缓解自体中毒，一般内服液状石蜡 50～100 mL 或植物油 100 mL，鱼石脂 1～5 g，加水适量，一次灌服。

（2）抑菌消炎 轻症的胃肠类，可内服 0.1% 高锰酸钾液 500～1 000 mL，每天 1～2 次，也可肌内或静脉注射抗生素，如红霉素、氨苄青霉素、先锋霉素等。为吸附胃肠的毒素，可内服活性炭 10～25 g，每天 2 次；矽炭银 5～10 g，每天 2～3 次。当粪稀似水、频泻不止且粪臭味已不重时，则应止泻，可用鞣酸蛋白 2～5 g、次硝酸铋 2～6 g、木炭末 20 g、碳酸氢钠 5～15 g，加水适量，一次内服。

（3）补液、强心、解毒 常用 5% 葡萄糖生理盐水 500 mL，10% 维生素 C 注射液 10 mL，40% 乌洛托品 10 mL，混合后一次静脉注射；或用 5% 葡萄糖生理盐水 250 mL，碳酸氢钠 50 mL，20% 安钠咖溶液 5 mL，一次静脉注射。当症状基本消失时，可内服各种健胃剂，以加速胃肠机能的恢复。

7. 预防 加强饲养管理，注意饲料质量，不可饲喂霉败的饲草饲料，防止羊采食湿草、露水草。饲喂要确保定时定量，先粗后精，少给勤添，并禁止饮用不洁的污水。羊体保持清洁、卫生，羊舍干燥和通风良好；定期对羊群进行驱虫、消毒。

三、瘤胃臌气

瘤胃臌气（ruminal tympany）又称胀气、胀肚，是由于羊采食过量容易发酵的饲料，导致内容物在瘤胃内发酵，产生大量气体，机体对气体的吸收与排出发生障碍，致使瘤胃急剧膨胀的一种胃部疾病。本病多发于春夏季节，发病急、病程短，可导致羊窒息死亡。

1. 病因

（1）原发性瘤胃臌气 泡沫性臌气，主要是由于食入大量的豆科牧草（均含有蛋白质、果胶、皂苷等物质），如新鲜的苜蓿、红三叶、豌豆蔓叶、紫云英、草木樨等，或采食大量的谷物性饲料，如小麦粉、玉米粉等，都能够导致泡沫性臌气。非泡沫性臌气，主要是由于羊食入含有较高水分、容易发酵的饲草饲料，如幼嫩多汁的青草或饲草，饲料经过雨、露、霜、雪侵蚀，可引起发病。

（2）继发性瘤胃臌气 前胃弛缓、食管阻塞、腹膜炎以及发热性疾病等容易继发本病。除食管阻塞可发生急性瘤胃臌气外，其他疾病引起的瘤胃臌气多为慢性经过。另外，秋季羊容易发生肠毒血症，也能够继发引起急性瘤胃臌气。

2. 发病机制 正常情况下，反刍动物采食日粮进入瘤胃内会发酵分解生成一定量的气体，这些气体经由反刍、嗳气、胃肠吸收而被排到体外，使体内产气和排气之间处于一种动态平衡状态。但如果受到某些致病因素的影响，导致这种动态平衡被破坏，则会造成反刍动物体内发生病变。例如，当反刍动物采食过多的豆科牧草，在胃酸以及微生物作用下快速发酵生成大量气体，且会与存在于瘤胃内的牧草形成泡沫状食糜，引起瘤胃的消化机能发生障碍，造成中枢神经调节功能紊乱，胃肠蠕动缓慢，无法有效排气，再加上豆科牧草会在瘤胃内发生剧烈发酵而生成气体，导致机体的排气能力无法适应发酵产气的剧烈程度，这种动态平衡被破坏，瘤胃内积聚大量气体，进而引起瘤胃臌气。

3. 症状

（1）急性瘤胃臌气　病程通常呈急性经过。发病初期，病羊精神萎靡，举止不安，角膜周围血管出现扩张，结膜发生充血，频繁起卧，并回头望腹，腹部明显臌胀。瘤胃开始时收缩明显增强，之后逐渐减弱或者彻底消失，且左侧肷窝明显凸出。腹部比较紧张，且具有弹性，进行叩诊能够发出鼓音。随着瘤胃的不断扩张，会压迫膈肌，导致呼吸加速且过于费力，有时甚至会伸展头颈，张口伸舌呼吸，次数明显增加，呼吸非常困难。病羊出现心悸，脉搏加速，后期心力严重衰竭，症状严重。如果发生泡沫性臌气，往往会从口腔中喷出或者逆呕出泡沫状唾液。发病后期，病羊呼吸极度困难，心力衰竭，血液循环紊乱，静脉怒张，目光恐惧，黏膜发绀，大量出汗，无法稳定站立，行走摇摆，通常会突然倒地，并出现痉挛和抽搐，最终出现窒息和心脏功能异常症状。

（2）慢性瘤胃臌气　通常是非泡沫性的，间歇性发作，放气后不久，又逐渐产生新的气体。胀气虽然不像急性臌气那样严重，但病程较长，食欲减退、反刍减少，病期不定，可拖数周、数月，病羊逐渐消瘦、衰弱，间歇性腹泻和便秘，体温和脉搏无明显变化。

4. 病理解剖变化　病羊瘤胃内存在大量气体，还存在较多的泡沫状内容物。有时瘤胃或膈肌发生破裂，瘤胃腹囊黏膜存在出血斑，甚至黏膜下形成瘀血。胸膜以及心包上出现小点状或线状充血，肺脏发生充血，类似窒息引起的病变，肝脏和脾脏由于受到压迫而呈现贫血，浆膜下发生出血等。

5. 诊断　主要与瘤胃积食进行鉴别，一般羊在采食后很快发病，初期表现出食欲不振或完全废绝，反刍次数逐渐减少，最终完全停止，瘤胃蠕动音先是增强，然后逐渐减弱或完全消失，耳根变凉，鼻镜干燥，口舌初期赤红，后期变成青紫，口腔呼出臭气，排出少量干黑粪便，有时会排出散发恶臭味的稀软粪便。症状严重时，病羊弓背，不断咩叫，腹痛不安，频繁起卧，卧地后会将四肢紧贴于腹部，并向外伸展，有时会用角或后肢撞击腹部，左肷窝处鼓胀，腹围明显膨大，结膜发红，呼吸急促，脉搏加快，如果无并发症，体温基本正常，对瘤胃触诊反应敏感，且可触摸到瘤胃有面团状的内容物。发病末期，病羊体力衰竭，不断战栗，四肢无力，走动不稳，有时卧地陷入昏睡状态。

6. 治疗　本病的治疗原则是排气、止酵、泻下、补充体液。

（1）使病羊两前肢站在高处，口角衔以短木棒，两头以细绳结扎在角根上或颈部，用拳头有规律地按压瘤胃区，每次 10～20 min，以排出胃内气体。为了防止继续发酵，可灌服氧化镁（小羊 4～6 g，大羊 8～12 g）或其他止酵药物。对泡沫性臌气的病例，可投服消沫剂，如二甲硅油 0.5～1 g，或 2% 聚合甲基硅香油 25 mL 加水稀释，一次灌服，或消胀片（每片含二甲硅油 25 mg 及氢氧化铝 40 mg）10～15 片，研磨一次灌服。

（2）严重病例应立即采取急救措施。用胃管排出瘤胃中气体，也可用套管针在左肷窝部穿刺放气，穿刺前后要严格消毒，以防局部感染，放气应缓慢进行。待气体放完后通过胃管灌入（或套管针注入）油类 60～100 mL 或止酵药物。

（3）对继发性瘤胃臌气，除上述措施外，应积极诊治原发病。

7. 预防　合理搭配日粮，确保日粮中含有适量的粗饲料。大多数情况下，羊每天都要采食一定量的粗饲料，至少是日采食量的 10%～15%。控制发酵日粮的喂量，且饲喂谷物类饲料不能够研磨过细。加强看管，避免羊偷食豆科作物，并控制采食含露水青草的量。禁止采食发生霉变的饲料、饲草以及容易发酵或者难于消化的饲料，且在补饲过程中最好添加适量的止酵剂，如人工盐等，也具有较好的预防效果。羊更换草料前，最好经过一段时间的适应，例如羊从冬季舍饲变成春季放牧饲养时，可提前几天在舍内饲喂一些干草，使其逐渐适应。

四、瘤胃积食

羊瘤胃积食（impaction of rumen）是由于过量饲料滞留在瘤胃内引起的一种消化不良性疾病。本病以反刍、嗳气停止，瘤胃容积增大，胃壁受压及运动神经麻痹为特征。舍饲奶山羊最易发生本病，特别是老龄体弱羊多见。

1. 病因

（1）采食大量不易消化的粗饲料　羊采食过多的秸秆类或者藤类饲料，尤其是呈半干枯状的黄豆秸、甘薯藤或者花生藤等，极易对其瘤胃造成极大的刺激和压迫，导致植物神经系统功能发生紊乱，使饲料在瘤胃内积聚，受到发酵菌的作用，出现异常发酵而产生大量气体，发生膨胀，进一步使瘤胃所受的刺激和压迫加重，促使感受器过于兴奋，增强瘤胃蠕动，此时如果瘤胃内积聚的内容物无法通过瘤胃的收缩蠕动而向后移动，就会导致瘤胃感受器从兴奋性状态转变成抑制性状态，进而造成瘤胃蠕动缓慢，甚至完全停止，并进一步增大瘤胃容积，导致瘤胃明显扩张且发生麻痹，引发本病。

（2）采食大量的精饲料　羊一次性或者持续多次采食过多的精饲料，或者由于管理粗放导致其在野外采食过多的未完全成熟的豆谷类农作物，造成瘤胃内微生物大量繁殖，精饲料加速发酵和分解，产生大量挥发性脂肪酸和乳酸等，破坏瘤胃内的酸碱平衡，导致机能紊乱，引起本病。

（3）饲养管理不合理　羊从饲喂粗劣饲料为主突然变成饲喂优质饲料为主，或者采食过多的干料后没有供给充足饮水或者突然大量饮水，或者食入大量发生霉败的饲料等，都能导致机体出现过食行为或对瘤胃直接造成压迫刺激，伤害瘤胃，导致其机能发生紊乱而引起积食不转，引起本病。

2. 症状　病羊主要表现腹围增大，且瘤胃上部（左侧）比较饱满，中下部向外突出引起鼓胀。伴有腹痛症状，往往会频繁回头望腹或者用后肢踢腹，起卧不安，拱背摇尾，排出的粪便中混杂未完全消化的饲料。食欲彻底废绝，反刍减少或者完全停止，对瘤胃进行听诊，发现蠕动音减弱，甚至完全消失；对瘤胃进行触诊，感到坚实、胀满，如同面团感，用手指按压会遗留压痕。病羊症状严重时，还会表现磨牙、流涎，不停呻吟，脉搏加快，心跳加速，黏膜呈深紫红色，但体温基本正常。病羊会由于瘤胃吸收大量氨导致血氨浓度明显升高，通常视力出现障碍，表现盲目转圈或者直行。部分病羊烦躁不安，卧地不起，用头抵墙，经常撞人或者呈嗜睡状。部分病羊还由于蓄积过多的乳酸，导致瘤胃渗透压明显升高，促使体液从血液流向胃部，从而发生严重脱水、眼球下陷、血液浓缩以及酸中毒。

3. 诊断　临床上表现出食欲减少，反刍减少或停止，嗳气障碍，听诊瘤胃蠕动音减弱消失，叩诊呈浊音或半浊音，可确诊为瘤胃积食。

4. 治疗　治疗原则是排出瘤胃内容物，采用健胃、消食、泻下等药物疗法，兴奋瘤胃蠕动，促进食欲和反刍恢复。

（1）及时排出瘤胃内容物，不限制饮水。对轻度发病羊，禁食2～3 d，每只羊内服酵母粉200～250 g；同时按摩瘤胃，每次10～20 min，每1～2 h按摩1次，结合按摩灌服适量的生理盐水。对较严重的病羊，每只羊用硫酸钠或硫酸镁300～400 g、植物油300～500 mL、鱼石脂15 g、酒精30 mL，温水适量，一次内服。对重症而顽固的病羊，可采用手术切开瘤胃，取出大量积食。在瘤胃内容物已泻下而食欲仍不见好转时，每只羊用番木鳖酊10～15 mL、龙胆酊40～60 mL，加水适量，一次内服。

（2）脱水时，每天静脉注射5%葡萄糖生理盐水200 mL以上，同时注射5%碳酸氢钠液100 mL。也可每只羊用11.2%乳酸钠30 mL，一次静脉注射。

（3）中药治疗

① 黄芪散　黄芪12 g、黄芩6 g、大黄45 g、芒硝65 g、厚朴12 g、枳实12 g、玉片6 g、二丑6 g、滑石12 g、麻仁12 g、千金子25 g、甘草5 g，共研末，加蜂蜜50 g，猪油或植物油50 g，一次灌服。该法适用于一般体况羊的瘤胃积食。

② 消食散　焦三仙12 g、松壳12 g、陈皮10 g、玉片6 g、菖蒲10 g、滑石10 g、木通10 g、车前10 g、甘草5 g，共研末，一次灌服。该法适用于轻度瘤胃积食。

5. 预防

（1）按日粮标准定时定量饲喂，要合理搭配日常饲料，限制精饲料饲喂量，并适当运动，防止过食。

（2）粗饲料要适当加工软化后饲喂，避免大量饲喂粗纤维含量较高、较硬实、难消化的饲料，更换饲料应逐渐进行，并注意多给羊饮水。

（3）干料、精饲料要存放在通风、干燥的地方，与地面之间要置放一层防潮材料，防止饲料霉败变质。

（4）尽量减少各种因素对羊群造成的应激反应，根据应激的不同情况，提前给予多种维生素或抗应激药物预防。

五、前胃弛缓

前胃弛缓（atony of forestomach）是由于前胃兴奋性降低和收缩能力减弱，造成消化代谢机能异常而引起的一种疾病。病羊临床表现为食欲不振，嗳气和反刍异常，瘤胃蠕动缓慢或者完全停止，如果未及时治疗容易继发酸中毒，造成消化机能紊乱。本病是羊群常发的一种疾病，在冬末春初饲料缺乏时最为常见。

1. 病因

（1）原发性前胃弛缓　羊饲喂大量精饲料或者一次性采食大量适口性好的饲料，或者采食过多较难消化的粗饲料，或者饲喂发霉变质的青贮饲料、青草、豆渣、酒糟、甘薯渣等饲料或者冰冻饲料，都能引起发病。突然调整饲料，如突然在日粮中添加大量尿素，或者将羊群转移到茂盛的禾谷类草地放牧，也能引起发病。在气候寒冷的冬季和早春，草枯水冷迫使羊采食大量的秸秆、灌木或者垫草，或者饲喂搭配不合理的日粮，导致机体缺乏维生素和矿物质，尤其是摄取钙不足时，会促使血钙水平下降，引起神经体液调节机能失调，导致单纯性消化不良，从而引起发病。

（2）继发性前胃弛缓　通常是由于感染其他疾病没有及时治愈而继发引起，临床上主要是寄生虫病容易诱发本病，常见的有结节虫病、捻转血矛线虫病、细颈线虫病等，有时肝片吸虫病也可继发本病。只要羊感染以上寄生虫病，由于虫体吸收大量的营养物质，导致机体机能严重受损，加之体内寄生虫大量繁殖，对机体产生机械性刺激，导致消化系统、运动系统紊乱，从而容易诱发前胃弛缓。

2. 症状

（1）急性者　初期表现出食欲减退，或者拒绝采食某些食物，或者采食量降低，精神萎靡，反刍减少或者无力，咀嚼动作减小，症状严重时反刍停止，或者只有稀水样内容物被反刍出来，部分出现空嚼，有时嗳气会散发酸臭味。体温基本正常，鼻镜和口腔干燥，唾液黏稠，呼出气体散发难闻气味。1～2 d 后食欲完全废绝，反刍停止，左侧䏐窝部平坦。触诊瘤胃发现含有大量质地较软的内容物，硬度如同生面团样；听诊发现瘤胃蠕动音明显减弱，且蠕动次数也明显变少，同时肠蠕动音也有所减弱。排粪较难，往往排出干硬粪便，表面附着黏液，或者排出散发恶臭的水样稀粪。如果伴有中毒症状，会表现出精神萎靡，贫血，眼球下陷，严重脱水。

（2）慢性者　反刍无规律，瘤胃间歇性发生臌气，能够采食，但无法饱食；蜷缩腹部，并逐渐发生便秘或者肠炎症状，排出泥土样或者水样粪便，并散发恶臭味。精神沉郁，拒绝站立。病程持续时间长，机体严重消瘦，被毛粗乱，体温降低，鼻镜干燥，明显脱水或者酸中毒，往往卧地不起，或者出现异嗜癖。

3. 诊断　原发性前胃弛缓根据临床症状、病因分析结合实验室检验可对本病确诊。实验室胃液检验，前胃弛缓 pH 下降至 5.5 或更低。继发性前胃弛缓需进一步进行诊断。

4. 治疗　治疗原则是改善饲养管理，消除病因，恢复食欲、反刍和前胃机能，防腐止酵，防止脱水和自体中毒。

（1）病初限制喂量或绝食 1～2 d，每天按摩瘤胃数次，每次 5～10 min。宜用缓泻剂，配合止酵、健胃剂。用硫酸镁或硫酸钠 50～100 g、鱼石脂 1～2 g、温水 60～100 mL，一次灌服；或用液状石蜡 100 mL、苦味酊 2～3 mL，一次灌服。防腐止酵，可用稀盐酸 1.5～3 mL、酒精 10 mL、温水 50 mL，或用鱼石脂 1.5～2 g、酒精 5 mL、温水 100 mL，一次内服。

（2）静脉注射促反刍液 80～100 mL 或 10％氯化钠 50～100 mL，每天 1 次，连用 2～3 次；或内服促反刍散，每只羊 15～20 g，每天 1 次，连用 2～3 次。对促进前胃蠕动有良效。

（3）为兴奋前胃蠕动，可皮下注射拟胆碱类药物氨甲酰胆碱 0.2～0.4 mg、硫酸新斯的明 2～4 mg、毛果芸香碱 5～10 mg。

（4）调节瘤胃 pH，改善瘤胃内环境，恢复微生物活性，增进前胃消化功能。瘤胃内容物 pH 降低时，用氢氧化镁 20～40 g，配成水乳剂，或用碳酸氢钠 5 g，一次内服。pH 升高时，用稀醋酸或食用醋适量，内服。给病羊灌服健康羊瘤胃液 1 000 mL，每周

2～3次，可收到良好效果。

（5）后期防止脱水和自体中毒，可用25%葡萄糖溶液100 mL，5%葡萄糖生理盐水500 mL，5%碳酸氢钠100 mL，20%安钠咖5 mL，一次静脉注射。

（6）继发性前胃弛缓，在治疗原发病的同时，应按上述方法进行治疗。

（7）中药治疗。取生姜、建曲、麦芽各25～30 g，木香、白术、党参、陈皮各15 g，全部研成粉末后加水冲调，给病羊灌服，以上药量可根据具体情况酌情加减。如果病羊在冬春寒冷季节出现发病，且被毛疏乱，耳鼻冰凉，口色淡白，流出清涎，排出水样稀粪或如泥炭样干燥粪便，还可添加砂仁、半夏、苍术、豆蔻各15～25 g，具有温中散寒、健胃燥湿的作用。

5. 预防　养殖场（户）要经常观察羊的动态变化，发现异常要及时采取相应处理措施。在合理搭配饲料、科学饲养管理的前提下，羊群要进行适量运动，禁止突然更换饲料或改变饲喂方式，防止发生各种应激。

六、瘤胃酸中毒

瘤胃酸中毒（rumen acidosis）又称乳酸酸中毒，是由于采食大量碳水化合物精饲料、糖类多汁饲料、酸性较高的青贮饲料，导致瘤胃内出现乳酸异常发酵，产生大量乳酸并积聚在瘤胃内，影响胃内微生物群活性，造成前胃机能发生障碍，从而引起全身中毒的一种急性代谢性疾病。临床特征表现为精神兴奋或沉郁，食欲减少或废绝，反刍减少或停止，瘤胃膨胀并积滞较多酸臭稀软内容物，触诊瘤胃有击水音，瘤胃蠕动减弱或停止以及脱水。

1. 病因　引起瘤胃酸中毒的主要原因是富含碳水化合物的精饲料饲喂过多，如大麦、小麦、玉米、大米、燕麦、高粱或其糟粕、配合饲料等所致。一次或多次饲喂大量谷类浓缩饲料；在泌乳高峰期不注意日粮搭配，盲目增加精饲料；粗饲料缺乏或品质不良；管理不严，致使偷食或贪食大量谷类饲料以及突然急剧地增加谷类饲料的喂量等均可发生本病。此外，过食块茎块根类饲料及其副产品，如饲用甜菜、马铃薯、甘薯、粉渣、酒糟等也可引起本病的发生。实际上精饲料的过量是相对的，关键在于它的突然性，即突然超量。若精饲料的增加是逐渐的，使奶山羊有一个适应的过程，则日粮中的精饲料比例较高，也可以防止发生瘤胃酸中毒。

2. 发病机制　羊采食大量谷物类或者豆类饲料，在瘤胃内溶淀粉链球菌、乳酸菌、链球菌等快速繁殖下，饲料发酵分解，产生高浓度乳酸、挥发性脂肪酸以及氨等，造成瘤胃pH明显降低，且随着pH的降低导致瘤胃蠕动缓慢甚至完全停止，并严重破坏瘤胃内处于平衡状态的微生物区系。另外，胃肠内生成的大量氨会通过门静脉进入血液，导致血氨水平升高，由于血氨会严重刺激血管，造成脑组织发生充血，刺激交感神经过度兴奋，并出现神经症状，随后又抑制中枢神经而使羊陷入昏迷，最终导致死亡。

3. 症状

（1）最急性病例，通常在采食精饲料后4～8 h突然发病，表现为精神高度沉郁，极度虚弱，侧卧而不能站立，有时出现腹泻，瞳孔散大，双目失明。体温低下，为

36.5～38 ℃，重度脱水。腹部显著膨大，瘤胃蠕动停止，内容物稀软或呈水样，瘤胃液 pH 低于 5，甚至达 4。循环衰竭，脉搏达每分钟 110～130 次，终因中毒性休克而死亡。

（2）症状较轻的病羊精神萎靡，食欲减退或废绝，空嚼磨牙，流涎，反刍减少，瘤胃中度充盈，收缩无力，听诊蠕动音消失，触诊瘤胃呈生面团样或较软，瘤胃液 pH 为 5.5～6.5。全身症状明显，体温正常或偏低，脉搏加快，结膜潮红。眼球下陷，尿量减少，机体轻度脱水。

4. 诊断 主要依据有过食或偷食富含碳水化合物饲料的病史，结合前胃消化机能障碍、瘤胃充满稀软内容物、脱水等临床症状及瘤胃液 pH 降低、血浆二氧化碳结合力降低和血液乳酸升高等特征即可确诊。

5. 治疗 治疗原则是排出有毒胃内容物，中和瘤胃内容物酸度，纠正酸中毒，及时补充体液，防止脱水。

（1）排出瘤胃内容物 先用胃管排出瘤胃内容物，再用石灰水（生石灰 1 kg，加水 5 kg 充分搅拌，用其上清液）反复冲洗，直至瘤胃液无酸臭味，pH 呈中性或弱碱性为止。当瘤胃内容物很多，导胃无效时，也可采用瘤胃切开术。

（2）纠正酸中毒 中和瘤胃内酸度可用石灰水、氢氧化镁或氧化镁、碳酸氢钠或碳酸盐缓冲剂。中和血液酸度，缓解机体酸中毒，可静脉注射 5％碳酸氢钠溶液 500～1 000 mL。

（3）补充体液防止脱水 5％葡萄糖生理盐水或复方氯化钠溶液 500～1 000 mL，静脉注射，在补液中加入强心剂则效果更好。

6. 预防措施 严格进行日粮搭配，注意精饲料与粗饲料比例（以干物质计），泌乳前期 50∶50，泌乳中后期 35∶65，干奶期 15∶85；在泌乳前期，加喂精饲料时，要逐渐增加，让羊有一个适应过程，一般适应期为 7～10 d；精饲料内添加缓冲剂和制酸剂，如碳酸氢钠、氢氧化镁或氧化镁等使瘤胃内 pH 保持在 5.5 以上，也可在精饲料内添加抑制乳酸生成的抗生素，如拉沙里菌素、莫能菌素、硫肽菌素等。

七、肠便秘

肠便秘（constipation）是由于肠道功能障碍，肠内容物在肠道某部发生停滞而引起的。停滞可发生在小肠段，也可在大肠段。病势发展较快，常造成肠管阻塞或半阻塞。

1. 病因 原发性肠便秘主要是由于饲养管理不当，如长期饲喂粗硬饲料、富含纤维素的饲料，加之饮水不及时或不足，饥饱不均，缺少运动等，均能引起肠便秘。

2. 症状 食欲减退或废绝，口渴喜饮，开始表现不安，后期精神沉郁。体温、脉搏、呼吸常无变化。病初还能排出少量干小粪球，附有白色或红色黏液，后期排粪困难或完全停止。尿少而黄。有时腹部鼓胀，触诊腹部常有痛感，可摸到如念珠状的硬粪球。肠蠕动音微弱或消失。此外，随着病程延长，还可引起病变部位肠壁发炎、坏死、渗出物增多，并发生局限性腹膜炎。

3. 防治

（1）合理搭配青、粗、精饲料，不要用粗硬的粗饲料喂羊，要干湿适当并配合适量

的食盐，随时供给清洁的饮水。饲喂要定时、定量，防止饥饱不均，保证一定时间的运动。

（2）发病后，应停止饲喂，给予充足的饮水，用温的肥皂水进行深部加压灌肠，并配合驱赶运动及腹壁按摩，促使粪块排出。

（3）投服盐类泻剂，如硫酸钠（或硫酸镁）50～100 g，加水灌服，也可用液状石蜡或植物油 100～200 mL 灌服。

（4）在确诊病羊非肠变位和粪块已软化时，可用敌百虫 2～4 g 加水灌服，能迅速达到通便的目的。

（5）中药治疗。大黄 12 g、芒硝 15 g、枳实 6 g、厚朴 6 g、麻仁 30 g、神曲 15 g，水煎服或研末开水冲服。

本　章　小　结

羊营养代谢病是羊生产管理过程中常见而又不易被养殖企业重视的一种疾病。营养物质是羊生命活动的基础。营养物质的缺乏或过多，以及某些与健康和生产不相适应的内外环境的影响，都可能引起羊营养物质平衡失调，导致机体新陈代谢和营养出现障碍，致使机体生长发育不良，生产力、生殖能力和抗病能力降低，甚至危及生命。此外，羊也会出现营养缺乏和代谢紊乱的现象。

羊营养代谢疾病发生原因复杂，主要有日粮配合不均衡，营养物质的消化吸收受到影响，生理情况下营养物质需要增多而得不到满足。疾病发生时，主要特征有群发，发病率较高；种羊及羔羊易发；临床症状表现多样，出现异食癖、贫血、生长发育受阻、消化障碍、机体衰竭、生殖系统紊乱或生殖能力下降等；特征性病理变化明显，如羔羊缺硒会发生白肌病；光照不足，易发生维生素 D 缺乏，继而致使钙磷代谢障碍，出现佝偻病；羊妊娠毒血症，呈现明显的神经症状。多呈地方性流行，往往与某些特定地区的土壤和水源中饲料元素含量有密切关系，常称这类疾病为生物地球化学性疾病，也称为地方病。

防治羊营养代谢性疾病要做到以下几点：第一，做好饲养条件、生理状况的调查；第二，注意临床症状的识别；第三，给予合理的日粮营养水平；第四，使用营养性舔砖或复合添加剂预混合饲料；第五，加强饲养管理，给羊创造一个适宜生长与生活的良好环境；第六，对饲料合理加工调剂和防止霉变。

➡ **参考文献**

崔中林，罗军，2005. 规模化安全养奶山羊综合新技术［M］. 北京：中国农业出版社.

樊芳君，2012. 高产奶山羊生产瘫痪病的防治［J］. 中国畜禽种业，8（5）：47.

高燕，朱新元，2012. 山羊亚硝酸盐中毒的诊治［J］. 当代畜牧（4）：32.

李颖，2018. 羊胃肠炎的病因、临床症状和治疗措施［J］. 现代畜牧科技（3）：112.

林晓华，迟静，李曰海，2011. 奶山羊妊娠毒血症的诊断及治疗［J］. 养殖技术顾问（8）：108.

罗军，魏伍川，王惠生，1997. 奶山羊饲养实用技术 [M]. 西安：西北大学出版社.

汤丽敏，2017. 羊瘤胃臌气的发病原因、临床症状和治疗措施 [J]. 现代畜牧科技（5）：86.

唐式校，2011. 幼羊佝偻病诊治 [J]. 中国草食动物，31（1）：74.

唐守营，2017. 羊有机磷农药中毒的防治 [J]. 畜牧兽医科技信息，10：56.

田秘，2016. 羊异食癖的病因、诊断和治疗 [J]. 现代畜牧科技（4）：98.

王冬宝，李长志，梁甲明，2013. 羊氟中毒的诊断与防治 [J]. 养殖技术顾问（8）：153.

王文元，2014. 新生羔羊低血糖症的发生及其治疗 [J]. 畜牧兽医杂志，33（3）：87-89.

夏道伦，孔德军，2018. 羔羊缺铁性贫血病的发病原因及防治 [J]. 兽医导刊（1）：22-23.

辛英霞，胡月超，倪志广，2009. 羊黑斑甘薯毒素中毒的诊疗 [J]. 黑龙江畜牧兽医（8）：87.

张思艳，2018. 羊瘤胃积食的发生与防治 [J]. 甘肃畜牧兽医，48（5）：41-42.

张文明，2016. 羊前胃弛缓的病因、症状及中西药治疗 [J]. 现代畜牧科技，11：132.

张秀海，2007. 羊黄曲霉毒素中毒的防治 [J]. 山东畜牧兽医（4）：61.

郑洋，2017. 羊瘤胃酸中毒的发病因素、临床症状及治疗方法 [J]. 现代畜牧科技（2）：153.

朱贵民，李士杰，2015. 羊氢氰酸中毒的诊疗及综合防治措施 [J]. 农民致富之友，20：283.

朱先斌，2017. 羔羊白肌病的发病特点、临床表现、剖检变化与防治 [J]. 现代畜牧科技，12：96.

附　　录

附录一　奶山羊的矿物质需要

表 1　生长山羊（公羊、母羊、羯羊）的矿物质需要

体重[a] (kg)	体增重[b] (g/d)	DMI[c] (kg/d)	Na (g/d)	Cl (g/d)	K (g/d)	Mg (g/d)	S (g/d)	Co (mg/d)	Cu (mg/d)	I (mg/d)	Fe (mg/d)	Mn (mg/d)	Se (mg/d)	Zn (mg/d)
10	0	0.35	0.19	0.28	1.6	0.18	0.9	0.04	9	0.18	1	3	0.29	2
10	25	0.33	0.24	0.31	1.6	0.23	0.9	0.04	8	0.16	9	4	0.33	4
10	100	0.39	0.39	0.40	1.9	0.38	1	0.04	10	0.19	33	9	0.46	10
15	0	0.50	0.28	0.41	2.3	0.26	1.3	0.06	13	0.25	2	4	0.30	2
15	25	0.49	0.33	0.44	2.3	0.31	1.3	0.06	12	0.25	10	6	0.34	4
15	100	0.54	0.48	0.54	2.6	0.46	1.4	0.06	13	0.27	34	10	0.47	11
20	0	0.66	0.38	0.55	3.0	0.35	1.7	0.07	16	0.33	3	5	0.31	3
20	25	0.70	0.43	0.58	3.2	0.40	1.8	0.08	17	0.35	11	7	0.35	5
20	100	0.67	0.58	0.68	3.3	0.55	1.8	0.07	17	0.34	34	12	0.48	11
20	150	0.71	0.68	0.74	3.6	0.65	1.9	0.08	18	0.36	50	15	0.56	16
25	0	0.78	0.47	0.69	3.6	0.44	2.0	0.09	19	0.39	4	7	0.32	4
25	25	0.81	0.52	0.72	3.8	0.49	2.1	0.09	20	0.40	11	8	0.36	6
25	100	0.84	0.67	0.81	4.1	0.64	2.2	0.09	21	0.42	35	13	0.49	12
25	150	0.86	0.77	0.88	4.3	0.74	2.2	0.10	22	0.43	51	16	0.57	16
30	0	0.89	0.56	0.83	4.2	0.53	2.3	0.10	22	0.44	4	8	0.32	5
30	25	0.97	0.61	0.86	4.5	0.58	2.5	0.11	24	0.48	12	10	0.37	7
30	100	1.03	0.76	0.95	4.9	0.73	2.7	0.11	26	0.51	36	14	0.49	13
30	150	0.99	0.86	1.01	4.9	0.83	2.6	0.11	25	0.49	52	17	0.58	17
30	200	1.05	0.96	1.08	5.2	0.93	2.7	0.12	26	0.52	67	21	0.66	21
35	0	1.00	0.66	0.96	4.8	0.61	2.6	0.11	25	0.5	5	9	0.33	5
35	25	1.08	0.71	0.99	5.1	0.66	2.8	0.12	27	0.54	13	11	0.37	7
35	100	1.24	0.86	1.09	5.8	0.81	3.2	0.12	31	0.62	36	16	0.57	14
35	150	1.19	0.96	1.15	5.8	0.91	3.1	0.13	30	0.60	52	19	0.59	18
35	200	1.18	1.06	1.21	5.9	1.01	3.1	0.13	29	0.59	68	22	0.67	22
35	250	1.23	1.16	1.28	6.2	1.11	3.2	0.14	31	0.62	84	25	0.75	26
40	0	1.10	0.75	1.10	5.4	0.70	2.9	0.12	28	0.55	6	11	0.33	6

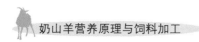

（续）

体重[a]	体增重[b]	DMI[c]	Na	Cl	K	Mg	S	Co	Cu	I	Fe	Mn	Se	Zn
(kg)	(g/d)	(kg/d)	(g/d)	(g/d)	(g/d)	(g/d)	(g/d)	(mg/d)	(mg/d)	(mg/d)	(mg/d)	(mg/d)	(mg/d)	(mg/d)
40	25	1.18	0.8	1.13	5.7	0.75	3.1	0.13	30	0.59	13	12	0.38	8
40	100	1.34	0.95	1.23	6.4	0.9	3.5	0.15	34	0.67	37	17	0.51	14
40	150	1.35	1.05	1.29	6.5	1.0	3.5	0.15	34	0.67	53	20	0.59	19
40	200	1.33	1.15	1.35	6.6	1.1	3.5	0.15	33	0.66	69	23	0.68	23
40	250	1.37	1.25	1.41	6.8	1.2	3.6	0.15	34	0.68	85	26	0.76	27
40	300	1.41	1.35	1.48	7.1	1.3	3.7	0.16	35	0.71	100	29	0.85	31

注：a. 在确定需求量时所用的体重是应用这些需求量时所确定或估计的平均体重，用 kg 表示；b. 24 h 内体重的平均变化；c. 用能量浓度适宜的饲料所确定的干物质采食量，该饲料能量浓度能够满足动物的能量需求。

表 2　成年母羊维持的矿物质需要

体重[a]	DMI[b]	Na	Cl	K	Mg	S	Co	Cu	I	Fe	Mn	Se	Zn
(kg)	(kg/d)	(g/d)	(g/d)	(g/d)	(g/d)	(g/d)	(mg/d)	(mg/d)	(mg/d)	(mg/d)	(mg/d)	(mg/d)	(mg/d)
20	0.55	0.38	0.55	2.7	0.35	1.2	0.06	11	0.27	3	5	0.15	6
30	0.74	0.56	0.83	3.8	0.53	1.6	0.08	15	0.37	4	8	0.16	9
40	0.92	0.75	1.10	4.9	0.70	2.0	0.10	18	0.46	6	11	0.16	12
50	1.09	0.94	1.38	5.9	0.88	2.4	0.12	22	0.54	7	13	0.17	15
60	1.25	1.13	1.65	6.9	1.05	2.7	0.14	25	0.62	8	16	0.17	18
70	1.40	1.31	1.93	7.9	1.23	3.1	0.15	28	0.70	10	19	0.17	21
80	1.54	1.50	2.20	8.9	1.40	3.4	0.17	31	0.77	11	21	0.18	24
90	1.69	1.69	2.48	9.9	1.58	3.7	0.19	34	0.84	13	24	0.18	27

注：a. 在确定需求量时所用的体重是应用这些需求量时所确定或估计的平均体重，用 kg 表示；b. 用能量浓度适宜的饲料所确定的干物质采食量，该饲料能量浓度能够满足动物的能量需求。

表 3　配种期母羊的矿物质需要

体重[a]	DMI[b]	Na	Cl	K	Mg	S	Co	Cu	I	Fe	Mn	Se	Zn
(kg)	(kg/d)	(g/d)	(g/d)	(g/d)	(g/d)	(g/d)	(mg/d)	(mg/d)	(mg/d)	(mg/d)	(mg/d)	(mg/d)	(mg/d)
20	0.60	0.38	0.55	2.8	0.35	1.3	0.07	12	0.30	3	5	0.15	6
30	0.81	0.56	0.83	4.0	0.53	1.8	0.09	16	0.41	4	8	0.16	9
40	1.01	0.75	1.10	5.1	0.70	2.2	0.11	20	0.51	6	11	0.16	12
50	1.19	0.94	1.38	6.2	0.88	2.6	0.13	24	0.60	7	13	0.17	15
60	1.37	1.13	1.65	7.3	1.05	3.0	0.15	27	0.68	8	16	0.17	18
70	1.54	1.31	1.93	8.3	1.23	3.4	0.17	31	0.77	10	19	0.18	21
80	1.70	1.50	2.20	9.4	1.40	3.7	0.19	34	0.85	11	21	0.18	24
90	1.86	1.69	2.48	10.4	1.58	4.1	0.20	37	0.93	13	24	0.18	27

注：a. 在确定需求量时所用的体重是应用这些需求量时所确定或估计的平均体重，用 kg 表示；b. 用能量浓度适宜的饲料所确定的干物质采食量，该饲料能量浓度能够满足动物的能量需求。

表 4　产单羔奶山羊妊娠期的矿物质需要

体重[a]	DMI[b]	Na	Cl	K	Mg	S	Co	Cu	I	Fe	Mn	Se	Zn
(kg)	(kg/d)	(g/d)	(g/d)	(g/d)	(g/d)	(g/d)	(mg/d)	(mg/d)	(mg/d)	(mg/d)	(mg/d)	(mg/d)	(mg/d)
妊娠早期													
20	0.69	0.4	0.57	3.1	0.39	1.5	0.08	10	0.34	17	8	0.16	9
30	0.92	0.59	0.85	4.4	0.57	2.0	0.10	14	0.46	22	11	0.17	14
40	1.13	0.79	1.13	5.5	0.76	2.5	0.12	17	0.56	27	15	0.18	18
50	1.32	0.98	1.4	6.6	0.94	2.9	0.15	20	0.66	31	18	0.19	21
60	1.51	1.17	1.68	7.7	1.12	3.3	0.17	23	0.75	35	21	0.20	25
70	1.69	1.36	1.96	8.8	1.31	3.7	0.19	25	0.84	39	24	0.20	29
80	1.86	1.55	2.24	9.9	1.49	4.1	0.20	28	0.93	42	27	0.21	33
90	2.02	1.74	2.51	10.9	1.67	4.4	0.22	30	1.01	45	30	0.22	36
妊娠后期													
20	0.72	0.47	0.62	3.3	0.50	1.6	0.08	11	0.36	26	15	0.20	20
30	1.04	0.69	0.91	4.8	0.71	2.3	0.11	16	0.52	33	21	0.22	27
40	1.27	0.89	1.20	6.0	0.93	2.8	0.14	19	0.63	40	26	0.23	34
50	1.84	1.10	1.49	8.3	1.14	4.1	0.20	28	0.92	45	31	0.26	40
60	2.09	1.30	1.78	9.6	1.35	4.6	0.23	31	1.05	50	35	0.28	46
70	2.33	1.51	2.06	10.8	1.56	5.1	0.26	35	1.17	56	40	0.29	53
80	2.56	1.71	2.35	12.1	1.76	5.6	0.28	38	1.28	60	44	0.31	58
90	2.77	1.91	2.63	13.2	1.97	6.1	0.30	42	1.39	65	49	0.32	64

注：a. 在确定需求量时所用的体重是应用这些需求量时所确定或估计的平均体重，用 kg 表示；b. 用能量浓度适宜的饲料所确定的干物质采食量，该饲料能量浓度能够满足动物的能量需求。

表 5　产双羔奶山羊妊娠期的矿物质需要

体重[a]	DMI[b]	Na	Cl	K	Mg	S	Co	Cu	I	Fe	Mn	Se	Zn
(kg)	(kg/d)	(g/d)	(g/d)	(g/d)	(g/d)	(g/d)	(mg/d)	(mg/d)	(mg/d)	(mg/d)	(mg/d)	(mg/d)	(mg/d)
妊娠早期													
20	0.69	0.42	0.58	3.1	0.41	1.5	0.08	10	0.34	29	10	0.17	12
30	1.02	0.62	0.86	4.7	0.61	2.2	0.11	15	0.51	37	14	0.19	17
40	1.24	0.81	1.15	5.9	0.80	2.7	0.14	19	0.62	43	17	0.20	21
50	1.46	1.01	1.43	7.1	0.99	3.2	0.16	22	0.73	50	21	0.21	26
60	1.66	1.21	1.71	8.2	1.18	3.7	0.18	25	0.83	56	25	0.22	30
70	1.85	1.40	1.99	9.3	1.37	4.1	0.2	28	0.93	61	28	0.23	35
80	2.04	1.60	2.27	10.4	1.56	4.5	0.22	31	1.02	67	32	0.23	39
90	2.22	1.79	2.55	11.5	1.75	4.9	0.24	33	1.11	73	35	0.24	43
妊娠后期													
20	0.81	0.55	0.68	3.6	0.61	1.8	0.09	12	0.40	45	23	0.23	31
30	1.05	0.78	0.98	4.9	0.85	2.3	0.12	16	0.52	56	31	0.25	41
40	1.52	1.01	1.28	6.9	1.09	3.4	0.17	23	0.76	66	37	0.29	50
50	1.77	1.23	1.58	8.2	1.33	3.9	0.20	27	0.89	75	44	0.31	59
60	2.02	1.45	1.88	9.5	1.56	4.4	0.22	30	1.01	84	50	0.33	67
70	2.24	1.66	2.17	10.7	1.79	4.9	0.25	34	1.12	92	56	0.36	75
80	2.76	1.88	2.47	12.8	2.03	6.1	0.30	41	1.38	101	62	0.39	84
90	3.34	2.10	2.76	15.1	2.25	7.4	0.37	50	1.67	109	68	0.42	91

注：a. 在确定需求量时所用的体重是应用这些需求量时所确定或估计的平均体重，用 kg 表示；b. 用能量浓度适宜的饲料所确定的干物质采食量，该饲料能量浓度能够满足动物的能量需求。

表6　产三羔及以上奶山羊妊娠期的矿物质需要

体重[a] (kg)	DMI[b] (kg/d)	Na (g/d)	Cl (g/d)	K (g/d)	Mg (g/d)	S (g/d)	Co (mg/d)	Cu (mg/d)	I (mg/d)	Fe (mg/d)	Mn (mg/d)	Se (mg/d)	Zn (mg/d)
妊娠早期													
30	1.08	0.63	0.87	4.9	0.63	2.4	0.12	16	0.54	45	15	0.19	19
40	1.32	0.83	1.16	6.1	0.83	2.9	0.15	20	0.66	54	19	0.21	24
50	1.54	1.03	1.44	7.3	1.02	3.4	0.17	23	0.77	61	23	0.22	29
60	1.76	1.23	1.72	8.5	1.22	3.9	0.19	26	0.88	68	27	0.23	34
70	1.96	1.42	2.00	9.7	1.41	4.3	0.22	29	0.98	75	31	0.24	38
80	2.16	1.62	2.29	10.8	1.60	4.7	0.24	32	1.08	82	34	0.25	43
90	2.35	1.82	2.57	11.9	1.79	5.2	0.26	35	1.18	89	38	0.26	48
妊娠后期													
30	1.16	0.82	1.01	5.3	0.89	2.5	0.13	17	0.58	64	34	0.27	45
40	1.42	1.06	1.32	6.6	1.16	3.1	0.16	21	0.71	78	42	0.30	57
50	1.64	1.29	1.62	7.9	1.42	3.6	0.18	25	0.82	90	50	0.33	68
60	2.23	1.51	1.92	10.2	1.67	4.9	0.25	33	1.11	100	57	0.37	78
70	2.48	1.74	2.23	11.5	1.92	5.5	0.27	37	1.24	110	65	0.40	87
80	2.73	1.97	2.53	12.8	2.17	6	0.30	41	1.36	121	72	0.43	97
90	2.97	2.19	2.83	14.1	2.41	6.5	0.33	45	1.48	131	79	0.46	107

注：a. 在确定需求量时所用的体重是应用这些需求量时所确定或估计的平均体重，用 kg 表示；b. 用能量浓度适宜的饲料所确定的干物质采食量，该饲料能量浓度能够满足动物的能量需求。

表7　泌乳期奶山羊的矿物质需要

体重[a] (kg)	体增重[b] (g/d)	DMI[c] (kg/d)	Na (g/d)	Cl (g/d)	K (g/d)	Mg (g/d)	S (g/d)	Co (mg/d)	Cu (mg/d)	I (mg/d)	Fe (mg/d)	Mn (mg/d)	Se (mg/d)	Zn (mg/d)
泌乳早期（奶产量=4.65~6.43 kg/d）														
50	−90	2.81	3.26	7.77	21.2	4.13	7.3	0.31	42	2.25	54	42	0.91	171
60	−95	3.14	3.70	8.72	23.8	4.65	8.2	0.35	47	2.51	60	48	0.99	197
70	−100	4.14	4.11	9.63	28.3	5.15	10.8	0.46	62	3.31	66	53	1.09	210
80	−104	4.49	4.52	10.49	30.8	5.62	11.7	0.49	67	3.60	72	59	1.17	228
90	−108	4.83	4.90	11.32	33.2	6.08	12.6	0.53	72	3.86	77	64	1.24	245
泌乳早期（奶产量=5.82~8.04 kg/d）														
50	−113	3.32	3.85	9.38	25.3	4.95	8.6	0.37	50	2.66	65	49	1.10	210
60	−119	3.70	4.34	10.49	28.3	5.55	9.6	0.41	56	2.96	73	56	1.20	234
70	−125	4.06	4.81	11.55	31.2	6.13	10.6	0.45	61	3.25	80	62	1.30	257
80	−130	4.40	5.27	12.55	33.9	6.67	11.4	0.48	66	3.52	87	68	1.39	278
90	−135	4.72	5.71	13.53	36.5	7.20	12.3	0.52	71	3.78	93	75	1.48	299
泌乳早期（奶产量=6.98~9.65 kg/d）														
50	−135	3.83	4.43	10.97	29.3	5.76	10.0	0.42	57	3.06	77	65	1.40	271
60	−143	4.26	4.99	12.27	32.8	6.45	11.1	0.47	64	3.41	86	73	1.53	301
70	−150	4.67	5.51	13.48	36.1	7.11	12.1	0.51	70	3.74	94	80	1.66	329
80	−156	5.06	6.02	14.63	39.1	7.73	13.1	0.56	76	4.05	102	88	1.77	355
90	−162	5.43	6.51	15.74	42.1	8.33	14.1	0.60	81	4.34	109	95	1.88	381

（续）

体重[a]	体增重[b]	DMI[c]	Na	Cl	K	Mg	S	Co	Cu	I	Fe	Mn	Se	Zn
(kg)	(g/d)	(kg/d)	(g/d)	(g/d)	(g/d)	(g/d)	(g/d)	(mg/d)	(mg/d)	(mg/d)	(mg/d)	(mg/d)	(mg/d)	(mg/d)
泌乳后期（奶产量＝1.99～2.76 kg/d）														
50	66	2.48	1.93	4.11	14.4	2.40	6.4	0.27	37	1.98	48	32	0.59	99
60	73	2.79	2.23	4.68	16.3	2.74	7.3	0.31	42	2.23	53	37	0.64	111
70	80	3.09	3.09	5.23	18.1	3.07	8.0	0.34	46	2.47	59	41	0.68	122
80	86	3.36	3.36	5.75	19.9	3.38	8.7	0.37	50	2.69	64	46	0.72	133
90	92	3.64	3.64	6.27	21.6	3.69	9.5	0.40	55	2.91	69	50	0.77	144
泌乳后期（奶产量＝2.49～3.44 kg/d）														
50	83	2.81	2.18	4.80	16.4	2.78	7.3	0.31	42	2.25	58	37	0.69	120
60	92	3.16	2.51	5.45	18.6	3.17	8.2	0.35	47	2.52	65	42	0.75	135
70	100	3.48	2.81	6.05	20.6	3.53	9.0	0.38	52	2.78	71	47	0.81	148
80	108	3.79	3.12	6.64	22.6	3.88	9.8	0.42	57	3.03	78	52	0.86	160
90	115	4.08	3.41	7.21	24.4	4.21	10.6	0.45	61	3.26	83	56	0.91	172
泌乳后期（奶产量＝2.99～4.13 kg/d）														
50	100	2.51	2.43	5.49	16.7	3.17	6.5	0.28	38	2.01	68	42	0.78	141
60	110	3.52	2.78	6.20	20.8	3.59	9.1	0.39	53	2.81	76	47	0.87	158
70	120	3.87	3.11	6.88	23.1	3.99	10.1	0.43	58	3.10	84	53	0.94	173
80	129	4.21	3.44	7.52	25.2	4.37	10.9	0.46	63	3.37	91	58	1.00	187
90	138	4.53	3.75	8.15	27.3	4.74	11.8	0.50	68	3.63	97	63	1.05	201

注：a. 在确定需求量时所用的体重是应用这些需求量时所确定或估计的平均体重，用 kg 表示；b. 24 h 内体重的平均变化；c. 用能量浓度适宜的饲料所确定的干物质采食量，该饲料能量浓度能够满足动物的能量需求。

表 8　种公羊的矿物质需要

体重[a]	DMI[b]	Na	Cl	K	Mg	S	Co	Cu	I	Fe	Mn	Se	Zn
(kg)	(kg/d)	(g/d)	(g/d)	(g/d)	(g/d)	(g/d)	(mg/d)	(mg/d)	(mg/d)	(mg/d)	(mg/d)	(mg/d)	(mg/d)
50	1.31	0.94	1.38	6.6	0.88	2.9	0.14	26	0.66	7	13	0.17	15
75	1.78	1.41	2.06	9.3	1.31	3.9	0.20	36	0.89	11	20	0.18	35
100	2.21	1.88	2.75	11.9	1.75	4.9	0.24	44	1.10	14	27	0.19	30
125	2.61	2.34	3.44	14.5	2.19	5.7	0.29	52	1.30	18	33	0.20	38
150	2.99	2.81	4.13	17.0	2.63	6.6	0.33	60	1.49	21	40	0.21	45

注：a. 在确定需求量时所用的体重是应用这些需求量时所确定或估计的平均体重，用 kg 表示；b. 用能量浓度适宜的饲料所确定的干物质采食量，该饲料能量浓度能够满足动物的能量需求。

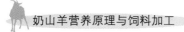

附录二 奶山羊常用粗饲料营养成分表

常用粗饲料（青绿、青贮及粗饲料）的典型养分（干物质基础）

原料	DM (%)	NE_m MJ/kg	NE_m Mcal/kg	NE_g MJ/kg	NE_g Mcal/kg	NE_L MJ/kg	NE_L Mcal/kg	CP (%)	UIP (%CP)	CF (%)	ADF (%)	NDF (%)	eNDF (%NDF)	EE (%)	ASH (%)	钙 (%)	磷 (%)	钾 (%)	氯 (%)	硫 (%)	锌 (mg/kg)
全棉籽	91	8.83	2.11	6.02	1.44	8.16	1.95	23	38	29	39	47	100	17.8	4	0.14	0.64	1.1	0.06	0.24	34
棉籽壳	90	4.14	0.99	0.29	0.07	4.06	0.97	5	45	48	68	87	100	1.9	3	0.15	0.08	1.1	0.02	0.05	10
大豆秸秆	88	3.97	0.95	0.00	0.00	3.68	0.88	5	—	44	54	70	100	1.4	6	1.59	0.06	0.6	—	0.26	—
大豆壳	90	7.57	1.81	4.81	1.15	7.28	1.74	13	28	38	46	62	28	2.6	5	0.55	0.17	1.4	0.02	0.12	38
向日葵壳	90	3.89	0.93	0.00	0.00	3.51	0.84	4	65	52	63	73	90	2.2	3	0.00	0.11	0.2	—	0.19	200
花生壳	91	3.31	0.79	0.00	0.00	1.67	0.4	7	—	63	65	74	98	1.5	5	0.20	0.07	0.9	—	—	—
苜蓿块	91	5.27	1.26	2.30	0.55	5.27	1.26	18	30	29	36	46	40	2	11	1.30	0.23	1.9	0.37	0.33	20
鲜苜蓿	24	5.73	1.37	2.85	0.68	5.61	1.34	19	18	27	34	46	41	3	9	1.35	0.27	2.6	0.40	0.29	18
苜蓿干草，初花期	90	5.44	1.30	2.59	0.62	5.44	1.3	19	20	28	35	45	92	2.5	8	1.41	0.26	2.5	0.38	0.28	22
苜蓿干草，中花期	89	5.36	1.28	2.38	0.57	5.36	1.28	17	23	30	36	47	92	2.3	9	1.40	0.24	2.0	0.38	0.27	24
苜蓿干草，盛花期	88	4.98	1.19	1.84	0.44	4.98	1.19	16	25	34	40	52	92	2	8	1.20	0.23	1.7	0.37	0.25	23
苜蓿干草，成熟期	88	4.60	1.10	1.09	0.26	4.52	1.08	13	30	38	45	59	92	1.3	8	1.18	0.19	1.5	0.35	0.21	23
苜蓿青贮	30	5.06	1.21	1.92	0.46	5.06	1.21	18	19	28	37	49	82	3	9	1.40	0.29	2.6	0.41	0.29	26
苜蓿叶粉	89	6.53	1.56	3.97	0.95	6.44	1.54	28	15	15	25	34	35	2.7	15	2.88	0.34	2.2	—	0.32	39
苜蓿茎	89	4.35	1.04	0.63	0.15	4.23	1.01	11	44	44	51	68	100	1.3	6	0.90	0.18	2.5	—	—	—
带穗玉米秸秆	80	6.07	1.45	3.39	0.81	6.07	1.45	9	45	25	29	48	100	2.4	7	0.50	0.25	0.9	0.20	0.14	—

（续）

原料	DM (%)	NE_m[2] MJ/kg	NE_m[2] Mcal/kg	NE_g[2] MJ/kg	NE_g[2] Mcal/kg	NE_L[2] MJ/kg	NE_L[2] Mcal/kg	CP (%)	UIP (%CP)	CF (%)	ADF (%)	NDF (%)	eNDF (%NDF)	EE (%)	ASH (%)	钙 (%)	磷 (%)	钾 (%)	氯 (%)	硫 (%)	锌 (mg/kg)
玉米秸秆, 成熟期	80	5.15	1.23	2.13	0.51	5.15	1.23	5	30	35	44	70	100	1.3	7	0.35	0.19	1.1	0.30	0.14	22
玉米青贮, 乳化期	26	6.07	1.45	3.39	0.81	6.07	1.45	8	18	26	32	54	60	2.8	6	0.40	0.27	1.6	—	0.11	20
玉米青贮, 成熟期	34	6.90	1.65	4.35	1.04	6.82	1.63	8	28	21	27	46	70	3.1	5	0.28	0.23	1.1	0.20	0.12	22
甜玉米青贮	24	6.07	1.45	3.39	0.81	6.07	1.45	11	—	20	32	57	60	5.0	5	0.24	0.26	1.2	0.17	0.16	39
玉米和玉米芯粉	87	8.20	1.96	5.44	1.30	7.82	1.87	9	52	9	10	26	56	3.7	2	0.06	0.28	0.5	0.05	0.13	16
玉米芯	90	4.44	1.06	0.84	0.20	4.35	1.04	3	70	36	39	88	56	0.5	2	0.12	0.04	0.8	—	0.40	5
大麦干草	90	5.27	1.26	2.30	0.55	5.27	1.26	9	—	28	37	65	98	2.1	8	0.30	0.28	1.6	0.19	0.19	25
大麦青贮, 成熟期	35	5.36	1.28	2.38	0.57	5.36	1.28	12	25	30	34	50	61	3.5	9	0.30	0.20	1.5	—	0.15	25
大麦秸秆	90	4.06	0.97	0.00	0.00	3.89	0.93	4	70	42	52	78	100	1.9	7	0.33	0.08	2.1	0.67	0.16	7
小麦干草	90	5.27	1.26	2.30	0.55	5.27	1.26	9	25	29	38	66	98	2.0	8	0.21	0.22	1.4	0.50	0.19	23
小麦青贮	33	5.44	1.30	2.59	0.62	5.44	1.30	12	21	28	37	62	61	3.2	8	0.40	0.28	2.1	0.50	0.21	27
小麦秸秆	91	3.97	0.95	0.00	0.00	3.68	0.88	3	60	43	58	81	98	1.8	8	0.16	0.05	1.3	0.32	0.17	6
氨化麦秸	85	4.60	1.10	1.09	0.26	4.52	1.08	9	25	40	55	76	98	1.5	9	0.15	0.05	1.3	0.30	0.16	6
黑麦青贮	90	5.36	1.28	2.38	0.57	5.36	1.28	10	30	33	38	65	98	3.3	8	0.45	0.30	2.2	0.73	0.18	27
黑麦草青贮	32	5.44	1.30	2.59	0.62	5.44	1.30	14	25	22	37	59	61	3.3	8	0.43	0.38	2.9	0.24	0.23	29
黑麦秸秆	89	4.06	0.97	0.08	0.02	3.97	0.95	4	—	44	55	71	100	1.5	6	0.24	0.09	1.0	—	0.11	
燕麦干草	90	4.98	1.19	1.84	0.44	4.98	1.19	10	25	31	39	63	98	2.3	8	0.40	0.27	1.6	0.42	0.21	28
燕麦青贮	35	5.52	1.32	2.76	0.66	5.52	1.32	12	21	31	39	59	61	3.2	10	0.34	0.30	2.4	0.50	0.25	27

（续）

原料	DM (%)	NE$_m$ MJ/kg	NE$_m$ Mcal/kg	NE$_g$ MJ/kg	NE$_g$ Mcal/kg	NE$_L$ MJ/kg	NE$_L$ Mcal/kg	CP (%)	UIP (%CP)	CF (%)	ADF (%)	NDF (%)	eNDF (%NDF)	EE (%)	ASH (%)	钙 (%)	磷 (%)	钾 (%)	氯 (%)	硫 (%)	锌 (mg/kg)
燕麦秸秆	91	4.44	1.06	0.84	0.20	4.35	1.04	4	40	41	48	73	98	2.3	8	0.24	0.07	2.4	0.78	0.22	6
燕麦壳	93	3.89	0.93	0.00	0.00	3.51	0.84	4	25	32	40	75	90	1.5	7	0.16	0.15	0.6	0.08	0.14	31
高粱干草	87	5.06	1.21	1.92	0.46	5.06	1.21	5	—	33	41	65	100	1.9	10	0.49	0.12	1.2	—	—	—
高粱青贮	32	5.44	1.30	2.59	0.62	5.44	1.30	9	25	27	38	59	70	2.7	6	0.48	0.21	1.7	0.45	0.11	30
干甜菜渣	91	7.28	1.74	4.60	1.10	7.11	1.70	11	44	21	21	41	33	0.7	6	0.65	0.08	1.4	0.40	0.22	22
胡萝卜碎渣	14	5.82	1.39	3.05	0.73	5.82	1.39	6	—	19	23	40	0	7.8	9	—	—	—	—	—	—
鲜胡萝卜	12	8.28	1.98	5.52	1.32	7.91	1.89	10	—	9	11	20	0	1.4	10	0.60	0.30	2.4	0.5	0.17	—
胡萝卜缨/叶	16	7.11	1.70	4.44	1.06	6.90	1.65	13	—	18	23	45	41	3.8	15	1.94	0.19	1.9	—	—	—
牧草青贮	30	5.73	1.37	2.85	0.68	5.61	1.34	11	24	32	39	60	61	3.4	8	0.70	0.24	2.1	—	0.22	29
草地干草	90	4.60	1.10	1.09	0.26	4.52	1.08	7	23	33	44	70	98	2.5	9	0.61	0.18	1.6	—	0.17	24
羊草	91	4.60	1.10	1.09	0.26	4.52	1.08	7	37	34	47	67	98	2.0	8	0.40	0.15	1.1	0.06	0.06	34
稻草	91	3.89	0.93	0.00	0.00	3.51	0.84	4	—	40	55	72	100	1.4	12	0.25	0.08	1.1	—	0.11	—
氨化稻草	87	4.14	0.99	0.29	0.07	4.06	0.97	9	—	39	53	68	100	1.3	12	0.25	0.08	1.1	—	0.11	—
甘蔗渣	91	3.60	0.86	0.00	0.00	3.14	0.75	1	—	49	59	86	100	0.7	3	0.90	0.29	0.5	—	0.10	—

注：1. DM 为原样干物质含量；TDN 为总可消化养分；NE$_m$ 为维持净能；NE$_g$ 为增重净能；NE$_L$ 为泌乳净能；CP 为粗蛋白质；UIP 为粗蛋白质中的过瘤胃蛋白比例；CF 为粗纤维；ADF 为酸性洗涤纤维；NDF 为中性洗涤纤维；eNDF 为有效 NDF；EE 为粗脂肪；ASH 为粗灰分。2. 有关通过化学成分预测饲料能值（NE$_m$、NE$_g$、NE$_L$）的计算公式：(1)%TDN=1.15×CP%+1.75×EE%+0.45×CF%+0.008 5×NDF%²+0.25×NFE%+0.008 5×NDF%²+0.25×NFE%−3.4；(2) NE$_L$ (MJ/kg)=0.102 5×TDN%−0.502；(3) DE (MJ/kg)=0.209×CP%+0.322×EE%+0.084×CF%+0.002×NFE%²+0.046×NFE%−0.627；(4) NE$_m$ (MJ/kg)=0.655×DE (MJ/kg)−0.351；(5) NE$_g$ (MJ/kg)=0.815×DE (MJ/kg)−0.049 7×DE² (MJ/kg)−1.187。3. "—" 表示未测定。